机器视觉与数字图像处理基础

（OpenCV版）

王强 主编 熊鹰 袁建英 副主编

化学工业出版社

·北京·

内容简介

本书介绍了机器视觉系统的概念、原理、视觉系统组成，以及数字图像处理基础。其中重点介绍了机器视觉系统的图像采集系统、视觉图像处理算法，以及机器视觉的典型应用案例。本书除了介绍相关的理论知识外，还结合具体的实际案例以及OpenCV编程，提供了明确的使用方法。书中提供的实例图像大部分来自工业应用现场。每章均配有典型习题供练习使用，以加深对内容的理解。

本书可作为高等学校机械电子工程、机器人工程、智能制造工程，以及自动化、计算机、电子信息等专业的教材，也可供图像处理及与机器视觉相关的科研和工程技术人员参考。

图书在版编目（CIP）数据

机器视觉与数字图像处理基础 ： OpenCV 版 / 王强主编 ； 熊鹰， 袁建英副主编 . -- 北京 ： 化学工业出版社， 2025. 11. -- ISBN 978-7-122-49080-3

Ⅰ . TP302. 7；TN911. 73

中国国家版本馆 CIP 数据核字第 2025Z2Z150 号

责任编辑：潘新文　　文字编辑：侯俊杰　温潇潇
责任校对：李露洁　　装帧设计：韩　飞

出版发行：化学工业出版社
（北京市东城区青年湖南街13号　邮政编码100011）
印　　装：高教社（天津）印务有限公司
787mm×1092mm　1/16　印张21¼　字数497千字
2026年1月北京第1版第1次印刷

购书咨询：010-64518888
售后服务：010-64518899
网　　址：http://www.cip.com.cn
凡购买本书，如有缺损质量问题，本社销售中心负责调换。

定　　价：98.00元

前言

机器视觉与图像处理是人工智能的一个重要研究方向。随着《中国制造2025》的提出，提升企业的智能制造水平已经提上日程,并涌现了大量的机器视觉需求。早些年由于计算机运算速度的限制，导致一些应用还无法实现。随着计算机性能的大幅提高以及视觉图像处理算法的发展，机器视觉系统已经成为工业生产的重要组成部分。随着智能化时代的到来，机器视觉在工业生产中将扮演更加重要的角色。

目前，机器视觉技术已经应用在各个行业中并显现出了巨大的优势与作用。但是，与机器视觉相关的书籍还比较缺少。机器视觉的核心是数字图像处理。市面上更多的是讲解图像处理算法以及相关软件的书籍，比如讲解OpenCV、HALCON、数字图像处理等书籍。这些书籍更多关注的是图像算法原理，或者软件平台的使用方法。一套视觉系统包括多方面的内容：硬件方面包括图像采集方法以及控制系统，涉及的硬件包括相机、镜头、光源照明、传感器、控制器，以及机械结构等；软件方面涉及上位机系统的开发等内容，图像处理算法只是实现视觉系统的核心部分，即使部分书籍涉及该内容，也更多的是关于机器视觉理论的介绍。此外，在介绍图像处理的时候，大多数书籍主要是对算法原理的介绍，展示一张图像演示如何使用该算法，而没有针对具体应用说明算法如何使用。当前学习机器视觉的人员，主要注重对图像处理算法原理的理解，缺少对图像处理算法应用的理解。机器视觉主要是对图像处理算法的应用，各种算法有机地组合在一起，实现某种视觉检测要求。机器视觉系统对开发原创性算法的要求不高，更多的是已有算法的应用，这要求视觉系统开发人员既要懂得算法的原理，又要熟练掌握算法的应用，才不会导致视觉系统开发效率低下。此外，还需要掌握一定的图像采集知识，因为图像质量直接关系到视觉系统的成败。因此，有必要系统地介绍关于机器视觉的理论基础知识、图像处理算法基础知识，以及这些知识的具体应用。

本书结合作者多年的理论研究和实际工程应用经验编写。首先介绍机器视觉系统的概念及机器视觉中的图像采集方法，包括光源及照明方式、镜头与相机主要参数等，接着介绍开源视觉图像处理算法库OpenCV的应用方法。然后详细介绍数字图像的概念、常用图像处理算法（如图像增强、图像几何变换、边缘检测算法、数学形态学算法、图像分割算法、模板匹配算法、特征检测算法、机器学习算法），以及摄像机标定原理和方法，通过实例对算法结果进行了展示。最后通过具体的应用案例分析让读者了解完整的视觉图像处理过程，通过OpenCV与C#混合编程，让读者了解如何建立一个完整的机器视觉系统。

本书除了对基本理论知识进行描述，还对知识的应用进行了详细的介绍，同时结合OpenCV，通过具体实例展示了应用效果。引导读者在掌握视觉处理算法的基础上，培养读者独立思考和解决问题的能力，同时培养读者利用OpenCV进行编程的能力，构建机器视觉系统的能力和工程应用能力。书中所有示例均在Visual Studio2017 C++版本和Python3.8.8上基于OpenCV4.7调试运行完成，对于Visual Studio或者OpenCV的其他版本同样适用，最后的视觉系统采用OpenCV+C#+EmguCV完成。其中EmguCV是在C#上封装的OpenCV函数库，其使用方法和C++版本的OpenCV类似。与本书配套的教学辅助资源包括电子课件、案例图像和代码，免费提供给采用本书授课的教师使用。附录部分提供了OpenCV的安装方法，同时提供了16个机器视觉处理实例作为实验，基于OpenCV4.7采用C++和Python两种代码实现，并提供了完整的源代码，既可以作为配套本书机器视觉实验使用，也可以作为学习OpenCV的案例。

本书共14章，参加本书编写的有王强（第1章、第2章、第4章、第6章、第7章）、熊鹰（第5章、第8章、第10章）、袁建英（第9章、第11章、第12章）、田亚铃（第3章、第13章）、彭悦蓉（第14章及附录和习题），由王强担任主编，熊鹰、袁建英担任副主编，田亚铃和彭悦蓉参编，王强负责统稿。全书由大恒图像技术专家王萌担任技术顾问并提供技术支持和案例。

本书可作为普通高校相关专业教材，也可以作为从事图像处理、机器视觉相关的科研人员和工程应用技术人员的参考用书。

由于编者水平有限，书中难免存在不足之处，敬请读者批评指正。

编者

2025.5

目录

第1章

绪论

机器视觉是以数字图像处理为基础的，包括机械电子、自动控制、计算机软硬件、光学等多学科在内的一门交叉学科。机器视觉是人工智能的一个重要方向。我国2015年5月提出《中国制造2025》计划，开始全面推进实施制造强国战略。经过十来年的发展，机器视觉在现代智能制造工业中的应用，显得越来越重要，已经成为工业生产中不可或缺的一门技术。《中国制造2025》的核心是智能制造，而智能制造离不开机器视觉，利用机器视觉技术可以实现如产品缺陷检测、识别、分类、定位、测量，以及配合工业机器人实现产线智能化等功能，进而与现有的自动化设备和信息化系统等融合，形成一套完整的智能化生产系统，提升企业的智能化制造水平。

1.1 什么是机器视觉

机器视觉有时也称计算机视觉，只是两者的侧重点略有不同：计算机视觉更强调采用计算机处理视觉图像，是一个基于视觉图像的计算问题，着重点在于研究视觉图像处理算法；而机器视觉更指整个视觉系统，包括视觉图像采集、视觉图像处理，以及处理结果输出并指导执行机构三部分，三者构成一个完整的机器视觉系统，用于处理视觉问题。不管叫机器视觉还是计算机视觉，其核心都是视觉图像处理。机器视觉是人工智能的一个分支，也是人工智能技术的一种应用场景，而且是最重要的应用场景之一。随着人工智能技术的进步，机器视觉技术也得到了快速的发展。简单来说，机器视觉是指利用机器来代替人眼进行识别或判断，并做出决定的一套智能系统。一套完整的机器视觉系统通常包括光源、镜头、图像传感器（工业相机）、计算机、图像处理系统、运动控制系统，以及相关的辅助设备。机器视觉技术是包括多个学科的一种交叉技术，其中涉及数字图像处理、计算机软硬件、自动控制、光学、机械设计、机械电子等多方面的知识。

机器视觉系统通过图像传感器采集产品图像，传输到图像处理系统，经过对图像进行处理，提取感兴趣的特征，然后通过这些图像特征对产品状态进行判断，如测量尺寸、是否存在缺陷、识别产品上的字符等，将结果输出给控制系统，进而指导控制系统执行相应的动作。利用机器视觉系统进行产品的检测、识别、分类等任务，可以避免由于人为因素导致的产品检测误差。此外，机器视觉系统的检测速度快，检测准确可靠，自动化程度高，能有效提高企业的产品质量和生产效率。

1.2 完整的机器视觉系统组成

如图1.1所示，典型的机器视觉系统一般包括：光源、镜头、工业相机、图像处理软件、传感器、通信设备、输入输出单元等。被检测对象（1）在传送带上运动，通过光源（3）对被检测对象进行照明，通过传感器（4）触发相机（2）进行拍照，镜头与相机（2）连为一体，通过调整镜头焦距得到清晰的图像，将得到的图像通过接口（6）传输给计算机得到数字图像（7），接口（6）可以是图像采集卡或者IEEE1394、USB3.0、网络接口等标准接口。通过图像处理软件（8）对图像进行处理之后，得到结果（9），将结果通过计算机与控制系统接口（10）输出给控制器（11），最后，控制器通过通信接口（12）控制执行机构（13）执行相应的动作。

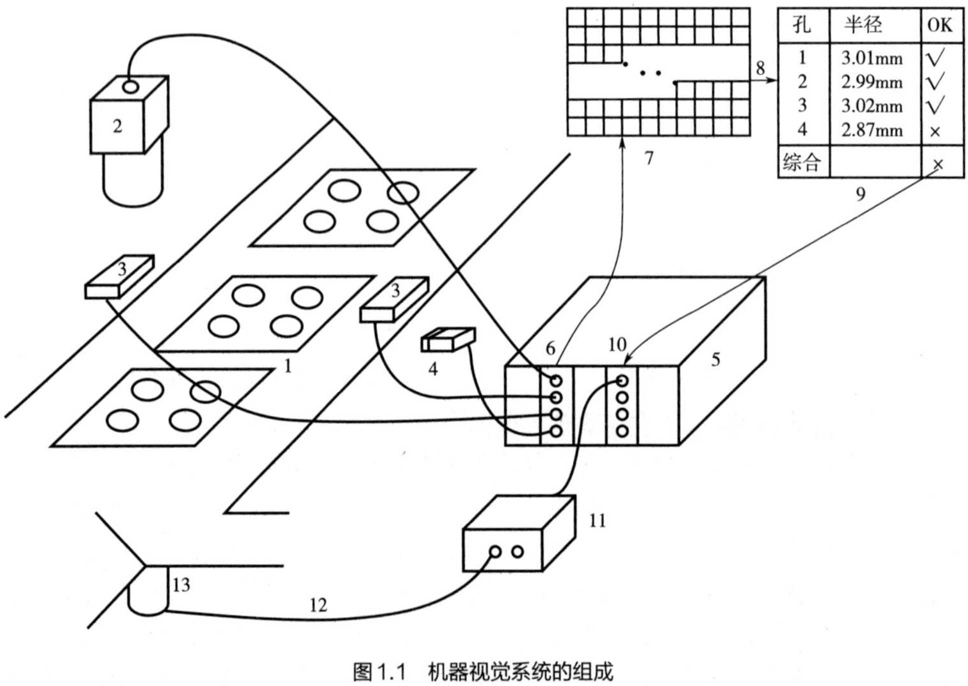

图1.1　机器视觉系统的组成

从图1.1可以看出，一套完整的机器视觉系统除了视觉软件处理系统之外，还包括多种硬件部分。但是，并不是所有的机器视觉系统都需要上面所提到的硬件设备。在实际应用中，需要根据具体的应用对象和应用要求，对硬件设备进行选择和取舍。

1.3 机器视觉系统的特点

机器视觉系统主要功能包括：特征检测、缺陷检测、物体定位、目标识别、计数，以及运动跟踪等。由于机器视觉系统检测速度快，避免了人为因素的干扰，检测准确稳定可靠，当前，随着计算机软硬件技术的提高以及视觉图像处理算法的不断改进，机器视觉技术得到了极快的发展。目前，已经有很多视觉系统应用在企业生产中，对企业的自动化升级改造起到至关重要的作用。

当前，在企业的自动化生产中，不可避免地会涉及产品检测，如零件表面质量检测、装配完整性检测、尺寸测量、形状检测，食品包装的生产日期字符识别，医药生产中的药品包装检测，饮料生产中的液位检测，机器人自动抓取的位置检测，等。通常，由于人眼疲劳以及人为因素可能造成的误差，采用人工完成这些重复性强且检测精度要求很高的工作，需要投入更多的人力成本。相反，机器视觉有着比人眼更好的分辨能力和速度。此外，在一些特殊场合，如高温环境或核工业生产中，它相对于人工作业具有明显优势。机器视觉系统可以快速获取大量图像信息，并且易于信息加工处理，可以方便与设计信息、生产信息进行集成。在现代化的生产中，尤其是随着人工智能的发展，我们国家提出《中国制造2025》，为了实现企业的自动化升级改造，在企业智能化升级改造中，融入工业互联网技术。机器视觉技术在现代工业生产中具有举足轻重的作用，在其他行业也得到了广泛的应用。总结起来，机器视觉系统的主要特点包括：

① 非接触式检测，可以适应各种被测对象，尤其是对柔性产品的检测，对被测对象的质量没有影响；

② 能够适应各种复杂环境和高危环境，尤其是人工不可到达的场合；

③ 可提高产品检测速度和精度，从而提高生产效率和产品质量；

④ 方便与机器人或其他自动化设备集成，提高企业的生产自动化水平；

⑤ 易于实现信息集成，是实现智能制造和人工智能的基础性技术，是实现计算机集成和工业互联网的关键技术之一。

1.4 机器视觉系统相关应用领域

机器视觉检测相对于传统的人工检测具有不可比拟的优势。随着计算机硬件性能的提高、视觉图像处理算法的持续改进、新的图像处理算法的开发、传感器技术的发展、摄像设备的不断进步，当前的机器视觉系统已经能够适应大部分应用场景。当前，机器视觉系统已逐渐成为现代生产中不可或缺的设备。在我国，机器视觉系统也逐渐得到企业的认可，越来越多的企业意识到，机器视觉系统的应用在企业的自动化生产以及智能制造改造中具有至关重要的作用。

在经济发达的国家和地区，机器视觉早已得到广泛应用，其中应用最普遍的是半导体及集成电路制造业。此外，电子生产加工设备也有广泛的应用。经过几十年的发展，机器视觉的应用早已渗透到各个行业，如机械制造加工行业、汽车行业、食品饮料行业、包装行业、医药行业、军工行业等。机器视觉系统在这些行业的应用中已经占据着举足轻重的地位。

在我国，虽然机器视觉属于新兴的领域，但是，各行各业对采用图像和机器视觉技术的工业自动化、智能化需求已经开始广泛出现。近年来，国内有关高等院校、研究院所和各个企业在图像和机器视觉技术领域进行了积极实践并逐步开始了工业现场应用。2019年我国的机器视觉市场规模为80.06亿元，到2022年已经增长到168.88亿元，2023年约为225.56亿元。有机构预测，至2027年我国机器视觉市场规模将达到565.65亿元。总的来说，机器视觉技术有着非常广阔的发展前景。

1.4.1 在工业生产中的应用

随着智能制造技术的发展，人们对于机器视觉的认识更加深刻。机器视觉系统提高了生产的自动化程度，让不适合人工作业的危险工作环境变成了可能，让大批量、持续生产变成了现实，大大提高了生产效率和产品精度。机器视觉具有快速获取信息并自动处理的能力，也同时为工业生产的信息集成提供了方便。随着机器视觉技术的成熟与发展，机器视觉已成功地应用于工业生产领域（图1.2），大幅度地提高了产品的质量和可靠性，保证了生产的效率。

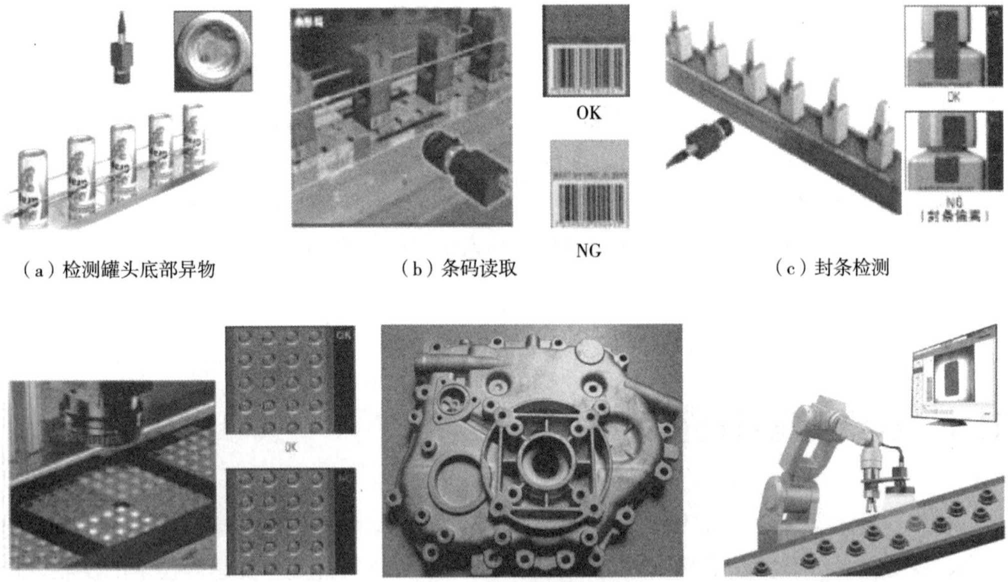

（a）检测罐头底部异物　（b）条码读取　（c）封条检测

（d）药粒颜色混料检测　（e）表面缺陷检测　（f）机器人视觉引导

图1.2　机器视觉在工业生产中的应用

基于机器视觉的图像识别技术，可以快速准确地读取产品中的条形码或二维码信息，为产品追溯提供了更好的方式。视觉检测技术可以替代人工检测准确性低、长时间工作容易疲劳等问题，保证检测准确性，提高整个生产过程的效率。如医药生产企业中，通过视觉进行药品包装检测以确定是否装入正确数量的药粒或药品质量是否有问题。视觉定位技术能够快速准确地找到被测零件并确认其位置。如在半导体封装领域，设备根据机器视觉获取芯片位置信息，准确拾取芯片。在视觉测量中，机器视觉实现非接触测量，同样具有高精度和高速度的优势，非接触测量消除了接触测量可能造成的损伤隐患。在物料分拣中，通过机器视觉系统对图像进行处理，实现自动分拣。

1.4.2 在农业中的应用

我国作为一个农业大国，农业生产极其重要，农业是关系到国计民生的基础大事。我国的农产品极其丰富，通过将机器视觉技术应用于农业生产和农产品检测中（图1.3），可以实时监控和指导农业生产，可以实现农产品自动检测分级，实行优质优价，以产生更好的经济效益，其意义十分重大，例如：在蔬菜和水果等农产品种植过程中，通过视觉检测可以判断蔬菜或水果是否遭受病虫害；在水果采摘中，可以通过视觉识别与定位实现自动采摘；在水果分类中，可以根据颜色、形状、大小等特征参数实现自动分类；在粮食加工过程中，可以自动检测是否存在杂物。此外，如在蔬菜、水果等的分拣过程中，自动判断是否有损坏部分，在养殖业中，自动检测动物的生长情况等，都可以用到机器视觉技术。随着科学技术应用在农业生产中，机器视觉技术的应用在农业生产中扮演着越来越重要的角色。

（a）自动采摘橘子　（b）检测农作物生长　（c）水果缺陷检测

图1.3 机器视觉应用于农业

1.4.3 在医学中的应用

在医学领域，机器视觉用于辅助医生进行医学影像的分析（图1.4），利用视觉数字图像处理技术，对X射线透视图、核磁共振图像、CT图像进行分析，利用数字图像的边缘提取与图像分割技术，自动完成细胞个数的计数与统计。近几年，很多科学家利用深度学习技术，对医学影像进行大数据分析，给医生确诊病例进行参考，不仅节省了人力，而且大大提高准确率和效率。例如深度学习对于脑肿瘤细胞的检测与识别，通过对大量影像的学习，辅助医生对实际病例进行分析，有着很强的应用价值。此外，机器视觉技术还广泛用于医疗自动化系统中，可以直接检测病人的肿瘤细胞，这将大大降低人的操作难度，节省了医疗人员宝贵的时间，所以机器视觉对于医学的发展非常有帮助。

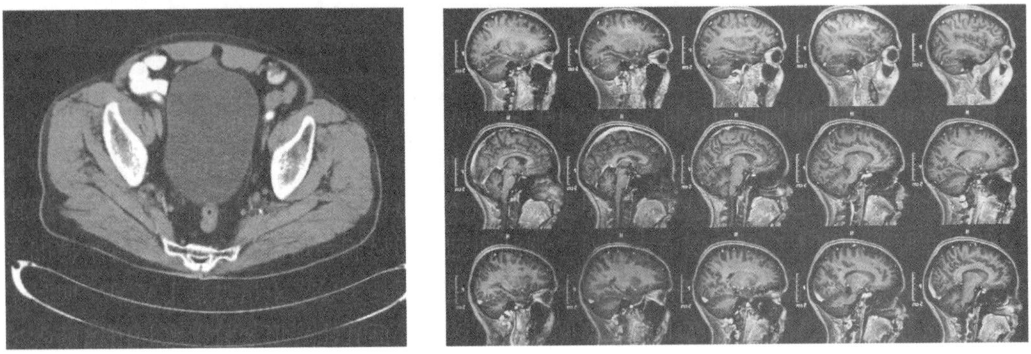

（a）盆腔病变图像 （b）医学图像深度学习

图1.4 利用机器视觉进行医学影像分析

1.4.4 在军事方面的应用

机器视觉的速度快、精度高、抗干扰能力强，能突破人眼在速度和不可见光范围的极限,提高武器装备信息获取能力的自动化程度,是提高装备智能与自动化水平的关键。在军事领域，机器视觉的应用也非常广泛（图1.5）。从遥感测绘、航天航空、武器检测、目标探测到无人机驾驶，随处可见机器视觉技术，如巡航、导弹地形识别、遥控飞行器的引导、目标的识别与制导、地形侦察等。在遥感测绘中，通过运用机器视觉技术分析各种遥感图像，进行卫星图像与地形图校准、自动测绘地图，实现对地面目标的自动识别。在航空航天领域，机器视觉用于飞行器件的检测和维修等。在无人装备中的应用中，应用机器视觉技术实现侦察、自主导航。在武器检测中，运用机器视觉技术进行武器系统瞄准等。

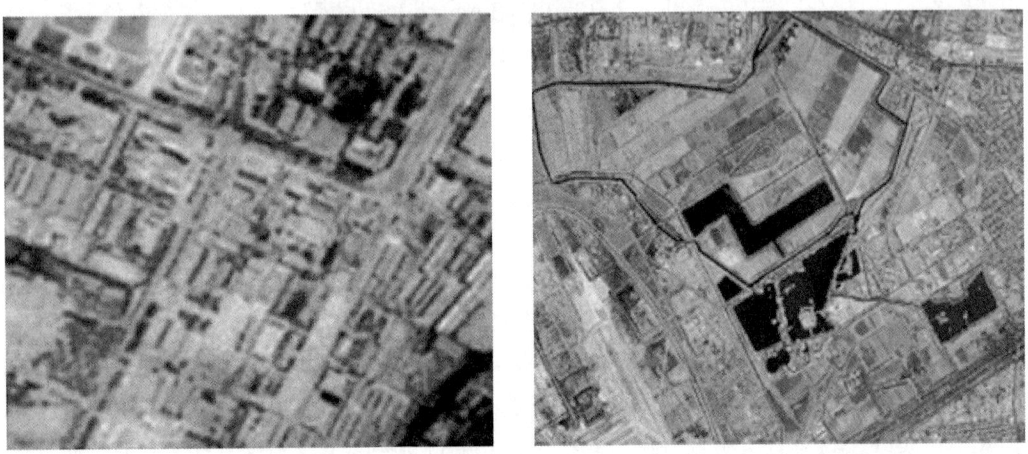

（a）遥感图像 （b）制导

图1.5 机器视觉在军事方面的应用

1.4.5 在其他方面的应用

除了上面提到的应用，在其他方面，也都应用到了机器视觉技术，可以说，机器视觉技术已经渗透到各行各业了。如生态环境的检测、安全检测、影视制作、虚拟环境等。在人们的生活中，也随处可见机器视觉的应用，例如：利用人脸识别进行移动支付，主要采用的是视觉图像处理算法；自动停车，也需要采用视觉图像算法对周边环境进行检测；在监控系统中，机器视觉技术用于捕捉突发事件，监控复杂场景，鉴别身份，跟踪可疑目标等；在交通管理系统中，机器视觉技术被用于车辆识别、调度，向交通管理与指挥系统提供相关信息。在海关，应用X射线机和机器视觉技术的不开箱货物通关检验，大大提高了通关速度，节约了大量的人力和物力。在自动驾驶汽车上，利用机器视觉技术实现周边环境检测和车道线检测。

我国在2015年5月提出了《中国制造2025》，其核心是智能升级。制造业向智能制造发展的产业升级需求越来越多，庞大的市场规模，造就了机器视觉发展的“天时地利人和”。随着人工智能技术和机器视觉技术的发展，各行各业竞相布局人工智能，机器视觉作为人工智能的一个重要分支，必将随着各个产业的发展提供众多机会。

1.5 常用机器视觉图像库

机器视觉的核心是数字图像处理，目前常用的图像处理函数库主要有OpenCV、VisionPro和HACLON。每个函数库都有自己的特点。开发机器视觉系统需要注重效率，因此，如果没有必要，一般不会从头开始自己写相关的算法函数，而是借助于已有的图像处理函数库实现快速开发。此外，不管是哪个图像处理函数库，都只是集成了相关的图像处理算法，如果要开发完整的机器视觉系统，还需要借助QT、C++、C#等编程环境，进行系统框架的开发，最后，需要将使用OpenCV或HALCON等图像库设计的图像处理算法集成在系统框架中。

1.5.1 OpenCV

OpenCV是完全开源的，不管是对商业还是个人都是完全免费的。1999年，Intel的一位研究员Gary Bradski看到很多大学都有内部公开的视觉开发接口，每个新来的学生不需要从头开始来开发这些视觉函数，直接在已有的接口函数上进行新的工作。因此，他开始策划为计算机视觉提供通用性的接口并得到了Intel性能实验室的帮助。

OpenCV最开始由Intel公司负责开发，俄罗斯的专家负责实现和优化。OpenCV的目的是为视觉研究者提供开源的基础代码，避免从头开始写代码。OpenCV建立之初还有个目的，就是传播视觉相关的知识。OpenCV发展到现在，作为开源代码，得到了很多用户的贡献，研发主力也大部分转移到Intel之外。现在OpenCV主要由基金会以及一些上市公司和私人机构负责开发。

OpenCV是一个开源的跨平台的视觉图像处理函数库。它实现了图像处理方面的很多通用算法。用户只需要进行相应的安装和配置就可以使用。OpenCV用C++语言编写，它具有C++、Python、Java和MATLAB接口，并支持Windows，Linux，Android和Mac OS。OpenCV主要倾向于视觉应用。OpenCV 拥有包括 500　多个函数的跨平台的中、高层API。它不依赖于其他的外部库，尽管也可以使用某些外部库。

由于OpenCV的开源特性，用户可以看到每个函数内部的实现代码，并可以根据自己的需求对函数进行优化和修改。因此，OpenCV的使用比较灵活，并且由于OpenCV的开源免费特性，使得有大量的视觉开发采用OpenCV实现。

1.5.2　VisionPro

VisionPro是美国康耐视公司开发的商业视觉图像处理软件，里面包含了大量的视觉图像处理算法，因此，也可以认为是一个图像处理函数库。康耐视由当时担任麻省理工学院人类视觉感知学科讲师的Robert J. Shillman 博士于1981年创立。Shillman 博士决定用10万美元的全部积蓄投资创办康耐视公司。他邀请两个麻省理工学院学生Marilyn Matz 和 Bill Silver 联手开始商业冒险，通过为他们免费提供自行车说服他们离开麻省理工学院一个暑期。而后 Marilyn 和 Bill 继续留下来联合创办公司，将最初的暑假打工变成了职业生涯的开始。这三个人成为公司的创始人并为公司起名康耐视 (Cognex)，意思是“识别专家”。

VisionPro是领先的视觉软件。它主要用于设置和部署视觉应用，无论是使用相机还是图像采集卡。借助 VisionPro，用户可执行各种功能，包括几何对象定位和检测、识别、测量和对准，以及针对半导体和电子产品应用的专用功能。借助VisionPro，用户可以访问图像匹配、斑点检测、卡尺、线位置、图像过滤、OCR和OCV视觉工具库，以及一维码和二维码读取等功能，以执行各种功能，如检测、识别和测量。并且，VisionPro 软件可与广泛的 .NET 类库和用户控件完全集成。

VisionPro QuickBuild 快速原型设计环境将高级编程的先进性和灵活性与易于开发性相结合。无论使用哪种方式，都可以缩短周期，轻松加载和执行作业，也可选择按代码手动配置工具。借助 VisionPro，用户可以通过任意相机或图像采集卡使用功能较强的视觉软件。

1.5.3　HALCON

HALCON是德国MVTec公司开发的商业机器视觉软件，同样，HALCON由大量的图像处理函数组成，也是一个图像处理函数库。MVTec公司位于德国慕尼黑，于1996年成立，自成立至今，只关注于机器视觉算法与软件的研究与开发，是世界知名的视觉软件开发公司，其发布的HALCON软件也是世界知名视觉软件系统。该系统包括了各种图像处理算法。HALCON源自学术界，它是由一千多个各自独立的函数，以及底层的数据管理核心构成的一套图像处理库，在HALCON中这些图像处理函数称为算子。这些算子大部分不是针对特定工作设计的，因此，只要用得到图像处理的地方，就可以用HALCON提供的算子进行处理。HALCON的应用涵盖了几乎所有范围，包括常见的工业应用，也包括医学、遥感探测、监控等各方面的应用。

除了大量的图像处理算子之外，HALCON还提供了与多种主流相机之间的接口，通过图像获取助手，可以直接从相机获取图像，利用HALCON提供的开发环境，快速搭建视觉系统，利用HALCON进行视觉系统开发，节约了视觉系统开发成本，缩短了软件开发周期。HALCON提供灵活的架构、快速的图像分析处理与应用开发方式，在全球机器视觉领域已经是公认的具有最佳效率的机器视觉软件。

HALCON支持的操作系统包括Windows，Linux和Mac OS X等。在HALCON中实现的图像处理算法可以方便地导出到多种语言环境中，包括C、C++、C#、Visual basic和Delphi等。因此，可以快速方便地将图像处理算法集成在各种语言环境中，从而实现整个视觉系统的核心部分。如果按照实现方法分类，HALCON提供的机器视觉检测方法包括Blob分析、边缘提取、定位、条码/二维码识别、字符检测与识别、摄像机标定、手眼标定、二维/三维匹配、几何测量与转换、测量等。如果从算子类型分类，HALCON提供的算子包括测量、匹配、标定、分类、分割、变换、滤波、形态学、光学字符识别（OCR）、目标检测、三维重构等。在新版本中还加入了深度学习算子。

此外，在HALCON中提供了大量的例程供初学者学习使用。这些例程包括了几乎所有机器视觉的应用范围与领域。

1.5.4　其他图像处理库

除了以上三种主流的机器视觉图像处理函数库之外，还有很多其他的图像处理函数库。国外的视觉图像处理相关软件或函数库如MATLAB、Maxtor Image library、LabVIEW、eVision、HexSight、Adaptive Vision Studi、Sherlock、Microscan、VisionEditor等。

在国内，也开始出现了相关视觉图像处理软件，如深圳奥普特的SciSmart、陕西维视的Visionbank、北京凌云的VisionWARE，以及海康威视的VisionMaster等。每一款视觉图像处理库或软件都有自己的特点。但是，不管哪个视觉软件，其核心都是集成的图像处理相关函数。在机器视觉应用领域，OpenCV、VisionPro和HALCON使用范围最广，使用人数最多。

练　习

1.1　什么是机器视觉？

1.2　简述机器视觉的组成，说明每个组成部分的作用。

1.3　机器视觉系统有哪些特点？

1.4　列举几种机器视觉的典型应用案例。

第2章

视觉图像采集设备

在机器视觉系统中，图像是基础，图像处理算法是核心。图像质量的好坏，关系到机器视觉系统能否成功实施。视觉图像采集中，涉及的硬件设备主要有光源、镜头和摄像机。光源照明使得被检测对象的感兴趣区域明显区别于别的区域，感兴趣区域的特征清晰明了。光线通过镜头进行聚焦，然后进入摄像机，摄像机芯片上是感光元件，摄像机的芯片感应到光信号，将接收到的光信号转换成数字信号。最后，通过摄像机与计算机的接口，将数字信号转换成数字图像并放置在计算机内，供视觉软件进行处理。

2.1 光源

机器视觉中的光源用于对被检测对象进行照明，其目的是突出对象中感兴趣区域的特征并抑制不必要的特征。同时，光源照明还可以克服环境光对图像采集的影响，提高图像信噪比，降低摄像机对曝光时间的要求，减少摄像机图像采集的时间。通过适当的光源照明设计，可以最大程度将目标与背景分离，降低图像处理的难度，提高系统处理性能，提高系统的稳定性和可靠性。为了选择适当的光源，需要考虑光源与检测对象之间的相互作用，了解光源和被测物的光谱组成。

2.1.1 电磁辐射

光是具有一定波长范围的电磁辐射，人眼可见的光称为可见光，其波长范围为380～780nm。波长更短的称为紫外光，比紫外光波长更短的是X射线和伽马射线。比可见光波长更长的称为红外光。比红外线更长的是微波和无线电波。图2.1是从紫外线到红外线的电磁波谱。

单色光以其波长表征，对于由多个波长组成的光，通常将其与黑色辐射的光谱进行比较。黑色可以吸收所有照射其表面的电磁辐射。任何物体只有在光照下才呈现一定的颜色，同一物体在颜色不同的光源照射下呈现不同的颜色，而在同一光源照射下的不同物体一般也呈现不同的颜色。通常，物体的颜色是指这种物体在白光照射下呈现的颜色。

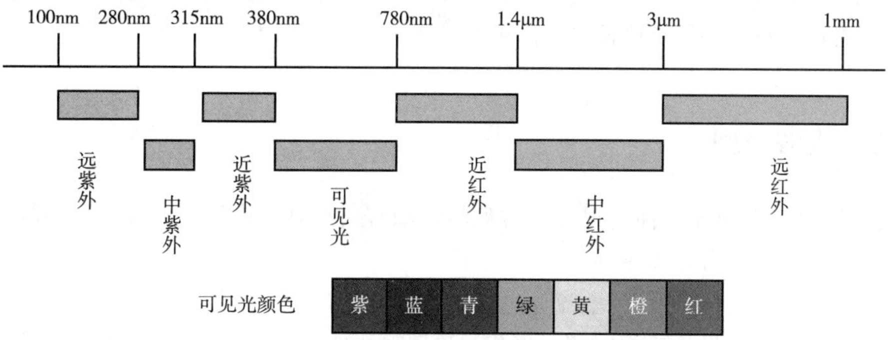

图2.1 从紫外线到红外线电磁波谱

白光是由红、橙、黄、绿、青、蓝、紫七色光组成的。单色光源只有一种颜色，单色光的波长单一。当白光照射不透明物体时，由于物体对不同波长的光吸收和反射的程度不同，而使物体呈现出不同的颜色。黑色物体对各种波长的光都完全吸收，所以呈现黑色。白色物体对各种波长的光完全反射，所以呈现白色。通常，物体会吸收某些波长的光，物体的颜色是由它所反射出来的光的颜色来决定的。反光物体的颜色与其选择吸收的光成互补色。图2.2是光的互补色示意图。

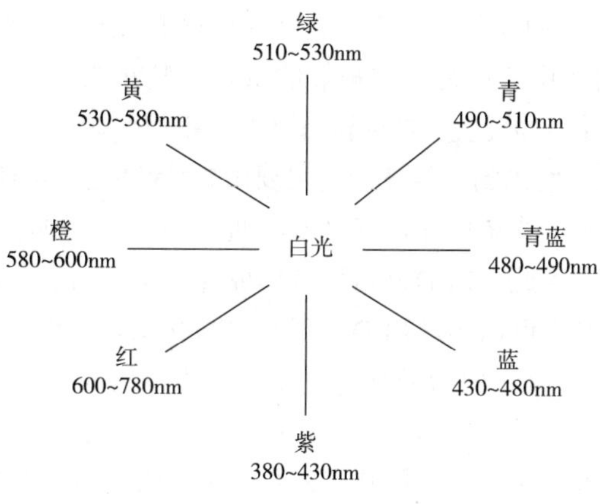

图2.2 光的互补色示意图

当白光照射透明或部分透明物体时，因其对不同波长的光吸收和透射的程度不同而使物体呈现了不同的透射颜色：如果物体对各种波长的光透过的程度相同，这种物体就是无色透明的；如果只有一部分波长的光透过，其他波长的光被吸收，则物体的颜色就由透过光的颜色来决定，即透光的物体呈现的是与其选择吸收光成互补色的透光颜色。

总之，物体反光和透光所呈现的颜色都是由与物体选择吸收光成互补色的光决定的。如果物体选择吸收的不只是一种颜色的光，那么物体的颜色就将由几种吸收光的互补光复合而成。熟悉电磁波谱和互补色原理，对于不同颜色的光源照明的选择很重要，对于不同颜色背景的物体，才能够选择合适的光源。例如，如果物体是红色，采用白光或红光照射物体，有红光返回，黑白相机中物体将呈白色，如果采用蓝光照射，则没有红光可以反射，物体将会是黑色。基于这样的理论，在拍摄物体时，如果要将被检测对象中某个区域的颜色打成白色，那么就需要使用与此颜色相同或相似的光源（光的波长一样或接近），而如果要打成黑色，则需要选择与目标颜色波长差较大的光源。

2.1.2　光源类型

用于机器视觉的光源种类很多，常见的光源有白炽灯、卤钨灯、氙灯、发光二极管（LED）等。

白炽灯内有细细的灯丝，电流通过灯丝产生光，灯丝采用钨丝制作而成。白炽灯的灯丝温度很高，为了防止高温时钨丝氧化，采用耐热玻璃壳进行封装，并将玻璃壳抽成真空，有时也在玻璃壳内充入不与钨丝产生化学反应的惰性气体，以延长钨丝的使用寿命。卤钨灯是一种改进的白炽灯，这种灯在玻璃壳内冲入一些卤族元素，可以提高灯丝的寿命，并且不会使玻璃壳发黑。白炽灯可以工作在低电压下，但是，这种灯发热严重，仅有很少的能量转换为光，而且，其寿命较短，也不能作为闪光灯使用，老化快，现在已经很少用作机器视觉的光源。

氙灯是一种气体放电光源，这种光源利用气体放电原理来发光。氙灯是在密封的玻璃灯泡中冲入氙气，氙气被电离产生高亮的光。氙灯又分为长弧灯、短弧灯和闪光灯。氙灯可做成点亮时间很短的闪光灯，可以达到200多次每秒，对于短弧灯，每次点亮时间可以做到1～20μs，在高速摄像中获得广泛应用。氙灯相对于白炽灯发光效率高，使用寿命长，光色可以适应大范围的变化。但是，这种灯的供电比较复杂，而且价格昂贵，在经过几百万次闪光后会出现老化。与此类似的光源有钠灯、汞灯等。

LED是一种通过电致发光的半导体，它主要由P型和N型半导体组合而成。LED能产生类似于单色光的非常窄的光谱的光，其亮度与通过二极管的电流有关。光的颜色取决于所使用的的半导体材料，因此，LED灯可以制作成各种颜色的光源，除了常见的可见光之外，如红外光、近紫外光也可以通过LED实现。LED光源功率小、发热小、寿命长，可以使用超过100000小时。而且，LED响应速度快，可用作闪光灯，几乎没有老化现象，光源亮度稳定并容易调节。此外，LED可以方便制成各种形状的光源，也可以根据用户需求进行定制。但是，LED光源也有一定的缺点，主要是LED的性能与环境温度有关，环境温度越高，LED的性能越差，寿命越短。相对于LED光源的缺点，其优点更加明显。因此，LED光源是机器视觉中应用最多的一种光源。下面主要以LED光源来介绍光源的形状和打光方式。

2.1.3　光源形状

不同形状的光源可以用于控制光源照射的视野范围和光源照射的方向。此外，有时候现场安装条件受限，也需要考虑光源的形状。因此，为了满足不同机器视觉的应用场景，需要将光源制作成各种不同的形状。常见的有环形光源、条形光源、同轴光源、面光源，以及穹顶光源等。

(1) 环形光源

环形光源（图2.3）的LED灯珠排列在一个圆环上，根据LED灯珠的发光方向与摄像机光轴的夹角，环形光源又分为低角度环形光源和高角度环形光源。常见的角度有0°、20°、30°、45°、60°和90°等。一般将小于等于45°的称为低角度环形光源，反之称为高角度环形光源，环形光源的角度也可以根据用户需求进行定制。每种角度的照明对不同的目标对象成像效果不同。如0°环形光可以用于检测物体表面划痕的照明，90°环形光可以用于电路板上线路检测的照明。

(2) 条形光源

条形光源（图2.4）是由高密度直插式LED阵列组成，适合大幅面尺寸检测。通常条形光源成对使用，有时候也单独使用，还可以多个条形光源组合使用。条形光源照射角度也可自由调整，某些情况下可代替环形光源。高亮条形光源优点是光照均匀度高、亮度高、散热好、产品稳定性高、安装简单、角度随意可调、尺寸设计灵活。条形光源可用于表面裂纹检测、包装破损检测、条码检测等多种场合。

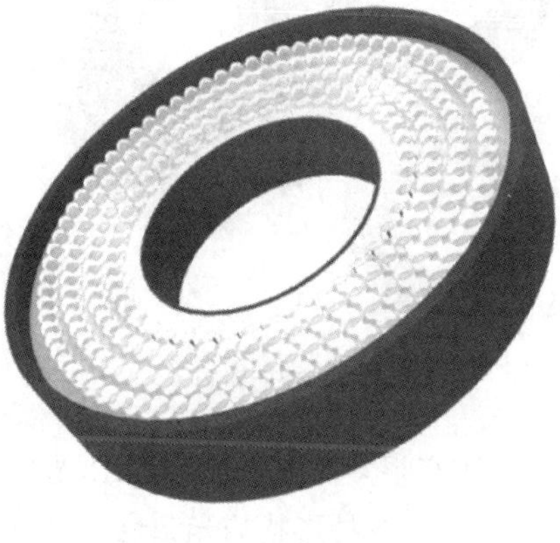

图2.3 环形光源

图2.4 条形光源

(3) 同轴光源

同轴光源（图2.5）有一块45°的半透半反玻璃。LED灯珠发出的光线，先通过全反射垂直照到被测物体，从被测物体上反射的光线垂直向上穿过半透半反玻璃，进入摄像头，这样就既消除了反光，又避免了摄像头的倒影。同轴光源可以消除物体表面不平整引起的阴影，从而减少干扰，部分采用分光镜设计，以减少光损失，提高成像清晰度，均匀照射物体表面。同轴光源主要用于检测表面平整光滑并且反射度极高物体的碰伤、划伤、裂纹和异物等，如金属、玻璃、胶片、晶片等表面的划伤检测，芯片和硅晶片的破损检测，MARK点定位，包装条码识别，等。

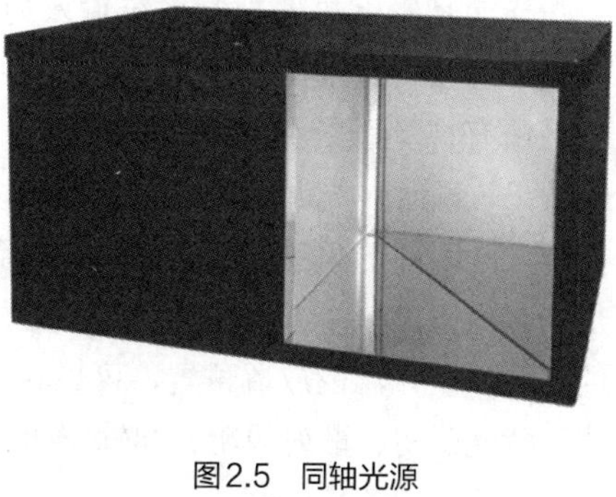

图2.5 同轴光源

但是，同轴灯只能接收和镜头同轴的光线，因此不能用来检测有弧度的物体。

（4）面光源

面光源（图2.6）是一种平面光源，多个灯珠均匀布在光源底部，在外面放置一个漫反射板，光线经漫反射后在表面形成一片均匀的照射光。面光源的发热量低，光线均匀柔和无闪烁。面光源一般用于背光照明，可以检测目标对象的外形轮廓、尺寸测量，透明物体的缺陷检测，等。

（5）穹顶光源

穹顶光源（图2.7）也称为球积分碗光源、碗光源或demo光源。其形状像一个碗，在顶上开有一个孔，相机通常放置在孔上方，光线经过照射物体后，反射光经过孔进入镜头，在相机芯片上成像。穹顶光源是一种圆顶无影光源，是漫反射的一种，它通过半球形的内壁多次反射，可以完全消除阴影。穹顶光源主要用于球形或曲面等表面不平物体的检测，如包装袋表面检测、线缆缺陷检测、电子元件外观检测等。

图2.6　面光源

图2.7　穹顶光源

除了以上所提到的具有代表性的光源形状之外，还有很多其他形状，LED光源可以方便地制成各种形状，而且还可以根据客户要求进行定制。各种形状的光源也可以组合使用，以满足特定的视觉检测要求。

2.1.4　光源照明方式

光源是影响机器视觉系统输入的重要因素。采用光源照明的目的是使被检测对象中感兴趣区域的特征凸显出来，抑制非必要的背景。目前,还没有一种通用的照明设备可以满足所有视觉系统，所以，必须针对每个特定的应用来选择相应的照明设备，以达到最佳效果。同时，光源照明的方式不同，得到的图像质量也有很大的区别，即使采用同一种光源，从不同的角度去照射物体，得到的图像也是有很大区别的。为了让感兴趣区域的特征凸显出来，除了考虑光源的形状之外，光源照明的方式也非常重要。从选用的不同类型的光源以及光源的放置位置，可以将光源的照明方式分为直接照明、角度照明、低角度照明、背光照明、散射照明、同轴照明等。

（1）直接照明

直接照明（图2.8）一般适用于0°环形光源、条形光源和面光源，也称为垂直照明。这种照明方式的照射面积大、光照均匀性好，适用于较大面积照明。直接照明的光线直接投射向物体，得到清晰的图像。但是，当被检测对象表面有反光的时候，图像上会出现像镜面的反光现象。直接照明的光线反射后进入照相机，在相机内的成像背景通常为明亮背景，因此，有时候也称这种照明为明场照明。

（2）角度照明

角度照明（图2.9）通常采用30°、45°、60°、75°等环形光源。这种照明方式的光线按照一定的角度照射在物体上，结果是倾斜的散光通过镜头进入摄像机，而别的光线不进入摄像机，则在图像上呈现的结果是一个比较暗的背景，而特征则呈现出明亮的特点。该照明方式适用于检测表面瑕疵如凹凸不平等特征。由于在摄像机中观察到的图像背景是黑暗背景，有时也称为暗场照明。

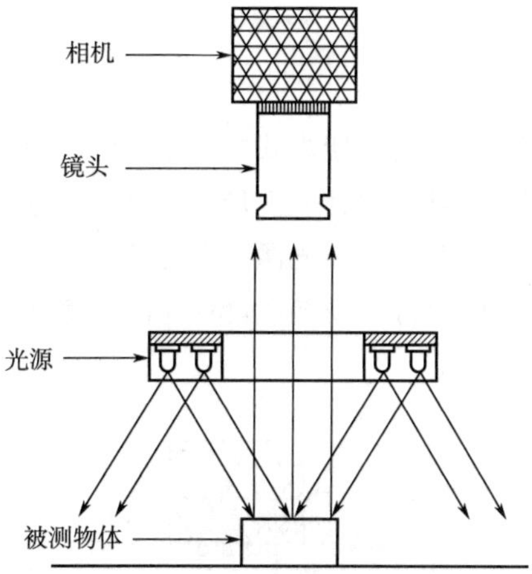

图2.8 直接照明

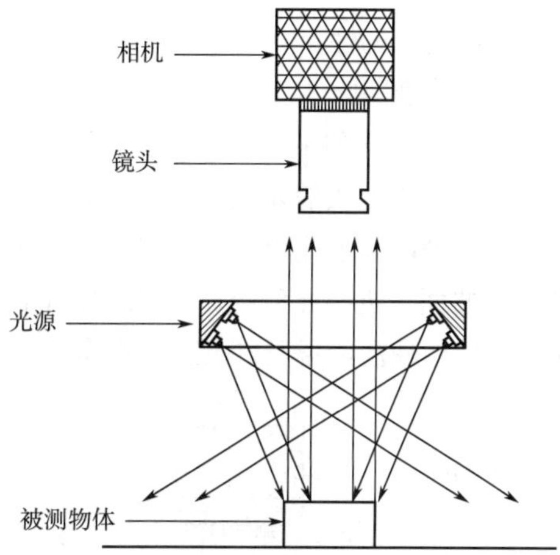

图2.9 角度照明

（3）低角度照明

低角度照明（图2.10）方式通常采用光线与被测物体角度呈0～30°范围的环形光源。其照明方式与角度照明类似，只是这种照明方式的角度更低，因此称为低角度照明。这种照明方式能够更加明显地表现物体表面细节的变化，对表面凹凸特征的表现更强，适用于晶片或玻璃基片上的伤痕检查。同样，这种照明方式呈现出来的图像背景也是暗黑背景，因此，也称这种照明为低角度暗场照明。

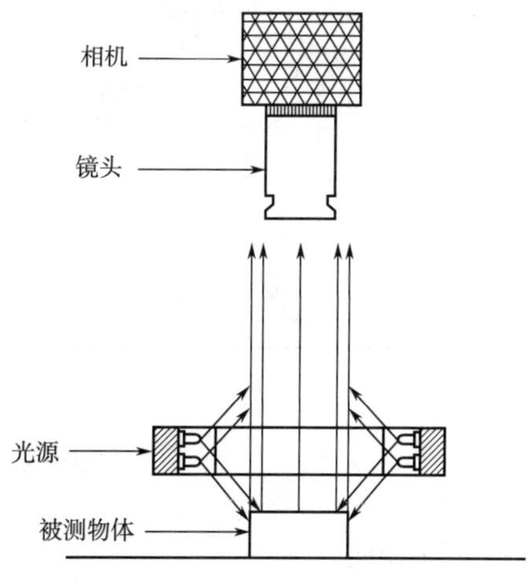

图2.10 低角度照明

（4）背光照明

背光照明（图2.11）的物体放置在摄像机和光源之间，从光源发出的光被物体遮挡住一部分，没有被遮挡的光线通过镜头进入摄像机。这种照明方式可以突出显示不透明物体的轮廓，常用于物体的形状检测、尺寸测量等方面。对于有一定高度的被测物，当高角度光线从背光源的边缘发射出时，光源会斜射过被测物体的边缘，然后反射进入镜头。这将使物体被照明，降低了图像的对比度，影响检测结果。因此，背光照明主要用于厚度不大或者是完全没有倒角的物体。而且，为了防止光线斜射进入镜头，通常采用平行光线进行照射，有时，在光源前面安装漫反射板以增加光线的均匀性。

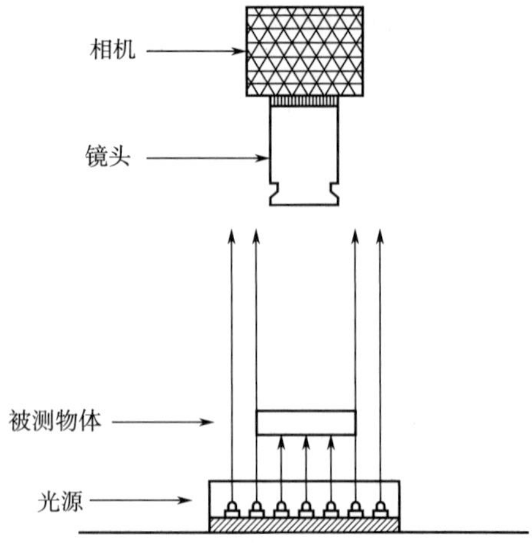

图2.11　背光照明

（5）散射照明

散射照明是一种多角度照明，也称为漫散光照明。这种照明方式的光线从各个角度照射向物体，进入镜头的光线也是各个方向的，相当于光线在物体表面形成漫反射。这种照明方式可以消除反射光引起的反射斑。常采用穹顶光源作为照射光源。有的穹顶光源的光线从内壁曲面上直接照射物体［图2.12（a）］，有的LED灯珠安装在穹顶光源的底面，光线照射到内壁曲面，再反射照射到物体上［图2.12（b）］。

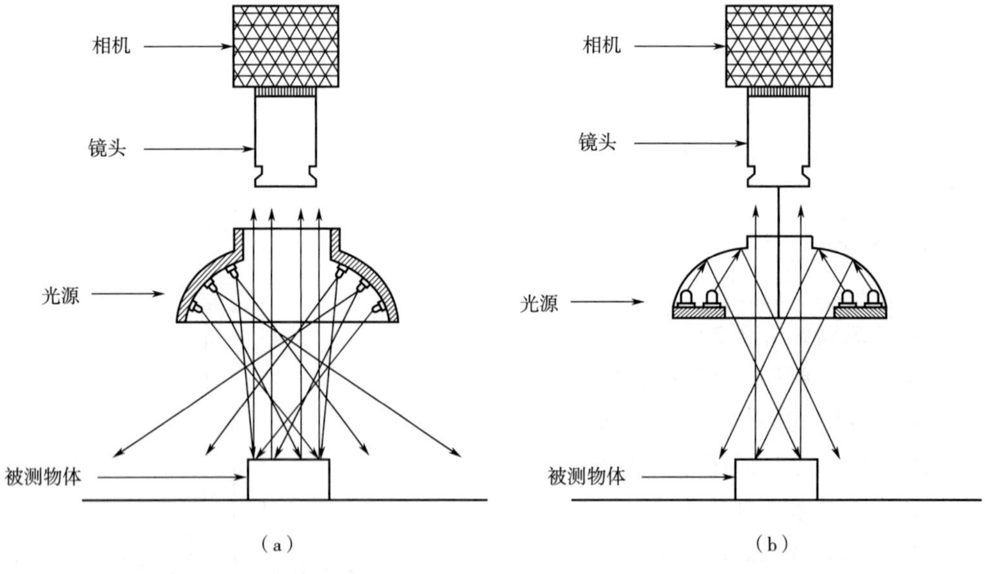

图2.12　散射照明

（6）同轴照明

同轴照明（图2.13）类似于平行光的应用，这种照明方式通常采用同轴光源。同轴光源的LED灯珠安装在一侧，中间有一块45°的半透半反玻璃。LED发出的光线，先通过全反射垂直照到被测物体，从被测物体上反射的光线垂直向上穿过半透半反玻璃，进入摄像头，这样就既消除了反光，又避免了图像中产生摄像头的倒影。这种照明方式主要用于检测如玻璃这种反光程度很大的平面物体。

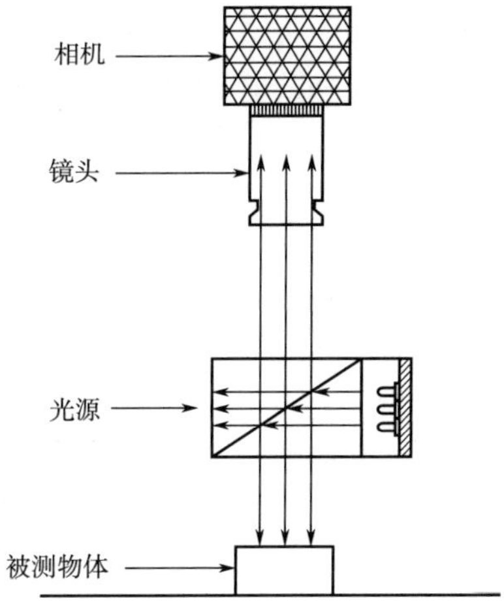

图2.13　同轴照明

光源在机器视觉中非常重要，好的光源和照明方式是得到清晰特征的图像的基础，是保证机器视觉系统成功实施的基础。除了上面介绍的几种常见照明方式之外，还有其他一些照明方式，如结构光照明、频闪光照明等。在机器视觉中，各种光源类型与照明方式的选择是根据实际检测对象的不同而不同的，有时候可能需要多种光源以及各种照明方式进行组合。因此，在实际使用过程中，需要根据检测对象进行分析。此外，环境光的改变将影响光源照射到物体上的总光能，令图像质量发生变化，可能导致图像处理困难，此时，一般可采用加防护罩的方法减少环境光的影响。

2.2　镜头

镜头（图2.14）是机器视觉中用于成像的重要部件，如果没有镜头，光线进入摄像机是无法成像的。镜头内部由多个透镜组成，外部有可以调节光源和焦距的调节环。镜头成像的原理与凸透镜成像原理一样（图2.15），但是要注意的是，镜头不是单个凸透镜，而是由多组镜片组成。与镜头相关的参数主要是焦距、光圈。

（a）镜头实物

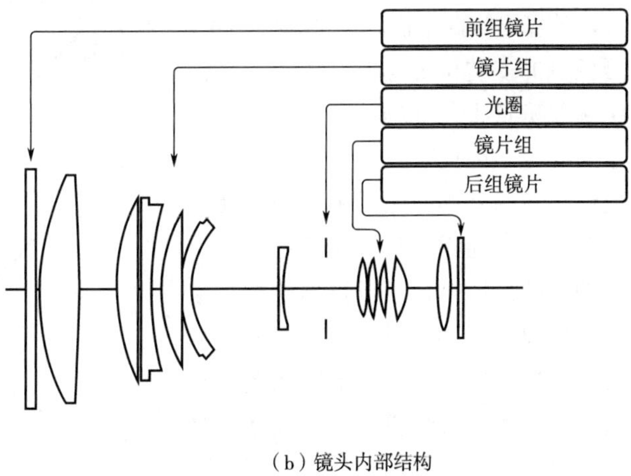

（b）镜头内部结构

图2.14　镜头

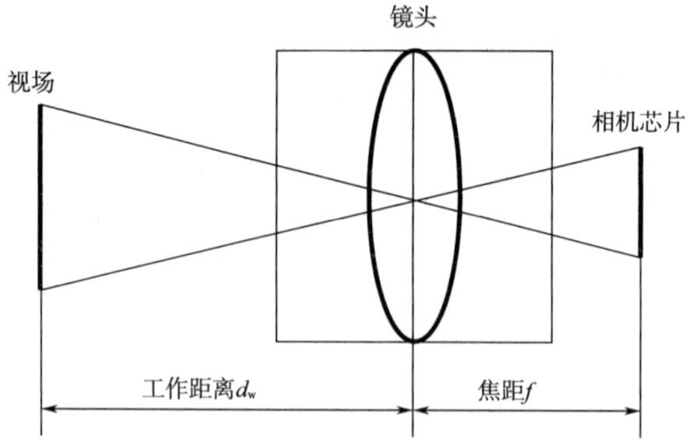

图2.15　光学成像示意图

2.2.1　焦距

镜头的焦距是非常重要的参数，镜头焦距与视场大小和摄像机芯片大小关系如图2.16所示。设拍摄的视场大小为FOV，通常视场和摄像机芯片为一个矩形区域大小。设水平方向视场大小FOV_H,竖直方向大小为FOV_V，摄像机芯片水平方向为S_H，垂直方向为S_V,工作距离为d_w，焦距为f，则存在以下等比关系：

水平方向：
$$\frac{f}{d_w}=\frac{S_H}{FOV_H} \tag{2-1}$$

垂直方向：
$$\frac{f}{d_w}=\frac{S_V}{FOV_V} \tag{2-2}$$

从式（2-1）和式（2-2）可以看出，当焦距增大时，如果工作距离和视场大小不发生变化，则芯片尺寸将增大。式（2-1）和式（2-2）中，任意确定三个值，就可以计算出第四个值。在实际应用中，摄像机的安装位置确定好之后，工作距离就确定了，视场大小根据检测对象来确定。因此，只要选定了摄像机或镜头中的其中一个，另一个也就可以确定了。通常镜头的焦距是可以手动调节的，所以，可以根据检测对象的精度要求，确定摄像机的选型，从而确定镜头的选型。镜头的像面尺寸需要大于等于摄像机的芯片尺寸，这样可以保证芯片上的成像在四周不会出现空白的情况。

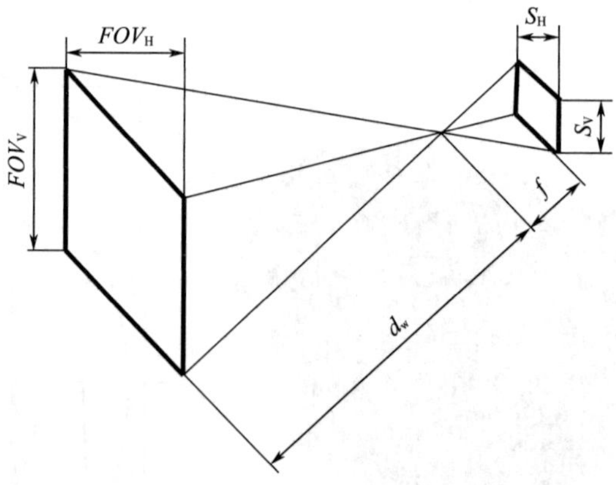

图2.16　焦距、视场与芯片大小关系示意图

2.2.2 光圈

光圈（图2.17）是一个用来控制光线透过镜头，进入机身内感光面光量的装置，它通常是在镜头内。对于已经制造好的镜头，不可能随意改变镜头的直径，但是可以通过在镜头内部加入多边形或者圆形，并且面积可变的孔径光阑来达到控制镜头通光量，这个装置就叫作光圈。

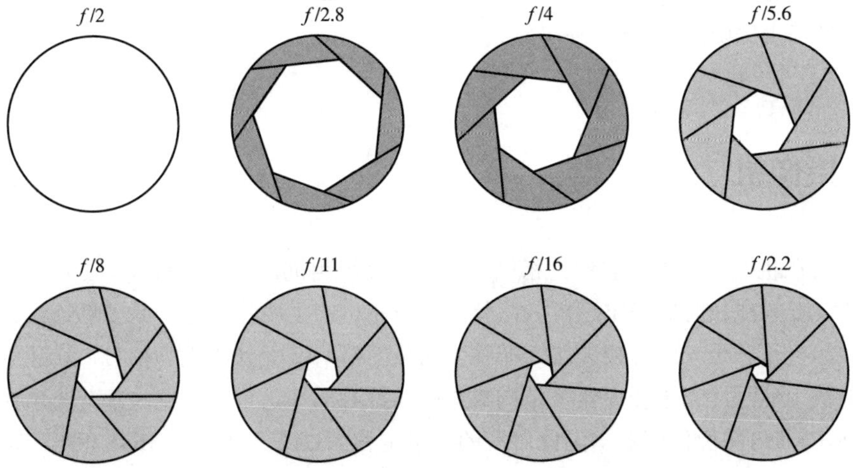

图2.17 光圈

光圈内由光圈叶片构成，通过这些光圈叶片的开合度来控制光圈的大小。通过调节光圈，可以控制孔径的大小，进而调节进入镜头的进光量。光圈大小用F值或$f/$值表示，称为F数，比如$F1.4$、$F2.0$或$f/1.4$、$f/2$。F数与光圈大小成反比。F数与镜头的有效焦距以及入射光瞳直径有关，通常按照式（2-3）计算。

$$F = \frac{f}{D} \tag{2-3}$$

可以简单地将入射光瞳直径理解为光线进入镜头的直径大小，即镜头的有效直径。在焦距一定的条件下，将F数增大，则对应的入射光瞳直径变小，进入镜头的光线就变少。常用F数有$F1.4$、$F2.0$、$F2.8$、$F4.0$、$F5.6$、$F8.0$、$F11$、$F16$、$F22$等。F数系列是一个等比数列，公比为$\sqrt{2}$，数值越小，光圈越大。光圈的作用在于决定镜头的进光量，光圈越大，对应的F数越小，进光量越多，反之，则越小。在摄像机曝光时间不变的情况下，光圈越大，进光量越多，画面越亮，光圈越小，画面越暗。

2.2.3 其他镜头参数

除了焦距和光圈这两个可以直接调整的镜头参数之外，与镜头相关的参数还有景深、放大倍率、数值孔径，以及分辨率等。在镜头焦平面的前方某处到其后方某处这个范围内，其拍摄的对象都能形成清晰影像，这一范围称为景深，景深的大小决定了在焦距前后能够呈现清晰图像的距离。放大倍率也称光学倍率，是指成像大小与物体尺寸的比值，可以表示为镜头焦距与工作距离的比值，也是相机芯片大小与视野大小的比值。数值孔径是一个无量纲的数，用以衡量该系统能够收集的光的角度范围。镜头的分辨率与摄像机的分辨率不同，镜头分辨率是指在成像平面上1mm间距内能分辨开的黑白相间的线条对数，单位是“线对/毫米”（lp/mm，line-pairs/mm）。

对于机器视觉系统而言，图像是最重要的信息来源，而镜头的性能也决定了图像的质量。通常，很难用软件算法来改变图像质量。因此，在进行机器视觉系统设计的时候，首先考虑从硬件上保证图像质量。

2.3　摄像机

摄像头在机器视觉中习惯称为相机，相对于民用相机，工业相机（图2.18）主要追求性能稳定，要求能长时间稳定运行。此外，工业相机的主要特点之一是能够连续快速地采集图像。相机是一个光电转换装置，即将图像传感器所接受到的光学信号，转化为计算机能处理的数字信号。光电转换器件是构成相机的核心部件。目前，绝大部分光电转换器件为CCD和CMOS图像传感器，因此对应的相机也称为CCD相机和CMOS相机。从相机传感器采集图像的方式，又可以分为面阵相机和线阵相机。面阵相机每次采集的图像数据为一个矩形平面，而线阵相机每次采集的图像数据为一条直线形状，线阵相机的采图需要配合运动平台才能完整地采集整个检测对象的图像。两种图像采集方式各自有自己的适应场合。

图2.18　工业相机

早期的相机感光芯片主要是CCD芯片。目前，CMOS相机技术已经成熟，已经有很多相机采用CMOS芯片了。CCD相机最突出的特点是以电荷为信号，而不同于其他器件是以电流或者电压为信号，因此，CCD相机受噪声干扰较小。CMOS图像传感器的开发最早出现在20世纪70年代。到了20世纪90年代初期，随着超大规模集成电路制造工艺技术的发展，CMOS图像传感器得到迅速的发展。CMOS图像传感器将光敏元阵列、图像信号放大器、信号读取电路、模数转换电路、图像信号处理器及控制器集成在一块芯片上。目前，CMOS图像传感器以其良好的集成性、低功耗、宽动态范围和输出图像几乎无拖影等特点而得到越来越广泛的应用。对于相机而言，机器视觉中比较关心的相机参数主要有芯片尺寸、相机分辨率、帧率或行频（线阵相机），以及曝光时间等。因此，这里还是以CCD面阵相机为例，对相机的部分参数进行说明。

2.3.1 CCD芯片尺寸

在机器视觉中，相机芯片的尺寸用英寸（″）来表示。与工业上代表的长度不同，业界通用CCD芯片尺寸的规范为1″表示芯片对角线的长度为16mm的矩形形状的面积，并且其芯片的长宽与对角线形成的直角三角形的三条边的比例是4∶3∶5。因此，由勾股定理可知,只要给定该三角形最长一边的长度，就可以计算芯片的长宽尺寸。

例如相机芯片大小为1″，则由长宽以及对角线长度之间的比例关系4∶3∶5，可以算出，相机芯片的长宽分别为12.8mm和9.6mm。

假设芯片大小为1/4″，可知对角线长度为16/4=4mm，同理，按照比例4∶3∶5，可以计算出，其长宽分别为3.2mm和2.4mm。图2.19是常用CCD芯片尺寸。计算结果保留一位小数。但是对角线的长度采用向上取整的方式计算，例如对于1/3″的芯片对角线长度为16÷3≈5.3mm，采用向上取整，所以对角线长度为6mm。

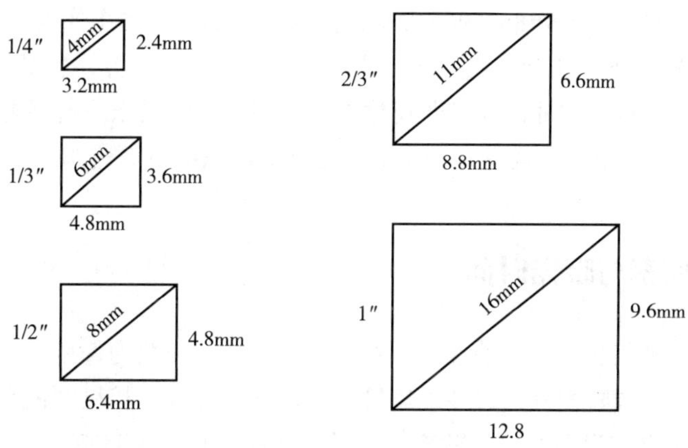

图2.19 常用CCD芯片尺寸

CCD芯片中，图像传感器的单个感光元件越大，捕捉光线的能力就越好。图像传感器面积越大，能容纳感光元件越多，捕获的光子越多，感光性能越好，从而信噪比越高，成像效果越好，图像更加细腻，层次更加丰富，色彩还原更加真实。在相同条件下，图像传感器面积越大，就能记录更多的图像细节，而且各像素间的干扰也小，可以更加胜任弱光条件下的感光，这在特殊恶劣环境下会有很大用处。但是，图像传感器的面积越大，其成本也就越高。因此，为了获得更好的成像效果，又不想提高太多成本，通常是在CCD芯片尺寸不变甚至减小的前提下，尽量增加感光元件的数量。但是，CCD尺寸不变，增加感光元件就意味着单个像素的感光面积要缩小，单个感光元件捕捉光线能力下降，从而会引发噪声增加、色彩还原不良、动态范围减小等问题。因此，同样是200万像素的工业相机，CCD芯片尺寸是1/2″的比1/3″的成像质量更好。

2.3.2　相机分辨率

分辨率是指相机每次采集图像的像素点数（pixels），对于工业数字相机而言，一般是直接与传感器的像元数对应，也是相机的有效像素的数量。分辨率通常用宽×高的方式表示，如1280×960，表示芯片水平方向有1280个像元，垂直方向有960个像元，对应采集的图像大小也是1280×960。分辨率与相机芯片大小以及单个像元尺寸的关系是单个像元尺寸等于芯片大小除以分辨率的大小。

例如，假设对于1/3″的芯片尺寸，分辨率或有效像素为1280×960。则可以计算其芯片长宽以及单个像元的尺寸如下所述。

芯片对角线长度：　16÷3=6（mm）（向上取整）

芯片长度方向：　6×4÷5=4.8（mm）

芯片宽度方向：　6×3÷5=3.6（mm）

水平方向像元尺寸：　4.8÷1280=3.75（μm）

垂直方向像元尺寸：　3.6÷960=3.75（μm）

单个像元尺寸通常是正方形，所以不管从水平方向还是垂直方向来计算，其结果是一样的。

分辨率的高低也说明了采集的图像的像素数量，分辨率越高，得到的图像像素数量越多，越能够反映图像的细节特征。但是，更高的分辨率带来更大的图像处理算法计算量，计算更加耗时。例如，对于1280×960大小的分辨率，遍历一遍图像需要约122万次计算，如果分辨率提高为2448×2048，则遍历一次需要约500万次计算，提高了约四倍计算量。因此，并不是分辨率越高越好，在机器视觉中，应根据实际需求，选择能满足检测要求的最小分辨率的相机是最好的，而不是为了追求更好的图像细节而选择高分辨率的相机。

2.3.3　相机帧率与曝光时间

帧率是指相机采集传输图像的速率，对于面阵相机，一般为每秒采集的帧数，一帧就是一幅图像，而对于线阵相机为每秒采集的行数，称为行频。相机的帧率决定了相机采集图像的速度，也决定着设备的检测效率。但是，相机图像采集速度并不完全由帧率决定，通常相机的曝光时间也要影响图像的采集速度，曝光时间是指从相机快门打开到关闭的时间间隔。相机的帧率和曝光时间之间有一定关系。如果曝光时间过长，则图像的采集时间就会增加，帧率也相应地下降了。

在机器视觉系统的应用上，通常是在线检测，检测对象所在的运动线体的速度通常比较快。因此，工业相机需要适应快速采集图像数据进行分析和处理，并输出处理结果。如果相机的帧率跟不上线体运动速度，则无法准确采集图像数据。同时，相机的曝光时间也会影响相机的采集速度。曝光时间越长，图像采集速度越慢，反之，采集速度越快。但是，曝光时间太短，图像可能出现曝光不足，则影响图像质量。曝光时间太长，除了图像采集时间增长之外，还可能出现曝光过度，也将影响图像质量。因此，在实际应用中，需要合理选择相机的帧率和设置相机的曝光时间。通常相机的帧率设置尽量大一些，而相机的曝光时间会设置为很短，曝光时间太短可能导致的图像曝光不足情况，可以通过补光来增加光线通过镜头进入摄像机的进光量，这也是要在机器视觉系统中增加光源的一个重要原因。

2.3.4　其他相机参数

除了上面所提到的摄像机参数之外，还有很多与其相关的参数。如像素深度、光谱响应特性等。像素深度即每个像素数据的位数，对于黑白摄像机，每个像素采用8位二进制进行存储，图像为灰度图，对于彩色相机，每个像素采用24位二进制进行存储，图像通常为RGB彩色图像。光谱响应特性指该像元传感器对不同光波的敏感特性，一般响应范围是350～1000nm。此外，摄像机的数据传输接口类型、摄像机与镜头的接口类型也是需要关注的参数。摄像机的接口类型通常是IEEE1394、USB3.0、网络接口等标准接口。数据传输接口类型也确定了与计算机的连接方式。摄像机与镜头之间的连接方式常用的有C型接口、CS型接口、M型接口、F型接口等。通常摄像机与镜头的接口类型需要保持一致，才能够保证两者之间可以连接进行图像采集，但是C型和CS型接口之间可以通过增加转接环的方式实现连接。

在机器视觉系统中，图像采集处于视觉系统的最前端，图像质量的好坏直接关系到视觉系统能否成功运行。在图像采集中，需要光源、镜头以及相机三者相互配合。首先需要在硬件选型方面，确保能够拍摄出特征明显的图像。其次，光源与镜头和相机的安装位置也相当重要，不同的安装角度也决定了拍摄图像的质量。机器视觉系统把光学部件和成像器件结合在一起，并通过计算机对被测对象进行检测。机器视觉系统的检测速度通常能做到在不降低生产效率的前提下，百分之百地检测生产线上的产品，并能够与统计和控制过程密切结合。实现生产过程的信息化管理和监控。由于越来越多的企业对产品的精度和质量要求也越来越高，为了在当今质量意识很强的市场中更具有竞争力，机器视觉系统的作用显得更加重要。

练　习

2.1　光源在机器视觉中的作用是什么？

2.2　简述光的互补色。

2.3　机器视觉中常用光源类型有哪些？各有什么特点？

2.4　简述LED光源的优缺点。

2.5　常用光源的形状有哪些？

2.6　光源照明方式有哪些？每种照明方式有何特点？

2.7　什么是光圈？光圈的作用是什么？常用光圈大小有哪些？

2.8　设CCD芯片大小为2/3″，计算该芯片的长度尺寸。

2.9　设镜头焦距f=8mm，CCD芯片大小为1/2″，工作距离d_w=50mm，计算水平视野和垂直视野的大小。

2.10　设CCD芯片大小为1/4″，分辨率为640×480，计算水平方向和垂直方向的像元大小。

2.11　什么是帧率？简述帧率和曝光时间之间的关系。

第3章

数字图像基础知识

图像根据记录方式不同，可以分为模拟图像和数字图像两类。模拟图像是直接输入系统，没有经过采样和量化的图像。为了使用计算机来处理图像信息，需要将模拟图像进行数字化处理，变成计算机能够处理的信息，这就是数字图像，数字化过程一般通过采样和量化实现。

3.1 数字图像表示方式

数字图像一般经过采样和量化得到。将图像空间坐标进行离散化，以获得离散点的过程称为图像采样，所有离散点称为采样点，把采样点上对应的亮度连续变化区间转换为单个特定数码的过程称为量化。在采样和量化过程中，采样间隔的大小、量化的等级决定了数字图像所保留的信息数量。采样和量化的过程也是得到离散的数字图像的过程。一幅数字图像可以定义为一个离散二维函数$f(x, y)$，其中，x和y表示图像的空间坐标，坐标(x, y)对应的幅值f称为该点的像素值。x和y以及幅值f都是有限的、离散的数值。对于二维数字图像，也可以采用矩阵的方式进行表示，设图像大小为$R\times C$，其中R表示图像的行，C表示图像的列。式（3-1）是图像的矩阵表示：

$$\boldsymbol{f}(x,y)=\begin{bmatrix} f_{1,1} & f_{1,2} & \cdots & f_{1,C} \\ f_{2,1} & f_{2,2} & \cdots & f_{2,C} \\ \vdots & \vdots & \ddots & \vdots \\ f_{R,1} & f_{R,2} & \cdots & f_{R,C} \end{bmatrix} \tag{3-1}$$

式中，矩阵中的每一个值表示在坐标位置(x, y)处的像素值。如$f_{1,1}$表示坐标$(x, y)=(1,1)$处的像素值为$f_{1,1}$。因此，也可以直接用像素坐标x-y的方式表示一幅图像，如图3.1所示。如果图像的行数采用h表示，代表图像的高度，图像的列数采用w表示，代表图像的宽度，一幅图像的大小也可以表示为$w \times h$。图3.1中，左上角表示图像的原点，每一个小黑点代表图像的像素值，x表示图像的列坐标，y表示图像的行坐标。例如，通常说图像大小1280×960，即表示图像的宽度w=1280，高度h=960，也表示图像的列C=1280，行R=960，有时也称为图像的分辨率。同时也说明了图像的像素数量为1280×960=1228800。

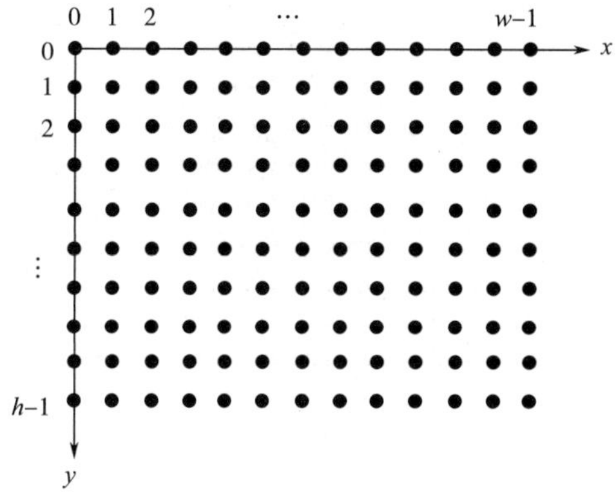

图3.1　图像的像素表示

3.2　数字图像类别

数字图像中，每一个像素采用量化的具体数字进行表示，数字范围从0～255。按照图像每个像素在计算机中存储所占的二进制位数可以分为1位图像、8位图像、16位图像、24位图像和32位图像。通常1位图像是单色黑白图像，8位图像是灰度图像或索引图像，其他的都是彩色图像，只是颜色的数量不同，其中32位与24位图像的颜色数量一样，多出来的8位用来表示图像的透明度信息，在机器视觉中很少使用该信息。按照图像的强度或颜色等级分类，图像可分为彩色图像、二值图像、灰度图像和索引图像。

3.2.1　彩色图像

彩色图像有多种彩色模式，常见的如RGB、HSI、HSV、CMY等，这里只介绍RGB模式。根据光的三基色原理，光谱上的大多数颜色都可以用红、绿、蓝三种单色加权混合产生，如图3.2所示。因此，在数字图像中，彩色图像每个像素采用三个数字矩阵来表示。每个数字矩阵分别表示红、绿、蓝三种颜色，数字范围从0～255。三种数字的不同组合表示不同的颜色。对16位图像而言，每个像素占2个字节，即16位二进制。16位图像表示图像最多有2的16次方种颜色。RGB每个颜色分量所占的位数为5位，有一位为空。目前16位的彩色图像在机器视觉中已经很少使用。

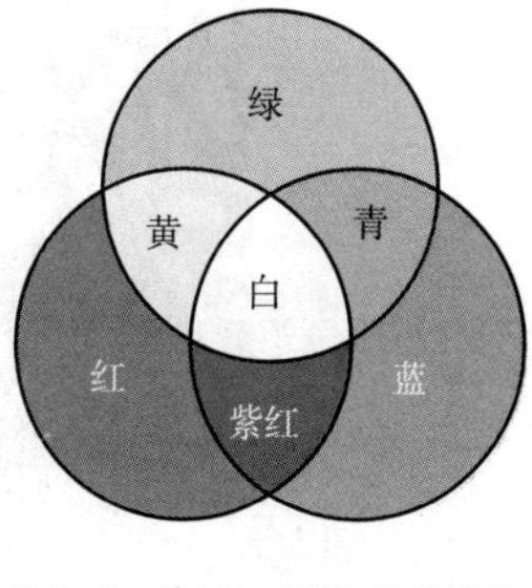

图3.2　RGB三基色与混合色

24位和32位彩色图像的颜色数量一样，都是2的24次方种颜色。在此以24位彩色图像进行说明。这种图像每个像素占3个字节，即24位二进制。每个RGB分量分别占8位，数字范围从0～255。每幅图像用RGB三个数字矩阵表示，如图3.3所示。每个像素的颜色由三个数字组成，不同的组合即不同的颜色。

红

210	201	196	194	197	203	212	213
213	208	208	209	217	213	210	213
218	219	223	225	226	214	204	208
235	232	229	225	233	216	218	223
239	237	235	233	232	231	218	206
241	239	238	235	222	223	200	187
242	240	235	228	217	202	187	191
244	238	229	219	216	201	204	199
243	239	227	217	210	214	221	189
237	235	226	218	206	216	204	170

绿

237	230	227	227	232	238	244	245
236	235	236	238	249	244	241	242
239	242	248	252	254	242	232	236
253	251	250	248	255	240	245	247
254	255	254	254	252	254	241	228
255	255	255	254	241	243	220	210
255	255	250	246	234	221	207	211
255	253	244	237	233	220	224	219
255	252	242	232	227	233	240	209
250	248	241	233	223	235	222	190

蓝

248	244	245	246	254	255	255	255
242	244	248	252	255	255	255	255
242	248	255	255	255	254	246	250
255	255	255	254	255	250	255	255
255	255	255	255	255	255	249	239
255	255	255	255	247	250	227	218
255	255	255	250	241	227	214	218
255	255	249	241	240	226	231	226
255	255	247	237	234	239	247	218
255	255	248	240	231	242	232	199

图3.3　RGB图像与数字矩阵

3.2.2　二值图像

二值图像（图3.4）中，图像的每个像素只能是黑或白，没有中间的过渡，故又称为黑白图像。二值图像的像素值为0或1。二值图像中，每个像素在计算机中采用1位二进制进行存储。如图3.4（a）表示的图像，如果在Windows系统中查看其图像属性，可以看到该图像的位深度为1，如图3.5所示。二值图像也是单色图像。这种图像所占的计算机存储空间最小。

（a）　　　　（b）

图3.4　二值图像

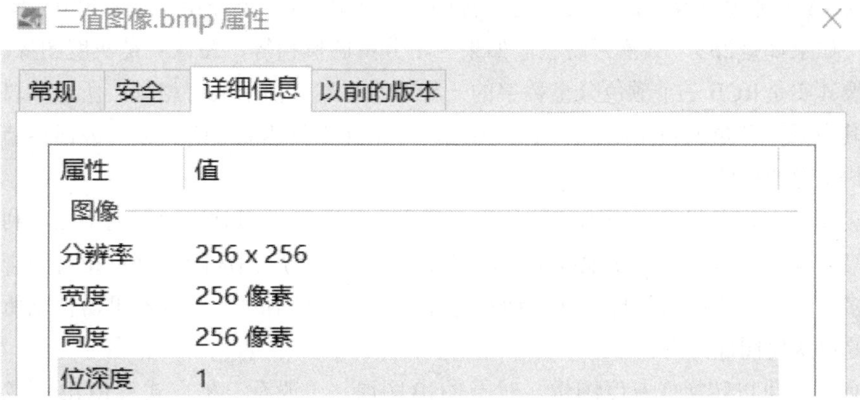

图3.5　二值图像属性

3.2.3　灰度图像

灰度图像是每个像素由一个量化的灰度值来描述的图像，它不包含彩色信息，其灰度值范围从0～255。图像在计算机中存储的是一个二维矩阵数据，灰度图像只有亮度信息，每个像素值采用8位二进制（一个字节）进行存储，亮度级有256种，其中，0表示黑色，255表示白色，中间的值从小到大是从黑色到白色的过渡。图3.6显示了一个灰度值为100的像素的存储过程。图3.7是灰度图像在计算机中对应的存储数字示例。

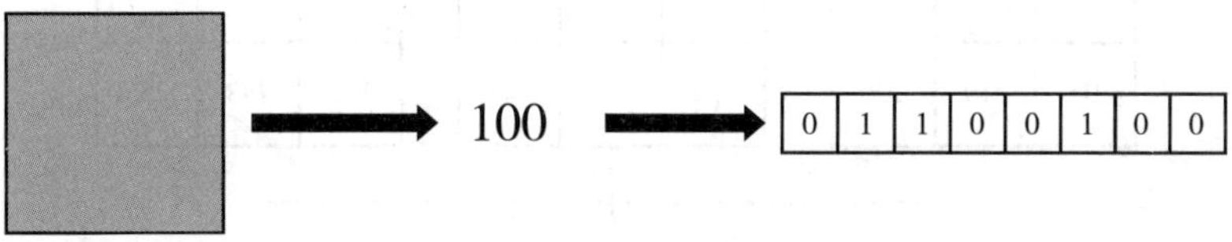

图3.6　灰度图像的存储方式

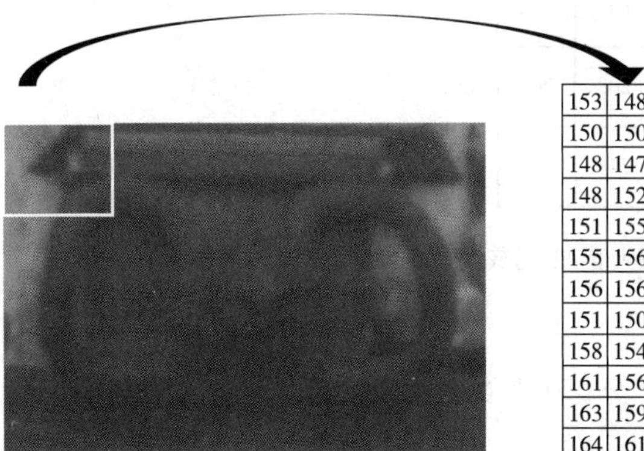

153	148	143	145	144	138	133	131	130	132	128	129	130	121	122
150	150	151	147	147	142	135	133	131	130	131	126	125	126	122
148	147	150	151	147	141	140	141	132	129	131	124	122	124	124
148	152	153	150	147	146	139	134	130	128	128	121	120	122	122
151	155	153	146	148	144	147	140	130	129	125	123	122	121	120
155	156	159	149	144	144	142	140	132	129	123	124	120	117	119
156	156	155	149	144	144	146	142	136	124	118	118	115	110	112
151	150	154	153	147	146	146	141	133	126	122	117	112	109	111
158	154	151	152	154	148	144	141	135	129	128	121	116	108	107
161	156	157	157	155	149	149	143	138	132	128	122	115	102	103
163	159	157	156	153	148	145	142	141	136	130	124	115	103	93
164	161	152	153	150	143	139	137	135	128	126	120	110	98	76
164	157	154	155	147	138	137	133	133	131	122	114	103	86	64
159	158	152	153	151	141	138	141	134	126	115	101	93	71	54
158	148	147	142	155	148	143	137	129	119	103	91	73	56	49

图3.7　灰度图像对应的二维矩阵数据

在RGB三种颜色数字矩阵组成的图像中，如果RGB三个分量的值都是0，图像颜色为黑色，如果都是255，颜色为白色，如果三个分量的值相等，图像就是灰度图像。因此，灰度图像其实是RGB三个颜色分量数字的一种特殊形式。由于数字相等，所以计算机只需要存储其中一个分量的数字就可以了。因此，每个像素只需要8位二进制进行存储，这样可以节约图像的存储空间。

灰度图像有很多优点，因为亮度是目前最重要的区别不同对象的视觉特征，利用灰度图像的亮度信息就可以很方便地找出不同对象。此外，灰度图像的数据量相对于彩色图像要少很多，可以加快图像处理算法的运行速度。因此，目前对于大多数机器视觉所处理的图像都是以灰度图像为主。

彩色图像可以转换成灰度图像，对于RGB图像，一般有三种方式将RGB图像转换成灰度图像：最大值法、平均值法和加权平均值法。

（1）最大值法

最大值法将RGB三个分量中每个分量矩阵数值中对应位置的最大值作为灰度值，即：

$$\boldsymbol{Gray} = \max(\boldsymbol{R}, \boldsymbol{G}, \boldsymbol{B}) \tag{3-2}$$

式中，***Gray***为得到的灰度图；***R***、***G***、***B***为RGB彩色图像的三个分量。图3.8是一幅3×3的RGB彩色图像，采用最大值法进行灰度化的结果。

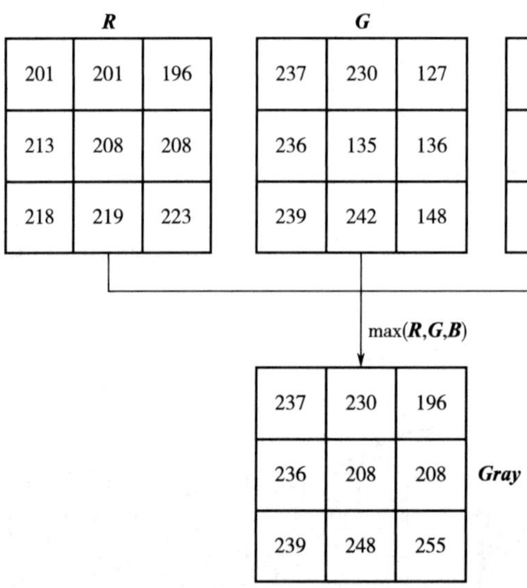

图3.8　采用最大值法进行灰度化

（2）平均值法

平均值法将***R***、***G***、***B***三个分量中每个分量矩阵数值中对应位置的平均值作为灰度值，即

$$\boldsymbol{Gray} = (\boldsymbol{R} + \boldsymbol{G} + \boldsymbol{B}) / 3 \tag{3-3}$$

图3.9是与图3.8相同的RGB彩色图像，采用平均值法进行灰度化的结果。

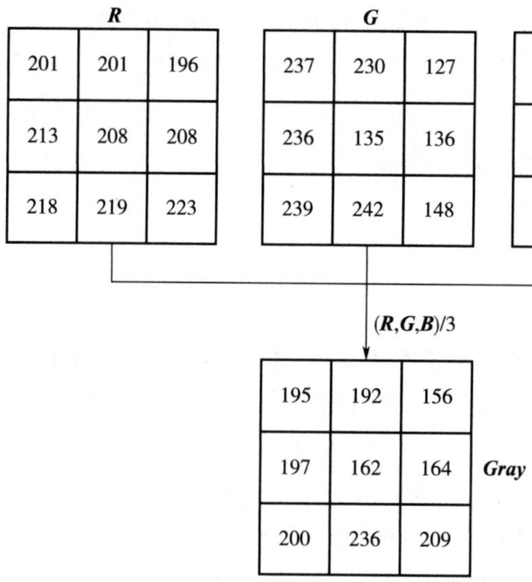

图3.9　采用平均值法进行灰度化

（3）加权平均值法

加权平均值法将***R***、***G***、***B***三个分量中每个分量矩阵数值中对应位置按照一定的权重求取平均值作为灰度值，一般红色权重0.299，绿色权重0.587,蓝色权重0.114。

$$\boldsymbol{Gray} = 0.299\boldsymbol{R} + 0.587\boldsymbol{G} + 0.114\boldsymbol{B} \tag{3-4}$$

图3.10是与图3.8相同的RGB彩色图像，采用加权平均值法进行灰度化的结果。加权平均值法进行灰度化的结果更加符合人眼对颜色的敏感度，在实际中采用最多。

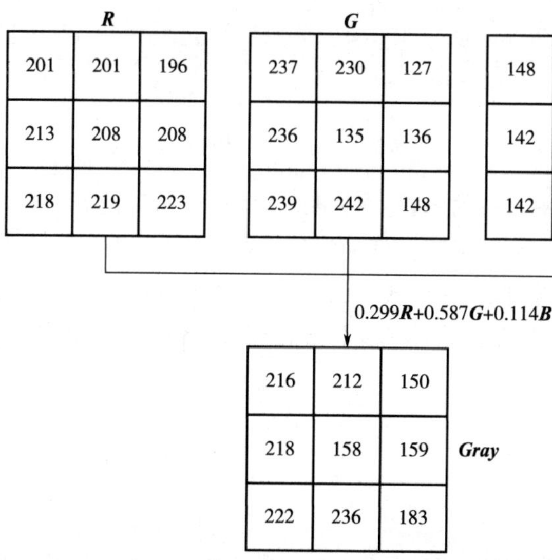

图3.10　采用加权平均值法进行灰度化

在通用的图像处理函数库中，通常只有加权平均这种转换方式。因此，如果采用其他两种方式将彩色图转换为灰度图，需要自行实现。另外，如果直接将彩色图像的每一种颜色分量数字矩阵单独提取出来，得到的也是灰度图像。通用的图像处理函数库中，也提供有分离每个颜色分量的功能，但是，分离颜色分量得到的灰度图与前面提到的通过转换方法得到的灰度图是有区别的。比如，24位三通道彩色图像，通过通道分离将得到三张灰度图，分别表示原彩色图像的***R***、***G***、***B***分量。

3.2.4　索引图像

索引图像是一种把像素值直接作为RGB调色板下标的图像。索引图像可把像素值直接映射为调色板数值。一幅索引图包含一个数据矩阵和一个调色板矩阵。索引图像和灰度图像较类似，它也可以有256种颜色，但它可以是彩色，而且最多只能有256种颜色。当图像转换成索引图像时，系统将自动根据图像上的颜色归纳出能代表大多数的256种颜色，然后用这256种颜色来代替整个图像上所有的颜色信息。索引图像只有一个索引彩色通道，所以它所形成的文件相对其他彩色要小得多。索引图像主要用于网络上的图片传输和一些对图像像素、大小等有严格要求的地方，在机器视觉中，很少采用这种图像。

3.3　数字图像格式

数字图像格式指图像存储文件的格式。不同格式的数字图像，其压缩方式、存储容量及色彩也有所差异。同一幅图像可以用不同的格式存储，但不同格式所包含的图像信息不完全相同，图像质量和文件大小也不相同。数字图像的格式有很多种，这里只介绍几种常见的格式。

3.3.1　BMP格式

BMP是一种与硬件设备无关的图像文件格式，使用非常广泛。它采用位映射存储格式，除了图像深度可选以外，不采用其他任何压缩，因此文件所占用的空间很大。BMP是Windows及OS /2中的标准图像文件格式，已成为PC Windows系统中事实上的工业标准。在Windows环境中运行的图形图像软件都支持BMP图像格式。BMP图像格式被机器视觉广泛使用。

3.3.2　JPEG格式

JPEG格式是面向连续色调静止图像的一种压缩标准，也是一种常见的图像文件格式，它是有损压缩格式，能够将图像压缩在很小的储存空间，占用磁盘空间少，有损压缩容易造成图像数据的损伤。如果追求高品质图像，不宜采用过高压缩比。JPEG用有损压缩方式去除冗余的图像数据，在获得极高的压缩率的同时也能展现丰富的图像。而且具有调节图像质量的功能，JPEG适用于互联网,可减少图像的传输时间。JPEG格式是目前网络最为适行的图像格式。

3.3.3 PNG格式

PNG原名为“可移植性网络图像”,是网上接受的最新图像文件格式。PNG能够提供长度比GIF小30%的无损压缩图像文件。其设计目的是试图替代GIF和TIFF文件格式，同时增加一些GIF文件格式所不具备的特性。PNG同时还支持真彩色和灰度级图像的Alpha通道透明度，支持图像亮度的Gamma校准信息，支持存储附加文本信息，以保留图像名称、作者、版权、创作时间、注释等信息。

3.3.4 GIF格式

该格式由Compuserver公司创建．存储色彩最高只能达到256种，仅支持8位图像文件。目前几乎所有相关软件都支持它，它可以同时存储若干幅静止图像进而形成连续的动画。公共领域有大量的软件在使用GIF图像文件。GIF图像文件格式已经成为网络图像传输的通用格式，速度要比传输其他图像文件格式快得多，所以经常用于动画、透明图像等。它的最大缺点是最多只能处理256种色彩，故不能用于存储真彩色的图像文件。

3.3.5 TIFF格式

TIFF格式是由Aldus为Macintosh机开发的一种图像文件格式，最早流行于Macintosh，现在Windows上主流的图像应用程序都支持该格式。目前，它是PC上使用最广泛的图像格式之一，大多数扫描仪也都可以输出TIFF格式的图像文件。该格式支持的色彩数最高可达1600万种以上。其特点是存储的图像质量高，但占用的存储空间也非常大。TIFF表现图像细微层次的信息较多，有利于原稿阶调与色彩的复制。该格式有压缩和非压缩两种形式，由于TIFF独特的可变结构，对TIFF文件解压缩非常困难。TIFF文件被用来存储一些色彩绚丽、构思奇妙的贴图文件。

需要注意的是，图像文件格式虽然有很多种，但是，如果是在线检测机器视觉系统，视觉系统处理的图像数据是直接从相机传输过来的数据流，而不是将数据流保存为某种文件格式的图像再打开来处理。只有在需要将相机传输过来的数据流进行保存时，才会以某种格式将数据流保存为具体的图像文件。尽管如此，处理这些数据流和处理图像数据的方法是一致的，因为读取图像或数据流之后，都将得到二维矩阵数据，数字图像处理实际上是处理这些矩阵数据。因此，从相机传输过来的数据流也称为图像数据。

3.4　数字图像处理步骤

从机器视觉系统实现的结果来看，处理数字图像的目的是从图像中提取出感兴趣的区域，得到感兴趣区域的特征信息，例如：缺陷检测，需要得到缺陷的表现形式，根据缺陷的特征输出检测结果；零件尺寸检测，需要得到零件的几何形状如圆、直线、圆弧等，进而得到尺寸信息；产品上的字符识别，需要先将所有字符从图像中分割出来，再经过特征计算和训练，最后通过训练的模型实现字符识别。不管进行何种视觉检测，都是从输入图像开始，经过一系列的运算，最后得到结果并输出给控制系统。由于数字图像可能存在噪声，图像的灰度分布不均，光照不均等情况也经常存在，从输入到输出的过程中，需要对图像进行各种处理，才能够得到感兴趣区域的特征信息。

相对于人眼的分辨率，工业相机的分辨率非常低。而且，人类从小开始，眼睛和大脑接收与处理的图像信息非常庞大，人类接收的信息约70%通过视觉接收，在此过程中，人类通过学习，已经具备了识别各种类型的图像信息的能力。因此，在人眼看来可能很简单的图像，对计算机而言，要提取图像特征信息可能非常困难，如字符识别，由于每种字符都有不同的特点，同一种字符又有不同的书写形式，每个人书写的同一个字符还有不同的形状，而计算机能接受到的信息只有二维矩阵数据。因此，需要通过各种图像处理方法，让计算机能够识别各种图像信息，这个过程是非常复杂的。通常，从输入图像到输出结果这个过程中，需要用到的数字图像处理步骤包括图像预处理、ROI(感兴趣区域)提取、提取特征、计算特征信息、输出结果等过程。在此过程中，每个步骤又需要根据不同的图像选择不同的处理算法。图3.11是数字图像处理的一般步骤。在实际应用中，并不是每一个步骤都需要，而是根据视觉检测要求，选择适合特定图像的处理方法。

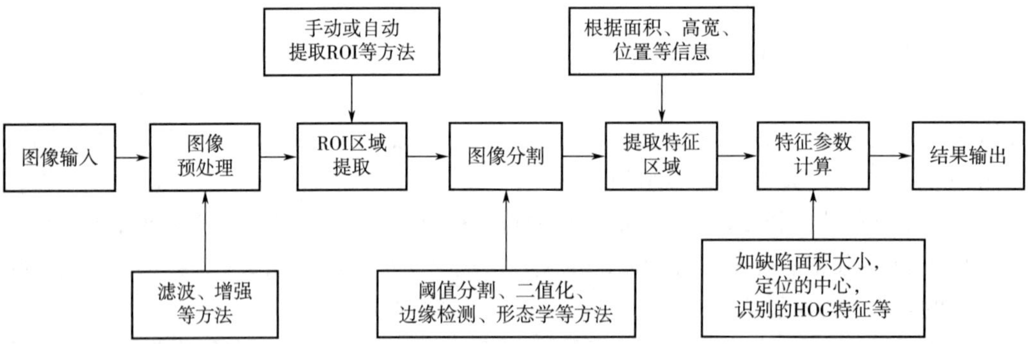

图3.11　一般数字图像处理步骤

需要说明的是，图3.11中，只是说明了机器视觉中数字图像处理的一般步骤，在实际应用中，除了图像输入与特征计算与输出之外，中间的步骤并没有明确的先后顺序，各种方法之间也没有明确的先后顺序。每一种图像都有特殊性，需要根据实际图像来选择相应的方法和步骤。

3.5　数字图像基本性质

3.5.1　图像通道

图像的通道数是指图像中一个像素采用多少个数字进行表示。例如，对于灰度图，每个像素只采用一个数字来表示，因此，灰度图的通道数是1，称为单通道图像，RGB图像中每个像素采用三个数字进行表示，所以RGB图像是三通道图像。

3.5.2　图像分辨率

图像的分辨率有几种表示方式，其中一种图像分辨率是指每英寸上的像素点数量，单位是PPI（pixels per inch），这种主要是针对平面设计采用的分辨率。对数字图像处理而言，更关心的是图像的像素数量。因此，通常采用水平和垂直方向的像素数量表示分辨率，例如1280×960，表示这幅图像的分辨率为水平方向1280个像素，垂直方向960个像素，这也是图像传感器的像元数。如果图像的像素数量不发生变化，即使PPI发生了变化，也只是影响图像打印出来的效果，而对于计算机处理的像素并没有改变。而数字图像处理通常不关心打印效果，因此，常采用图像的大小来表示分辨率，如1280×960形式。如果没有特别说明，本书以后都采用这种表示方式。

3.5.3　图像邻域

图像的邻域包括两个方面：一是指与某一个像素相邻的像素，如4邻域、8邻域。4邻域指与像素上下左右相邻的4个像素点，8邻域指与像素上下左右以及对角线上4个像素组成的邻域，设图像用二维函数$f(x,y)$表示，位置$(x,y)=(i,j)$处的4邻域和8邻域表示如图3.12（a）所示；二是指以某一个像素为中心的一小块图像区域，如3×3、5×5邻域，图3.12（b）整体即称为一个3×3邻域。像素之间的关系通常与邻域紧密相关。

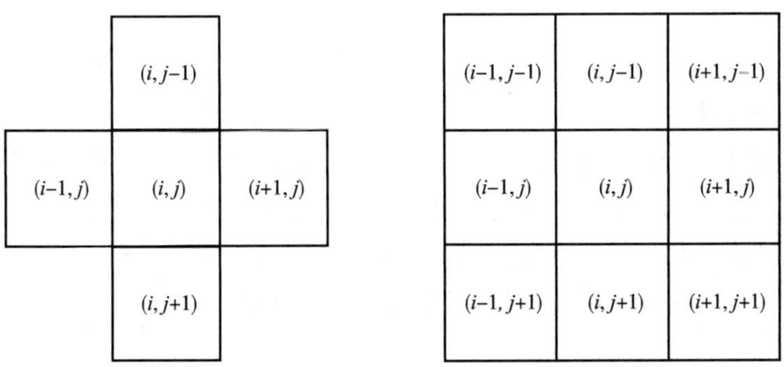

（a）4邻域　　（b）8邻域

图3.12　图像的邻域

3.5.4　图像连通域

图像的连通域通常体现在二值图像，这种图像只有黑白两个灰度级。从图像上看，彼此连通的像素点形成了一个区域，而不连通的点形成了不同的区域。所有彼此连通的点构成的集合，称为一个连通区域。图像的连通域是对图像进行一系列图像算法处理的结果。图3.13是图像的连通域示意图，图中，每一块白色区域都构成一个连通域。

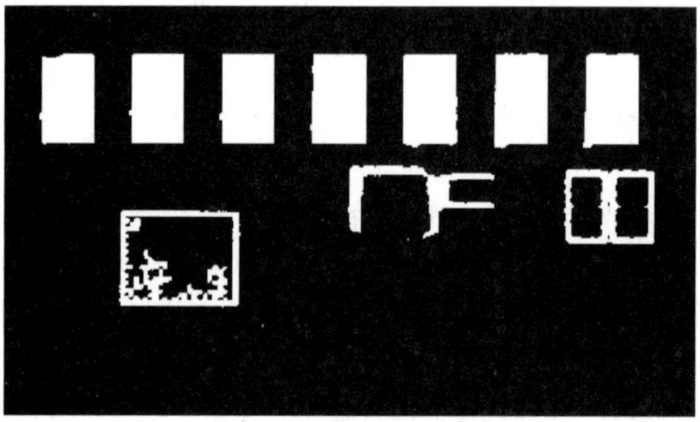

图3.13　图像连通域示意图

3.5.5　像素之间的距离

图像中的距离常用来衡量两幅图像的相似度。像素之间的距离是指两个像素点之间的距离。图像中距离的度量方式有很多种，如欧几里得距离、曼哈顿距离、切比雪夫距离、汉明距离、马氏距离、闵可夫斯基距离等，这里只介绍几种常用的欧几里得距离、曼哈顿距离、切比雪夫距离。

（1）欧几里得距离

欧几里得距离也称欧氏距离，是两点之间的直线距离。图像上两点的欧氏距离就是像素点的二维坐标点之间的直线距离。设图像上两点的坐标分别为$P_1(x_1, y_1)$和$P_2(x_2, y_2)$，则欧式距离的计算如式（3-5）所示。图3.14中，双点划线即为图像中两点之间的欧氏距离。

$$D(P_1,P_2)=\sqrt{(x_1-x_2)^2+(y_1-y_2)^2} \tag{3-5}$$

（2）曼哈顿距离

曼哈顿距离也称为城市街区距离。假想在一个城市中，从一个路口走向另一个路口，街道都是直线，街道两旁都是建筑物，因此，只能沿着街道从一个路口走向另一个路口，走过的距离就称为曼哈顿距离。如图3.14中的虚线所示即为点$P_1(x_1, y_1)$和$P_2(x_2, y_2)$之间曼哈顿距离。因此，曼哈顿距离的计算公式如式（3-6）所示。

$$D(P_1,P_2)=|x_1-x_2|+|y_1-y_2| \tag{3-6}$$

（3）切比雪夫距离

切比雪夫距离的定义如式（3-7）所示。假设从一个像素点到其8邻域中的任意一个点的距离为1，切比雪夫距离即为按照这种方式计算的从一个像素点到另一个像素点的最短距离。如图3.14所示点$P_1(x_1, y_1)$和$P_2(x_2, y_2)$之间的切比雪夫距离为4。

$$D(P_1, P_2) = \max(|x_1 - x_2|, |y_1 - y_2|) \tag{3-7}$$

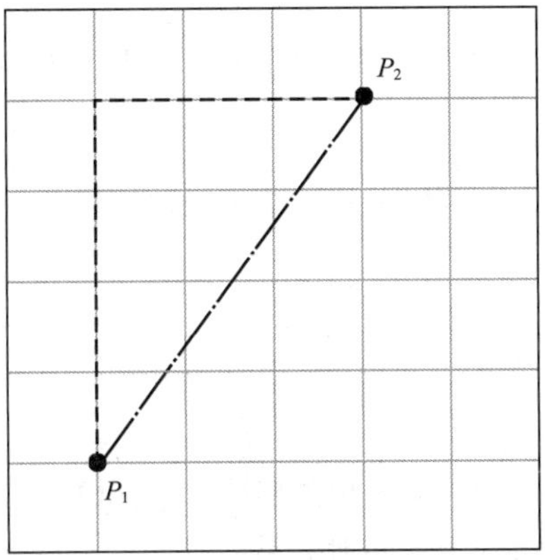

图3.14　图像中的距离

3.5.6　图像直方图

图像直方图用于统计图像中每个像素值出现的频率。以灰度图像为例，灰度图的像素值为0～255，直方图即每个灰度级像素值出现的频率。直方图有绝对直方图和相对直方图两种，绝对直方图统计每个灰度级在图像中的像素数量，相对直方图统计每个灰度级的像素数量占图像总像素数量的百分比。图3.15（b）即为图3.15（a）图像的绝对直方图。直方图在二维坐标系中进行绘制，其中，横坐标表示图像的灰度级，纵坐标表示每种灰度级出现的频率。

（a）灰度图像

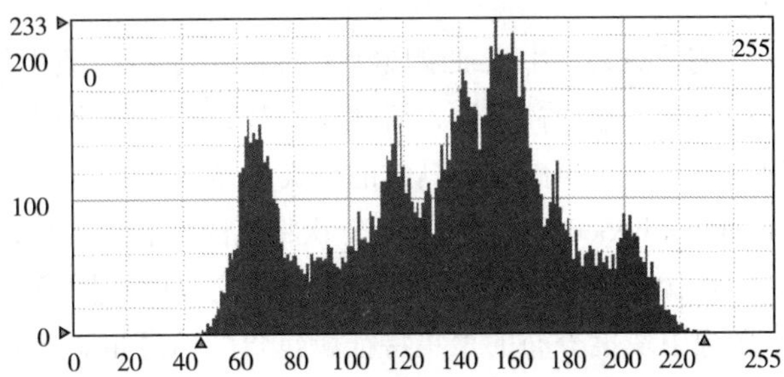

（b）直方图

图3.15　图像直方图

如果是多通道图像，如RGB图像，直方图通常分别统计每个通道上的像素值出现的频率。设图像中的总像素数量为n，像素值为k的数量为n_k，对图像中的任意一个通道而言，k的取值范围是[0,255]。因此，绝对直方图可以表示为包含256个元素的一维向量：

$$\boldsymbol{H}_{\mathrm{a}}=[n_0,n_1,n_2,\cdots,n_{255}] \tag{3-8}$$

如果采用相对直方图表示，每个像素值的数量表示出现的概率：

$$p_k=\frac{n_k}{n} \tag{3-9}$$

同样，相对直方图也是一个包含256个元素的一维向量如式（3-10）所示，并且满足式（3-11）的关系。

$$\boldsymbol{H}_{\mathrm{r}}=[p_0,p_1,p_2,\cdots,p_{255}] \tag{3-10}$$

$$\sum_{k=1}^{255}p_k=1 \tag{3-11}$$

直方图具有以下性质：

① 直方图只含图像各灰度值像素出现的概率，而无位置信息；

② 图像与直方图之间是多对一的映射关系；

③ 图像各子区域的直方图之和就等于该图像全图的直方图。

直方图作为一种统计信息，可以作为一种特征用来表示原始图像，从而利用直方图特征实现图像分类。例如，对于人脸识别，可以将每张人脸图像表示为一个直方图，即一个包含256个元素的向量。通过计算两个向量之间的距离来判断是否是同一张人脸图像。但是，一幅图像对应唯一的直方图，而同一幅直方图可能对应不同的图像。因此，采用这种方式进行识别的准确率往往很低，通常需要再辅以其他处理方法才能够提高准确率。此外，直方图也可以作为图像分割的依据，比如，对于某些二值化阈值分割算法，通过判断直方图中波峰波谷的位置，来计算自动分割阈值。

3.5.7 图像的熵

熵是热力学中表征物质状态的参量之一，一般用符号S表示，其物理意义是体现混乱程度的度量。它在控制论、概率论、数论、天体物理、生命科学等领域都有重要应用，在不同的学科中引申出更为具体的定义，是各领域十分重要的参量。克劳德·艾尔伍德·香农（Claude Elwood Shannon）第一次将熵的概念引入到信息论中来。

图像熵也是一种特征统计形式，它反映了图像中平均信息量的多少。图像的一维熵表示图像中灰度分布的聚集特征所包含的信息量。令p_k表示图像中灰度值为k的像素所占的比例，则定义灰度图像的一维灰度熵为：

$$S_E=-\sum_{k=0}^{255}p(k)\log_2[p(k)] \tag{3-12}$$

一个变量，任意性越大，它的熵就越大。当所有灰度值等概率发生时，熵达到最大值，而当一个灰度值发生的概率为1，其他灰度值的概率均为0时，熵达到最小值0。

图3.16表示两种不同的灰度分布，也是图像的直方图。在图3.16（a）中，只有一种

灰度级，在图3.16（b）中，表示各种灰度级的分布是均等的。根据式（3-12）可以计算得出，图3.16（a）中的熵等于0，而图3.16（b）中的熵达到最大值。因此图像灰度熵大小也表示图像像素点灰度分布的离散程度。

图3.16　两种不同的灰度分布示意

图像的熵反映了图像包含的信息量，当图像只包含一个灰度值，此时熵最小且为0。也说明图像不包含任何目标，信息量为0，类似于一张空白图。当图像包含多个灰度值时，并且每个灰度值的数量均等，此时熵最大，图像的信息量最大。图像的熵越大，包含的像素灰度越丰富，灰度分布越均匀，图像目标越多，图像信息量越大，反之则相反。

图像的一维熵不能反映图像灰度分布的空间特征。为了表征图像的空间特征，可以在一维熵的基础上，进一步引入能够反映灰度分布空间特征的特征量来组成图像的二维熵。

3.5.8　图像中的其他统计特征

除了上面的直方图以及熵信息之外，图像中还有很多其他统计信息，图像数据可以看着是一个二维矩阵。因此，所有与矩阵相关的特征以及计算方法都适用于图像处理。常用的图像统计特征有均值、方差、能量、倾斜度、自相关、协方差、惯性矩等。可以通过图像中的统计特征信息，实现对图像的另一种表达方式，如上面提到的用直方图向量表示原始图像，利用新的表达方式实现对图像的分类、缺陷检测等任务。

练　习

3.1　什么是数字图像？数字图像中的坐标原点以及x方向和y方向是如何规定的？数字图像的表示方式是什么？

3.2　什么是图像的通道数？什么是图像的位数？

3.3　什么是彩色图像？常用彩色制式有哪些？

3.4　什么是灰度图？彩色图像转灰度图像有哪些方法？

3.5　什么是二值图像？

3.6　举例说出有哪些数字图像存储格式，至少说出5种。

3.7 简述机器视觉中数字图像处理的一般步骤和方法。

3.8 解释图像的分辨率、邻域、连通域。

3.9 什么是图像直方图？设图像数据如下面矩阵$\boldsymbol{A}$所示，计算其直方图。

$$\boldsymbol{A}=\begin{bmatrix} 0 & 7 & 2 & 2 & 7 \\ 1 & 0 & 5 & 6 & 4 \\ 1 & 3 & 4 & 5 & 7 \\ 0 & 3 & 5 & 5 & 5 \\ 2 & 2 & 0 & 3 & 5 \end{bmatrix}$$

3.10 什么是图像的熵？

第4章

OpenCV 基础知识

4.1 OpenCV简介

OpenCV在计算机视觉或机器视觉的发展中发挥了重要的作用，使成千上万的人能够在视觉上做更多的工作。OpenCV允许学生、研究人员、专业人员和创业者高效地实施项目，并向他们提供可在多种平台上运行的计算机视觉架构。

OpenCV是一个开源的视觉库，可从OpenCV官网免费获取。后来，OpenCV将源代码转移到了GitHub，因此，也可以在GitHub下载。1999年，在英特尔公司工作的Gary Bradski发布了OpenCV，希望为在该领域工作的人提供基础架构来加速计算机视觉和人工智能的发展。该库以C和C++编写，可在Linux、Windows和Mac OS X下运行。在Python、Java、MATLAB和其他语言的接口上也进行了开发，包括将库移植到Android和iOS以用于移动应用程序。多年来，OpenCV从英特尔和谷歌获得了很多支持。OpenCV专为提高计算效率而设计，并且非常注重实时应用程序。它采用优化的C++编写，可以利用多核处理器。如果希望进一步优化，则可以购买英特尔的集成性能基元库（IPP），它包含许多不同算法领域的低级优化例程。如果安装了该库，OpenCV会在运行时自动使用相应的IPP库。从OpenCV 3.0开始，英特尔授予OpenCV团队和OpenCV社区IPP的免费子集，该子集默认内置并实现OpenCV加速。

OpenCV的目标之一是提供一个简单易用的视觉图像处理基础库，帮助人们快速构建复杂的视觉应用程序。OpenCV库包含500多个涵盖视觉领域的功能，包括产品检测、医疗成像、安全性、用户界面、摄像机校准、立体视觉和机器人。由于视觉和机器学习是分不开的，OpenCV还包含一个完整的通用机器学习库（ML模块）。这个子库着重于统计模式识别和聚类。ML模块对于OpenCV核心的视觉任务非常有用，而且它也适用于任何机器学习问题。

大多数计算机科学家和程序员都知道计算机视觉，但很少有人知道计算机视觉的所有使用方式。例如，大多数人都知道它在监控中的用途，许多人也知道它越来越多地被用于网络上的图像和视频。然而，很少有人意识到大多数街道地图图像大量使用摄像机校准和图像拼接技术。有些人意识到在安全监控、无人驾驶飞行器或生物医学分析方面的应用，但很少有人知道机器视觉在制造业中的普及程度。几乎所有大规模生产的产品都已经通过计算机视觉自动检测。OpenCV的开源使用户可以使用全部或部分OpenCV构建商业产品。OpenCV很受欢迎，在全球拥有大量的用户群体。自从1999年1月发布alpha版以来，OpenCV已经被用于许多方面。这些应用包括在卫星和网络地图、图像扫描对齐、医学图像降噪、对象分析、安全和入侵检测系统、自动监测和安全系统、制造自动检测系统、摄像机校准、军事应用和无人驾驶中拼接图像，以及地面和水下车辆等，它甚至被用于声音和音乐识别。

OpenCV最初是由任何兼容的C++编译器编写的。这意味着C和C++代码必须是相当标准的，才能使跨平台支持更加容易。OpenCV已被移植到几乎所有的商业系统中，从亚马逊云和40核心英特尔至强融核到树莓派和机器狗。

4.2 OpenCV组织架构

熟悉OpenCV或其他视觉图像库是学习机器视觉的基础。对于初学者而言，了解OpenCV的组织架构，能够整体把握OpenCV的结构，有助于快速入门，再针对具体的视觉案例进行练习，能够实现快速掌握OpenCV的目的。

OpenCV是分层构建的，顶部是OpenCV运行的各类操作系统，中间是语言和示例应用程序，再往下是OpenCV_Contrib中的代码，主要包含更高级别的功能，之后是OpenCV的核心，最底层的是各种硬件加速层（hardware acceleration layer，HAL）。图4.1是OpenCV的组织架构。

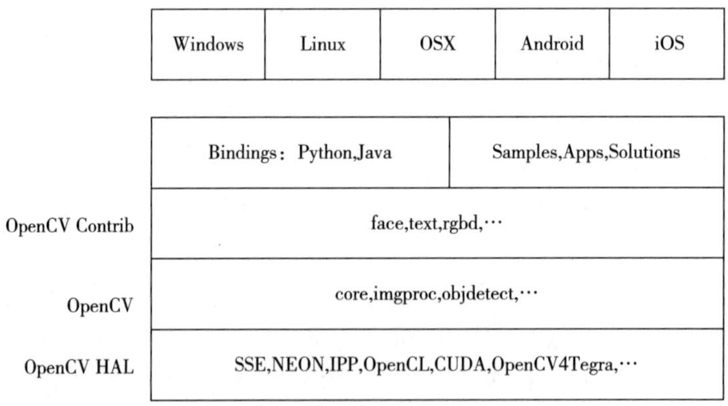

图4.1　OpenCV组织架构

如果在英特尔处理器上使用，OpenCV将利用英特尔的IPP库，速度的提高是相当大的。虽然Gary Bradski在英特尔创立了OpenCV，但OpenCV一直致力于促进商业和研究用途，这是它的使命。因此它是开放和免费的，并且代码本身可以被用于或嵌入（全部或部分）在其他应用程序中，无论是商业还是研究。它不会强制用户的应用程序代码是开放的或免费的。

4.2.1　OpenCV的模块

如果已经安装好了OpenCV4.7，在安装目录下找到…\opencv\build\include目录，可以看到OpenCV2文件夹，其内是安装的OpenCV具体的模块，如图4.2所示。在该文件夹下有一个名为opencv_modules.hpp文件，里面存放的是OpenCV2中与新模块构造相关的说明代码，打开以后，可以看到是OpenCV2所有组件的宏，如图4.3所示，具体内容根据每个人安装选择不同有些区别。

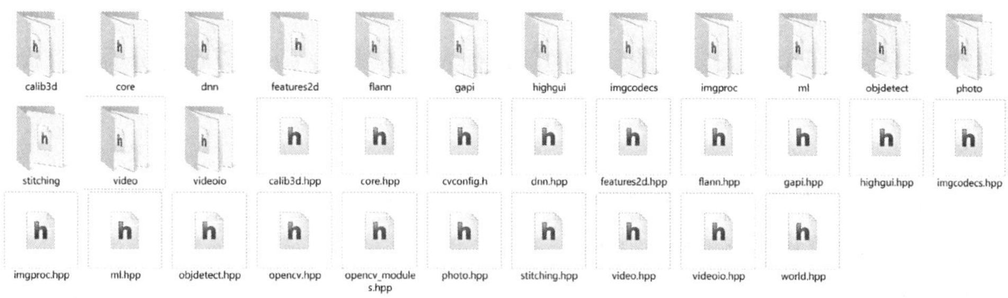

图4.2　OpenCV2文件夹下文件

```
#define HAVE_OPENCV_CALIB3D
#define HAVE_OPENCV_CORE
#define HAVE_OPENCV_DNN
#define HAVE_OPENCV_FEATURES2D
#define HAVE_OPENCV_FLANN
#define HAVE_OPENCV_GAPI
#define HAVE_OPENCV_HIGHGUI
#define HAVE_OPENCV_IMGCODECS
#define HAVE_OPENCV_IMGPROC
#define HAVE_OPENCV_ML
#define HAVE_OPENCV_OBJDETECT
#define HAVE_OPENCV_PHOTO
#define HAVE_OPENCV_STITCHING
#define HAVE_OPENCV_VIDEO
#define HAVE_OPENCV_VIDEOIO
#define HAVE_OPENCV_WORLD
```

图4.3　opencv_modules中的宏

OpenCV的模块是库的主要组织结构。库中的每个函数都是一个模块的一部分。以下是目前的主要模块：

（1）core

core包含所有基本对象类型及其基本操作部分。

（2）imgproc

图像处理模块，包含图像的基本转换、滤波器和类似的卷积运算。

（3）highgui

该模块包含用户界面功能，可用于显示图像或进行简单的用户输入。它可以被认为是一个非常轻量级的窗口UI工具包。

（4）video

视频库，包含需要读取和写入视频流的功能。

（5）calib3d

该模块包含需要校准单个摄像机以及立体或多像素阵列的算法实现。

（6）features2d

该模块包含用于检测、描述和匹配关键点特征的算法。

（7）objdetect

该模块包含用于检测特定对象（如面部或行人）的算法，还可以训练分类器以检测其他物体。

（8）ml

机器学习库，本身是一个完整的库，并且包含大量的机器学习算法，这些算法实现的方式与OpenCV的数据结构一起工作。

（9）flann

FLANN代表“用于近似最近邻的快速库”。

（10）gpu

GPU库包含大部分其他库函数的实现，这些函数经过优化，可在CUDA GPU上运行，还有一些功能仅用于GPU操作。其中的一些提供了优异的结果，但需要足够的计算资源，以便在非GPU硬件上实施。

（11）photo

包含对计算摄影有用的工具。

（12）stitching

整个模块实现了复杂的图像拼接管道。

（13）nonfree

OpenCV包含一些算法的实现，这些算法获得专利或者受到使用限制。

（14）contrib

该模块包含尚未整合到库中的新内容。

（15）legacy

该模块包含尚未从库中完全放弃的旧函数。

（16）ocl

它实现了开放并行编程的Khronos OpenCL标准。ocl模块旨在实现可在任何GPU或其他具有Khronos功能的并行设备上运行。

4.2.2 OpenCV的扩展库

在OpenCV中，库已经分为两部分，opencv和opencv_contrib：前者由核心OpenCV团队维护，包含稳定代码；而后者不太成熟，主要由社区维护和开发，可能有部分属于非OpenCV许可证，可能包含专利算法。以下是opencv_contrib库中的一些模块。

（1）Dnn

深度神经网络。

（2）face

人脸识别。

（3）text

文本检测和识别，可以选择使用开源OCR Tesseract作为后端。

（4）rgbd

处理使用Kinect和其他深度传感器获得的RGB +深度图（或仅使用立体对应算法进行计算）。

（5）bioinspired

生物启发的视觉。

（6）ximgproc，xphoto

先进的图像处理和计算摄影算法。

（7）tracking

对象跟踪算法。

4.2.3 OpenCV的文档

OpenCV的主要文档是官网上提供的HTML文档。OpenCV提供了完整的参考手册和一系列教程，全部为PDF格式，从OpenCV 3.x开始，不再提供离线脱机文档。

在官网上，大量的文档以及wiki上提供的文档，可以分为以下几个主要部分：

（1）Reference

本文档包含功能、参数，以及如何使用它们的一些信息。

（2）Tutorials

大量的教程集合，比如如何在各种平台上安装OpenCV或创建OpenCV项目，以及更多高级主题，如背景抠出、物体检测。

（3）Quick Start

这是一个教程子集，只包含帮助用户在特定平台上启动和运行的子集。

（4）Cheat Sheet

这是一个单独的pdf文件，其中包含几乎整个库的引用。

（5）Wiki

这个wiki包含了用户可能想要的一切。在这里可以找到新闻、公开问题、错误跟踪，以及无数更深入的主题，比如如何成为OpenCV的贡献者。

（6）Q&A

这是数以千计的用户所提出和回答的问题的庞大档案。用户可以去这里问OpenCV社区的问题，或者通过回答他们的问题来帮助他人。

所有这些都可以通过官网主页上的文档访问。

4.3 OpenCV的使用

要使用OpenCV，需要先安装OpenCV库并设置好编程环境。在使用之前，首先必须弄清楚头文件，才能够明白要使用哪个模块时需要引用哪个头文件。这些头文件反映了前面介绍的OpenCV模块结构。在opencv2文件夹中，有一个名为opencv.hpp的文件，和opencv_modules.hpp文件类似，它包含了每个OpenCV模块的头文件。因此，在大多数情况下，只需要在C++的头文件中包含opencv.hpp即可。当然，也可以只包含需要用到的模块的头文件。下面分别对头文件进行说明：

#include "opencv2/core/core_c.h"

旧的C语言数据结构和常规算法

#include "opencv2/core/core.hpp"

新的C++数据结构和常规算法

#include "opencv2/flann/miniflann.hpp"

最近邻匹配函数

#include "opencv2/imgproc/imgproc_c.h"

旧的C语言图像处理函数

#include "opencv2/imgproc/imgproc.hpp"

新的C++图像处理函数

#include "opencv2/video/photo.hpp"

处理和修复照片的算法

#include "opencv2/video/video.hpp"

视频跟踪和背景分割

#include "opencv2/features2d/features2d.hpp"

二维特征跟踪

#include "opencv2/objdetect/objdetect.hpp"

级联人脸检测：潜在SVM、HOG、平面斑块检测等

#include "opencv2/calib3d/calib3d.hpp"

校准和3D标定

#include "opencv2/ml/ml.hpp"

机器学习：聚类、模式识别等

#include "opencv2/highgui/highgui_c.h"

旧的C语言图像显示、滑块、鼠标交互、I/O操作

#include "opencv2/highgui/highgui.hpp"

新的C++图像显示、滑块、按钮、鼠标、I/O操作

```
#include "opencv2/contrib/contrib.hpp"
```

用户贡献的代码

可以使用include文件opencv.hpp来包含任何可能的OpenCV函数，但它会减慢编译时间。如果仅使用OpenCV中的某一个模块，则可以只包含该模块的头文件，比如，使用图像处理函数，可以仅包含imgproc.hpp，则编译时间会更快。这些包括文件通常位于.../include/opencv2目录下，例如imgproc.hpp位于.../include/opencv2/imgproc/imgproc.hpp。函数源代码位于其相应的src目录下，例如imgproc模块中的cv :: Canny()位于.../modules/improc/src/ canny.cpp中。

4.4　使用OpenCV的例子

学习机器视觉需要有一定的OpenCV基础，在此，提供几个简单的实例程序，作为学习OpenCV的参考，想要更全面地掌握OpenCV在机器视觉中的应用，请参考附录中的机器视觉实例实验。通过具体的实例来学习，可以更快更全面地掌握OpenCV在机器视觉中的应用。为了简化代码，所有示例中均取消了错误处理，同时，打开的图像文件路径均采用绝对路径，读者只需要将图像路径换成自己的图像路径即可，后续章节所有示例均采用此方式，不再累诉。另外，程序中只对关键代码进行注释。

例 4-1　利用OpenCV读取图像

C++代码：

```
//为每个支持的OpenCV函数包含文件
#include <opencv2/opencv.hpp>
using namespace cv;
int main(int argc, char** argv)
{
   //读取图像
   Mat src=imread("E:/TestImage/4-1_bike.jpg", 1);
   if (src.empty()) return -1;
   cv::namedWindow("4-1",0);
   cv::imshow("4-1", src);
   cv::waitKey(0);
   return 0;
}
```

Python代码：

```
import cv2
//读取图像
src=cv2.imread("E:/TestImage/4-1_bike.jpg",1)
cv2.namedWindow("4-1",0)
```

```
cv2.imshow("4-1",src)
cv2.waitKey(0)
```

例4-1中，首先利用imread函数读取图像，然后利用imshow函数将图像（图4.4）显示出来。

图4.4 例4-1运行结果

例4-2 读取摄像头视频图像

C++代码：

```
#include "opencv2/highgui/highgui.hpp"
#include "opencv2/imgproc/imgproc.hpp"
#include "iostream"
using namespace cv;
using namespace std;
int main(int argc, char** argv)
{
    namedWindow("例_4-2", 0);
    VideoCapture cap;
    // 打开第一个相机
    cap.open(0);
    if (!cap.isOpened())
    {
        cout << "Couldn't open capture." << endl;
        return -1;
    }
    Mat frame;
    for (;;)
    {
        cap >> frame;
```

```
        if (frame.empty()) break;
        imshow("例4-2", frame);
        if (waitKey(33) >=0)
            break;
    }
    return 0;
}
```

Python代码：

```
import cv2
cap=cv2.VideoCapture(0)
while True:
    ret, frame=cap.read()
    cv2.imshow("4-2", frame)
    # 保持画面的持续性。
    k=cv2.waitKey(1)
    if k==27:
        cv2.destroyAllWindows()
        break
# 关闭摄像头
cap.release()
```

例4-2中，如果电脑上的摄像头工作正常，则可以通过上述代码打开摄像头。

例4-3　利用OpenCV检测回形针的位置和方向

C++代码：

```
#include "opencv2/highgui/highgui.hpp"
#include "opencv2/imgproc/imgproc.hpp"
#include "iostream"
using namespace cv;
using namespace std;
int main(int argc, char** argv)
{
    Mat ReadImage=imread("E:/TestImage/4-3_clip.png", 0);
    Mat ThresholdImage;
    threshold(ReadImage, ThresholdImage, 128, 255, THRESH_BINARY_INV);
    vector<vector<Point>> Contour;
    findContours(ThresholdImage, Contour, noArray(), RETR_EXTERNAL, CHAIN_APPROX_
SIMPLE);
    Mat SelectedContourAreaImage=Mat::zeros(ThresholdImage.size(), CV_8UC3);
    vector <vector<Point>> SelectedContourBaseArea;
    for (int i=0; i < Contour.size(); i++)
    {
```

```
        if (contourArea(Contour[i], false) >=10000 && contourArea(Contour[i], false) <=20000)
            SelectedContourBaseArea.push_back(Contour[i]);
    }
    drawContours(SelectedContourAreaImage, SelectedContourBaseArea, -1, Scalar(0, 255, 0), 3, 8);
    Mat MinAreaRect=ReadImage.clone();
    if (MinAreaRect.channels()==1)
    {
      cvtColor(MinAreaRect, MinAreaRect, COLOR_GRAY2RGB);
    }
    Point2f pts[4];
    for (int i=0; i < SelectedContourBaseArea.size(); i++)
    {
      RotatedRect rrect=minAreaRect(SelectedContourBaseArea[i]);
      rrect.points(pts);
      for (int j=0; j < 4; j++)
      {
          line(MinAreaRect, pts[j], pts[(j + 1) % 4], Scalar(0, 0, 255), 3, 8);
      }
      cout <<"center("<< rrect.center.x <<","<<rrect.center.y<<")"<<"    angle:"<<rrect.angle<< endl;
    }
    cv::namedWindow("例4-3", 0);
    cv::imshow("例4-3", MinAreaRect);
    cv::waitKey(0);
    return 0;
}
```

Python 代码：

```
import numpy as np
import cv2
ReadImage=cv2.imread("E:/TestImage/4-3_clip.png",0)
ret,ThresholdImage=cv2.threshold(ReadImage,128,255,cv2.THRESH_BINARY_INV)
Contour,hierarchy=cv2.findContours(ThresholdImage,cv2.RETR_EXTERNAL,cv2.CHAIN_APPROX_SIMPLE)
SelectedContourAreaImage=np.zeros(ThresholdImage.shape, np.uint8)
if SelectedContourAreaImage.ndim==2:
    SelectedContourAreaImage=cv2.cvtColor(SelectedContourAreaImage, cv2.COLOR_GRAY2RGB)
SelectedContourBaseArea=[]
for i in range(len(Contour)):
```

```
            if cv2.contourArea(Contour[i],False) >=10000 and cv2.contourArea(Contour[i],False) <=20000:
                SclectedContourBaseArea.append(Contour[i])
    cv2.drawContours(SelectedContourAreaImage,SelectedContourBaseArea,-1,(0,255,0),3,8)
    MinAreaRect=ReadImage.copy()
    if MinAreaRect.ndim==2:
        MinAreaRect=cv2.cvtColor(MinAreaRect, cv2.COLOR_GRAY2RGB)
    for minRect in SelectedContourBaseArea:
        rrect=cv2.minAreaRect(minRect)
        points=cv2.boxPoints(rrect)
        points=np.int0(points)
        cv2.drawContours(MinAreaRect,[points], 0, (0,0,255), 3, 8)
        print(rrect)
    cv2.namedWindow("4-3",0)
    cv2.imshow("4-3",MinAreaRect)
    cv2.waitKey(0)
```

例4-3中：首先，利用二值化算法将回形针与背景区分开来；然后，利用查找轮廓算法得到每个回形针区域的轮廓；再利用轮廓面积大小过滤掉干扰区域；最后，利用最小包围矩形得到每个回形针的位置和角度。由于图像中可能存在的噪声，在进行图像分割时，不可避免地存在不是回形针的区域也被分割出来。因此，在得到每个回形针区域之后，还需要利用回形针的面积特征，将不在此面积范围内的连通域过滤掉，这样只保留了回形针区域。最后通过计算最小包围矩形，得到回形针的角度和位置。图4.5是C++中的检测结果，Python中的检测结果与其一致。其中，图4.5（a）是原图，图4.5（b）是检测结果在图像中的显示。角度和位置通过控制台输出，在Python中，直接利用print(rrect)即可输出每个最小包围矩形的各类参数。当然，也可以将每个回形针的角度直接打印在图像上每个回形针区域，在此不再详述怎么操作。

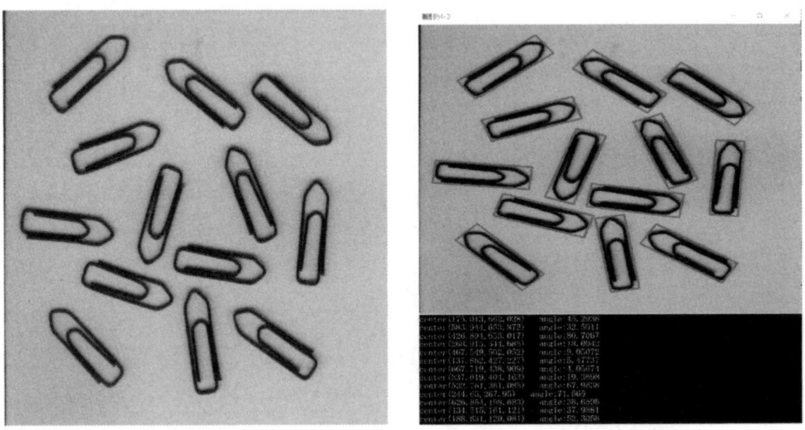

（a）原图　　（b）检测结果

图4.5　例4-3运行结果

例4-3也是利用机器视觉进行检测的简单示例，主要说明如何利用机器视觉进行图像检测。通过该例子可以发现，利用视觉进行检测，即采用各种图像处理算法，提取出感兴趣区域的特征信息，根据该特征信息判断目标对象的状态，如位置、大小、方向、是否存在缺陷、在分类问题中判断对象类别等。最后，将判断结果输出给控制执行机构，完成整个机器视觉检测任务。

练　习

4.1 安装OpenCV，熟悉OpenCV的用法。

4.2 仿照例4-1，用OpenCV读取一张彩色图像，并显示出来。

4.3 仿照例4-2，用OpenCV读取电脑摄像头视频。

4.4 将例4-3完整地输入并运行该程序，同时，查阅相关资料，给每行代码添加注释。

第5章

改善数字图像质量

改善数字图像质量主要采用图像增强算法。图像增强不仅指在视觉感官上认为图像的对比度发生了变化，一般改善图像质量而采取的一系列处理算法都称为图像增强算法。如灰度变换、直方图变换、图像平滑，以及代数运算等算法。在视觉系统中，图像质量除了通过光源照明来保证之外，在有些情况下，通过算法调整图像质量也是必要的。因为，光源照明无论如何调整都存在光照不均的情况，从而导致图像灰度值在某些区域对比度不够。此外，图像可能存在噪声。图像增强算法通过对图像整体或局部灰度值进行调整，起到提高图像对比度作用，去除图像噪声，突出特征与背景之间的差异化。增强的目标是让图像更加适用于特定应用，因此，不同的应用场景、不同的图像，采用的增强方法是不一样的。换言之，没有针对图像增强的通用理论或算法。图像质量的评定是一种高度主观的过程，在一个特定的机器视觉任务中，最好的增强方法是能让视觉任务最终能够实现的方法。

5.1 灰度变换增强

灰度变换是一种点对点的变换，这是一种最简单的图像增强算法。设原始图像为$f(x,y)$，定义一种变换为T，变换后的图像为$g(x,y)$。通过变换T，将原始图像$f(x,y)$中的灰度值映射到新的图像$g(x,y)$中，这种变换可以用式（5-1）表示。

$$g(x,y)=T[f(x,y)] \tag{5-1}$$

常用灰度变换有线性变换、分段线性变换、对数变换，以及幂次变换等。

5.1.1 线性变换

线性变换可以表示为式（5-2）所示。

$$g(x,y)=af(x,y)+b \tag{5-2}$$

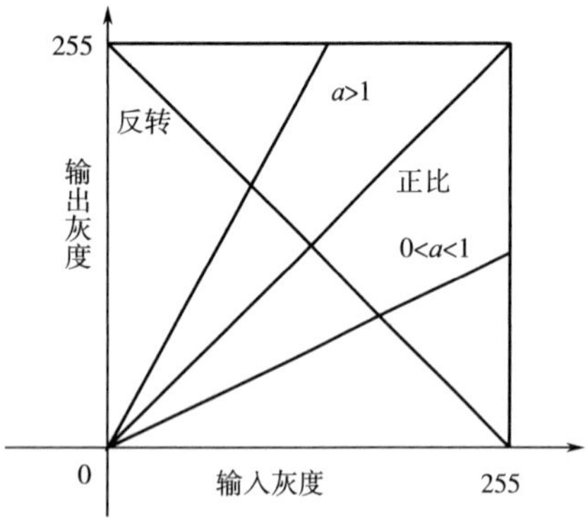

图5.1　线性变换

线性变换是输出灰度级与输入灰度级呈线性关系的点运算。由直线方程可以知道，这种变换的结果与直线方程的系数a以及截距b有关。在截距不变的情况下，如果a的值大于0，且a的值在(0,1]之间，输出灰度值被压缩，如果a的值大于1，输出灰度值将增大。如果a的值小于0，灰度值将发生反转，原来灰度值大的变小，灰度值小的变大。反转变换在图像上显示效果为黑色部分变成了白色，而白色部分变成了黑色。在不考虑截距b的情况下，线性变换可以用图5.1表示。

线性变换中，系数a用于控制变换之后的对比度，截距b用于控制变换之后的亮度。假设a等于1，在截距b增加的情况下，变换后的灰度值统一增加b，变换后的图像只是看起来比原图像更亮，但是像素之间的大小关系并没有变化，也就是说，图像的对比度没有发生变化。通过调节a的大小，可以控制图像的对比度变化。比如，当图像整体比较暗时，通过增加a的值，从而增加灰度之间的对比度差异，如果此时再增加b的值，可以让图像整体变亮的同时，对比度也增大，对突出图像的特征有一定帮助。当需要抑制图像中的灰度值时，则可以采用相反的方式调节a和b的值。如果a等于－1并且b等于0，灰度值出现反转，这时也称为图像反转变换，从图像上来看，就是图像上的黑白发生了反转，当图像中的特征出现在比较暗的区域，可以通过这种变换将其变成比较亮的区域。

5.1.2　分段线性变换

分段线性变换是线性变换的一种扩展。线性变换是对整幅图像采用同样的线性函数实现的。但是，图像可能灰度分布不均，而且，感兴趣区域如果分布在比较窄的灰度区间，不利于提取该区域的特征。为了凸显感兴趣区域并且抑制其他区域，可以将图像灰度进行分段，对每一段分别进行线性变换。如果采用三段线性函数进行变换，分段线性变换可以用式（5-3）表示。

$$g(x,y)=\begin{cases}\dfrac{c}{a}f(x,y) & 0\leqslant f(x,y)<a\\ \dfrac{d-c}{b-a}[f(x,y)-a]+c & a\leqslant f(x,y)<b\\ \dfrac{M_g-d}{M_f-b}[f(x,y)-b]+d & b\leqslant f(x,y)\leqslant M_f\end{cases} \tag{5-3}$$

图5.2是分段线性变换的图示表示。从图5.2可以看出，输入灰度图像$f(x, y)$的灰度级被分为了三个区间，每个区间分别采用了不同的线性变换，在[0,a)区间，输入灰度被抑

制，在$[a,b)$区间，灰度值被拉伸，在$[b,M_f]$区间，输入灰度再次被抑制。通过该分段线性变换，原图像变换为$g(x, y)$，感兴趣区域的对比度得到了增强。

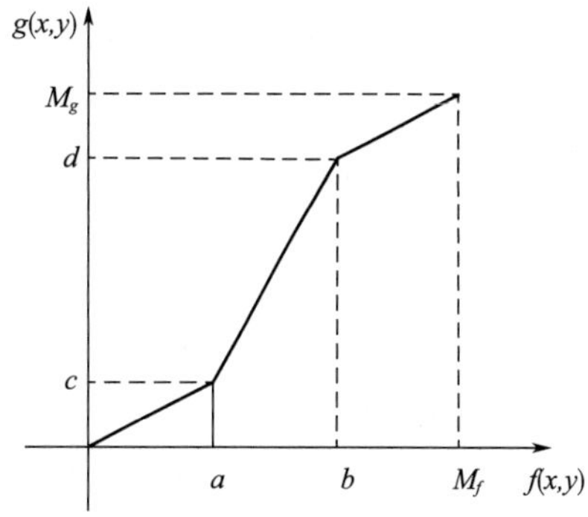

图5.2　分段线性变换

相对于线性变换而言，分段线性变换可以任意组合，在调整图像对比度方面，分段线性变换的效果更好。但是，分段线性变换的参数较多，需要更多的用户输入。分段线性变换主要用在对比度拉伸方面，通过控制不同灰度级的不同变换函数，达到增强感兴趣区域并且抑制背景区域的目的。

例5-1　利用OpenCV实现线性变换

C++代码：

```
#include <opencv2/opencv.hpp>
using namespace cv;
int main(int argc, char** argv)
{
    Mat ReadImage=imread("E:/TestImage/5-1_fastener.bmp", 0);
    Mat ConvertScaleAbsImage;
    //利用convertScaleAbs函数实现线性变换
    convertScaleAbs(ReadImage, ConvertScaleAbsImage, 2, 30);
    Mat InRangeImage;
    //取原图50到100范围灰度值
    inRange(ReadImage, 50, 100, InRangeImage);
    Mat CopyImage;
    //掩码拷贝
    copyTo(ReadImage, CopyImage, InRangeImage);
    Mat ConvertScaleAbsImage_1;
    //对50到100范围灰度值进行线性变换
    convertScaleAbs(CopyImage, ConvertScaleAbsImage_1, 1.5, 20);
    Mat ConvertScaleAbsImage_2;
    //实现图像反转
    convertScaleAbs(ReadImage, ConvertScaleAbsImage_2, -1, 255);
    namedWindow("5-1-1", 0);
    imshow("5-1-1", ConvertScaleAbsImage);
    namedWindow("5-1-2", 0);
    imshow("5-1-2", ConvertScaleAbsImage_1);
    namedWindow("5-1-3", 0);
    imshow("5-1-3", ConvertScaleAbsImage_2);        cv::waitKey(0);
    return 0;
}
```

Python代码：

```
import numpy as np
import cv2
ReadImage=cv2.imread("E:/TestImage/5-1_fastener.bmp",0)
ConvertScaleAbsImage=cv2.convertScaleAbs(ReadImage,None,2,30)
InRangeImage=cv2.inRange(ReadImage,50,100)
CopyImage=cv2.copyTo(ReadImage,InRangeImage)
ConvertScaleAbsImage_1=cv2.convertScaleAbs(CopyImage,None,1.5,20)
ConvertScaleAbsImage_2=cv2.convertScaleAbs(ReadImage,None,-1,255)
cv2.namedWindow("5-1-1",0)
cv2.imshow("5-1-1",ConvertScaleAbsImage)
cv2.namedWindow("5-1-2",0)
cv2.imshow("5-1-2",ConvertScaleAbsImage_1)
cv2.namedWindow("5-1-3",0)
cv2.imshow("5-1-3",ConvertScaleAbsImage_2)
cv2.waitKey(0)
```

图5.3是线性变换运行结果，在OpenCV中，可以采用convertScaleAbs函数实现线性变换，OpenCV中没有分段线性变换函数，但是，可以取出某一段灰度值进行线性变换，得到和分段线性变换类似效果。在实际应用中，往往只对感兴趣区域进行处理，因此，不在感兴趣区域的灰度值可以不考虑其变换结果而直接赋值为0。上述示例中，采用了inRange函数得到某一段灰度值，注意该函数会将得到的区域二值化，因此，还需要通过掩码拷贝方式得到原区域的灰度值。

（a）原图

（b）线性变换

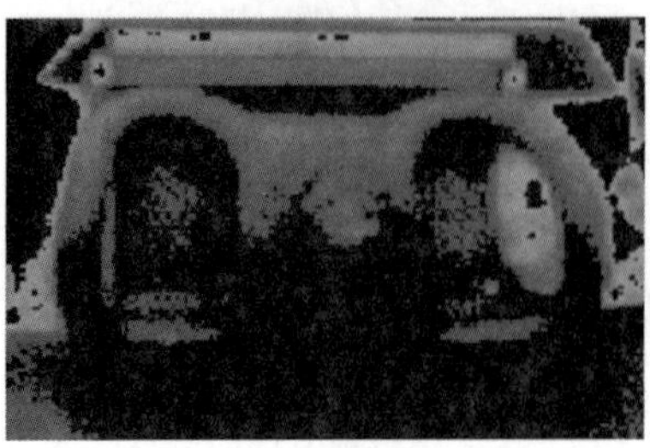

（c）某段灰度值线性变换

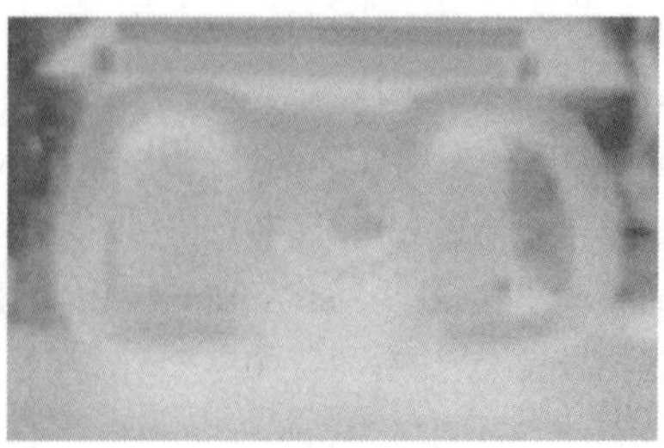

（d）图像反转

图5.3　线性变换示意

5.1.3 对数变换

对数变换是另一种灰度变换方式，该变换为非线性变换，其一般表达式如式（5-4）所示：

$$g(x,y)=c\log[1+f(x,y)] \tag{5-4}$$

式中，c是常数，为了避免输入图像$f(x, y)$的灰度值等于0的情况，需要在$f(x, y)$上加1。图5.4是对数变换的示意图。

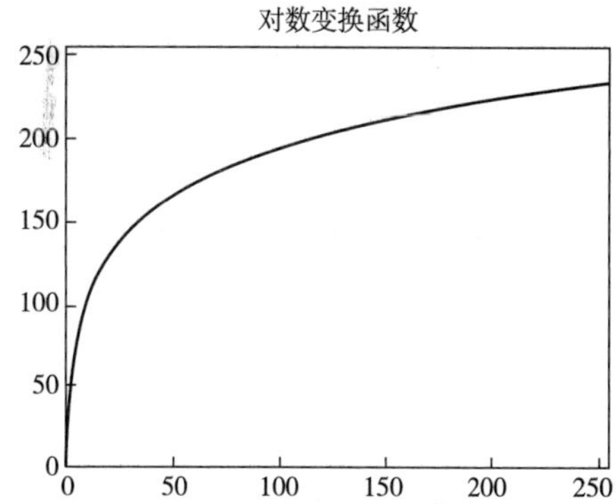

图5.4 对数变换示意图

从图5.4中可以看出，由于对数曲线在像素值较低的区域斜率较大，在像素值较高的区域斜率较小，所以图像经过对数变换后，较暗区域的对比度将有所提升，可以增强图像的暗部细节。

对数变换可以将图像的低灰度值部分扩展，显示出低灰度部分更多的细节，将其高灰度值部分压缩，减少高灰度值部分的细节，从而达到强调图像低灰度部分的目的。

5.1.4 幂次变换

幂次变换也称为伽马校正，该变换是一种非线性变换，它的一般形式如式（5-5）所示：

$$g(x,y)=cf(x,y)^{\gamma} \tag{5-5}$$

式中，c和γ是正常数。对于幂次变换，当$\gamma=1$时，幂次变换退变成线性变换。另外，$\gamma>1$和$\gamma<1$得到的效果是不一样的。幂次变换与对数变换类似，当$\gamma>1$时，将灰度值比较大的像素值进行拉伸，当$\gamma<1$时，将灰度值比较小的像素值进行拉伸，如图5.5所示。

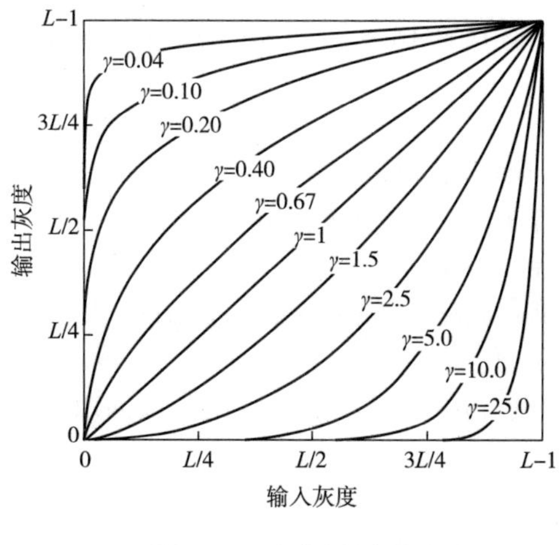

图5.5 幂次变换示意图

习惯上，将幂次变换中的指数γ称为伽马值，在CRT显示器中，常采用伽马校正让输出图像接近于原图像。在扫描仪以及打印机中也是类似，唯一不同的地方是采用了不同的γ值。采用幂次变换来修正图像的对比度也是常用的方法。

线性变换对图像进行整体灰度变换，可以同时扩大或缩小原图像灰度范围，操作简单，参数少。但是，无法单独抑制某区域灰度的同时增强其他区域的灰度，增强效果有限。分段线性变换可以弥补上述线性变换的缺陷，但是，分段线性变换参数太多，需要输入更多的参数，操作不是很方便。对数变换和幂次变换属于非线性变换，只采用一个变换函数，就可以实现对图像不同区域的灰度值抑制或对比度拉伸。除了对数变换和幂次变换之外，还有开平方运算和指数变换也是非线性变换，指数变换与幂次变换类似，只是两者的自变量不同。

例 5-2 对图像进行对数变换、幂次变换和开平方运算

C++代码：

```
#include <opencv2/opencv.hpp>
using namespace cv;
int main(int argc, char** argv)
{
    Mat ReadImage=imread("E:/TestImage/5-2_enhance.png", 1);
    //像素值整体加“1”
    Mat AddImage=ReadImage + 1;
    Mat ConvertImage;
    //数据类型转换为浮点型
    AddImage.convertTo(ConvertImage, CV_32F, 1, 0);
    Mat LogImage;
    //对数变换
    log(ConvertImage, LogImage);
    Mat ConvertScaleAbsImage;
    convertScaleAbs(LogImage, ConvertScaleAbsImage, 1, 0);
    Mat NormalizeImage;
    normalize(ConvertScaleAbsImage, NormalizeImage, 0, 255, NORM_MINMAX);
    Mat PowImage;
    //幂次变换
    pow(ConvertImage, 0.4, PowImage);
    //为了显示结果，需要将变换结果转换为0到255之间
    Mat ConvertScaleAbsImage_1;
    convertScaleAbs(PowImage, ConvertScaleAbsImage_1, 1, 0);
    Mat NormalizeImage_1;
    normalize(ConvertScaleAbsImage_1, NormalizeImage_1, 0, 255, NORM_MINMAX);
    Mat SqrtImage;
    //开平方运算
    sqrt(ConvertImage, SqrtImage);
```

```
    Mat ConvertScaleAbsImage_2;
    convertScaleAbs(SqrtImage, ConvertScaleAbsImage_2, 1, 0);
    Mat NormalizeImage_2;
    normalize(ConvertScaleAbsImage_2, NormalizeImage_2, 0, 255, NORM_MINMAX);
    namedWindow("5-2-log", 0);
    imshow("5-2-log", NormalizeImage);
    namedWindow("5-2-pow", 0);
    imshow("5-2-pow", NormalizeImage_1);
    namedWindow("5-2-sqrt", 0);
    imshow("5-2-sqrt", NormalizeImage_2);
    cv::waitKey(0);
    return 0;
}
```

Python代码：

```
import numpy as np
import cv2
ReadImage=cv2.imread("E:/TestImage/5-2_enhance.png",1)
AddImage=ReadImage+1
ConvertImage=np.float32(AddImage)*np.float32(1)+0
ConvertImage=np.float32(ConvertImage)
LogImage=cv2.log(ConvertImage)
ConvertScaleAbsImage=cv2.convertScaleAbs(LogImage,None,1,0)
NormalizeImage=cv2.normalize(ConvertScaleAbsImage,None,0,255,cv2.NORM_MINMAX)
ConvertImage=np.float32(ConvertImage)
PowImage=cv2.pow(ConvertImage,0.4)
ConvertScaleAbsImage_1=cv2.convertScaleAbs(PowImage,None,1,0)
NormalizeImage_1=cv2.normalize(ConvertScaleAbsImage_1,None,0,255,cv2.NORM_MIN-
MAX)
ConvertImage=np.float32(ConvertImage)
SqrtImage=cv2.sqrt(ConvertImage)
ConvertScaleAbsImage_2=cv2.convertScaleAbs(SqrtImage,None,1,0)
NormalizeImage_2=cv2.normalize(ConvertScaleAbsImage_2,None,0,255,cv2.NORM_MIN-
MAX)
cv2.namedWindow("5-2-log",cv2.WINDOW_NORMAL)
cv2.imshow("5-2-log",NormalizeImage)
cv2.namedWindow("5-2-pow",cv2.WINDOW_NORMAL)
cv2.imshow("5-2-pow",NormalizeImage_1)
cv2.namedWindow("5-2-sqrt",cv2.WINDOW_NORMAL)
cv2.imshow("5-2-sqrt",NormalizeImage_2)
cv2.waitKey(0)
```

图5.6是图像进行上述非线性变换的运行结果。可以看出，原图整体比较暗，几乎无法看出图中信息，通过非线性变换之后，改变了图像的对比度，可以明显看出图像中的信息。另外，例5-2没有实现指数变换，因为对于该图像而言，指数变换之后的像素值比较大，无法看出变换之后的效果。对于每一种变换的参数设置，在此只是一个示例，无法说明该参数一定最适合该图像。因此，图像采用非线性变换进行增强的效果在此不作讨论。

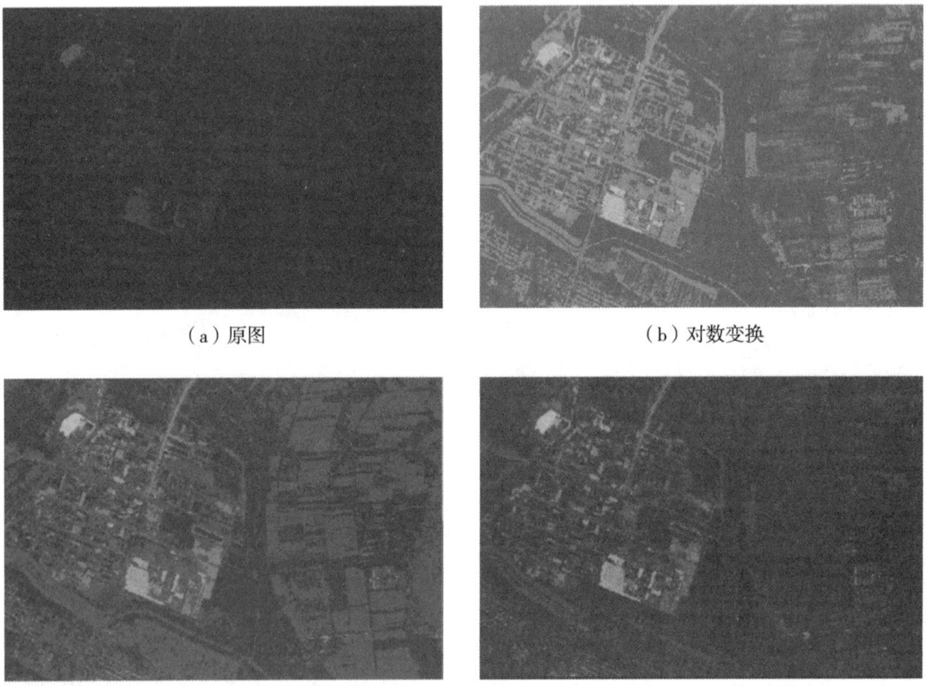

（a）原图　（b）对数变换　（c）幂次变换　（d）开平方运算

图5.6　对数变换、幂次变换、开平方运算结果

虽然上述变换通常是针对灰度图，但是也可以对彩色图进行变换，例5-2采用的是彩色图像进行变换，需要注意的是，上述变换需要的数据类型都是浮点型，而且，某些变换的像素值不能为0。因此，在变换之前，首先对像素值整体加“1”，然后再将数据类型转换为浮点型，最后才能进行变换。另外，变换之后的结果为浮点型数据类型，为了显示为图像，需要将数据类型转换为8位无符号整数，并且需要将数据归一化到0到255之间。

例5-1和例5-2分别实现了不同灰度变换用于增强图像。灰度变换是一种简单的点对点变换，除了上面提到的变换方法之外，也可以采用任何数学函数实现灰度变换。

5.2　直方图变换增强

直方图变换常见的方法有两种：直方图均衡化和直方图规定化。直方图变换的思想是通过改变和调整图像的灰度直方图，从而改变图像灰度值的分布关系，进而达到图像增强的目的。

5.2.1　直方图均衡化

直方图均衡化是将原图像通过直方图变换函数修正为均匀的直方图，然后按照均衡直方图来修正原始图像。

在3.5.6小节中提到，图像的相对直方图是图像灰度的概率分布，并且所有灰度的概率之和为1。设灰度级为k的像素点数量为n_k，图像中所有像素数量为n，p_k代表n_k在图像中所占有的比例，也就是n_k出现的概率。因此有：

$$p_k(n_k)=\frac{n_k}{n}\qquad(k=0,1,2,\cdots,255)\tag{5-6}$$

并且满足式（3-11），即所有的灰度概率分布之和为1。直方图均衡化背后的基础数学涉及将一个分布映射到另一个分布，也就是说希望在新分布中尽可能均匀地分布原始分布的值。事实证明，映射函数应该是累积分布函数。可以使用累积分布函数将原始分布重新映射到均匀分布，只需在原始分布中查找每个值并查看均衡分布中应该去的位置。对于连续分布，结果将是精确的均衡，但对于数字化离散分布，结果可能远不一致。

直方图均衡化采用原始图的累计分布函数作为变换函数。假设灰度级归一化至范围[0, 1]内，p_k表示给定图像中的灰度级的概率密度函数，对于离散的灰度级，均衡化变换为：

$$s_k=T(n_k)=\sum_{j=1}^{k}p_k(n_j)=\sum_{j=1}^{k}\frac{n_j}{n}\tag{5-7}$$

式中，s_k表示变换之后的值，其范围为归一化的范围，即[0,1]范围。如果需要将图像的灰度范围扩展到[0，255]，只需要对[0，1]进行线性拉伸即可。通过上述变换，每个原始图像的像素灰度级n_k都会产生一个s值。变换函数$T(n_k)$满足以下条件：

① $T(n_k)$在区间[0，1]中为单值且单调递增；

② 当n_k在[0，1]时，$0\leqslant T(n_k)\leqslant 1$，即$T(n_k)$的取值范围与$n_k$相同。

例5-3　设一幅图像大小为3×2，灰度值如图5.7所示，求其直方图均衡化变换结果。

200	50	100
50	100	50

图5.7　待变换原图像

解：① 分别计算每个灰度值的概率。

灰度值为50的有3个像素，为100的有2个像素，为200的有1个像素，共有3×2=6个像素，因此，每个像素的概率如下：

$$P_{50}(n_{50})=3/6=1/2$$

$$P_{100}(n_{100})=2/6=1/3$$

$$P_{200}(n_{200})=1/6=1/6$$

② 计算每个灰度值的累计概率分布，根据式（5-7），像素数量从0累计到50有3个，从0累计到100有5个，从0累计到200有6个，因此，每个灰度值的累计概率有：

$$S_{50}=3/6=0.5$$

$$S_{100}=(3+2)/6=0.83$$

$$S_{200}=(3+2+1)/6=1$$

③ 根据累计概率分布，将原始图像的灰度值映射为新的灰度值。

$$50：255\times 0.5=128$$

$$100：255\times 0.83=212$$

$$200：255\times 1=255$$

由此得到原始图像的直方图均衡化变换结果如图5.8所示。

200	50	100
50	100	50

→

255	128	212
128	212	128

图5.8 直方图均衡化变换结果

在上面的计算过程中，涉及计算结果为小数部分的，只取两位小数，最后变换后的灰度值通过四舍五入取整。

直方图均衡化可以增加图像的全局对比度，尤其是当图像的有用数据的对比度相当接近的时候，通过这种方法，亮度可以更好地在直方图上分布。这样就可以用于增强局部的对比度而不影响整体的对比度，直方图均衡化通过有效地扩展常用的亮度来实现这种功能。通过直方图均衡化变换，原始图像中直方图分布不均匀的现象，将得到很大的改善，但是，变换后的图像直方图也不是绝对呈均匀分布的。

5.2.2 直方图规定化

直方图规定化又称为直方图匹配。直方图均衡化是直方图规定化的一种特殊形式。在实际应用中，希望能够有目的地增强某个灰度区间的图像，即能够人为地修正直方图的形状，使之与期望的形状相匹配，这就是直方图规定化的基本思想。

直方图规定化按照预先设定的某个形状来调整图像的直方图。直方图规定化是在运用均衡化原理的基础上，通过建立原始图像和期望图像之间的关系，选择性地控制直方图，使原始图像的直方图变成规定的形状，从而弥补直方图均衡化不具备交互作用的特点。

直方图规定化通过一个灰度映射函数，将原灰度直方图改造成所希望的直方图。所以，直方图规定化的关键就是灰度映射函数。直方图规定化的基本原理是对两个直方图都做直方图均衡化，使它们变成相同的归一化的均匀直方图。此均匀直方图起到媒介作用，再对参考图像做均衡化的逆运算即可。

直方图规定化计算步骤：

① 计算原始图像的直方图；

② 计算原始图像的累积直方图；

③ 计算规定图像的直方图；

④ 计算规定图像的累积直方图；

⑤ 找到规定图像的累积直方图和原始图像的累积直方图中每一个映射的最小差值；

⑥ 根据映射的最小差值确定映射；

⑦ 变换原图像，结束。

直方图规定化的变换通常需要一张直方图比较理想的图像作为参考，该图像的直方图称为规定直方图，也可以直接通过数据生成理想的规定直方图，然后，以该规定直方图作为标准，让原图像通过变换变成规定直方图的样式。从上面的计算步骤可以看出，需要分别计算原图像的累计直方图和规定图像的累计直方图概率分布。其计算方法即式（5-7）所示。设原始图像的累计直方图为式（5-7）的s_k，规定直方图同样按照式（5-7）计算，设为u_j。确定原图像与规定图像之间的映射关系可以采用两者之间的最小差值，即：

$$z_k = \min(|s_k - u_j|) \tag{5-8}$$

根据式（5-8）确定的映射关系，对原图像进行变换，即完成直方图规定化变换。

例5-4 设一幅大小为64×64的图像，灰度级从0到7，其灰度分布如表5-1所示。其规定化的直方图分布如表5-2所示，试按照表5-2的规定直方图计算将其进行直方图规定化变换的结果。

表5-1 64×64的图像灰度分布

图像灰度级	0	1	2	3	4	5	6	7
每个灰度级数量	790	1023	850	656	329	245	122	81
直方图	0.19	0.25	0.21	0.16	0.08	0.06	0.03	0.02

表5-2 规定直方图分布

图像灰度级	0	1	2	3	4	5	6	7
直方图	0	0	0	0.15	0.20	0.30	0.20	0.15

解：① 根据式（5-7），分别计算原图像的累计直方图和规定图像的累计直方图。

原图像的累计直方图计算如下：

$$s_0 = \sum_{j=0}^{0} \frac{n_j}{n} = 0.19$$

$$s_1 = \sum_{j=0}^{1} \frac{n_j}{n} = 0.19 + 0.25 = 0.44$$

$$s_2=\sum_{j=0}^{2}\frac{n_j}{n}=0.19+0.25+0.21=0.65$$

$$s_3=\sum_{j=0}^{3}\frac{n_j}{n}=0.19+0.25+0.21+0.16=0.81$$

$$s_4=\sum_{j=0}^{4}\frac{n_j}{n}=0.19+0.25+0.21+0.16+0.08=0.89$$

$$s_5=\sum_{j=0}^{5}\frac{n_j}{n}=0.19+0.25+0.21+0.16+0.08+0.06=0.95$$

$$s_6=\sum_{j=0}^{6}\frac{n_j}{n}=0.19+0.25+0.21+0.16+0.08+0.06+0.03=0.98$$

$$s_7=\sum_{j=0}^{7}\frac{n_j}{n}=0.19+0.25+0.21+0.16+0.08+0.06+0.03+0.02=1$$

同理，规定直方图的累计直方图如下：

$u_0=0$，$u_1=0$，$u_2=0$，$u_3=0.15$，$u_4=0.35$，$u_5=0.65$，$u_6=0.85$，$u_7=1$

② 确定原图像与累计图像的映射最小值 $z_k=\min(|s_k-u_j|)$，从而确定映射关系为原图像灰度级 k 映射为规定直方图中 u_j 对应的灰度级 j。

$z_0=\min|s_0-u_j|=0.04$，$j=3$

$z_1=\min|s_1-u_j|=0.09$，$j=4$

$z_2=\min|s_2-u_j|=0.00$，$j=5$

$z_3=\min|s_3-u_j|=0.04$，$j=6$

$z_4=\min|s_4-u_j|=0.04$，$j=6$

$z_5=\min|s_5-u_j|=0.05$，$j=7$

$z_6=\min|s_6-u_j|=0.02$，$j=7$

$z_7=\min|s_7-u_j|=0.00$，$j=7$

如上所示，s_0 与规定直方图中的累计直方图 u_3 之间的差值最小，因此，原像素值0变换为规定直方图中的像素值3。

③ 根据步骤②计算结果，确定原图像与规定图像之间的像素映射关系。

如 $z_3=\min|s_3-u_j|=0.04$，对应的 $j=6$，因此，原图像中的灰度值3变换为6。

计算的完整结果如表5-3所示。为了与直方图均衡化进行比较，在表5-3中的第五行加入了图像均衡化变换结果。

表5-3 直方图规定化计算结果

图像灰度级	0	1	2	3	4	5	6	7
每个灰度级数量	790	1023	850	656	329	245	122	81
直方图	0.19	0.25	0.21	0.16	0.08	0.06	0.03	0.02
累计直方图	0.19	0.44	0.65	0.81	0.89	0.95	0.98	1
均衡化变换结果	1	3	5	6	6	7	7	7
规定直方图	0	0	0	0.15	0.20	0.30	0.20	0.15
规定累计直方图	0	0	0	0.15	0.35	0.65	0.85	1
映射最小值	0.04	0.09	0	0.04	0.04	0.05	0.02	0
映射对应值	3	4	5	6	6	7	7	7
映射结果	0→3	1→4	2→5	3→6	4→6	5→7	6→7	7→7

表5-3中，最后一行即为图像灰度值的直方图规定化变换结果。第五行的直方图均衡化计算方式请参考例5-2，即采用最大灰度7乘以每个灰度级的累计分布概率。

例5-5 图像直方图均衡化实例

C++代码：

```
#include <opencv2/opencv.hpp>
using namespace cv;
int main(int argc, char** argv)
{
    Mat ReadImage=imread("E:/TestImage/5-3_equ.png", 0);
    Mat EqualizeHistImage;
    //直方图均衡化
    equalizeHist(ReadImage, EqualizeHistImage);
    namedWindow("EqualizeHistImage", 0);
    imshow("EqualizeHistImage", EqualizeHistImage);
    cv::waitKey(0);
    return 0;
}
```

Python代码：

```
import cv2
ReadImage=cv2.imread("E:/TestImage/5-3_equ.png",0)
EqualizeHistImage=cv2.equalizeHist(ReadImage)
cv2.namedWindow("EqualizeHistImage",0)
cv2.imshow("EqualizeHistImage",EqualizeHistImage)
cv2.waitKey(0)
```

图5.9是上面程序的运行结果。

（a）原图

（b）均衡化图像

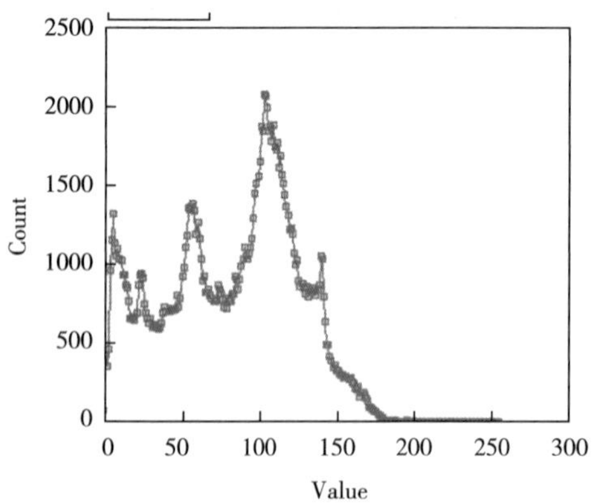

（c）原图直方图

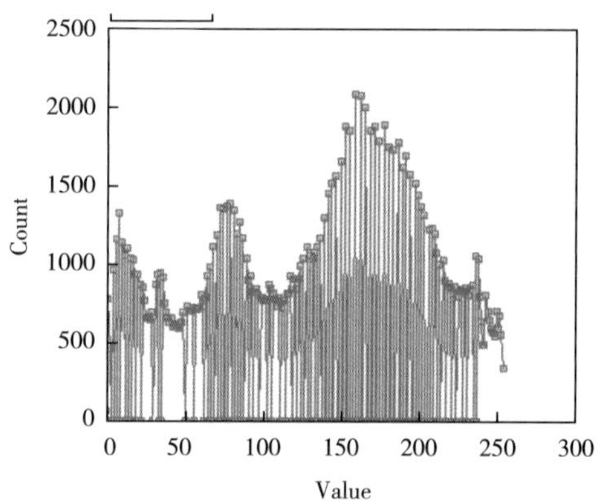

（d）均衡化后直方图

图5.9　图像直方图均衡化结果

从图5.9中可以看出，原图像的直方图分布与均衡化后的直方图分布有很大差别。经过直方图均衡化处理之后，其直方图分布较为均匀。从变换后的图像上看，均衡化后的图像对比度相对于原图像有很大改善。在OpenCV中没有提供直方图规定化的算子。当然，也可以自己编程实现直方图规定化变换，在此不再详述。

5.3　图像平滑滤波

为了抑制噪声而改善图像质量所进行的处理称图像平滑或去噪。图像平滑可以在空域或频率域中进行。噪声在图像上常表现为引起较强视觉效果的孤立像素点或像素块。噪声来源主要有两个方面：其一是在图像获取过程中，图像传感器在采集图像的过程中，由于受传感器材料属性、工作环境、电子元器件和电路结构等影响，会引入各种噪声，如电阻引起的热噪声、光子噪声、暗电流噪声、光响应非均匀性噪声；其二是在图像传输过程中，由于传输介质和记录设备等的不完善，数字图像在其传输记录过程中往往会受到多种噪声的污染。

图像常见噪声有四种：高斯噪声、泊松噪声、乘性噪声和椒盐噪声。为了抑制噪声，常采用平滑滤波方法，使亮度平缓或去掉不必要的亮点。在空域的平滑算法常见的有均值滤波、高斯滤波和中值滤波。此外，也可以在频率域对图像进行去噪处理。在空域中使用的平滑算法，常利用图像卷积运算实现。

5.3.1 图像卷积运算

在信号处理领域，一维连续信号的卷积定义为两个函数的积分。设两个函数分别为$\boldsymbol{f}(\tau)$和$\boldsymbol{g}(\tau)$。$\boldsymbol{g}(\tau)$经过翻转和平移之后为$\boldsymbol{g}(n-\tau)$。则一维连续卷积定义如式（5-9）所示。

$$(\boldsymbol{f}*\boldsymbol{g})(n)=\int_{-\infty}^{\infty}\boldsymbol{f}(\tau)\boldsymbol{g}(n-\tau)\mathrm{d}\tau \tag{5-9}$$

对于离散的情况，积分变成了累加运算，如式（5-10）所示。

$$(\boldsymbol{f}*\boldsymbol{g})(n)=\sum_{\tau=-\infty}^{\infty}\boldsymbol{f}(\tau)\boldsymbol{g}(n-\tau) \tag{5-10}$$

对于图像而言，可以看作是二维离散函数。因此，图像的卷积就是两个二维离散函数的卷积运算。设二维图像函数为$\boldsymbol{f}(m,n)$，卷积核为$\boldsymbol{g}(m,n)$。图像和卷积核只在各自的大小范围内有值，其他区域视为0，因此，二维图像的卷积定义为式（5-11）所示。

$$[\boldsymbol{f}*\boldsymbol{g}](m,n)=\sum_{i=-\infty}^{\infty}\sum_{j=-\infty}^{\infty}\boldsymbol{f}(i,j)\boldsymbol{g}(m-i,n-j) \tag{5-11}$$

从式（5-11）可以看出，图像的卷积运算就是首先将卷积核进行x和y方向的翻转，然后与图像中的对应位置相乘之后求和。对于图像而言，超出图像边界的部分一般视为0。

图5.10代表图像函数和卷积核函数，图5.10（a）中的数据代表图像每个位置的灰度值，其卷积计算过程如下所述。

首先，将卷积核进行x和y方向的翻转，得到图5.11所示结果。

1	2	3
4	5	6
7	8	9

（a）图像

0	1	−2
−2	3	1
1	0	2

（b）卷积核

图5.10 图像与卷积核函数

2	0	1
1	3	−2
−2	1	0

图5.11 卷积核翻转结果

其次，分别计算原图像每个位置与翻转之后的卷积核的对应位置乘积之和。对于原图像超出边界部分，其图像的像素值视为0，图5.12所示为图像中左上角位置进行卷积的结果。其计算过程为：

$$0\times2+0\times0+0\times1+0\times1+1\times3+2\times(-2)+0\times(-2)+4\times1+5\times0=3$$

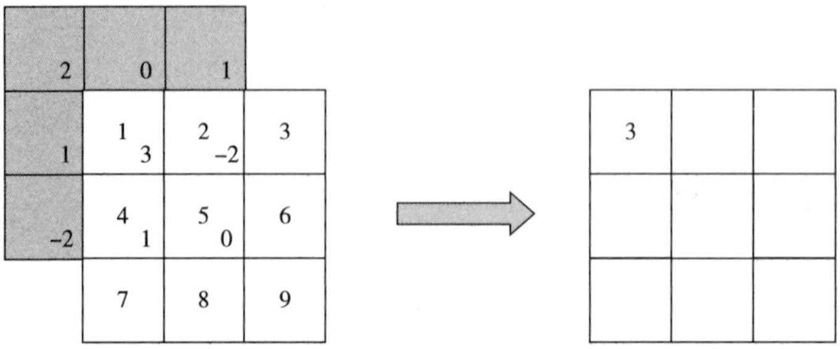

图5.12　图像卷积计算过程1

计算完第一个位置之后，将卷积核向右移动一个位置，得到第二个位置的卷积结果，如图5.13所示。其计算过程为：

$$0\times2+0\times0+0\times1+1\times1+2\times3+3\times(-2)+4\times(-2)+5\times1+6\times0=-2$$

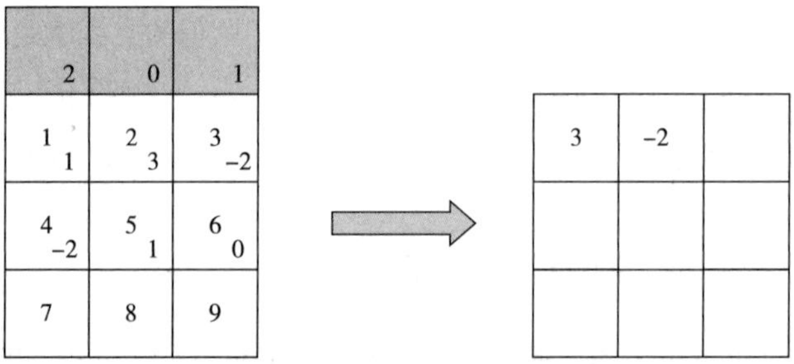

图5.13　图像卷积计算过程2

依次在图像上滑动卷积核，直到图像上每个位置都计算完成，即完成整个图像的二维卷积运算。图5.14是最后的计算结果。

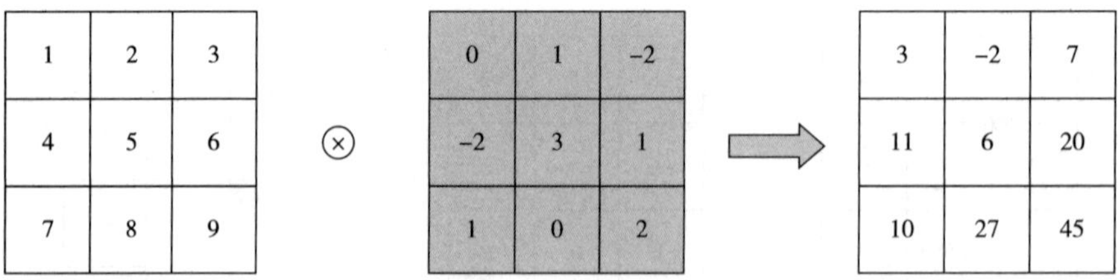

图5.14　卷积结果

对于图像卷积运算所使用的卷积核，通常是中心对称结构，卷积核翻转之后没有变化。因此，可以直接让图像与卷积核进行对应位置乘积之后求累加和，而不用再对卷积核进行翻转操作。

5.3.2　均值平滑滤波

图像中相邻像素间存在很高的空间相关性，而噪声则是统计独立的。因此，可用邻域内各像素的灰度平均值代替该像素原来的灰度值，实现图像的平滑，此方法称为均值滤波，即将每个像元在以其为中心的区域内，取平均值来代替该像元值，以达到去掉尖锐噪声和平滑图像的目的。

均值滤波也称为线性滤波。均值滤波是一种卷积运算，其卷积模板通常采用如图5.15所示矩阵形式。

$$\boldsymbol{H}=\frac{1}{9}\begin{bmatrix}1&1&1\\1&1&1\\1&1&1\end{bmatrix}$$

图5.15　均值滤波模板

设对图像 $f(x,y)$ 采用均值滤波后的结果为 $g(x,y)$，其滤波结果可以表示为式（5-12）。

$$g(x,y)=\frac{1}{M}\sum_{f\in S}f(x,y) \tag{5-12}$$

式中，S 为模板所覆盖的原图像的范围；M 为滤波模板系数。在实际计算中，均值滤波常采用原图像与滤波模板进行卷积实现。如图5.16为均值滤波示意图。

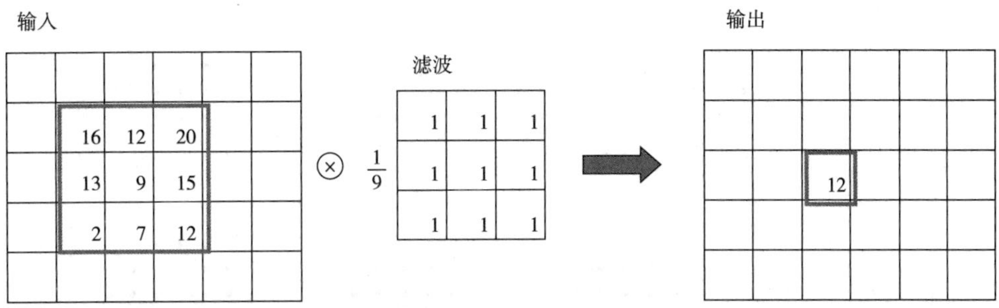

图5.16　均值滤波示意图

在滤波模板所覆盖的原图像范围内，与原图像进行卷积运算，即得到最终的结果。均值滤波算法简单，但它的主要缺点是在降低噪声的同时使图像产生模糊，特别在边缘和细节处，而且滤波模板越大，在去噪能力增强的同时模糊程度越严重。

常用均值滤波模板如图5.17所示。

$$\boldsymbol{H}_1=\frac{1}{9}\begin{bmatrix}1&1&1\\1&1&1\\1&1&1\end{bmatrix}\quad \boldsymbol{H}_2=\frac{1}{10}\begin{bmatrix}1&1&1\\1&2&1\\1&1&1\end{bmatrix}\quad \boldsymbol{H}_3=\frac{1}{16}\begin{bmatrix}1&2&1\\2&4&2\\1&2&1\end{bmatrix}$$

$$\boldsymbol{H}_4=\frac{1}{8}\begin{bmatrix}1&1&1\\1&0&1\\1&1&1\end{bmatrix}\quad \boldsymbol{H}_5=\frac{1}{2}\begin{bmatrix}0&\frac{1}{4}&0\\\frac{1}{4}&1&\frac{1}{4}\\0&\frac{1}{4}&0\end{bmatrix}$$

图5.17　常用均值滤波模板

不同的滤波模板，中心点或邻域的重要程度也不相同。因此，应根据问题的需要选取合适的算子。但不管什么样的算子，必须保证全部系数之和为单位值1，这样可保证输出图像灰度值在许可范围内，不会产生“溢出”现象。

5.3.3 中值滤波

中值滤波（图5.18）是将每个像元在以其为中心的邻域内，取中间亮度值来代替该像元值，以达到去掉尖锐噪声和平滑图像的目的。中值滤波首先对一个滑动窗口内的所有像素灰度值排序，然后用位于排序后的中间值代替窗口中心像素的原来灰度值。

设对图像$f(x,y)$采用中值滤波后的结果为$g(x,y)$，其滤波结果可以表示为式（5-13）。

$$g(x,y)=\underset{f\in S}{\mathrm{median}}[f(x,y)] \tag{5-13}$$

二维中值滤波也类似于卷积运算，中值滤波器的窗口形状可以有多种，如直线、方形、十字形、圆形、菱形等。不同形状的窗口产生不同的滤波效果，使用中必须根据图像的内容和不同的要求加以选择。从经验上看，方形或圆形窗口适用于外轮廓线较长的物体图像，而十字形窗口对有尖顶角状的图像效果好。

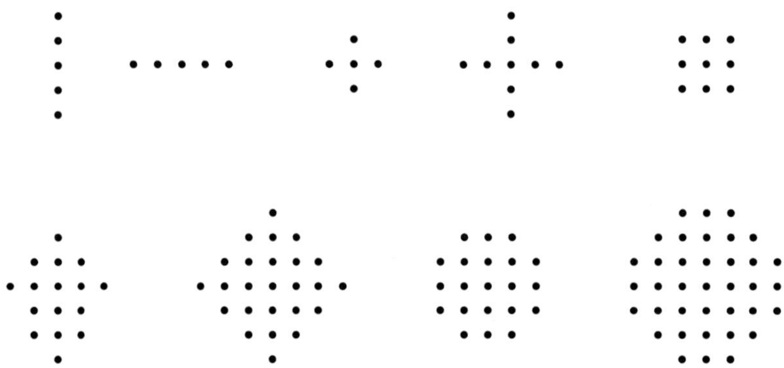

图5.18 中值滤波卷积核形状

中值滤波是一种非线性滤波，该滤波算法对椒盐噪声抑制效果好，在抑制噪声的同时能有效保护边缘不被模糊，但它对点、线等细节较多的图像却不太合适。对中值滤波法而言，正确选择窗口尺寸的大小是很重要的环节。一般很难事先确定最佳的窗口尺寸，需通过从小窗口到大窗口的中值滤波试验，再从中选取最佳的窗口尺寸。图5.19是中值滤波示意图。

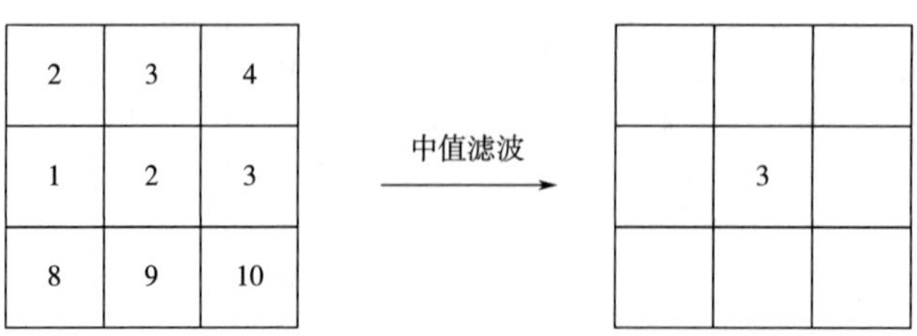

图5.19 中值滤波示意图

图5.19中，对左边的3×3图像内灰度值进行从小到大排序，结果为[1、2、2、3、3、4、8、9、10]，位于中间的灰度值为3。因此，滤波结果用灰度值3代替原图像中间的灰度值。

5.3.4　高斯滤波

高斯滤波器是根据高斯函数的形状来选择权值的一种线性平滑滤波器。高斯平滑滤波器对去除服从正态分布的噪声有很好的效果。一维零均值高斯函数为$g(x)=\mathrm{e}^{-x^2/2\sigma^2}$，其中，$\sigma$决定了高斯滤波器的宽度。对图像来说，常用二维零均值离散高斯函数做平滑滤波器，其函数表达式如下：

$$g(i,j)=\mathrm{e}^{-(i^2+j^2)/2\sigma^2} \tag{5-14}$$

高斯函数具有如下性质：

① 旋转对称性；

② 单值函数；

③ 傅里叶变换的频谱是单瓣的；

④ 滤波器的宽度是由参数σ表征；

⑤ 可分离性。

图像高斯滤波是采用二维高斯滤波器，二维高斯滤波器能用两个一维高斯滤波器逐次卷积来实现。在实际使用中，首先利用二维高斯函数生成高斯滤波卷积模板，然后让原图像与高斯滤波模板进行卷积运算得到滤波结果。

常用高斯滤波模板如图5.20所示。

$$\frac{1}{16}\begin{bmatrix}1 & 2 & 1\\ 2 & 4 & 2\\ 1 & 2 & 1\end{bmatrix}$$

（a）3×3模板

$$\frac{1}{273}\begin{bmatrix}1 & 4 & 7 & 4 & 1\\ 4 & 16 & 26 & 16 & 4\\ 7 & 26 & 41 & 26 & 7\\ 4 & 16 & 26 & 16 & 4\\ 1 & 4 & 7 & 4 & 1\end{bmatrix}$$

（b）5×5模板

图5.20　常用高斯滤波模板

高斯滤波适用于消除高斯噪声，广泛应用于图像处理的去噪。从图5.20可以得出，高斯滤波就是对整幅图像进行加权平均的过程，每一个像素点的值，都由其本身和邻域内的其他像素值经过加权平均后得到。

高斯滤波是一个低通滤波器，该滤波器对过滤高斯噪声尤其有效。高斯噪声是指它的概率密度函数服从高斯分布的一类噪声，即它的幅度分布服从高斯分布，而它的功率谱密度又是均匀分布的。高斯噪声的二阶矩不相关，一阶矩为常数，高斯噪声包括热噪声和散粒噪声。高斯滤波后图像被平滑的程度取决于σ的值。它的输出是邻域内像素的加权平均，离中心越近的像素权重越高。因此，相对于均值滤波，它的平滑效果更柔和，而且边缘保留得也更好。

5.3.5　双边滤波

双边滤波是一种非线性滤波器，它在保持边缘的同时，起到去噪的效果。双边滤波也是采用加权平均的方法，用周边像素亮度值的加权平均代表某个像素的强度，所用的加权平均基于高斯分布。但是，高斯滤波只考虑了邻域像素与中心像素的距离，而没有考虑像素值之间的差异。双边滤波在考虑像素之间的距离基础上，还考虑了像素值之间的灰度差异。以这两个权重为基础进行滤波。双边滤波公式可以表达为式（5-15）所示。

$$g(i,j)=\frac{\sum_{k,l}f(k,l)w(i,j,k,l)}{\sum_{k,l}w(i,j,k,l)} \tag{5-15}$$

式中，$w(i,j,k,l)$ 为权重系数，为图像邻域内空间距离与像素灰度值共同作用的结果。$w(x,y,k,l)$ 的定义如下：

$$w(i,j,k,l)=\exp(-\frac{(i-k)^2+(j-l)^2}{2\sigma_d^2}-\frac{\|f(i,j)-f(k,l)\|^2}{2\sigma_r^2}) \tag{5-16}$$

式中，σ_d 表示空间距离的标准偏差；σ_r 表示像素灰度大小关系的标准偏差。

双边滤波的计算如下。图 5.21 表示一幅图像中的 5×5 区域。中心点灰度值为 150，左上角第一个点的灰度值为 153。左上角距离中心点的距离为 x=2，y=2，因此，其左上角与中心点之间的距离差异为：

$$G_d=\exp\left[-\frac{(0-2)^2+(0-2)^2}{2\sigma_d^2}\right] \tag{5-17}$$

153	148	143	145	138
150	150	151	147	147
148	147	150	151	147
155	156	155	149	144
163	159	157	145	142

图5.21　双边滤波计算示意图

左上角与中心点之间的像素灰度差异为：

$$G_r=\exp\left[-\frac{(150^2-153)^2}{2\sigma_r^2}\right] \tag{5-18}$$

给定 σ_d 和 σ_r，即可计算出 G_d 和 G_r。将 G_d 与 G_r 相乘即得到每个点对应的权重 w，即 w=G_dG_r。依次计算每个点与中心点之间的权重 w，按照式（5-15），求解其与该点的灰度值相乘之后的累加和除以权重的累加和，即为双边滤波的结果。

在图像平坦区域，灰度值变化比较小，像素点的空间距离起到主要作用。在边缘部分像素值变化比较大，灰度值的大小起到主要作用。双边滤波除了保持高滤波的优点之外，还很好地保留了边界特征。

例 5-6　图像平滑滤波操作使用示例

C++代码：

```
#include <opencv2/opencv.hpp>
using namespace cv;
using namespace std;
int main(int argc, char** argv)
{
    Mat ReadImage=imread("E:/TestImage/5-6_tree.png", 1);
    Mat RandnImage=Mat::zeros(ReadImage.size(), CV_8UC3);
    //添加随机噪声
    randn(RandnImage, Scalar(0, 0, 0), Scalar(50, 50, 50));
    add(ReadImage, RandnImage, RandnImage);
    Mat meanFilterImage;
    //均值滤波
    blur(RandnImage, meanFilterImage, Size(5, 5));
    Mat MedianBlurImage;
    // 中值滤波
    medianBlur(RandnImage, MedianBlurImage, 5);
    Mat GaussBlurImage;
    //高斯滤波
    GaussianBlur(RandnImage, GaussBlurImage, Size(5, 5), 0, 0);
    Mat BilateralFilterImage;
    //双边滤波
    bilateralFilter(RandnImage, BilateralFilterImage, 9, 50, 12.5);
    Mat RanduImage=Mat::zeros(ReadImage.size(), CV_8UC3);
    //添加均匀噪声
    randu(RanduImage, Scalar(0, 0, 0), Scalar(100, 100, 100));
    add(ReadImage, RanduImage, RanduImage);
    Mat meanFilterImage_1;
    blur(RanduImage, meanFilterImage_1, Size(5, 5));
    Mat MedianBlurImage_1;
    medianBlur(RanduImage, MedianBlurImage_1, 5);
    Mat GaussBlurImage_1;
    GaussianBlur(RanduImage, GaussBlurImage_1, Size(5, 5), 0, 0);
    Mat BilateralFilterImage_1;
    bilateralFilter(RanduImage, BilateralFilterImage_1, 9, 50, 12.5);
```

```
    namedWindow("RandnImage", 0);
    imshow("RandnImage", RandnImage);
    namedWindow("RanduImage", 0);
    imshow("RanduImage", RanduImage);
    namedWindow("meanFilterImage", 0);
    imshow("meanFilterImage", meanFilterImage);
    namedWindow("MedianBlurImage", 0);
    imshow("MedianBlurImage", MedianBlurImage);
    namedWindow("GaussBlurImage", 0);
    imshow("GaussBlurImage", GaussBlurImage);
    namedWindow("BilateralFilterImage", 0);
    imshow("BilateralFilterImage", BilateralFilterImage);
    namedWindow("meanFilterImage_1", 0);
    imshow("meanFilterImage_1", meanFilterImage_1);
    namedWindow("MedianBlurImage_1", 0);
    imshow("MedianBlurImage_1", MedianBlurImage_1);
    namedWindow("GaussBlurImage_1", 0);
    imshow("GaussBlurImage_1", GaussBlurImage_1);
    namedWindow("BilateralFilterImage_1", 0);
    imshow("BilateralFilterImage_1", BilateralFilterImage_1);
    waitKey(0);
    return 0;
}
```

Python 代码：

```
import numpy as np
import cv2
ReadImage=cv2.imread("E:/TestImage/5-6_tree.png",1)
RandnImage=np.zeros(ReadImage.shape[:2], np.uint8)
RandnImage=cv2.cvtColor(RandnImage, cv2.COLOR_GRAY2RGB)
cv2.randn( RandnImage,(0,0,0),(50,50,50))
RandnImage=cv2.add( ReadImage,RandnImage)
meanFilterImage=cv2.blur(RandnImage,(5,5))
MedianBlurImage=cv2.medianBlur(RandnImage,5)
GaussBlurImage=cv2.GaussianBlur(RandnImage,(5,5),0,0)
BilateralFilterImage=cv2.bilateralFilter(RandnImage,9,50,12.5)
RanduImage=np.zeros(ReadImage.shape[:2], np.uint8)
RanduImage=cv2.cvtColor(RanduImage, cv2.COLOR_GRAY2RGB)
cv2.randu( RanduImage,(0,0,0),(100,100,100))
RanduImage=cv2.add( ReadImage,RanduImage)
meanFilterImage_1=cv2.blur(RanduImage,(5,5))
```

```
MedianBlurImage_1=cv2.medianBlur(RanduImage,5)
GaussBlurImage_1=cv2.GaussianBlur(RanduImage,(5,5),0,0)
BilateralFilterImage_1=cv2.bilateralFilter(RanduImage,9,50,12.5)
cv2.namedWindow("RandnImage",cv2.WINDOW_NORMAL)
cv2.imshow("RandnImage",RandnImage)
cv2.namedWindow("meanFilterImage",cv2.WINDOW_NORMAL)
cv2.imshow("meanFilterImage",meanFilterImage)
cv2.namedWindow("MedianBlurImage",cv2.WINDOW_NORMAL)
cv2.imshow("MedianBlurImage",MedianBlurImage)
cv2.namedWindow("GaussBlurImage",cv2.WINDOW_NORMAL)
cv2.imshow("GaussBlurImage",GaussBlurImage)
cv2.namedWindow("BilateralFilterImage",cv2.WINDOW_NORMAL)
cv2.imshow("BilateralFilterImage",BilateralFilterImage)
cv2.namedWindow("meanFilterImage_1",cv2.WINDOW_NORMAL)
cv2.imshow("meanFilterImage_1",meanFilterImage_1)
cv2.namedWindow("MedianBlurImage_1",cv2.WINDOW_NORMAL)
cv2.imshow("MedianBlurImage_1",MedianBlurImage_1)
cv2.namedWindow("GaussBlurImage_1",cv2.WINDOW_NORMAL)
cv2.imshow("GaussBlurImage_1",GaussBlurImage_1)
cv2.namedWindow("BilateralFilterImage_1",cv2.WINDOW_NORMAL)
cv2.imshow("BilateralFilterImage_1",BilateralFilterImage_1)
cv2.waitKey(0)
```

图5.22是对随机噪声滤波结果，图5.23是对均匀噪声滤波结果。

（a）原图 （b）噪声图 （c）均值滤波

（d）中值滤波 （e）高斯滤波 （f）双边滤波

图5.22 对随机噪声滤波结果

（a）原图　（b）噪声图　（c）均值滤波

（d）中值滤波　（e）高斯滤波　（f）双边滤波

图5.23　对均匀噪声滤波结果

5.4　代数运算

图像代数运算是指两幅输入图像之间进行点对点的加、减、乘、除运算得到输出图像的过程。图像代数运算是一种比较简单和有效的增强处理方法。如果记输入图像为$A(x,y)$和$B(x,y)$，输出图像为$C(x,y)$，则有如下四种形式：

① $C(x,y)=A(x,y)+B(x,y)$　　加运算

② $C(x,y)=A(x,y)-B(x,y)$　　减运算

③ $C(x,y)=A(x,y)\times B(x,y)$　　乘运算

④ $C(x,y)=A(x,y)\div B(x,y)$　　除运算

5.4.1　图像加法

图像加法运算是两幅图像逐点相加的过程。数字图像的像素值范围一般是在0到255之间，两幅图像相加之后的值可能超过255。因此，需要对超过255范围的值进行处理。为了避免像素灰度值超过255，一般采用在相加之前乘上一个系数的方式实现两幅图像相加运算，即：

$$C(x,y)=\alpha A(x,y)+\beta B(x,y) \tag{5-19}$$

系数满足$\alpha+\beta=1$的关系。图像加法可以实现两幅图像的融合。此外，图像相加可以去除叠加性噪声。通常采用的方法是多幅图像相加之后取其平均值来消除叠加性噪声。

5.4.2　图像减法

图像减法是两幅图像逐点相减的过程。图像减法也称为图像差分。两幅图像相减之后的值有可能小于0。为了保证相减之后的像素灰度值大于等于0，有两种处理方式：一种是取相减之后的绝对值作为相减的结果；另一种是相减之后加上一个偏移值，即式（5-20）和式（5-21）所示。

$$C(x,y)=\text{abs}[A(x,y)-B(x,y)] \tag{5-20}$$

$$C(x,y)=A(x,y)-B(x,y)+b \tag{5-21}$$

图像相减的作用主要有两方面：

① 消除背景影响；

② 差影法（检测同一场景两幅图像之间的变化）。

消除背景影响即去除不需要的叠加性图案。差影法指把同一景物在不同时间拍摄的图像或同一景物在不同波段的图像相减。差值图像提供了图像间的差异信息，能用于指导动态监测、运动目标检测和跟踪、图像背景消除及目标识别等，如混合图像的分离。有时候也采用图像相减的方法来计算图像的梯度。图像梯度的概念将在后面进行介绍。

5.4.3　图像乘法

图像乘法是两幅图像逐点相乘的过程。与加法运算类似，相乘之后的结果有可能超出图像灰度值范围。此时，一般将超过灰度值255的进行截断。如果将图像的灰度值归一化到[0,1]范围内，图像乘法可以用来过滤掉图像中的部分内容。如图5.24所示。

图5.24　图像相乘结果示意

图5.23中，三幅图像都归一化到[0,1]范围内，左边的图像称为掩码图像，只有0和1两种灰度值，灰度值为0与原图像相乘为0，灰度值为1与原图像相乘的结果不变，最终只保留了掩码图像所覆盖的区域，从而过滤掉其他部分。

5.4.4　图像除法

图像除法是两幅图像逐点相除的过程。除法运算可用于校正成像设备的非线性影响，这在特殊形态的图像如断层扫描等医学图像处理中常常用到。图像除法也可以用来检测两幅图像间的区别，但是除法操作给出的是相应像素值的变化比率，而不是每个像素的绝对差异，因而图像除法也称为比率变换。

图像除法的结果可能存在小数部分，此时，一般通过四舍五入的方式将结果取整。另外，为了保证相除的结果在[0,255]范围内，可以将相除的结果乘上一个系数再加上一个偏值量，系数一般取大于1。因此，图像除法可以表示为如下形式：

$$C(x,y)=\alpha\frac{A(x,y)}{B(x,y)}+b \tag{5-22}$$

例5-7 对图像进行代数运算

C++代码：

```
#include <opencv2/opencv.hpp>
using namespace cv;
using namespace std;
int main(int argc, char** argv)
{
    Mat ReadImage=imread("E:/TestImage/5-7-1.png", 1);
    Mat ReadImage_1=imread("E:/TestImage/5-7-2.png", 1);
    Mat AddWeightImage;
    addWeighted(ReadImage, 0.5, ReadImage_1, 0.5, 0, AddWeightImage);
    Mat SubtractImage;
    subtract(ReadImage, ReadImage_1, SubtractImage);
    Mat ConvertScaleAbsImage;
    convertScaleAbs(SubtractImage, ConvertScaleAbsImage, 1, 128);
    Mat AddDiffImage;
    absdiff(ReadImage, ReadImage_1, AddDiffImage);
    Mat MultiplyImage;
    multiply(ReadImage, ReadImage_1, MultiplyImage, 0.005);
    Mat DivideImage;
    divide(ReadImage, ReadImage_1, DivideImage, 128);
    ……显示代码略……//请自行添加显示图像的代码
    waitKey(0);
    return 0;
}
```

Python代码：

```
import numpy as np
import cv2
ReadImage=cv2.imread("E:/TestImage/5-7-1.png",1)
ReadImage_1=cv2.imread("E:/TestImage/5-7-2.png",1)
```

```
AddWeightImage=cv2.addWeighted(ReadImage,0.5,ReadImage_1,0.5,0)
SubtractImage=cv2.subtract(ReadImage,ReadImage_1)
ConvertScaleAbsImage=cv2.convertScaleAbs(SubtractImage,None,1,128)
AddDiffImage=cv2.absdiff(ReadImage,ReadImage_1)
MultiplyImage=cv2.multiply(ReadImage,ReadImage_1,None,0.005)
DivideImage=cv2.divide(ReadImage,ReadImage_1,None,128)
……显示代码略……//请自行添加显示图像的代码
cv2.waitKey(0)
```

图5.25是程序运行结果。

（a）原图1

（b）原图2

（c）图像加法

（d）图像减法

（e）图像减法取绝对值

（f）图像乘法

（g）图像除法

图5.25　图像代数运算结果

在这四种代数运算中，图像加法和图像减法在图像增强中应用更加广泛。图像除法也可以看作是用一幅图像取反之后与另一幅图像相乘。图像乘法除了前面提到的将图像归一化到[0,1]之间，利用掩码实现图像过滤之外，也可以直接进行[0,255]范围内的灰度值相乘，起到增强图像的作用。

5.5 图像逻辑运算

图像逻辑运算是指图像像素二进制编码之间的与、或、非、异或等运算。其中，与、或、非这三种运算是基本的逻辑运算，其他逻辑运算都可以由这三种基本运算得到。逻辑与实现两幅图像相交的子集图像，该操作和图像乘法类似，逻辑或实现两幅图像的并集操作，逻辑非实现图像的补集。

图像逻辑运算对于提取图像中的子区域图像非常有用。如果在图像中标识了多个感兴趣区域，为了将这些感兴趣区域单独提取出来，可以采用逻辑运算实现。通过感兴趣区域与原图像之间的逻辑与操作，就可以提取出每个区域。在感兴趣区域之间进行逻辑或操作，可以合并多个区域。

例 5-8 图像乘法运算与逻辑与运算比较

C++代码：

```
#include <opencv2/opencv.hpp>
using namespace cv;
using namespace std;
int main(int argc, char** argv)
{
    Mat ReadImage=imread("E:/TestImage/5-8-1.png", 1);
    Mat ReadImage_1=imread("E:/TestImage/5-8-2.png", 1);
    Mat MultiplyImage;
    multiply(ReadImage, ReadImage_1, MultiplyImage, 0.005);
    Mat Bitwise_andImage;
    bitwise_and(ReadImage, ReadImage_1, Bitwise_andImage);
    ……显示代码略……//请自行添加显示图像的代码
    waitKey(0);
    return 0;
}
```

Python代码：

```
import numpy as np
import cv2
ReadImage=cv2.imread("E:/TestImage/5-8-1.png",1)
ReadImage_1=cv2.imread("E:/TestImage/5-8-2.png",1)
MultiplyImage=cv2.multiply(ReadImage,ReadImage_1,None,0.005)
Bitwise_andImage=cv2.bitwise_and(ReadImage,ReadImage_1)
……显示代码略……//请自行添加显示图像的代码
cv2.waitKey(0)
```

从图5.26中看出，乘法运算与逻辑与运算的结果接近，都可以提取图像中的某一块区域而过滤掉图像中其他部分。

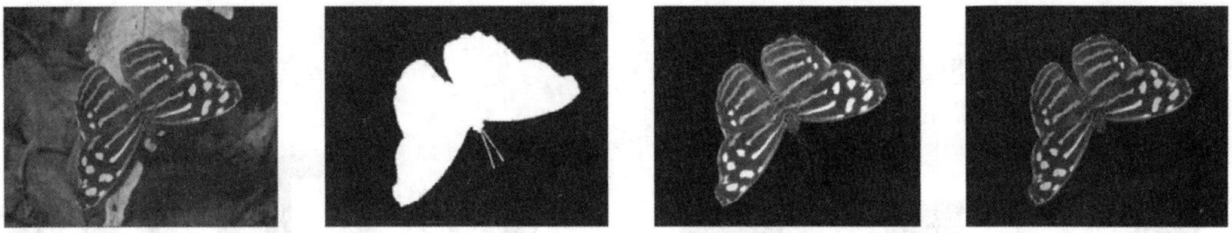

（a）原图　（b）掩码图像　（c）乘法结果　（d）逻辑与结果

图5.26　乘法运算与逻辑与运算比较

例5-9　图像逻辑运算演示

C++代码：

```
#include <opencv2/opencv.hpp>
using namespace cv;
using namespace std;
int main(int argc, char** argv)
{
   Mat ReadImage=imread("E:/TestImage/5-9-1.png", 0);
   Mat ReadImage_1=imread("E:/TestImage/5-9-2.png", 0);
   Mat Bitwise_andImage;
   bitwise_and(ReadImage, ReadImage_1, Bitwise_andImage);
   Mat Bitwise_orImage;
   bitwise_or(ReadImage, ReadImage_1, Bitwise_orImage);
   Mat Bitwise_notImage;
   bitwise_not(ReadImage, Bitwise_notImage);
   Mat Bitwise_xorImage;
   bitwise_xor(ReadImage, ReadImage_1, Bitwise_xorImage);
   ……显示代码略……//请自行添加显示图像的代码
   waitKey(0);
   return 0;
}
```

Python代码：

```
import numpy as np
import cv2
ReadImage=cv2.imread("E:/TestImage/5-9-1.png",0)
ReadImage_1=cv2.imread("E:/TestImage/5-9-2.png",0)
Bitwise_andImage=cv2.bitwise_and(ReadImage,ReadImage_1)
Bitwise_orImage=cv2.bitwise_or(ReadImage,ReadImage_1)
Bitwise_notImage=cv2.bitwise_not(ReadImage)
Bitwise_xorImage=cv2.bitwise_xor(ReadImage,ReadImage_1)
……显示代码略……//请自行添加显示图像的代码
```

```
cv2.waitKey(0)
```

图5.27是上述逻辑操作结果。

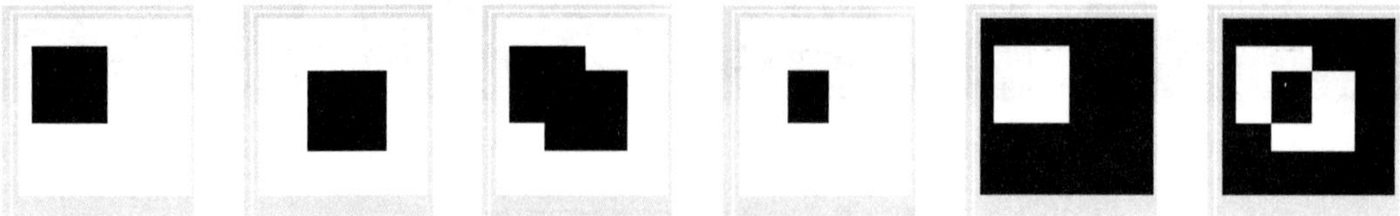

（a）图1　（b）图2　（c）与　（d）或　（e）图1非　（f）异或

图5.27　图像逻辑运算结果

练　习

5.1　什么是图像增强？常用空域内的图像增强算法有哪些？

5.2　简述线性变换和分段线性变换的优缺点。

5.3　利用分段线性变换函数，将灰度值范围为[0，100]的图像变换到[0，255]，写出变换方程。

5.4　利用OpenCV任意读取一幅灰度图像，讨论线性变换选择不同系数和截距的差异。

5.5　利用OpenCV任意读取一幅灰度图像，讨论对数变换选择不同参数的差异。

5.6　利用OpenCV任意读取一幅灰度图像，讨论幂次变换选择不同参数的差异。

5.7　一幅8×8的图像，灰度级从0到7，灰度分布如表5-4所示，对其进行直方图均衡化处理。

表5-4　图像灰度分布

灰度级	0	1	2	3	4	5	6	7
数量	10	4	5	20	8	6	4	7

5.8　给定图像数据如下矩阵$\boldsymbol{A}$所示，使用卷积核$\boldsymbol{B}$对其进行卷积运算，写出卷积运算过程和结果。

$$\boldsymbol{A}=\begin{bmatrix}1&2&3\\4&5&6\\7&8&9\end{bmatrix}\qquad \boldsymbol{B}=\begin{bmatrix}0&1&2\\1&2&0\\2&0&1\end{bmatrix}$$

5.9　什么是均值滤波？利用OpenCV任意读取一幅灰度图像，讨论均值滤波选择不同参数的差异。

5.10　什么是高斯滤波？利用OpenCV任意读取一幅灰度图像，讨论高斯滤波选择不同参数的差异。

5.11　什么是中值滤波？利用OpenCV任意读取一幅灰度图像，讨论中值滤波选择不同参数的差异。

5.12　什么是双边滤波？利用OpenCV任意读取一幅灰度图像，讨论双边滤波选择不同参数的差异。

5.13　简要说明加法运算原理，并举例说明这种运算的作用。

5.14　简要说明减法运算原理，并举例说明这种运算的作用。

5.15　利用OpenCV读取一幅图像，在图像中绘制ROI区域，并对这些ROI区域进行逻辑运算，讨论逻辑运算结果。

第6章

图像几何变换

图像的几何变换来自三维几何和投影几何的变换。这种操作包括均匀和非均匀调整图像大小（后者称为扭曲）。采集的图像由于各种原因，可能导致图像存在变形，例如图像扭曲和图像倾斜等情况。将扭曲或者倾斜的图像进行校正，是为了使图像可以更加方便地用于目标对象的识别。图像几何变换执行的操作包括拉伸、收缩、扭曲和旋转等，这些操作称为几何变换。对于几何变换，主要有两种主要变换方式：使用2×3矩阵的变换，称为仿射变换；基于3×3矩阵进行变换，称为透视变换。除了以上两种变换之外，还存在一种极坐标变换，该变换尤其对于机器视觉中检测圆形对象有用。图像变换的目的在于将目标图像矫正到一个相对理想的位姿，以便进行检测。对图像进行变换之后，并不能保证图像灰度值都能够变换到新的位置，而且变换后的坐标也有可能不是整数。因此，输出图像的灰度值通常采用图像插值得到。图像插值的方法很多，常用的有最近邻插值、双线性插值和双三次插值。

6.1 图像插值

图像插值的目的在于自动选择比较理想的像素值来增加图像的信息。该方法是利用已知的像素值来评估需要插值位置的像素值，比如将图像放大二倍之后，原图像的像素只占整个新图像的四分之一。此时，输出图像的空白部分，就需要通过插值计算得到。

6.1.1 最近邻插值

最近邻插值是最简单的一种插值方法。最近邻插值通常用在放大图像时补充空白位置的像素。其原理是在原图像寻找距离目标图像位置点最近距离的像素，然后将原图像该位置像素插入目标图像对应位置。其计算公式可以表示为式（6-1）。

$$\begin{cases} \mathrm{src}X = \mathrm{dst}X \times (\mathrm{srcWidth} / \mathrm{dstWidth}) \\ \mathrm{src}Y = \mathrm{dst}Y \times (\mathrm{srcHeight} / \mathrm{dstHeight}) \end{cases} \tag{6-1}$$

式中，src$X$和src$Y$表示原图上的（x,y）坐标；dst$X$和dst$Y$表示目标图像的（x, y）坐标；srcWidth、srcHeight、dstWidth和dstHeight分别为原图像和目标图像的宽度与高度。式（6-1）计算出原图像与目标图像之间的位置关系，如果计算结果为浮点数，则采用四舍五入的方式取整。

最近邻插值算法简单，计算速度快。但是，这种插值方法导致像素的变化不连续，在新图中会产生锯齿现象。

例6-1 设原图像为3×3大小，其像素值如下矩阵所示，通过放大变换后的目标图像为4×4，采用最近邻插值法，计算目标图像的像素值。

$$\begin{bmatrix} 100 & 50 & 80 \\ 60 & 30 & 20 \\ 120 & 40 & 60 \end{bmatrix}$$

解：根据式（6-1），计算目标图像每个位置对应在原图像中的位置。

dst(0,0)：src$X$=dst$X$×(3/4)=0×0.75=0

src$Y$=dst$Y$×(3/4)=0×0.75=0

所以，目标图像位置（0,0）对应原图位置为（0,0），dst(0,0)=src(0,0)=100。

同理，dst(1,0)：src$X$=dst$X$×(3/4)=1×0.75=0.75≈1

src$Y$=dst$Y$×(3/4)=0×0.75=0

目标图像位置（1,0）对应原图位置为（1,0），dst(1,0)=src(1,0)=50。

dst(2,0)： src$X$=dst$X$×(3/4)=2×0.75=1.5≈2

src$Y$=dst$Y$×(3/4)=0×0.75=0

目标图像位置（2,0）对应原图位置为（2,0），dst(2,0)=src(2,0)=80。

dst(3,0)：src$X$=dst$X$×(3/4)=3×0.75=2.25≈2

src$Y$=dst$Y$×(3/4)=0×0.75=0

目标图像位置（3,0）对应原图位置为（2,0），dst(3,0)=src(2,0)=80。

dst(0,1)：src$X$=dst$X$×(3/4)=0×0.75=0

src$Y$=dst$Y$×(3/4)=1×0.75=1

目标图像位置（0,1）对应原图位置为（0,1），dst(0,1)=src(0,1)=60。

根据以上方法，求出所有目标图像对应原图像中的位置，最后结果如下所示：

$$\begin{bmatrix} 100 & 50 & 80 & 80 \\ 60 & 30 & 20 & 20 \\ 120 & 40 & 60 & 60 \\ 120 & 40 & 60 & 60 \end{bmatrix}$$

6.1.2　双线性插值

最近邻插值是一种最简单的图像插值算法。但是，该算法效果不好，图像放大后存在严重的锯齿现象，图像缩小之后有严重的失真。因为，由目标图像通过反推得到原图像中的位置是浮点数，如果直接通过四舍五入的方法取整，没有考虑邻域像素对该位置的影响。如果目标像素值是根据邻域内真实的点按照一定的规律计算出来的，这样可能达到更好的缩放效果。双线性插值算法即为采用这种思路设计的插值算法，它利用了计算出来的浮点数坐标与原图中邻近的四个真实像素值的关系，来共同决定目标图中的像素值。

双线性插值首先在水平方向做了两次线性插值，然后将两次线性插值的结果再在垂直方向做一次线性插值来计算目标位置对应的原图像上的坐标。线性插值是利用直线方程进行插值的方法。如图6.1所示。由于图像坐标原点在左上角，因此，图6.1中是以图像坐标来表示的线性插值。

图6.1中，已知两点坐标（x_1,y_1）和（x_2,y_2）,通过线性插值，可以计算（x,y）的值，此方法为线性插值。双线性插值是在线性插值的基础上，分别计算了两个方向的插值，如图6.2所示。同理图6.2是以图像坐标来表示的双线性插值。

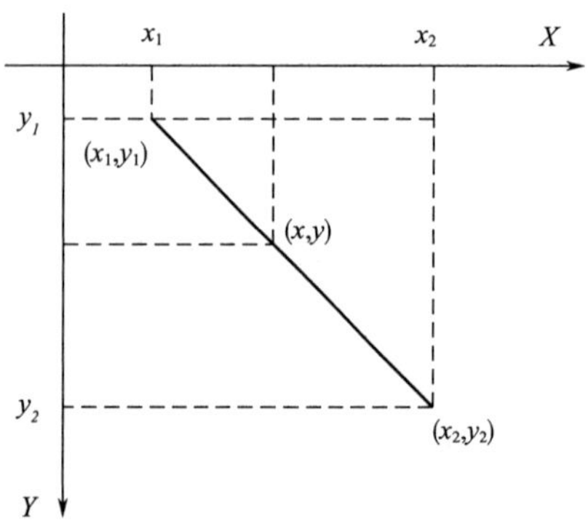

图6.1　线性插值示意图

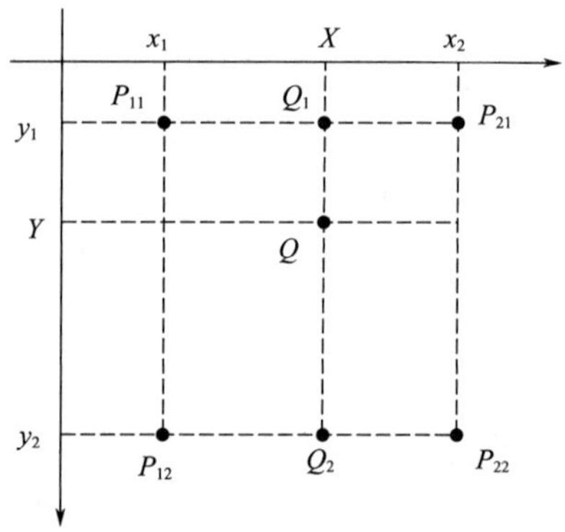

图6.2　双线性插值示意图

如图6.2所示，在双线性插值中，首先通过点P_{11}和P_{21}计算得到Q_1，通过点P_{12}和P_{22}计算得到Q_2，然后，通过点Q_1和Q_2计算得到点Q。以上每一步都是线性插值得到。其计算可以用如下公式表示：

$$f(Q_1)=\frac{x_2-x}{x_2-x_1}f(P_{11})+\frac{x-x_1}{x_2-x_1}f(P_{21}) \tag{6-2}$$

$$f(Q_2)=\frac{x_2-x}{x_2-x_1}f(P_{12})+\frac{x-x_1}{x_2-x_1}f(P_{22}) \tag{6-3}$$

$$f(Q)=\frac{y_2-y}{y_2-y_1}f(Q_1)+\frac{y-y_1}{y_2-y_1}f(Q_2) \tag{6-4}$$

上面式（6-2）和式（6-3）表示在水平方向插值计算结果，式（6-4）表示在垂直方向插值计算结果，也是最后的插值结果，$f(Q)$即为最后计算出的新的像素值。

对于一个新位置的点，其一定落在四个像素之间。双线性插值法充分考虑了邻域内四个像素对新像素的影响。因此，该算法插值结果比较理想，不会出现锯齿现象，也很难看出有图像失真。但是，该算法的计算时间复杂度比最近邻插值法要大。而且，由于双线性插值具有低通滤波器的性质，使高频分量受损，所以可能会使图像轮廓在一定程度上变得模糊。

例6-2 将例6-1所示的3×3图像矩阵数据放大2倍，变成6×6大小，试采用双线性插值计算放大之后位置为（3,3）的图像灰度值。

解：首先计算放大之后的位置（3,3）对应原图中的位置。

X方向：3÷2=1.5

Y方向：3÷2=1.5

可知，该位置位于原图像四个点之间，四个点分别是（1,1）、（1,2）、（2,1）、（2,2）。根据式（6-2）、式（6-3）、式（6-4），计算插值结果：

$$f(Q_1)=\frac{2-1.5}{2-1}\times 30+\frac{1.5-1}{2-1}\times 20=25$$

$$f(Q_2)=\frac{2-1.5}{2-1}\times 40+\frac{1.5-1}{2-1}\times 60=50$$

$$f(Q)=\frac{2-1.5}{2-1}\times 25+\frac{1.5-1}{2-1}\times 50=37.5\approx 38$$

即在新图像位置为（3,3）的点插值后的像素值为38。

注意，图像中的坐标左上角是以（0,0）开始，因此，$f(P_{11})$、$f(P_{21})$、$f(P_{12})$、$f(P_{22})$对应在原图像上的像素值分别为30、20、40和60。

6.1.3 双立方插值

双立方插值也称为双三次插值，是一种更加复杂的插值方式，它能得到比双线性插值更平滑的图像边缘。双三次插值采用最近的十六个采样点加权平均得到。双三次插值法首先需要计算每个点的权重。权重计算公式如式（6-5）所示。

$$w(x)=\begin{vmatrix}(a+2)|x|^3-(a+3)|x|^2+1, & |x|\leqslant 1\\ a|x|^3-5a|x|^2+8a|x|-4a, & 1<|x|<2\\ 0, & 2<|x|\end{vmatrix} \tag{6-5}$$

然后，通过式（6-6）计算插值结果。

$$f(x,y)=\sum_{i=0}^{3}\sum_{j=0}^{3}f(x_i,y_j)w(x-x_i)w(y-y_j) \tag{6-6}$$

双三次插值的结果较好。但是，该算法的计算时间复杂度太大，通常对于有打印图像需求的时候，如果涉及将图像放大等操作，采用该算法实现。而对于机器视觉而言，如果对图像缩放之后的要求不是很高，一般不采用该算法，常用的双线性插值算法已经能够满足要求。

例 6-3 对图像进行插值示例

C++代码：

```
using namespace cv;
using namespace std;
int main(int argc, char** argv)
{
   Mat ReadImage=imread("E:/TestImage/6-3.bmp", 0);
   Mat ResizeImage;
   resize(ReadImage, ResizeImage, Size(256, 256), 0, 0, INTER_NEAREST);
   Mat ResizeImage_1;
   resize(ReadImage, ResizeImage_1, Size(256, 256), 0, 0, INTER_LINEAR);
   Mat ResizeImage_2;
   resize(ReadImage, ResizeImage_2, Size(256, 256), 0, 0, INTER_CUBIC);
   ……显示代码略……//请自行添加显示图像的代码
   waitKey(0);
   return 0;
}
```

Python代码：

```
import numpy as np
import cv2
ReadImage=cv2.imread("E:/TestImage/6-3.bmp",0)
ResizeImage=cv2.resize(ReadImage,(256,256))
cv2.namedWindow("ResizeImage",cv2.WINDOW_NORMAL)
cv2.imshow("ResizeImage",ResizeImage)
ResizeImage_1=cv2.resize(ReadImage,(256,256))
ResizeImage_2=cv2.resize(ReadImage,(256,256))
……显示代码略……//请自行添加显示图像的代码
cv2.waitKey(0)
```

图6.3是图像处理结果。

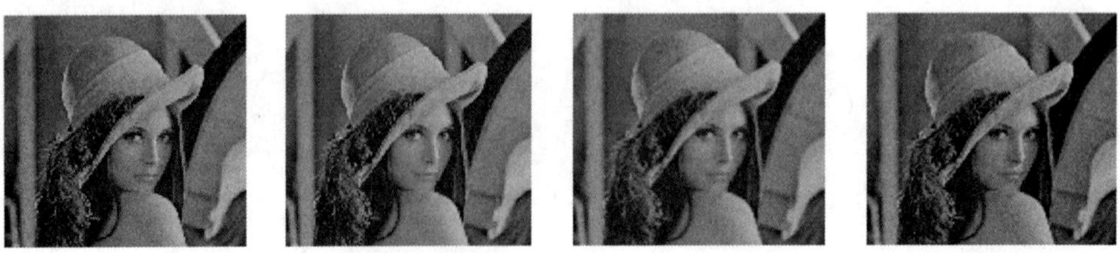

（a）原图　（b）最近邻插值　（c）双线性插值　（d）双三次插值

图6.3 对图像进行不同插值结果

6.2　图像仿射变换

仿射变换是一种二维坐标（u,v）到二维坐标（x,y）的线性变换，仿射变换是可以用矩阵乘法和矢量加法形式表示的变换。图像几何变换的一般形式的数学表达如下：

$$\begin{cases} x = a_1 u + b_1 v \\ y = a_2 u + b_2 v \end{cases} \tag{6-7}$$

将其写成矩阵形式如下：

$$\begin{bmatrix} x \\ y \end{bmatrix} = \boldsymbol{T} \begin{bmatrix} u \\ v \end{bmatrix} = \begin{bmatrix} a_1 & b_1 \\ a_2 & b_2 \end{bmatrix} \begin{bmatrix} u \\ v \end{bmatrix} \tag{6-8}$$

式（6-8）的变换可以实现图像各像素点的比例缩放、错切和旋转等各种变换。但是，上述变换矩阵$\boldsymbol{T}$不能实现图像的平移变换。

为了能够实现平移变换，需要在式（6-8）的基础上加上平移变量，即：

$$\begin{bmatrix} x \\ y \end{bmatrix} = \begin{bmatrix} a_1 & b_1 \\ a_2 & b_2 \end{bmatrix} \begin{bmatrix} u \\ v \end{bmatrix} + \begin{bmatrix} \Delta u \\ \Delta v \end{bmatrix} \tag{6-9}$$

式（6-9）中的矩阵$\boldsymbol{T}$中没有引入平移常量。为了用统一的矩阵线性变换形式表示图像几何变换，可以引入齐次坐标。采用齐次坐标可以实现上述各种几何变换的统一表示。为此，将$\boldsymbol{T}$矩阵扩展为如下2×3变换矩阵，其形式为：

$$\boldsymbol{T} = \begin{bmatrix} a_1 & b_1 & \Delta u \\ a_2 & b_2 & \Delta v \end{bmatrix} \tag{6-10}$$

根据矩阵相乘的规律，需要在坐标列矩阵$[u \quad v]^{\mathrm{T}}$中引入第三个元素，扩展为3×1的列矩阵$[u \quad v \quad 1]^{\mathrm{T}}$。因此，式（6-9）也可以写成变换形式如下：

$$\begin{bmatrix} x \\ y \end{bmatrix} = \begin{bmatrix} a_1 & b_1 & \Delta u \\ a_2 & b_2 & \Delta v \end{bmatrix} \begin{bmatrix} u \\ v \\ 1 \end{bmatrix} \tag{6-11}$$

式（6-11）可以实现图像各像素点的平移、比例缩放、错切和旋转变换。为了让变换运算更方便，一般将2×3阶变换矩阵$\boldsymbol{T}$进一步扩充为3×3方阵，即采用如下变换矩阵：

$$\boldsymbol{T} = \begin{bmatrix} a_1 & b_1 & \Delta u \\ a_2 & b_2 & \Delta v \\ 0 & 0 & 1 \end{bmatrix} \tag{6-12}$$

式（6-12）中，系数a_1、b_1、a_2、b_2、Δu、Δv取不同的值，即得到不同的变换结果。仿射变换本质是二维平面变换，对应的变换矩阵是2×3的矩阵，为了变换矩阵运算方便，在2×3的矩阵最下面加上一行[0 0 1]，将其扩展为3×3的矩阵。变换矩阵$\boldsymbol{T}$中的对角线决定缩放，反对角线决定旋转或错切发，Δu和Δu决定平移。各种变换对应的变换矩阵如图6.4所示。

$$\begin{bmatrix} 1 & 0 & \Delta u \\ 0 & 1 & \Delta v \\ 0 & 0 & 1 \end{bmatrix} \qquad \begin{bmatrix} a_1 & 0 \\ 0 & b_2 \end{bmatrix} \qquad \begin{bmatrix} \cos\theta & -\sin\theta \\ \sin\theta & \cos\theta \end{bmatrix} \qquad \begin{bmatrix} 1 & b_1 \\ a_2 & 1 \end{bmatrix}$$

（a）平移　（b）缩放　（c）旋转　（d）错切

图6.4　仿射变换对应的各种实际变换矩阵

图像经过仿射变换之后，坐标位置发生了变换，将坐标变换完之后，只需要将对应的灰度值复制过去就完成了图像仿射变换。但是，实际变换之后的位置对应的像素灰度值有可能不存在。因此，需要通过图像插值算法重新进行计算。其插值方法通常采用6.1节所介绍的方法。

例6-4　图像仿射变换示例。

C++代码：

```
#include <opencv2/opencv.hpp>
using namespace cv;
using namespace std;
int main(int argc, char** argv)
{
   Mat src=imread("E:/TestImage/6-4_boat.bmp", 0);
   namedWindow("原图", 0);
   imshow("原图", src);
   Point2f srcTri[]={
     Point2f(0,0), Point2f(src.cols - 1, 0), Point2f(0, src.rows - 1)
   };
   Point2f dstTri[]={      Point2f(src.cols*0.f, src.rows*0.33f),
     Point2f(src.cols*0.65f, src.rows*0.25f),
     Point2f(src.cols*0.15f, src.rows*0.7f)
   };
   // 计算仿射矩阵
   cv::Mat warp_mat=cv::getAffineTransform(srcTri, dstTri);
   cv::Mat dst;
   cv::warpAffine(src, dst, warp_mat, src.size(), cv::INTER_LINEAR,
      cv::BORDER_CONSTANT, cv::Scalar()
   );
   namedWindow("warpAffine", 0);
   imshow("warpAffine", dst);
   waitKey(0);
   return 0;
}
```

Python 代码：

```
import numpy as np
import cv2
ReadImage=cv2.imread("E:/TestImage/6-4_boat.bmp",0)
H, W=ReadImage.shape
s=np.array((np.array([0,0,W-1,0,0,H-1]).reshape((3,2))), dtype=np.float32)
d=np.array((np.array([0,H*0.33,W*0.65,H*0.25,W*0.15,H*0.7]).reshape((3,2))),
dtype=np.float32)
AffineMat=cv2.getAffineTransform( s,d)
WarpAffineImage=cv2.warpAffine( ReadImage,AffineMat,(H,W),3,cv2.INTER_LIN-
EAR,cv2.BORDER_CONSTANT)
cv2.namedWindow("WarpAffine", cv2.WINDOW_NORMAL)
cv2.imshow("WarpAffine", WarpAffineImage)
cv2.waitKey(0)
```

图 6.5 是图像仿射变换结果。

图6.5　图像仿射变换结果

例 6-4 中，首先定义了两个点集，然后利用 getAffineTransform 函数生成仿射变换矩阵，最后利用 warpAffine 函数实现图像的仿射变换。

6.3　图像透视变换

透视变换也称为投影变换，是一种从二维坐标（u,v）到三维坐标（x,y,z）的变换。图像透视变换的一般形式的数学表达如下：

$$\begin{cases} x = a_1u + b_1v + c_1 \\ y = a_2u + b_2v + c_2 \\ z = a_3u + b_3v + c_3 \end{cases} \tag{6-13}$$

将其写成矩阵形式如下：

$$\begin{bmatrix} x \\ y \\ z \end{bmatrix} = \boldsymbol{T} \begin{bmatrix} u \\ v \\ 1 \end{bmatrix} = \begin{bmatrix} a_1 & b_1 & c_1 \\ a_2 & b_2 & c_2 \\ a_3 & b_3 & c_3 \end{bmatrix} \begin{bmatrix} u \\ v \\ 1 \end{bmatrix} \tag{6-14}$$

从式（6-14）可以看出，透视变换是仿射变换的延续，式（6-14）中变换矩阵包括了仿射变换。因此，也可以说仿射变换是透视变换的一种特殊形式。透视变换是三维空间上的变换，因此，对于二维图像，最后一个原坐标恒为1，变换矩阵的最后一个参数也恒为1。所以，透视变换的矩阵有8个未知数，要求解就需要找到4组映射点，四个点刚好确定了一个三维空间。图像经过透视变换后通常不是平行四边形。

与仿射变换类似，在经过变换之后，图像的灰度值也要经过图像插值计算，得到变换后的图像。

例6-5 图像透视变换示例。

C++代码：

```
#include <opencv2/opencv.hpp>
#include <iostream>
using namespace std;
using namespace cv;
int main(int argc, char** argv)
{
   Mat src=imread("E:/TestImage/6-5_datacode.png", 1);
   Point2f srcQuad[]={
        Point2f(101, 131),
        Point2f(271, 63),
        Point2f(288, 289),
        Point2f(97, 224)
   };
   Point2f dstQuad[]={
        Point2f(100, 130),
        Point2f(280, 130),
        Point2f(280, 280),
        Point2f(100, 280)
   };
   // 计算透视变换矩阵
   Mat perspective_mat=getPerspectiveTransform(srcQuad, dstQuad);
   Mat dst;
   warpPerspective(src, dst, perspective_mat, src.size(), INTER_LINEAR, BORDER_
CONSTANT, Scalar(134,134,134));
   ……显示代码略……//请自行添加显示图像的代码
   waitKey(0);
```

```
    return 0;
}
```

Python代码：

```
import numpy as np
import cv2
ReadImage=cv2.imread("E:/TestImage/6-5_datacode.png",0)
H, W=ReadImage.shape
s=np.array((np.array([101,130,269,63,290,289,96,225]).reshape((4,2))), dtype=np.float32)
d=np.array((np.array([100,70,300,70,300,300,100,300]).reshape((4,2))), dtype=np.float32)
PerspectiveTransform=cv2.getPerspectiveTransform(s,d)
WarpPerspectiveImage=cv2.warpPerspective(ReadImage,PerspectiveTransform,(H,W),3,cv2.INTER_LINEAR,cv2.BORDER_CONSTANT,borderValue=(134,134,134))
……显示代码略……//请自行添加显示图像的代码
cv2.waitKey(0)
```

图6.6是透射变换结果。

（a）原图　　（b）变换结果图

图6.6　透视变换结果

例6-5中，通过透视变换，将原本变形的图像进行了矫正。仿射变换和透视变换在机器视觉中的主要作用即为矫正有变形的图像。其中，在例6-4和例6-5中，通过预设的变换矩阵和初始坐标，得到仿射变换和透视变换坐标。在实际应用中，仿射变换和透视变换矩阵可通过图像处理算法自动计算变换矩阵。

6.4　图像极坐标变换

极坐标变换的功能是将图像的笛卡儿坐标转换为极坐标表示。该变换通常用来矫正图像中的圆形对象，如圆环上的目标。给定变换中心位置点$p_c(x,y)$，图像上任一点的坐标为$p_i(x,y)$，将图像坐标变换成极坐标(r,θ)，则点$p_i(x,y)$的极坐标表示如下：

$$\begin{cases} r = \sqrt{(p_{ix} - p_{cx})^2 + (p_{iy} - p_{cy})^2} \\ \theta = \arctan(-\dfrac{p_{iy} - p_{cy}}{p_{ix} - p_{cx}}) \end{cases} \tag{6-15}$$

式中，p_{ix}、p_{iy}、p_{cx}、p_{cy}分别表示任一点的x、y坐标和变换中心位置的x、y坐标。

在计算反正切函数时，需要注意像素点落在正确的象限。此外，式（6-15）中的计算由于需要进行开方运算和反正切运算，计算比较耗时，可以采用极坐标逆变换的形式来减少这种运算。极坐标逆变换如下：

$$\begin{cases} p_{ix} = p_{cx} + r\cos\theta \\ p_{iy} = p_{cy} - r\sin\theta \end{cases} \tag{6-16}$$

由于θ的值是有限的离散数值，其正弦和余弦值可以事先计算出来，只需要计算一次，所以，对图像进行极坐标变换的速度非常快。例6-6是利用极坐标变换的示例程序，通过极坐标变换将圆形物体上的字符变换成极坐标表示，从而可以将字符的显示样式变换成水平显示的样式来方便识别。

例6-6　图像极坐标变换实例

C++代码：

```
#include <opencv2/opencv.hpp>
#include <iostream>
using namespace std;
using namespace cv;
int main(int argc, char** argv)
{
    Mat ReadImage=imread("E:/TestImage/6-6_cd_print.png", 0);
    Mat WarpPolarImage;
    //极坐标变换
    warpPolar(ReadImage, WarpPolarImage, Size(864, 858), Point2f(427, 416), 
427, 3);
    Mat RotateMat;
    //将变换结果旋转90度
    rotate(WarpPolarImage, RotateMat, ROTATE_90_COUNTERCLOCKWISE);
    namedWindow("RotateMat", 0);
    imshow("RotateMat", RotateMat);
    waitKey(0);
    return 0;
}
```

Python代码：

```
import numpy as np
import cv2
ReadImage=cv2.imread("E:/TestImage/6-6_cd_print.png",0)
WarpPolarImage=cv2.warpPolar( ReadImage,(864,858),(427,416),427,3)
RotateMat=cv2.rotate(WarpPolarImage,cv2.ROTATE_90_COUNTERCLOCKWISE)
cv2.namedWindow("RotateMat",cv2.WINDOW_NORMAL)
cv2.imshow("RotateMat",RotateMat)
cv2.waitKey(0)
```

图6.7是极坐标变换结果。

（a）原图　　（b）极坐标变换结果

图6.7　极坐标变换结果

例6-6中，直接定义了旋转中心，在实际应用中，应该通过图像处理方法，自动得到圆形区域的中心位置作为旋转中心。将图像进行极坐标变换后，位于圆环上的字符通过变换展开为水平显示方式，原图像中的字符位于圆环上，不利于分割和识别，采用极坐标变换，可以将圆形对象展开为水平显示，从而方便后续处理，此即为极坐标变换的重要应用。

练　习

6.1　设图像数据如下面5×5矩阵$\boldsymbol{A}$所示，将其放大到6×6，试用最近邻插值法计算目标像素？

$$\boldsymbol{A}=\begin{bmatrix}63 & 62 & 62 & 59 & 48\\91 & 92 & 92 & 92 & 90\\94 & 94 & 94 & 94 & 96\\95 & 94 & 95 & 96 & 94\\95 & 95 & 96 & 95 & 93\end{bmatrix}$$

6.2 对练习6.1所示矩阵数据，采用双线性插值法将其放大到6×6，求目标像素的值。

6.3 根据图像的仿射变换公式，分别写出图像平移、旋转、镜像的变换矩阵。

6.4 如图6.8所示图像，利用OpenCV编程，将图中的数字展开成水平放置状态

图6.8 练习6.4图

第7章

图像边界增强与边缘检测

图像边界增强也称为锐化，作为一种边界增强算法，往往与图像边缘检测算法有关，但两者之间又有一定的区别。图像锐化的目的是增强图像的边缘轮廓，使图像的灰度反差增强，图像的边缘轮廓部分通常是灰度突变的地方。很多情况下，图像的锐化也被用于物体边缘的检测与提取。图像的边缘检测着重于检测目标对象的边缘，边缘检测的结果是目标对象的边界与轮廓，而图像中的其他部分被抑制了。与图像锐化相比，锐化的结果是突出了图像的边缘轮廓，但是图像的其他部分依然保留。两者都可以在空域或频域进行，在空域进行的操作通常采用一阶或二阶微分算子。针对二维图像这种离散数据，往往通过计算图像梯度实现图像的锐化或边缘检测，可以认为图像锐化的结果是原图像与边缘检测结果图像进行加减运算的结果，因此，锐化是基于边缘检测结果之后的操作。但在实际机器视觉应用中，锐化操作作为图像处理的中间步骤，尤其在图像的空域进行操作时，往往只进行一阶微分或二阶微分运算，其结果不再与原图进行加减运算，只有为了观察锐化效果，才进行这样的操作。

7.1 图像中的梯度

连续函数的一阶导数表示如下：

$$\frac{\mathrm{d}f}{\mathrm{d}x}=\lim_{\Delta x\to 0}\frac{f(x+\Delta x)-f(x)}{\Delta x} \tag{7-1}$$

对于二维函数$f(x, y)$，其一阶导数如下：

$$\frac{\partial f(x,y)}{\partial x}=\lim_{\Delta x\to 0}\frac{f(x+\Delta x,y)-f(x,y)}{\Delta x} \tag{7-2}$$

$$\frac{\partial f(x,y)}{\partial y}=\lim_{\Delta y\to 0}\frac{f(x,y+\Delta y)-f(x,y)}{\Delta y} \tag{7-3}$$

对于图像而言，可以看成是二维离散函数。其离散方式是按照像素实现的，最小的Δ即为一个像素，即Δx或Δy等于1。因此，可以将图像的一阶导数写成如下形式：

$$\frac{\partial f(x,y)}{\partial x}=f(x+1,y)-f(x,y) \tag{7-4}$$

$$\frac{\partial f(x,y)}{\partial y}=f(x,y+1)-f(x,y) \tag{7-5}$$

从式（7-4）和式（7-5）可以看出，图像的一阶导数就是两个水平或垂直方向上两个相邻像素的差值。由于图像中是以像素为最小单位，最小的步长即为一个像素，因此，式（7-4）和式（7-5）也可以称为图像的一阶微分算子，由于是通过计算像素差实现的，也称为一阶差分算子。

在数字图像处理中，图像的梯度采用差分来代替微分表示。因此，图像的梯度计算如下：

$$\nabla_x f(x,y)=f(x+1,y)-f(x,y) \tag{7-6}$$

$$\nabla_y f(x,y)=f(x,y+1)-f(x,y) \tag{7-7}$$

式（7-6）和式（7-7）分别代表图像在x方向和y方向的梯度计算方式。因此，图像在某一点的梯度可以表示为式（7-8）。其梯度幅值和梯度方向分别如式（7-9）和式（7-10）。

$$\nabla \boldsymbol{f}(x,y)=\left\{\nabla_x f(x,y),\quad \nabla_y f(x,y)\right\} \tag{7-8}$$

$$M(x,y)=\sqrt{\nabla_x f(x,y)^2+\nabla_y f(x,y)^2} \tag{7-9}$$

$$\tan\alpha=\frac{\nabla_y f(x,y)}{\nabla_x f(x,y)} \tag{7-10}$$

有时为了避免计算量过大，梯度幅值也可以采用式（7-11）所示方式代替。

$$M(x,y)=\nabla_x f(x,y)+\nabla_y f(x,y) \tag{7-11}$$

考虑到图像边界的拓扑结构性，根据图像梯度计算原理又派生出许多相关的改进计算方法。

由图像一阶差分计算，可以推出图像在x方向和y方向的二阶差分计算公式。

$$\frac{\partial^2 f}{\partial x^2}=f(x+1,y)+f(x-1,y)-2f(x,y) \tag{7-12}$$

$$\frac{\partial^2 f}{\partial y^2}=f(x,y+1)+f(x,y-1)-2f(x,y) \tag{7-13}$$

梯度是一个有大小和方向的矢量。梯度的大小也称为梯度幅值或梯度的模。在数字图像处理中，梯度幅值代表图像的变化率，在不引起误解的情况下，通常将梯度的幅值大小称为梯度。在图像中的平坦区域，图像灰度值变化比较小，梯度幅值对应也比较小，在边缘部分，由于像素灰度值变化比较大，梯度幅值也相应增大。因此，计算图像的梯度大小可以反映出图像灰度的变化情况，从而找出图像中的轮廓或边缘。对于数字图像，求解一阶导数的过程也是相邻像素灰度值之差，也称为图像一阶微分或一阶差分。梯度方向是图像函数变化最快的方向，有时也用梯度方向图来对图像作进一步处理。在计算图像梯度的时候，除了采用相邻灰度值的差分来计算之外，有时也根据图像的拓扑结构，对梯度计算采用一些改进的方法实现。

7.2　一阶微分算子

一阶微分算子也称为一阶差分算子，其计算过程即为计算图像的梯度大小。其计算结果反映的是图像的变化率。常用的一阶微分算子有Sobel算子、Scharr算子、Priwitt算子、Roberts算子、Scharr算子等。此外，对于一阶微分算子，可以只在某一个方向进行微分运算，这种算子称为单方向微分算子，比如只计算X方向的微分或只计算Y方向的微分。如果利用这种方法进行图像锐化或边缘检测，也称为单方向锐化或边缘检测算子。在数字图像处理中，一阶差分算子常用卷积模板来实现。

7.2.1　水平微分和垂直微分

除了式（7-6）和式（7-7）所示的梯度计算方式来计算水平微分和垂直微分之外，常用的水平和垂直微分算子如图7.1所示的模板实现。其分别计算的是x方向的梯度和y方向的梯度。

$$\boldsymbol{H}=\begin{bmatrix}1 & 0 & -1\\ 2 & 0 & -2\\ 1 & 0 & -1\end{bmatrix}$$

（a）水平差分模板

$$\boldsymbol{V}=\begin{bmatrix}1 & 2 & 1\\ 0 & 0 & 0\\ -1 & -2 & -1\end{bmatrix}$$

（b）垂直差分模板

图7.1　水平和垂直差分模板

水平微分和垂直微分的模板类似，这两种微分计算分别检测图像在水平或垂直方向的像素灰度值的变化情况。其计算过程与图像的卷积计算类似，即在模板所覆盖的图像范围内，与原图像进行相乘之后的累加和运算。其计算如图7.2所示。

从图7.1的模板图可以看出，水平方向的微分计算的是x方向的梯度，如果图像在x方向的变化率比较大，则可以通过水平微分模板检测边缘。同理，如果y方向的变化率比较大，则可以通过垂直微分检测出边缘。但是，该算子只能检测出具有水平或垂直特征的边界，例如对于楼宇等建筑的边界检测。

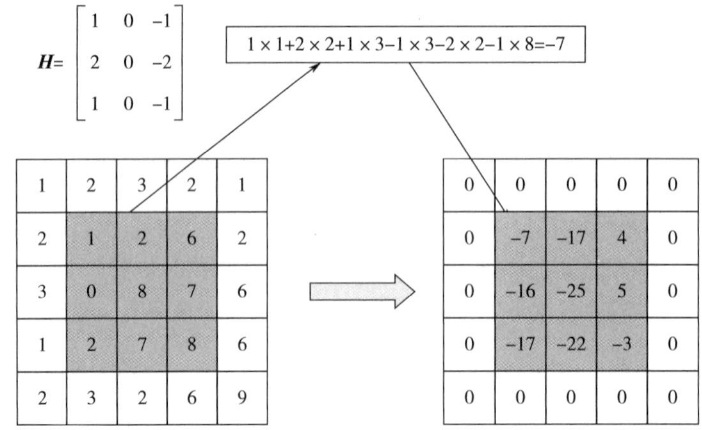

（a）水平微分计算示意图

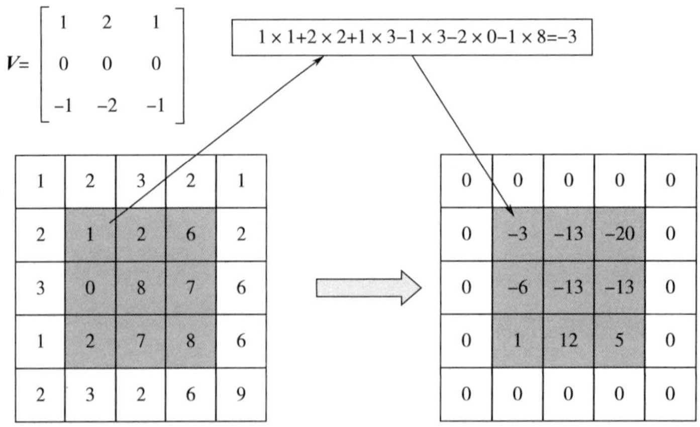

（b）垂直微分计算示意图

图7.2　图像水平和垂直微分计算示意图

图7.2中，不管是水平微分还是垂直微分，其计算结果都可能出现负数。因此，需要对这种情况进行处理，常见的处理方式有两种：一种是直接取绝对值；另一种是在计算结果上整体加上一个偏移量。两种处理结果最后的图像效果有一定区别。

例7-1　水平和垂直微分示例。

C++代码：

```
#include <opencv2/opencv.hpp>
#include <iostream>
using namespace std;
using namespace cv;
int main(int argc, char** argv)
{
    Mat ReadImage=imread("E:/TestImage/7-1.bmp", 0);
```

```
    Mat ConvertImage;
    ReadImage.convertTo(ConvertImage, CV_32F, 1, 0);
    Mat kernal_1=(Mat_<float>(3, 3) << 1, 0, -1, 2, 0, -2, 1, 0, -1);
    Mat Filter2DImage;
    filter2D(ConvertImage, Filter2DImage, CV_32F, kernal_1, Point(-1, -1), 0);
    Mat ConvertScaleAbsImage;
    convertScaleAbs(Filter2DImage, ConvertScaleAbsImage, 1, 0);
    Mat AddImage;
    add(ReadImage, ConvertScaleAbsImage, AddImage);
    Mat kernal_2=(Mat_<float>(3, 3) << 1, 2, 1, 0, 0, 0, -1, -2, -1);
    Mat Filter2DImage_1;
    filter2D(ConvertImage, Filter2DImage_1, CV_32F, kernal_2, Point(-1, -1), 0);
    Mat ConvertScaleAbsImage_1;
    convertScaleAbs(Filter2DImage_1, ConvertScaleAbsImage_1, 1, 0);
    Mat AddImage_1;
    add(ReadImage, ConvertScaleAbsImage_1, AddImage_1);
    ……显示代码略……//请自行添加显示图像的代码
    waitKey(0);
    return 0;
}
```

Python代码：

```
import numpy as np
import cv2
ReadImage=cv2.imread("E:/TestImage/7-1.bmp",0)
ConvertImage=np.float32(ReadImage)*np.float32(1)+0
kernal_1=np.array((np.array([1,0,-1,2,0,-2,1,0,-1]).reshape((3,3))), dtype=np.float32)
Filter2DImage=cv2.filter2D(ConvertImage,cv2.CV_32F,kernal_1,0)
ConvertScaleAbsImage=cv2.convertScaleAbs(Filter2DImage,None,1,0)
AddImage=cv2.add(ReadImage,ConvertScaleAbsImage)
kernal_2=np.array((np.array([1,2,1,0,0,0,-1,-2,-1]).reshape((3,3))), dtype=np.float32)
Filter2DImage_1=cv2.filter2D(ConvertImage,cv2.CV_32F,kernal_2,0)
ConvertScaleAbsImage_1=cv2.convertScaleAbs(Filter2DImage_1,None,1,0)
AddImage_1=cv2.add(ReadImage,ConvertScaleAbsImage_1)
……显示代码略……//请自行添加显示图像的代码
cv2.waitKey(0)
```

图7.3是例7-1运行结果。首先定义水平和垂直方向的卷积核，然后利用filter2D函数与图像进行卷积运算，即可得到水平和垂直方向的微分，需要注意的是filter2D函数需要输入浮点型数据，所以原图像先进行了数据类型转换，可以看出，水平微分计算图像在x方

向的变化率，可以检测出原图中竖直方向的直线，而垂直微分计算在y方向的变化率，可以检测出原图在水平方向的直线。图7.3（c）和图7.3（d）是水平和垂直锐化的结果，与原图进行比较，可以发现，锐化之后的图像相对于原图，其边缘更加明显。

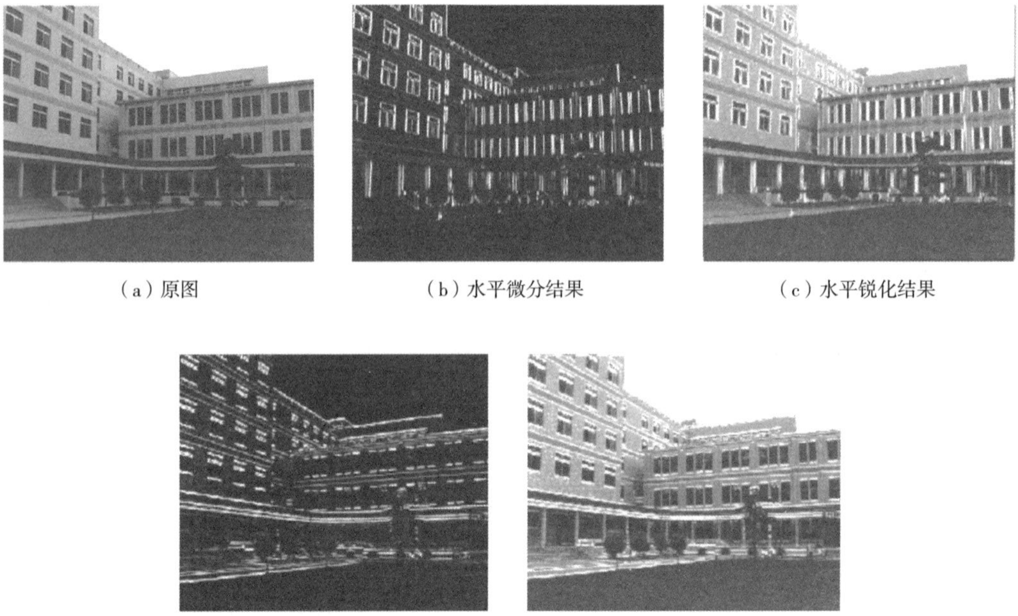

（a）原图　（b）水平微分结果　（c）水平锐化结果

（d）垂直微分结果　（e）垂直锐化结果

图7.3　水平和垂直微分结果

7.2.2　Kirsch算子

水平微分和垂直微分算子只能在水平或垂直的单一方向对图像的边缘进行检测。但图像的边缘往往并不是只在这两个方向，因此，其使用范围比较小。Kirsch算子采用八个模板对同一个像素点进行边缘检测。根据像素点对每个模板的响应程度，选择最大响应结果作为边缘检测结果。Kirsch的八个方向模板如图7.4所示。

5	5	5
−3	0	−3
−3	−3	−3

−3	5	5
−3	0	5
−3	−3	−3

−3	−3	5
−3	0	5
−3	−3	5

−3	−3	−3
−3	0	5
−3	5	5

−3	−3	−3
−3	0	−3
5	5	5

−3	−3	−3
5	0	−3
5	5	−3

5	−3	−3
5	0	−3
5	−3	−3

5	5	−3
5	0	−3
−3	−3	−3

图7.4　Kirsch算子采用的模板

Kirsch算子的八个模板代表了八个方向，像素点需要计算八个方向的梯度，其计算方法也是一阶微分的形式。利用Kirsch算子进行边缘检测时，图像分别与每个模板进行卷积运算，取八个方向的最大值作为边缘幅值的输出。卷积结果比较八个数的绝对值，正负号只是方向。

与水平微分和垂直微分比较，Kirsch算子增加了检测图像边界的方向。但是，Kirsch算子也是检测的单一方向的梯度变化，只是通过预设的八个方向来判断最大响应的方向，而不是检测任意方向的梯度变化，因此，如果边界在任意方向出现，有可能Kirsch算子并不能响应该方向。

7.2.3 Sobel算子

Sobel微分算子是3×3模板的全方向差分算子。该算子检测的是任意方向的梯度变化。Sobel算子与水平微分和垂直微分有一些相似。其算子定义如式（7-14）和式（7-15）所示。

$$\begin{cases} \boldsymbol{D}_x = f(x+1,y-1) - f(x-1,y-1) \\ \qquad + 2[f(x+1,y) - f(x-1,y)] \\ \qquad + f(x+1,y+1) - f(x-1,y+1) \\ \boldsymbol{D}_y = f(x-1,y+1) - f(x-1,y-1) \\ \qquad + 2[f(x,y+1) - f(x,y-1)] \\ \qquad + f(x+1,y+1) - f(x+1,y) - 1 \end{cases} \tag{7-14}$$

$$\nabla \boldsymbol{f} = \sqrt{\boldsymbol{D}_x^{\ 2} + \boldsymbol{D}_y^{\ 2}} \tag{7-15}$$

式（7-14）中，分别按照水平微分和垂直微分的方式计算像素点在x和y方向的梯度，然后，按照式（7-15），计算该像素点的梯度幅值，即为Sobel算子的计算结果。

在实际计算过程中，常用梯度模板与原图进行卷积运算得到。由式（7-14）可以得出，$\boldsymbol{D}_x$和$\boldsymbol{D}_y$为分别计算的x和y方向的梯度，根据其计算方式，可以采用图7.5所示模板与原图进行卷积计算，即可得到两个方向的梯度计算结果。

$$\boldsymbol{D}_x = \begin{bmatrix} -1 & 0 & 1 \\ -2 & 0 & 2 \\ -1 & 0 & 1 \end{bmatrix} \qquad \boldsymbol{D}_y = \begin{bmatrix} -1 & -2 & -1 \\ 0 & 0 & 0 \\ 1 & 2 & 1 \end{bmatrix}$$

图7.5 Sobel算子的计算模板

从图7.5可以看出，Sobel算子与水平微分和垂直微分是类似的，只是，Sobel在x和y方向的梯度基础上，将梯度幅值作为最后的边缘检测结果。

Sobel算子方法简单、处理速度快，并且所得的边缘光滑、连续，但是边缘较粗。此外，Sobel算子对噪声具有平滑作用，提供较为精确的边缘方向信息，当边缘定位对精度要求不是很高时，是一种较为常用的边缘检测方法。

7.2.4　Prewitt算子

Prewitt算子的思路与Sobel算子的思路类似。Prewitt算子也是一阶微分算子。该算子利用像素点上下左右邻点的灰度差实现图像的锐化和边缘检测，并且对噪声具有一定平滑作用。其计算方法与Sobel一样，利用两个方向模板（图7.6）与图像进行卷积运算来实现，这两个方向模板一个检测水平边缘，一个检测垂直边缘。其计算公式和计算模板分别如下所示。

$$\begin{cases} \boldsymbol{D}_x = f(x+1,y-1)-f(x-1,y-1) \\ \qquad +f(x+1,y)-f(x-1,y) \\ \qquad +f(x+1,y+1)-f(x-1,y+1) \\ \boldsymbol{D}_y = f(x-1,y+1)-f(x-1,y-1) \\ \qquad +f(x,y+1)-f(x,y-1) \\ \qquad +f(x+1,y+1)-f(x+1,y)-1 \end{cases} \tag{7-16}$$

$$\nabla \boldsymbol{f} = \sqrt{\boldsymbol{D}_x^{\ 2}+\boldsymbol{D}_y^{\ 2}} \tag{7-17}$$

$$\boldsymbol{D}_x = \begin{bmatrix} -1 & 0 & 1 \\ -1 & 0 & 1 \\ -1 & 0 & 1 \end{bmatrix} \qquad \boldsymbol{D}_y = \begin{bmatrix} -1 & -1 & -1 \\ 0 & 0 & 0 \\ 1 & 1 & 1 \end{bmatrix}$$

图7.6　Prewitt算子的计算模板

可以看出，Prewitt算子与Sobel算子的唯一区别在于模板系数。肉眼几乎无法区别与Sobel算子处理效果的差异。Sobel算子在垂直于导数方向执行近似于高斯平滑的处理，相对于Prewitt算子而言，Sobel的效果更好一些。

7.2.5　Roberts算子

Roberts算子也称为交叉微分算子。Roberts算子模板是一个2×2的模板，左上角是当前待处理像素$f(x,y)$，则交叉微分算子定义如式（7-18）所示。

$$\nabla \boldsymbol{f} = |f(x+1,y+1)-f(x,y)|+|f(x+1,y)-f(x,y+1)| \tag{7-18}$$

其模板可以表示为图7.7所示。

$$\boldsymbol{D}_1 = \begin{bmatrix} -1 & 0 \\ 0 & 1 \end{bmatrix} \qquad \boldsymbol{D}_2 = \begin{bmatrix} 0 & -1 \\ 1 & 0 \end{bmatrix}$$

图7.7　Roberts计算模板

Roberts算子根据任一相互垂直方向上的差分来估计梯度，Robert算子采用对角线方向相邻像素之差来检测图像边缘。该算法计算简单，速度快。但是，该算法对噪声敏感，适用于边缘比较明显并且噪声很低的图像。此外，Roberts算子检测的边缘不够平滑，检测出来的图像边缘较宽，Roberts算子的边缘定位精度不高，不能够准确定位到图像的边缘。

例 7-2　图像一阶微分锐化与边缘检测实例。

C++代码：

```
#include <opencv2/opencv.hpp>
#include <iostream>
using namespace std;
using namespace cv;
int main(int argc, char** argv)
{
    Mat ReadImage=imread("E:/TestImage/7-2_fabrik.png", 0);
    Mat SobelImage;
    Sobel(ReadImage, SobelImage, CV_8U, 1, 0, 3);
    Mat SobelImage_1;
    Sobel(ReadImage, SobelImage_1, CV_8U, 0, 1, 3);
    Mat AddImage;
    add(SobelImage, SobelImage_1, AddImage);
    Mat AddImage_1;
    add(ReadImage, AddImage, AddImage_1);
……显示代码略……//请自行添加显示图像的代码
    waitKey(0);
    return 0;
}
```

Python代码：

```
import numpy as np
import cv2
ReadImage=cv2.imread("E:/TestImage/7-2_fabrik.png",0)
SobelImage=cv2.Sobel(ReadImage,cv2.CV_8U,1,0,3)
SobelImage_1=cv2.Sobel(ReadImage,cv2.CV_8U,0,1,3)
AddImage=cv2.add(SobelImage,SobelImage_1)
AddImage_1=cv2.add(ReadImage,AddImage)
……显示代码略……//请自行添加显示图像的代码
cv2.waitKey(0)
```

图7.8是例7-2的运行结果。

一阶微分算子是利用图像的一阶导数进行边缘检测，属于梯度算子范畴。所有一阶微分算子中，Sobel算子的效果是最好的。该算子实际是一种类似于加权平均的方式来计算梯度，但Sobel算子认为邻域内的像素对中心像素影响的权重应该不同，距离越远影响越小。在OpenCV中只实现了Sobel和Scharr算子，Scharr算子和Sobel类似，在此不再详述，其他一阶微分算子感兴趣的可以自己编程实现。

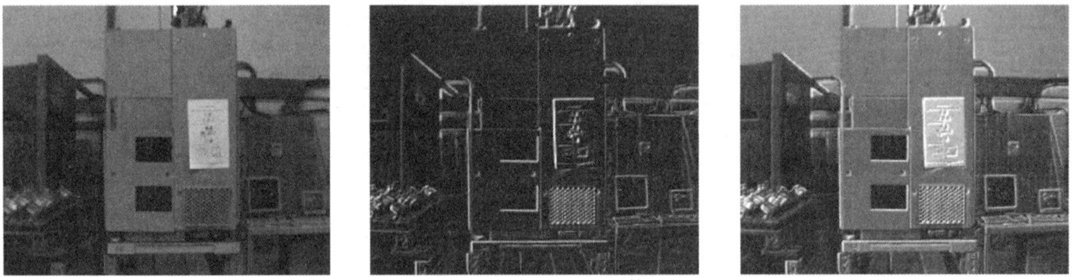

（a）原图　　（b）Sobel边缘检测　　（c）Sobel锐化

图7.8　Sobel算子边缘检测与锐化结果示意图

7.3　二阶微分算子

当图像上的灰度分布比较均匀时，采用一阶微分算子可能找不到边界。此时，可以采用二阶微分算子对图像进行边缘检测。采用二阶微分算子进行边缘检测的理论依据是边缘点的二阶导数出现零交叉的原理。边缘检测是根据图像在边缘位置像素值发生突变的性质。图像的一阶微分算子对应了边缘发生突变的峰值，其二阶微分刚好是零交叉位置。因此，可以采用图像的二阶微分算子对图像进行边缘检测。常用的二阶微分算子有拉普拉斯算子（Laplacian）、高斯-拉普拉斯算子（Laplacian of Gaussian，LOG）、高斯差分算子（difference of Gaussian，DOG）等。

7.3.1　Laplacian算子

Laplacian算子是通过二阶微分来检测图像的边缘，图像的二阶微分算子定义见式（7-12）和式（7-13）。Laplacian算子的定义是图像在x和y方向的二阶微分算子之和，如式（7-19）所示。

$$\nabla^2 f = \frac{\partial^2 f}{\partial x^2} + \frac{\partial^2 f}{\partial y^2} \tag{7-19}$$

将式（7-12）和式（7-13）带入式（7-19）。则Laplacian算子表现为如式（7-20）所示形式。

$$\nabla^2 f = f(x+1,y)+f(x-1,y)+f(x,y+1)+f(x,y-1)-4f(x,y) \tag{7-20}$$

注意，图像的梯度计算是采用差分的方式来表示的，差分有前向差分和后向差分两种，即前一个像素值减去后一个像素值和后一个像素值减去前一个像素值。不管哪种差分，影响的只是计算的正负符号。因此，式（7-20）也可以将式（7-12）和式（7-13）所示的前向二阶差分算子改成后向差分，对结果没有影响。由式（7-20）可知，Laplacian算子表现的是中心像素与上下左右四个相邻像素之间的关系。这种计算也可以用模板卷积的方式实现。Laplacian算子写成模板的形式如图7.9所示。图7.9表示的是采用前向差分和后向差分所得到的两种模板，这两种模板的计算结果是类似的。

$$\boldsymbol{L}_1=\begin{bmatrix}0 & 1 & 0\\ 1 & -4 & 1\\ 0 & 1 & 0\end{bmatrix}\qquad \boldsymbol{L}_2=\begin{bmatrix}0 & -1 & 0\\ -1 & -4 & -1\\ 0 & -1 & 0\end{bmatrix}$$

（a）　　（b）

图7.9　Laplacian算子两种模板

二阶微分算子所提取出的细节较一阶微分算子提取的细节多，表明了二阶微分算子对图像细节更加敏感。但是，二阶微分算子对噪声也比较敏感。此外，二阶微分算子是基于二阶导数过零点进行检测的，由此得到的边缘像素点可能偏少。

Laplacian算子没有考虑对角线上像素值的影响。如果将对角线上的像素也考虑进去，则有图7.10所示两种比较常用的改进的Laplacian算子模板。

$$\boldsymbol{L}_3=\begin{bmatrix}1 & 1 & 1\\ 1 & -8 & 1\\ 1 & 1 & 1\end{bmatrix}\qquad \boldsymbol{L}_4=\begin{bmatrix}-1 & 2 & -1\\ 2 & -4 & 2\\ -1 & 2 & -1\end{bmatrix}$$

（a）　　（b）

图7.10　改进的Laplacian算子模板

Laplacian是一种微分算子，强调图像中灰度的突变的区域。与一阶微分算子类似，将原始图像和拉普拉斯图像叠加在一起，可以得到图像Laplacian锐化处理的效果。设原图为$f(x, y)$，锐化处理后的图像为$g(x, y)$。则锐化可以用式（7-21）表示。

$$g(x,y)=f(x,y)+\nabla^2 f(x,y) \tag{7-21}$$

如果用卷积模板表示，如图7.11所示两种模板是常用Laplacian锐化模板。

$$\boldsymbol{L}_5=\begin{bmatrix}0 & -1 & 0\\ -1 & 5 & -1\\ 0 & -1 & 0\end{bmatrix}\qquad \boldsymbol{L}_6=\begin{bmatrix}-1 & -1 & -1\\ -1 & 9 & -1\\ -1 & -1 & -1\end{bmatrix}$$

（a）　　（b）

图7.11　常用两种Laplacian锐化模板

7.3.2　LOG算子

二阶微分算子对图像细节更加敏感。但是，二阶微分算子对噪声也比较敏感。为了避免图像二阶微分受噪声影响，可以在求解之前对图像进行平滑处理。LOG算子即采用这种处理方式。

LOG算子称为高斯拉普拉斯算子，该算子先对图像进行高斯平滑滤波，再使用Laplacian算子进行边缘检测，以降低噪声的影响。可以证明，该算子可以先对高斯函数求二阶导数，然后再与原图进行卷积运算。设原图像为$f(x,y)$，高斯滤波算子如式（7-22）所示。

$$g(x,y)=\mathrm{e}^{-(x^2+y^2)/2\sigma^2} \tag{7-22}$$

式（7-22）对x求一阶导和二阶导：

$$\frac{\partial}{\partial x}g(x,y)=\frac{\partial}{\partial x}\mathrm{e}^{-(x^2+y^2)/2\sigma^2}=-\frac{x}{\sigma^2}\mathrm{e}^{-(x^2+y^2)/2\sigma^2} \tag{7-23}$$

$$\frac{\partial^2}{\partial^2 x}g(x,y)=\frac{x^2}{\sigma^4}\mathrm{e}^{-(x^2+y^2)/2\sigma^2}-\frac{1}{\sigma^2}\mathrm{e}^{-(x^2+y^2)/2\sigma^2}=-\frac{x^2-\sigma^2}{\sigma^4}\mathrm{e}^{-(x^2+y^2)/2\sigma^2} \tag{7-24}$$

同理，可以对y求一阶导和二阶导。LOG算子核函数定义为高斯函数分别对x和y的二阶导数之和，如式（7-25）所示。

$$\text{LOG}=\frac{\partial^2}{\partial^2 x}g(x,y)+\frac{\partial^2}{\partial^2 y}g(x,y)=\frac{x^2+y^2-2\sigma^2}{\sigma^4}\mathrm{e}^{(-\frac{x^2+y^2}{2\sigma^2})} \tag{7-25}$$

式（7-25）定义了LOG算子的卷积核，将其与原图进行卷积运算，即为LOG算子的边缘检测结果。

常用5×5的LOG卷积模板如图7.12所示。

$$\begin{bmatrix} 0 & 0 & -1 & 0 & 0 \\ 0 & -1 & -2 & -1 & 0 \\ -1 & -2 & -16 & -2 & -1 \\ 0 & -1 & -2 & -1 & 0 \\ 0 & 0 & -1 & 0 & 0 \end{bmatrix}$$

（a）

$$\begin{bmatrix} -2 & -4 & -4 & -4 & -2 \\ -4 & 0 & 8 & 0 & -4 \\ -4 & 8 & 24 & 8 & -4 \\ -4 & 0 & 8 & 0 & -4 \\ -2 & -4 & -4 & -4 & -2 \end{bmatrix}$$

（b）

图7.12 LOG卷积模板

LOG算子是根据图像的信噪比来求出检测边缘的最优滤波器。该方法综合考虑了对噪声的抑制和对边缘的检测两个方面。LOG滤波方法能很好检测出边缘，抗干扰能力强，边界定位精度高，边缘连续性好，且能提取对比度弱的边界。该算子与视觉生理中的数学模型相似，因此在图像处理领域中得到了广泛的应用。

7.3.3 DOG算子

DOG算子称为高斯差分算子，该算子是将图像在不同参数下的高斯滤波结果进行相减，得到差分图。二维高斯函数的σ可以称为尺度参数，σ取不同的值，可以得到不同尺度的高斯滤波结果。将不同尺度的滤波结果进行减法运算，则得到高斯差分的结果。DOG算子与LOG算子的结果相近。但是，DOG算子的运算速度更快，所以，通常在速度要求更快的情况下，用DOG算子代替LOG算子进行边缘检测。定义两个尺度参数σ_1和σ_2，DOG算子定义如式（7-26）所示。

$$\mathrm{DOG}=g_{\sigma_1}(x,y)-g_{\sigma_2}(x,y)=\frac{1}{\sqrt{2\pi}}\left[\frac{1}{{\sigma_1}^2}\mathrm{e}^{-(x^2+y^2)/2{\sigma_1}^2}-\frac{1}{{\sigma_2}^2}\mathrm{e}^{-(x^2+y^2)/2{\sigma_2}^2}\right] \tag{7-26}$$

7.4 Canny算子

Canny算子是John F. Canny于1986年开发出来的一个多级边缘检测算法。该算子的目标是找到一个最优的边缘检测算法，Canny定义的最优边缘检测包括以下几个方面：首先，算法能够尽可能多地标识出图像中的实际边缘；其次，标识出的边缘要与实际图像中的实际边缘尽可能接近；最后，图像中的边缘只能标识一次，并且可能存在的图像噪声不应标识为边缘。根据Canny定义的最优边缘，一个好的边缘检测应该满足误判率低，边缘应该定位在实际边缘的中心，边缘应该是单一像素的。

Canny算子进行边缘检测的步骤可以总结为以下步骤：

① 用高斯滤波器对图像进行平滑处理；

② 计算图像的梯度幅值和梯度方向角度；

③ 对梯度幅值图像进行非极大值抑制；

④ 用双阈值来检测和连接边缘。

Canny算子首先利用高斯滤波对图像进行平滑，然后计算图像的梯度幅值与方向角。并且，将方向角归并到0°、45°、90°和135°四个方向。然后，对梯度幅值图像进行非极大值抑制。非极大值抑制将在0°、45°、90°和135°四个方向分别处理。将梯度方向上最大梯度值保留，将其他像元删除。最后，Canny算子使用两个阈值来判断边缘点是否是真实的边缘，即使用一个高阈值和一个低阈值来区分边缘像素。如果边缘像素点梯度值大于高阈值，则被认为是强边缘点。如果边缘梯度值小于高阈值，大于低阈值，则标记为弱边缘点。小于低阈值的点则被抑制掉。强边缘点可以认为是真的边缘。弱边缘点则可能是真的边缘，也可能是噪声引起的。为得到精确的结果，Canny算子认为真实边缘引起的弱边缘点和强边缘点是连通的，而噪声引起的弱边缘点则不连通。该算子采用滞后边界跟踪算法检查一个弱边缘点的八连通领域像素，只要在邻域内有强边缘点存在，那么这个弱边缘点被认为是真实边缘保留下来。反之，抑制这条弱边缘。

例 7-3　二阶微分算子以及边缘检测实例

C++代码：

```
#include <opencv2/opencv.hpp>
#include <iostream>
using namespace std;
using namespace cv;
int main(int argc, char** argv)
```

```
{
    Mat ReadImage=imread("E:/TestImage/7-3.bmp", 0);
    Mat LaplacianImage;
    Laplacian(ReadImage, LaplacianImage, CV_8U, 3);
    Mat AddImage;
    add(ReadImage, LaplacianImage, AddImage);
    Mat CannyImage;
    Canny(ReadImage, CannyImage, 40, 120);
    ……显示代码略……//请自行添加显示图像的代码
    waitKey(0);
    return 0;
}
```

Python 代码：

```
import numpy as np
import cv2
ReadImage=cv2.imread("E:/TestImage/7-3.bmp",0)
LaplacianImage=cv2.Laplacian(ReadImage,cv2.CV_8U,3)
AddImage=cv2.add(ReadImage,LaplacianImage)
CannyImage=cv2.Canny(ReadImage,40,120)
……显示代码略……//请自行添加显示图像的代码
cv2.waitKey(0)
```

图 7.13 是例 7-3 的运行结果。

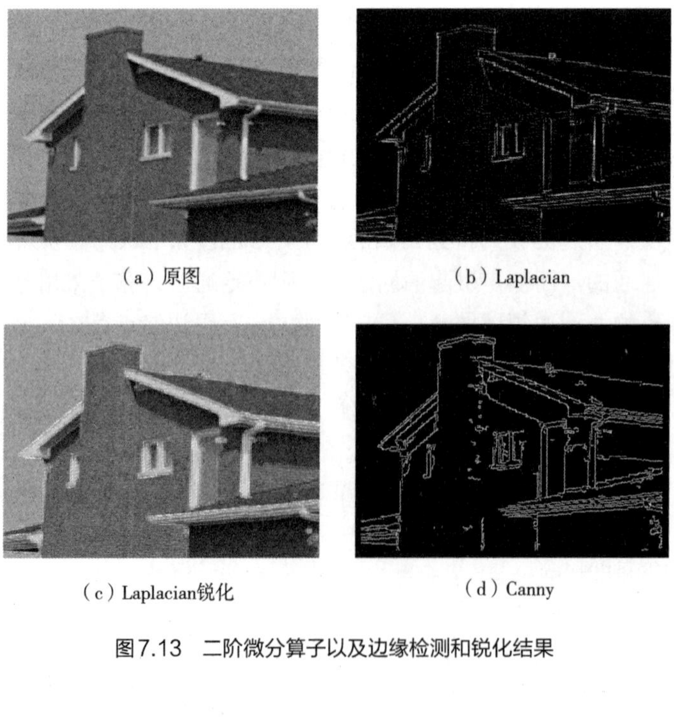

（a）原图　（b）Laplacian

（c）Laplacian锐化　（d）Canny

图7.13　二阶微分算子以及边缘检测和锐化结果

二阶微分算子采用二阶导数过零点的方式进行边缘检测。Laplacian算子直接采用了图像的二阶导数进行计算，不能排除图像噪声的干扰，LOG算子能够很好地去除噪声，DOG的结果与LOG接近，计算速度比LOG更快。OpenCV并没有实现LOG和DOG算子，感兴趣的读者可以根据前面的定义自行实现。对于LOG算子，实际上只需要先对图像进行高斯模糊，然后再调用Laplacian算子即可，对于DOG算子，只需要选用不同的σ参数对图像进行高斯模糊，然后进行减法即可。当然，这些运算最后都可以采用卷积运算实现，因此，更直接的方式是先生成LOG或DOG运算的卷积模板，然后与原图进行卷积运算即可实现这两种算法。需要注意的是，上述的二阶微分算子只是提取了图像中的细节部分，如果要得到图像中的边缘像素点，还需要对二阶微分结果进行阈值化操作。比如，将小于阈值的点置为黑色，将大于阈值的点置为白色，即可将图中目标物的边缘信息提取出来。

总体而言，二阶微分算子检测出边界的细节信息比较多，获得的是比较细致的边界。反映的边界信息包括了更多的细节信息，但是所反映的边界不是太清晰。一阶微分算子检测出的轮廓比较粗略，反映的边界信息较少，但是检测出的轮廓比较清晰。

练　习

7.1 什么是图像锐化与边缘检测？两者之间有什么区别和联系？

7.2 解释图像梯度的概念。

7.3 推导图像一阶导数和二阶导数的计算公式。

7.4 图像矩阵数据如下矩阵$\boldsymbol{A}$所示，计算其梯度。

$$\boldsymbol{A}=\begin{bmatrix}24 & 23 & 24 & 22 & 21\\27 & 26 & 27 & 23 & 20\\32 & 34 & 31 & 26 & 25\\41 & 26 & 28 & 34 & 44\\12 & 43 & 24 & 22 & 31\end{bmatrix}$$

7.5 图像矩阵数据如练习7.4所示的矩阵$\boldsymbol{A}$，分别用水平微分、垂直微分、Sobel算子、Laplacian算子、LOG算子对其进行锐化，写出计算公式和结果。

7.6 说明Canny算子边缘检测的原理和准则。

7.7 用OpenCV读取一幅图像，利用Sobel算子、Laplacian算子和DOG算法对其进行边缘检测，比较和讨论每种算子的结果。

第8章

图像的数学形态学处理

形态学是生物学中研究动物和植物的形态和结构的学科，属于生物学的一个分支。图像形态学处理算法是指利用数学形态学方法对图像进行分析和处理。数学形态学是借用生物形态学这一名词。利用数学形态学工具可以实现对图像的形态学滤波、边界提取、孔洞填充、图像细化等一系列图像预处理和特征提取等操作。数学形态学是分析图像的有力工具。利用形态学处理方法往往可以达到很好的效果。

数学形态学是以集合论为基础的一系列运算方法。数学形态学运用在图像处理中，其集合表示图像中的不同对象，通过对集合中的对象进行运算，实现对图像的处理。形态学方法运用在图像中，主要是对二值图像进行处理。在二值图像中，只有黑白两种像素，代表了两种不同的集合。但是，数学形态学工具，也可以扩展到对灰度图的处理。形态学的基本方法是膨胀、腐蚀。由这两种运算方式又扩展出很多其他运算方法，如开运算、闭运算、击中击不中、针对灰度图的膨胀、腐蚀、开运算、闭运算、形态学梯度、顶帽、底帽运算等。

8.1 形态学基础

形态学运算的数学基础是集合论，通常用大写字母A、B、C等表示一个集合，一个集合中包含0个或多个元素。集合中的元素用小写字母a、b、c等表示。在数字图像中，元素指的是图像的像素点，其坐标用整数对$(x，y)$来表示，如元素a=$(x，y)$。集合与元素的关系是属于和不属于的关系。设有集合A以及元素a和b，如果a在集合A内，则表示为式（8-1）所示。

$$a \in A \tag{8-1}$$

否则，表示为式（8-2）所示。

$$a \notin A \tag{8-2}$$

式（8-2）称为a不属于A，例如集合$A=\{1,2,3,4,5\}$，$a=2$，$b=6$，则$a\in A$而$b\notin A$。在数字图像中，像素点通常用二维坐标表示其位置，因此，集合A通常用点来表示，如p_1、p_2，例如A集合包含5个点表示为$A=\{p_1,\ p_2,\ p_3,\ p_4,\ p_5\}$，其中每个点又表示为坐标的形式，如$p_i(x_i,\ y_i)$。假设$A=\{p_1,\ p_2\}$，$p_1=(1,1)$，$p_2=(1,2)$，如果$a=(1,1)$，$b=(2,2)$，则$a\in A$而$b\notin A$。图8.1用图示的方式表示了集合与元素之间的关系。

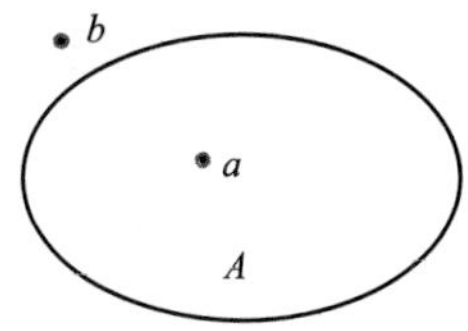

图8.1　集合与元素的关系

集合中可以没有元素，也就是不包含任何元素，这时称集合为空集，用符号$\varnothing$表示。

除了集合与元素之间的关系外，还有集合与集合之间的关系。设有集合A和B，如果集合A中的每一个元素都是集合B中的元素，则称集合A是集合B的子集，记为式（8-3）所示。

$$A\subseteq B \tag{8-3}$$

两个集合之间可以求交集，交集为同时属于两个集合中的元素，设交集用C表示，式（8-4）是两个集合求交集的形式。

$$C=A\bigcap B \tag{8-4}$$

两个集合之间可以求并集，并集将两个集合合并为一个集合，新集合包含原来两个集合的所有元素，设并集用D表示，式（8-5）表示两个集合求并集。

$$D=A\bigcup B \tag{8-5}$$

如果A、B两个集合没有共同元素，则两个集合的交集为空，记$A\bigcap B=\varnothing$。表示两个集合互斥。

集合A的补集用符号A^c表示。补集是由不属于A的所有元素组成的集合。设集合A是由元素a构成的集合，则A^c可以表示为式（8-6）所示形式。

$$A^c=\{a\mid a\notin A\} \tag{8-6}$$

集合A与集合B的差集表示为$A-B$。其结果是集合A与集合B的补集之间求交集，用式（8-7）表示如下：

$$A-B=A\bigcap B^c \tag{8-7}$$

集合之间的运算如图8.2所示。

集合的平移定义为集合A平移到某一点z。设集合A中的元素为a，集合A平移后表示为$(A)_z$，其定义如下：

$$(A)_z=\{c=a+z\mid a\in A\} \tag{8-8}$$

集合的反射是指将集合中的元素相对于原点旋转180°。设有集合A，其元素有a，定义集合A的反射用符号$\hat{A}$表示。则有如下表示：

$$\hat{A}=\{w=-a\mid a\in A\} \tag{8-9}$$

对于由图像数据组成的集合而言，集合的反射就是将图像中的像素点相对于原点旋转了 180°，原来的坐标 (x, y) 变成了 $(-x, -y)$。

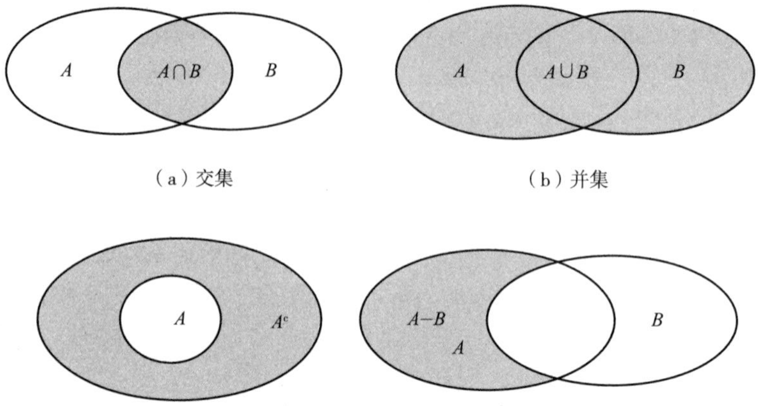

（a）交集　（b）并集　（c）补集　（d）差集

图8.2　集合之间的运算

8.2　二值图像形态学运算

数学形态学运算应用在图像处理中，最早是对二值图像进行运算处理。其中，膨胀与腐蚀运算是形态学中的基本运算。其他形态学运算方法都是由这两种运算进行组合得到的。图像的数学形态学运算是指二值图像与一个结构元素进行集合运算。结构元素是事先定义好的一幅图像，类似于空域平滑滤波的卷积模板。结构元素可以是任意的形状，如圆形、矩形、十字形等等。形态学运算就是将结构元素覆盖在二值图像上，与二值图像上对应位置进行运算的结果。结构元素通常比原图像小，将结构元素在二值图像上移动，直到所有位置都运算完成，则一个形态学运算结束。结构元素需要指定一个原点，也称为锚点，该原点是与其运算的二值图像中的参考点。

8.2.1　膨胀运算

设有二值图像集合 A 和结构元素 B 并且 A 和 B 属于二维整数空间 Z^2，膨胀可以表示为 $A \oplus B$。A 被 B 膨胀可以定义为式（8-10）。

$$A \oplus B = \{z \mid (\hat{B})_z \cap A \neq \varnothing\} \tag{8-10}$$

假设二值图像中的前景用“1”表示，背景用“0”表示，式（8-10）是 A 被 B 膨胀后所有位移 z 的集合，B 的映射与 A 至少有一个元素是重叠的。如果把结构元素 B 看成是一个卷积模板，则膨胀运算的过程和图像与结构元素进行卷积运算的过程类似。结构元素 B 经过映射后，其原点在二值图像上进行移动，每移动一个位置，判断映射后的结构元素与所覆盖的二值图像是否有重叠部分，如果存在重叠部分，则结构元素原点对应的二值图像位置赋值为“1”。否则，二值图像不进行任何改变。式（8-11）是膨胀运算的另一种表示方式，与式（8-10）是等价的。

$$A \oplus B = \{w \in Z^2 \mid w = a + b, a \in A, b \in B\} \tag{8-11}$$

在实际应用过程中，结构元素往往采用的是中心对称结构，结构元素的映射结果与映射之前没有变化。因此，这时候，直接采用结构元素的原点在二值图像上移动，判断结构元素与二值图像是否存在重叠部分。但是，这种方法从技术上来讲是不对的。

图8.3是膨胀运算的示意图。图8.3中，左边的图像是二值图像，其值只有“0”和“1”，中间的是3×3的结构元素，其值为“1”，右边的是膨胀运算的结果。由于采用的结构元素是中心对称结构，所以不需要再进行映射操作。3×3的结构元素的原点在二值图像上移动，如果结构元素与二值图像的交集不为空集，则原点对应的二值图像上对应位置赋值为“1”，否则，原二值图像不发生变化，然后，结构元素的原点在二值图像上进行移动，直到所有位置运算完成，膨胀运算结束。

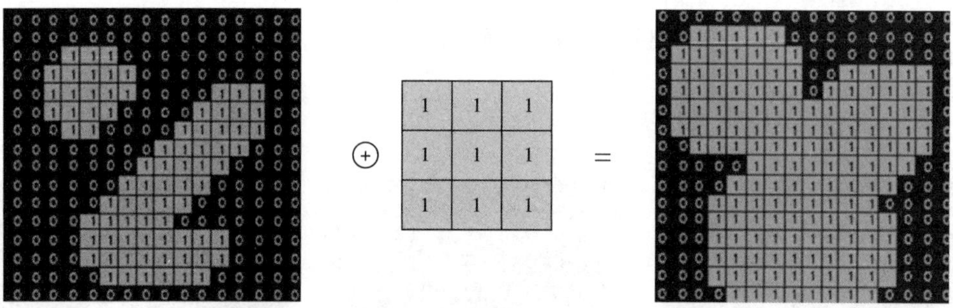

图8.3　膨胀运算示意图

从膨胀运算的结果来看，相当于对原图像的四周进行了填充。如果图像内部存在小的孔洞，或者外边缘有小的凹陷等情况，通过膨胀运算，可以将这些小的孔洞和凹陷进行填充。从图像运行结果来看，膨胀运算后的图像值为“1”的区域变大了，因此称为膨胀。此外，如果图像中存在断裂的情况，可以通过膨胀运算将断裂部分进行连接。

例8-1　图像膨胀运算示例

C++代码：

```
#include <opencv2/opencv.hpp>
#include <iostream>
using namespace std;
using namespace cv;
int main(int argc, char** argv)
{
    Mat ReadImage=imread("E:/TestImage/8-1.bmp", 0);
    Mat ThresholdImage;
    threshold(ReadImage, ThresholdImage, 128, 255, THRESH_BINARY);
```

```
    Mat DilateImage;
    Mat dilateSE=getStructuringElement(MORPH_ELLIPSE, Size(5, 5), Point(-1, -1));
    //膨胀运算
    dilate(ThresholdImage, DilateImage, dilateSE);
    ……显示代码略……//请自行添加显示图像的代码
    waitKey(0);
    return 0;
}
```

Python代码：

```
import numpy as np
import cv2
ReadImage=cv2.imread("E:/TestImage/8-1.bmp",0)
ret,ThresholdImage=cv2.threshold(ReadImage,128,255,cv2.THRESH_BINARY)
dilateSE=cv2.getStructuringElement(cv2.MORPH_ELLIPSE,(5,5),(-1,-1))
DilateImage=cv2.dilate(ThresholdImage,dilateSE)
……显示代码略……//请自行添加显示图像的代码
cv2.waitKey(0)
```

图8.4是例8-1的运行结果。

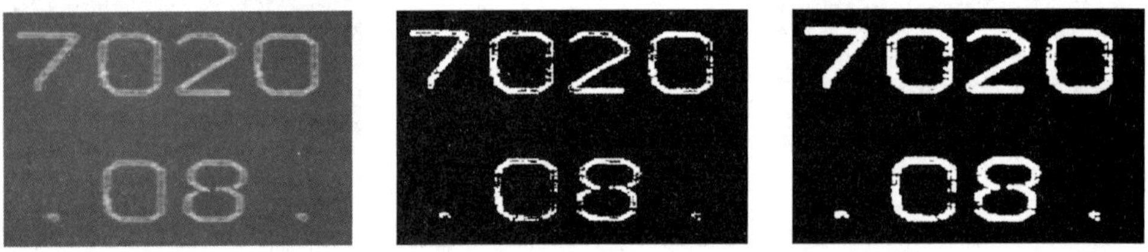

（a）原图　　（b）二值图像　　（c）膨胀结果

图8.4　膨胀运算结果

例8-1中，图像经过二值化之后，得到二值图像，在二值图像中，字符部分存在断裂和孔洞的情况，通过膨胀运算之后，二值图像白色区域图像整体向外扩展，从而将断裂部分进行连通，将孔洞部分进行了填充。例8-1选择的结构元素为圆形结构。

8.2.2 腐蚀运算

设有二值图像集合A和结构元素B，并且，A和B属于二维整数空间Z^2，腐蚀可以表示为$A \ominus B$。A被B腐蚀可以定义为式（8-12）。

$$A \ominus B=\{z|(B)_z \subseteq A\} \tag{8-12}$$

与膨胀运算类似，设二值图像中前景用“1”表示，背景用“0”表示。式（8-12）是A被B腐蚀后所有位移z的集合，该集合是结构元素的原点在二值图像上移动时，结构元素B完全包含于A的所有点的集合。结构元素B可以看成是一个卷积模板，进行腐蚀运算时，二值图像与结构元素进行与卷积运算类似的运算。结构元素的原点在二值图像上进行移动，每移动一个位置，判断结构元素是否完全包含于二值图像中，如果包含于其中，则结构元素的原点对应二值图像的对应位置设置为“1”，否则，对应的二值图像中的值赋值为“0”。式（8-13）是腐蚀运算的另一种表示方式，与式（8-12）是等价的。

$$A \ominus B = \{w \in Z^2 \mid w+b, b \in A, b \in B\} \tag{8-13}$$

图8.5是进行腐蚀运算的示意图，图8.5中，左边的图像是二值图像，其值只有“0”和“1”，中间的是3×3的结构元素，其值为“1”，右边的是腐蚀运算的结果。3×3的结构元素原点在二值图像上移动，每移动一个位置，判断对应位置是否与结构元素完全相同，如果相同，则将结构元素的原点位置对应的二值图像位置的值赋值为“1”，否则，原点对应的原二值图像位置赋值为“0”。结构元素在二值图像上进行移动，直到所有位置运算完成，腐蚀运算结束。

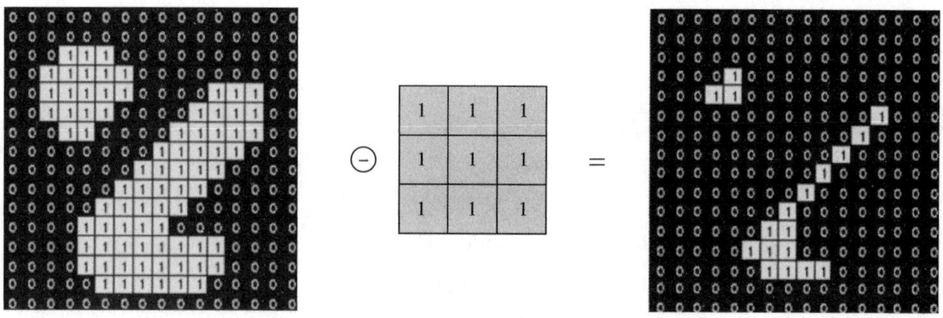

图8.5 腐蚀运算示意图

从图8.5可以看出，腐蚀运算相当于将原二值图像的四周向内进行了收缩。与膨胀运算相反，腐蚀运算可以将相连接的对象进行分割。同时，腐蚀运算也可以去掉图像中的某些部分。如果二值图像中存在某些杂点，则可以通过腐蚀运算将这些杂点去掉。从图像上来看，经过腐蚀运算后，图像值为“1”的区域缩小了，类似于被腐蚀掉了，因此称为腐蚀运算。

腐蚀运算和膨胀运算是对偶运算，因此，式（8-14）和式（8-15）是成立的。

$$(A \ominus B)^c = A^c \oplus \hat{B} \tag{8-14}$$

$$(A \oplus B)^c = A^c \ominus \hat{B} \tag{8-15}$$

例8-2 图像腐蚀运算示例

C++代码：

```
#include <opencv2/opencv.hpp>
#include <iostream>
using namespace std;
using namespace cv;
int main(int argc, char** argv)
```

```
{
    Mat ReadImage=imread("E:/TestImage/8-2.bmp", 0);
    Mat InRangeImage;
    inRange(ReadImage, 35, 109, InRangeImage);
    Mat ErodeImage;
    Mat erodeSE=getStructuringElement(MORPH_ELLIPSE, Size(11, 11), Point(-1, -1));
    //腐蚀运算
    erode(InRangeImage, ErodeImage, erodeSE);
    ……显示代码略……//请自行添加显示图像的代码
    waitKey(0);
    return 0;
}
```

Python代码：

```
import numpy as np
import cv2
ReadImage=cv2.imread("E:/TestImage/8-2.bmp",0)
InRangeImage=cv2.inRange(ReadImage,35,109)
erodeSE=cv2.getStructuringElement(cv2.MORPH_ELLIPSE,(11,11),(-1,-1))
ErodeImage=cv2.erode(InRangeImage,erodeSE)
……显示代码略……//请自行添加显示图像的代码
cv2.waitKey(0)
```

图8.6是例8-2的运行结果。

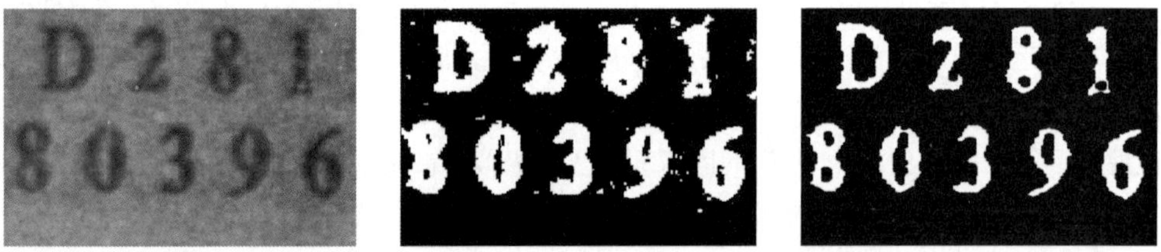

（a）原图　　（b）二值图像　　（c）腐蚀结果

图8.6　腐蚀运算结果

例8-2中，图像经过二值化之后，得到二值图像，在二值图像中，图像中存在一些细小的杂点，通过腐蚀运算之后，二值图像白色区域图像整体向内收缩，从而将杂点部分进行了过滤。例8-2选择的结构元素为圆形结构。

8.2.3　开运算和闭运算

开运算和闭运算是两种从膨胀和腐蚀通过组合得到的运算。开运算是先腐蚀后膨胀的组合运算，闭运算是先膨胀后腐蚀的组合运算。设图像集合A，结构元素B，A与B的开运算表示为$A\circ B$，A与B的闭运算表示为$A\bullet B$。式（8-16）和式（8-17）是开运算和闭运算的公式表示。

$$A\circ B=(A\ominus B)\oplus B \tag{8-16}$$

$$A\bullet B=(A\oplus B)\ominus B \tag{8-17}$$

对于开运算而言，首先进行的是腐蚀运算，根据腐蚀运算的特点，图像在腐蚀之后，可以排除图像中的部分杂点，如果存在本来应该分离的区域发生了连接，也可以通过腐蚀将其分离，然后，对腐蚀结果再进行膨胀运算，可以得到平滑的边缘。经过开运算之后，二值图像中特征区域的总面积变化不大，但是清除掉了部分尖细突出的目标。开运算是一个基于几何基元的滤波，其滤波的效果与结构元素的形状和大小有关。

同理，对于闭运算而言，首先进行的是膨胀运算，由此可以对图像中的细小孔洞等特征进行填充，然后，再对膨胀结果进行腐蚀，同样可以得到平滑的边缘。经过闭运算之后，二值图像中的特征区域与开运算时类似，总面积没有太大变化，但是能够对特征中的间断部分或者细小孔洞部分进行填充，并且也可以平滑边缘。具体填充的孔洞大小与结构元素的形状和大小有关。图8.7和图8.8是开运算和闭运算示意。

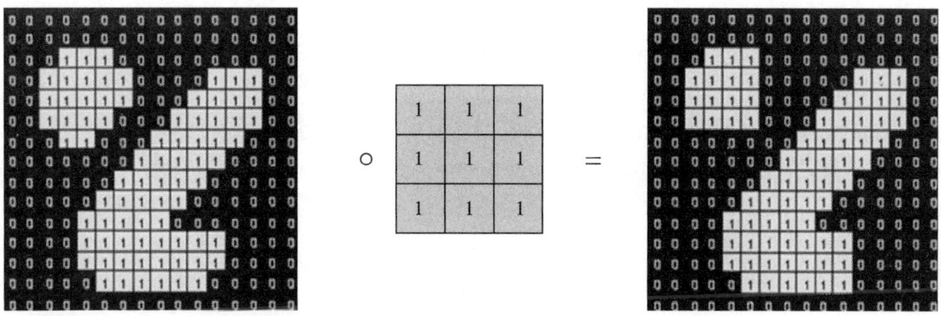

图8.7　开运算示意图

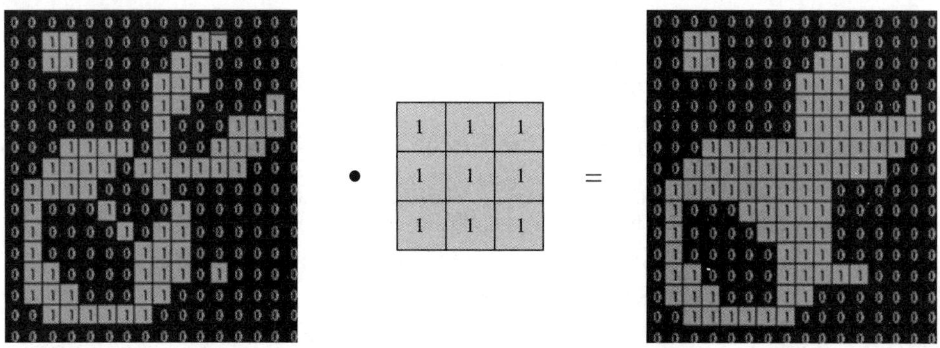

图8.8　闭运算示意图

开运算和闭运算虽然只是图像与结构元素的运算顺序不同，但是两者的运算结果是完全不一样的，其应用的场合也有一定区别。开运算消除了图像中的噪声，而闭运算连通了更多的区域。

例8-3 图像开运算和闭运算示例。该例子采用的图像与例8-2的图像是一样的。

C++代码：

```
#include <opencv2/opencv.hpp>
#include <iostream>
using namespace std;
using namespace cv;
int main(int argc, char** argv)
{
    Mat ReadImage=imread("E:/TestImage/8-3.bmp", 0);
    Mat InRangeImage;
    //选择35到109范围的灰度值进行二值化
    inRange(ReadImage, 35, 109, InRangeImage);
    Mat MopOpenImage;
    Mat openSE=getStructuringElement(MORPH_ELLIPSE, Size(15, 15), Point(-1, -1));
    //开运算
    morphologyEx(InRangeImage, MopOpenImage, MORPH_OPEN, openSE);
    Mat MopCloseImage;
    Mat closeSE=getStructuringElement(MORPH_ELLIPSE, Size(15, 15), Point(-1, -1));
    //闭运算
    morphologyEx(MopOpenImage, MopCloseImage, MORPH_CLOSE, closeSE);
    ……显示代码略……//请自行添加显示图像的代码
    waitKey(0);
    return 0;
}
```

Python代码：

```
import numpy as np
import cv2
ReadImage=cv2.imread("E:/TestImage/8-3.bmp",0)
InRangeImage=cv2.inRange(ReadImage,35,109)
openSE=cv2.getStructuringElement(cv2.MORPH_ELLIPSE,(15,15),(-1,-1))
MopOpenImage=cv2.morphologyEx(InRangeImage,cv2.MORPH_OPEN,openSE)
closeSE=cv2.getStructuringElement(cv2.MORPH_ELLIPSE,(15,15),(-1,-1))
MopCloseImage=cv2.morphologyEx(MopOpenImage,cv2.MORPH_CLOSE,closeSE)
……显示代码略……//请自行添加显示图像的代码
cv2.waitKey(0)
```

图8.9是例8-3的运行结果

从图8.9可以看出，经过开运算之后，图像中的细小结构被过滤掉了，再经过闭运算，将字符中间存在孔洞的位置进行了填充，由此可以完全将字符所覆盖的原图像区域单独取出来进行后续处理。

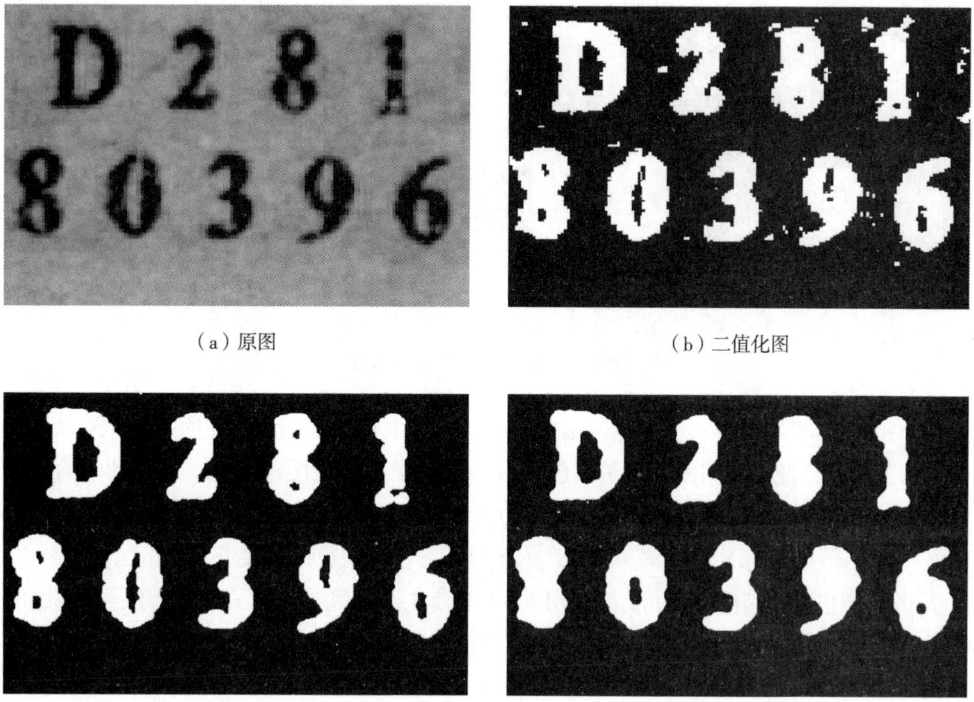

（a）原图　（b）二值化图　（c）开运算结果　（d）闭运算结果

图8.9 开运算和闭运算示例

8.2.4 击中击不中变换

击中击不中变换是用于形状检测的工具。该方法可以用于连通区域子图像的匹配和定位。假设二值图像A是由若干互相独立的子图像构成，各个子图像之间互不连通。而且，相互之间间隔一定的距离，各个子图像的边界之间至少间隔一个像素的距离。设结构元素为B，B由前景X和背景（$W-X$）组成。则击中击不中变换的定义如式（8-18）所示。

$$A \circledast B=(A \ominus X) \cap [A^c \ominus (W-X)] \tag{8-18}$$

如果令$B=(B_1,B_2)$，B_1代表结构元素B的前景，B_2代表结构元素B的背景。即$B_1=X$，$B_2=W-X$，则式（8-18）可以表示为更加简洁的一种方式：

$$A \circledast B=(A \ominus B_1) \cap [A^c \ominus B_2] \tag{8-19}$$

式（8-19）能够更加清楚地表示击中击不中变换的原理。在这种变换中，结构元素有两个，分别为B_1和B_2，两个结构元素的交集为空，分别代表前景和背景。在进行击中击不中变换时，让前景结构元素B_1和二值图像A进行腐蚀运算，让背景结构元素B_2和二值图像A的补集A^c进行腐蚀运算，最后两者之间的交集即为击中击不中变换的结果。该变换返回的结果是在二值图像中找到与结构元素相同的图像的位置点。图8.10是击中击不中变换的图示。

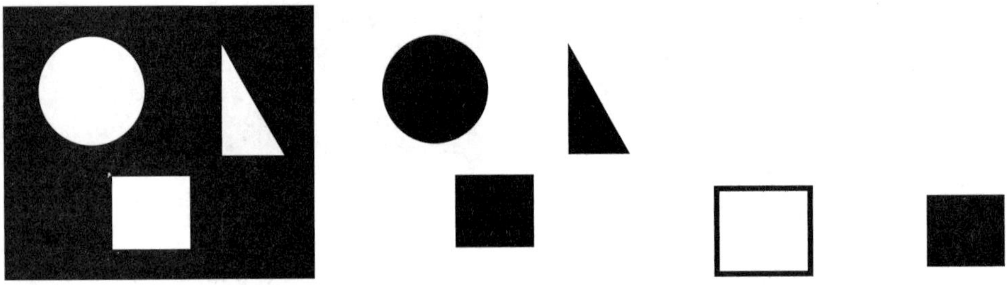

（a）A　（b）A^c　（c）B_1　（d）B_2

图8.10　击中击不中变换示意

图8.10（a）表示一幅二值图像，白色为前景，其中有三个各自独立的几何元素，黑色为背景，为了显示方便，用暗灰色代替黑色显示。图8.10（b）是图8.10（a）的补集，背景为白色，为了显示方便，这里将白色用比较接近的灰白色代替，图8.10（c）是结构元素前景图像，图8.10（d）是图8.10（c）的补集。同样，为了显示方便，白色用了接近的灰白色代替。

在进行击中击不中变换时，首先用B_1对图像A进行腐蚀运算，B_1中前景为白色的正方形，其大小与A中的正方形一样大。经过腐蚀之后，A中的圆将变成一个比较小的菱形，而三角形将不存在，由于A中的正方形与B_1前景中的正方形一样大，A中的正方形变成一个白色的点。如图8.11（a）所示。用B_2对图像A^c进行腐蚀运算，此时，由于结构元素和二值图的运算只考虑像素值为“1”的运算结果，A^c中背景部分的像素值变成了“1”，因此，A^c中的圆和三角形将被完全腐蚀掉，而正方形刚好和B_2一样大，经过腐蚀后留下一个白点。如图8.11（b）所示。让$A \ominus B_1$和$A^c \ominus B_2$的结果求交集，结果只留下一个白点，即A中正方形所在的中心位置，如图8.11（c）所示

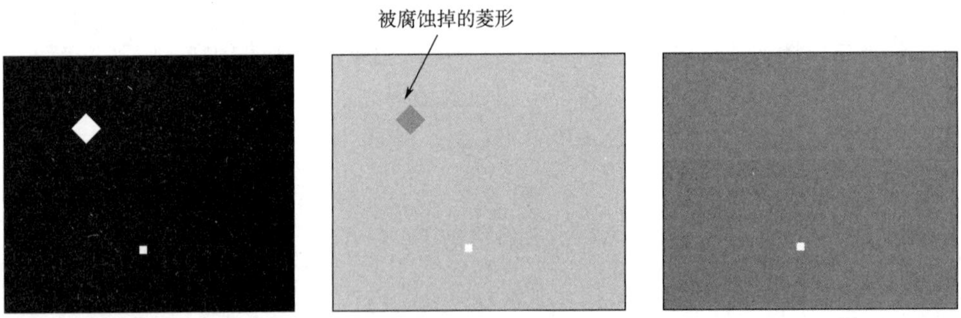

（a）$A \ominus B_1$　（b）$A^c \ominus B_2$　（c）$A \ominus B_1 \cap A^c \ominus B_2$

图8.11　击中击不中运算结果

击中击不中变换用于检测图像中是否存在与结构元素相同的形状。如果存在，表示击中，返回的结果是相同形状所在的位置，如果不存在，则表示击不中，返回为空。

例8-4　击中击不中示例

C++代码：

```
#include <opencv2/opencv.hpp>
```

```
#include <iostream>
using namespace std;
using namespace cv;
int main(int argc, char** argv)
{
    Mat ReadImage=imread("E:/TestImage/8-4-smarties.png", 0);
    Mat ThresholdImage;
    //图像二值化
    threshold(ReadImage, ThresholdImage, 240, 255, THRESH_BINARY_INV);
    Mat HitmissImage;
    //用大小为35的圆进行击中击不中变换
    Mat hitmissSE=getStructuringElement(MORPH_ELLIPSE, Size(35, 35),
Point(-1, -1));
    morphologyEx(ThresholdImage, HitmissImage, MORPH_HITMISS, hitmissSE);
    vector<vector<Point>> Contour;
    //检测变换之后的轮廓
    findContours(HitmissImage, Contour, noArray(), RETR_EXTERNAL, CHAIN_APPROX_
SIMPLE);
    Mat MinEnclosingCircle=ReadImage.clone();
    if (MinEnclosingCircle.channels()==1)
    {
        cvtColor(MinEnclosingCircle, MinEnclosingCircle, COLOR_GRAY2RGB);
    }
    vector<Point2f> center(Contour.size());
    vector<float> radius(Contour.size());
    //在原图上将检测结果绘制出来
    for (int i=0; i < Contour.size(); i++)
    {
        minEnclosingCircle(Contour[i], center[i], radius[i]);
        circle(MinEnclosingCircle, center[i], (int)radius[i], Scalar(0, 0, 255),
-1, 8);
    }
    namedWindow("MinEnclosingCircle", 0);
    imshow("MinEnclosingCircle", MinEnclosingCircle);
    waitKey(0);
    return 0;
}
```

Python代码：

```
import numpy as np
import cv2
```

```
ReadImage=cv2.imread("E:/TestImage/8-4-smarties.png",0)
ret,ThresholdImage=cv2.threshold(ReadImage,240,255,cv2.THRESH_BINARY_INV)
hitmissSE=cv2.getStructuringElement(cv2.MORPH_ELLIPSE,(35,35),(-1,-1))
HitmissImage=cv2.morphologyEx(ThresholdImage,cv2.MORPH_HITMISS,hitmissSE)
Contour,hierarchy=cv2.findContours(HitmissImage,cv2.RETR_EXTERNAL,cv2.CHAIN_AP-
PROX_SIMPLE)
MinEnclosingCircle=ReadImage.copy()
if MinEnclosingCircle.ndim==2:
    MinEnclosingCircle=cv2.cvtColor(MinEnclosingCircle, cv2.COLOR_GRAY2RGB)
for minCircle in Contour:
    center,radius=cv2.minEnclosingCircle(minCircle)
    center=tuple(np.int0(center))
    radius=np.int32(radius)
    cv2.circle(MinEnclosingCircle, center, radius, (0,0,255), -1, 8)
cv2.namedWindow("MinEnclosingCircle",cv2.WINDOW_NORMAL)
cv2.imshow("MinEnclosingCircle",MinEnclosingCircle)
cv2.waitKey(0)
```

图8.12是例8-4的运行结果

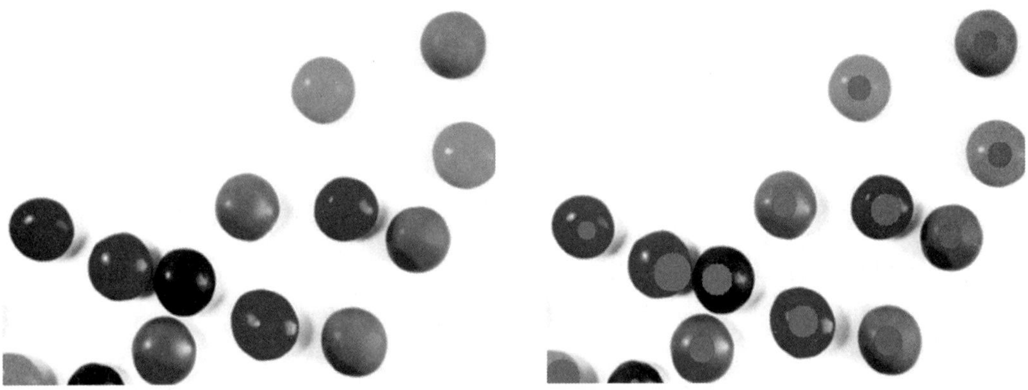

（a）原图*A*　　（b）击中击不中变换结果

图8.12　击中击不中变换结果

在例8-4中，为了找出图中有多少个小球，先将原图进行二值化，然后，采用大小为35的圆形结构元素，与二值化后的图像进行击中击不中运算，最后，提取击中的结果图像轮廓，并将结果用最小包围圆绘制出来。从而可以直观地看到是否击中。

击中击不中变换的实现过程，就是原图与结构元素腐蚀，原图的补集与结构元素的补集腐蚀，然后两者的交集就是击中击不中的结果。如果找到与结构元素相同的几何形状，则表示击中，否则，击不中。击中击不中变换即用于检测图像中是否存在与结构元素相同的形状。

8.3　灰度图像数学形态学运算

灰度图像的数学形态学运算是对二值图像数学形态学运算的扩展。灰度图像的形态学运算主要用于对图像进行预处理，从而更方便地实现后续操作。如形态学滤波、形态学梯度处理等。灰度图像数学形态学处理基本方法与二值图的处理一样，包括膨胀和腐蚀。由此衍生出其他处理方法，包括开运算、闭运算、形态学梯度、顶帽运算、底帽运算等。

8.3.1　灰度图膨胀与腐蚀

灰度图的膨胀与腐蚀与二值图的定义类似。灰度图像与二值图像的区别在于其记录了灰度信息。所以，形态学处理的定义与二值图像有些不同，因为二值图像可以用一系列的二维坐标来表示图像信息，而灰度图需要一个三维坐标表示，而且二值图像中结构元素是平坦的，没有灰度信息的。但灰度图中结构元素是可以带有第三维信息的，即结构元素也是灰度的，这就带来了一些问题，因为二值图像中，形态学的输出结果完全由输入图像产生，但是结构元素一旦引入灰度信息，那么输出结果将不再由输入图像唯一确定。所以，一般情况下，结构元素都使用平坦结构。所谓平坦结构，就是指结构元素的高度为零，即结构元素的值全为0。设灰度图像由函数$f(x,y)$表示。结构元素用$b(x,y)$表示。灰度图的膨胀与腐蚀的定义如式（8-20）和式（8-21）所示。

膨胀：
$$(f\oplus b)(x,y)=\max\{f(x-x',y-y')+b(x',y')\mid(x',y')\in D_b\} \tag{8-20}$$

腐蚀：
$$(f\ominus b)(x,y)=\min\{f(x+x',y+y')-b(x',y')\mid(x',y')\in D_b\} \tag{8-21}$$

式中，D_b表示结构元素的定义域。由于结构元素通常采用平坦结构，而且，结构元素通常选择中心对称类型。因此，灰度图的膨胀与腐蚀实际上是将二值图的膨胀与腐蚀进行了扩展，将图像在结构元素覆盖区域内进行了最大化和最小化运算。换言之，灰度图的膨胀相当于在结构元素所覆盖的灰度图范围内选取其最大值代替结构元素的原点所对应的灰度图对应位置，而腐蚀则是取最小值代替结构元素原点所对应的灰度图对应位置。

灰度图膨胀可以提高高亮区域的面积，而腐蚀可以降低高亮区域的面积。通过膨胀运算，得到的图像比原图更加明亮，而且，可以减弱或者消除比较小的暗的细节部分。而腐蚀的结果与膨胀相反，得到的图像更暗，比较小的明亮部分被削弱或者消除了。

例 8-5　灰度图膨胀腐蚀运算示例。

C++代码：

```
#include <opencv2/opencv.hpp>
#include <iostream>
using namespace std;
using namespace cv;
int main(int argc, char** argv)
{
```

```
    Mat ReadImage=imread("E:/TestImage/8-5.bmp", 0);
    Mat DilateImage;
    //膨胀
    Mat dilateSE=getStructuringElement(MORPH_ELLIPSE, Size(5, 5), Point(-1, -1));
    dilate(ReadImage, DilateImage, dilateSE);
    Mat ErodeImage;
    //腐蚀
    Mat erodeSE=getStructuringElement(MORPH_ELLIPSE, Size(5, 5), Point(-1, -1));
    erode(ReadImage, ErodeImage, erodeSE);
    ……显示代码略……//请自行添加显示图像的代码
    waitKey(0);
    return 0;
}
```

Python代码：

```
import numpy as np
import cv2
ReadImage=cv2.imread("E:/TestImage/8-5.bmp",0)
dilateSE=cv2.getStructuringElement(cv2.MORPH_ELLIPSE,(5,5),(-1,-1))
DilateImage=cv2.dilate(ReadImage,dilateSE)
erodeSE=cv2.getStructuringElement(cv2.MORPH_ELLIPSE,(5,5),(-1,-1))
ErodeImage=cv2.erode(ReadImage,erodeSE)
……显示代码略……//请自行添加显示图像的代码
cv2.waitKey(0)
```

从例8-5的运行结果图8.13可以看出，通过膨胀运算之后，原图像中的比较小并且暗的区域被消除了，而腐蚀运算则将原图中比较亮的小区域消除了，扩大了暗区域。

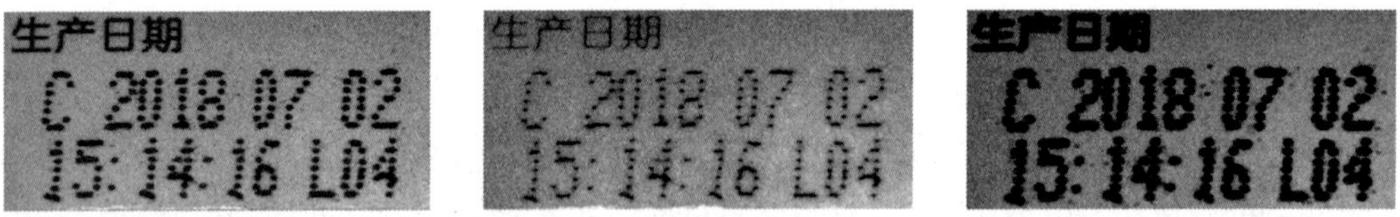

（a）原图　　（b）膨胀　　（c）腐蚀

图8.13　灰度图膨胀、腐蚀运算示意

8.3.2　灰度图开运算与闭运算

灰度图的开运算和闭运算是对膨胀和腐蚀进行各种组合的运算。其定义与二值图类似，灰度图的开运算定义为先腐蚀后膨胀，灰度图的闭运算定义为先膨胀后腐蚀。设灰度图像由函数$f(x,y)$表示。结构元素用$b(x,y)$表示。灰度图的膨胀与腐蚀的定义如式（8-22）和式（8-23）所示。

开运算：

$$f \circ b = (f \ominus b) \oplus b \tag{8-22}$$

闭运算：

$$f \bullet b = (f \oplus b) \ominus b \tag{8-23}$$

灰度图的开运算和闭运算常用来提取图像中具有特定形状和灰度结构的图像子区域。开运算通常用于消除图像中比较小的明亮细节部分。但是，又能够保持图像整体灰度和较大明亮区域不发生太大的变化。通过腐蚀运算可以消除图像中的细节部分，但是图像会变暗，然后进行膨胀运算，又会增加图像的整体亮度，但已经被消除的细节部分不会再次进入图像中。

同理，闭运算可以消除图像中的暗细节，而原来明亮部分不会受到影响。对灰度图进行膨胀运算后，去除了图像中的暗细节部分，但增加了图像的亮度，此时再进行腐蚀运算，会降低图像的亮度，而且已经被去除的暗细节不会再次进入图像。

8.3.3 形态学梯度

灰度图像的形态学梯度定义为图像膨胀的结果与腐蚀的结果之差。形态学梯度的定义形式如式（8-24）所示。

$$g = (f \oplus b) - (f \ominus b) \tag{8-24}$$

当结构元素采用平坦结构时，对图像进行膨胀得到的是图像中的局部最大值，对图像进行腐蚀运算可以得到图像中的局部极小值。将两者进行差分运算，则可以提取图像中灰度发生变化的部分，如果结合图像的阈值处理，则可以方便地利用形态学梯度提取图像中的边缘，实现边缘检测的效果。

形态学梯度能加强图像中比较尖锐的灰度过渡区，与常规的边缘检测梯度算子不同，用对称的结构元素得到的形态学梯度受边缘影响小，但是计算速度慢一些。

8.3.4 顶帽

顶帽运算定义为原灰度图像减去对其进行开运算的结果。顶帽运算的数学表达如式（8-25）所示。

$$T = f - f \circ b \tag{8-25}$$

顶帽运算对于增强阴影部分的细节很有用。开运算将消去图像中部分灰度值较高的部分，用原图减去开运算的结果，将得到被消去的部分。如果图像存在光照不均的情况，采用顶帽运算可以消除部分光照的影响，凸显背景下的前景目标对象。顶帽运算消去的亮度较高的值，类似于帽子的顶部，这一部分对应于图像中较亮的部分，也叫白色顶帽。

图 8.14 中，原图中的字符处于光照不均的白色背景中，如果需要对字符区域进行分割

是非常不利的。因此，对原图进行顶帽运算，得到图8.14（b）的结果。此时，可以得到与背景差别很大的字符区域，利于后续的图像处理。

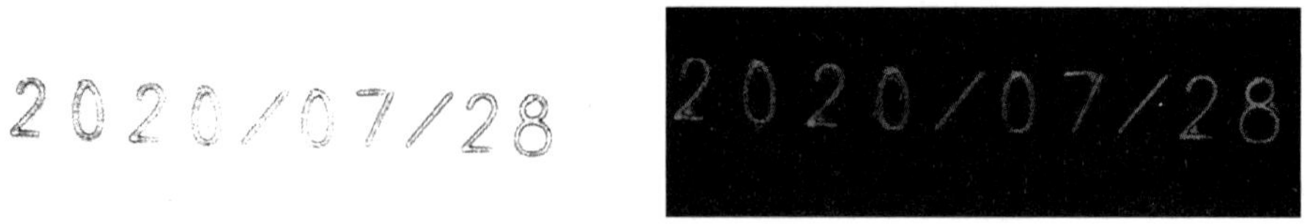

（a）原图　　（b）顶帽运算结果

图8.14　顶帽运算

8.3.5　底帽

与顶帽运算类似，底帽运算也是用于增强图像中的细节。底帽运算的定义为原图闭运算的结果减去原图。底帽运算的数学表达式可以表示为式（8-26）。

$$B = f \cdot b - f \tag{8-26}$$

底帽运算对应于图像中较暗的部分，也叫黑色底帽。该运算同样可以消除图像中的光照不均。不管是顶帽运算还是顶帽运算，结构元素的大小对结果的影响非常大。这两种运算主要用于消除背景的影响，通过该运算，背景的灰度变得更加均匀，而前景对象也将减少受到光照不均的影响。例8-6是两种运算的比较。

例8-6　顶帽运算与底帽运算比较。

C++代码：

```
#include <opencv2/opencv.hpp>
#include <iostream>
using namespace std;
using namespace cv;
int main(int argc, char** argv)
{
    Mat ReadImage=imread("E:/TestImage/8-6.bmp", 0);
    Mat TophatImage;
    Mat tophatSE=getStructuringElement(MORPH_ELLIPSE, Size(25, 25),
Point(-1, -1));
    morphologyEx(ReadImage, TophatImage, MORPH_TOPHAT, tophatSE);
    Mat BlackhatImage;
    Mat blackhatSE=getStructuringElement(MORPH_ELLIPSE, Size(25, 25),
Point(-1, -1));
    morphologyEx(ReadImage, BlackhatImage, MORPH_BLACKHAT, blackhatSE);
    Mat TophatImage_1;
    Mat tophatSE_1=getStructuringElement(MORPH_ELLIPSE, Size(105, 105),
```

```
Point(-1, -1));
        morphologyEx(ReadImage, TophatImage_1, MORPH_TOPHAT, tophatSE_1);
        Mat BlackhatImage_1;
        Mat blackhatSE_1=getStructuringElement(MORPH_ELLIPSE, Size(105, 105),
Point(-1, -1));
        morphologyEx(ReadImage, BlackhatImage_1, MORPH_BLACKHAT, blackhatSE_1);
        ……显示代码略……//请自行添加显示图像的代码
        waitKey(0);
        return 0;
    }
```

Python代码：

```
import numpy as np
import cv2
ReadImage=cv2.imread("E:/TestImage/8-6.bmp",0)
tophatSE=cv2.getStructuringElement(cv2.MORPH_ELLIPSE,(25,25),(-1,-1))
TophatImage=cv2.morphologyEx(ReadImage,cv2.MORPH_TOPHAT,tophatSE)
blackhatSE=cv2.getStructuringElement(cv2.MORPH_ELLIPSE,(25,25),(-1,-1))
BlackhatImage=cv2.morphologyEx(ReadImage,cv2.MORPH_BLACKHAT,blackhatSE)
tophatSE_1=cv2.getStructuringElement(cv2.MORPH_ELLIPSE,(105,105),(-1,-1))
TophatImage_1=cv2.morphologyEx(ReadImage,cv2.MORPH_TOPHAT,tophatSE_1)
blackhatSE_1=cv2.getStructuringElement(cv2.MORPH_ELLIPSE,(105,105),(-1,-1))
BlackhatImage_1=cv2.morphologyEx(ReadImage,cv2.MORPH_BLACKHAT,blackhatSE_1)
……显示代码略……//请自行添加显示图像的代码
cv2.waitKey(0)
```

图8.15是两种运算采用不同大小的结构元素的运行结果。

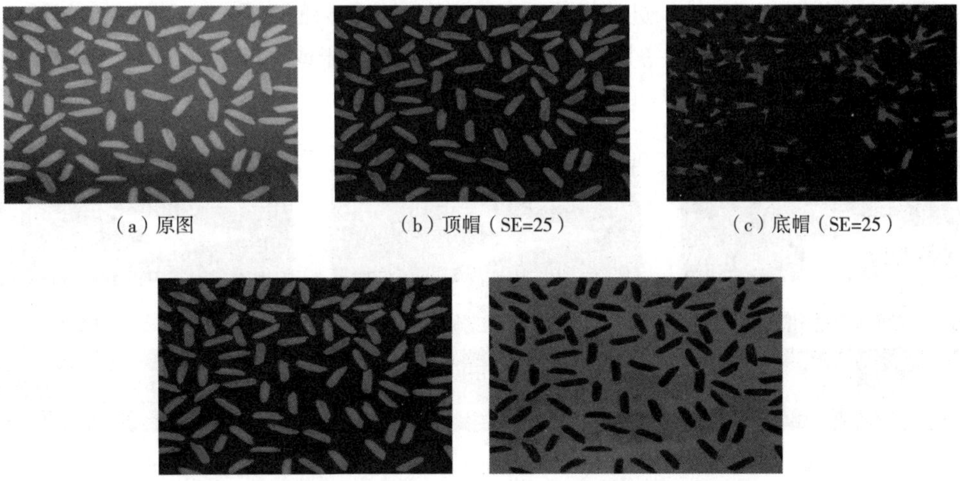

（a）原图　（b）顶帽（SE=25）　（c）底帽（SE=25）

（d）顶帽（SE=105）　（e）底帽（SE=105）

图8.15 顶帽运算与底帽运算比较

从图8.15可以看出，对于背景为黑色，前景为白色的对象，采用结构元素比较小的顶帽操作，可以将背景灰度均匀化，同时将前景凸显出来，但是底帽运算结果却不理想。将结构元素尺寸加大之后，顶帽运算结果变化不大，而底帽运算结果同样可以将背景均匀并且凸显前景对象，但是背景和前景之间的灰度发生了反转。这是因为顶帽突出的是暗背景下的亮物体，而底帽凸显的是亮背景下的暗物体。当结构元素比较小的时候，图像将原图中的白色区域作为前景，黑色区域作为背景。因此，顶帽运算能够很好地凸显白色区域，而底帽运算则不能。当结构元素尺寸增大之后，顶帽运算同样凸显的是暗背景下的亮物体，因此变化不大，而底帽运算则将原来的背景当作前景，而前景当作背景。因此，在将背景变成前景凸显出来的同时，原来的前景变成了黑色同样也凸显出来了。如果将原图的灰度进行反转，可以得到类似的结果。但是，这时候进行顶帽运算需要将结构元素的尺寸增大，这样才能够凸显图像背景与前景之间的差别。

8.4　形态学运算的应用

数学形态学运算在数字图像处理中具有重要的作用，几乎所有的视觉图像处理都离不开形态学运算。不管是对二值图像的处理，还是灰度图像的处理，形态学运算都是有力的工具。在二值图像处理中，可以利用形态学方法实现断裂边界的连接、孔洞填充、消除小的区域、细化等操作。在灰度图的形态学数理中，可以实现边缘检测，形态滤波等功能。

8.4.1　二值图像形态学应用

（1）边界提取

对二值图像分别进行膨胀和腐蚀运算，然后，将膨胀后的结果与二值图进行减法运算，或者将二值图与腐蚀结果进行相减，可以提取二值图像的边界。为了避免边界过于粗大，通常采用如3×3或5×5等比较小的结构元素进行膨胀或腐蚀运算。以上两种不同的相减方法可以分别得到外边界和内边界（图8.16）。

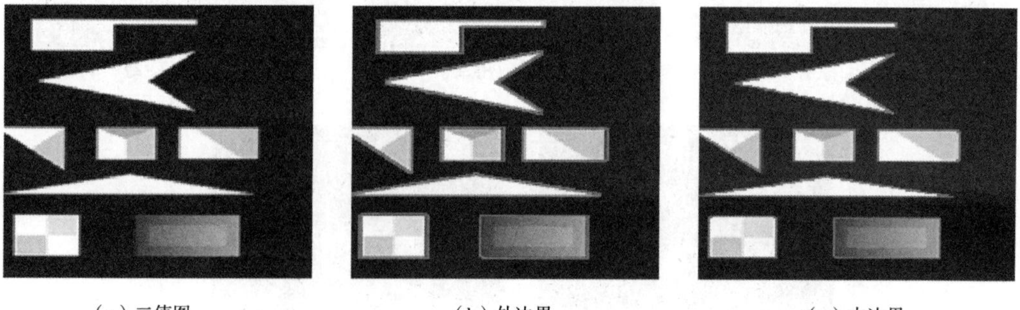

（a）二值图　　（b）外边界　　（c）内边界

图8.16　二值图像形态学边界提取

(2)连通域提取与孔洞填充

二值图像中的连通域提取是很多图像处理的核心任务。通过得到的连通域再进行特征分析计算，可以实现识别、缺陷检测、定位等很多视觉检测任务。

设二值图像中的各个连通分量像素值为255。因此，可以通过遍历图像，取一个连通分量中的像素点作为种子点，然后，通过结构元素对种子点进行膨胀运算，直到膨胀结果不再发生变化，再让其与原二值图像求交集，即得到连通分量，最后再对二值图像进行遍历，取下一个连通域的种子点，重复以上操作，则可以得到二值图像中的所有连通域。

孔洞填充（图8.17）也是很多视觉图像处理中的重要任务。对于二值化图像，某些区域的像素值是已知的。但是，由于图像处理算法的原因，得到的二值图像可能在某个连通域内产生孔洞，此孔洞可能影响最后图像处理结果的判断。因此，在某些情况下需要对出现的孔洞进行填充。利用形态学的膨胀运算以及集合之间的补集、交集，可以方便快速地实现孔洞填充。如果将形态学的操作限制在每个连通域内，则通过膨胀运算进行孔洞填充的时候，还可以保证连通域的边界不受到膨胀运算的影响。

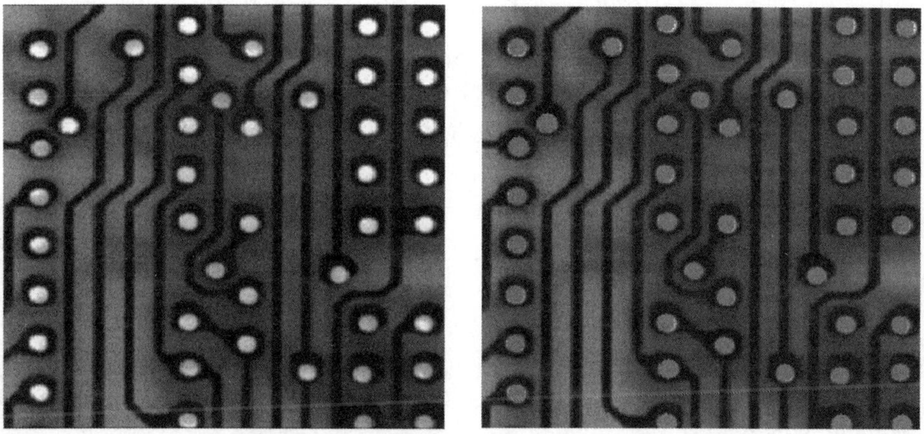

（a）原图 （b）孔洞填充

图8.17 孔洞填充

(3)图像细化与骨架抽取

图像细化将二值图像中大于1个像素的线条宽度细化成只有一个像素宽度。细化后的图像中，各个连通域依旧保持连通，孔洞的数量依旧保持不变。在某些应用中对二值图像进行细化操作之后，更有利于对图像进行分析和处理。比如，具有很多线路的印刷电路板检测。

细化之后的图像线条只保留一个像素的宽度，更有利的图像分析是将保留的这个像素宽度位于线宽的中心，这个中心称为骨架。因此，细化的目的一般是抽取出线条的骨架。形成骨架后更容易分析图像，如提取图像的特征。细化的基本思想是从线条边缘开始一层一层向里剥夺，直到线条只剩下一个像素为止。这类算法有很多种，但是其基本思路是按照一定顺序进行击中击不中变换，在区域的边界上找到不属于骨架的那些点，然后删除它。图8.18是抽取骨架的示意图。

（a）原图　　（b）二值化图　　（c）抽取骨架

图8.18　图像抽取骨架示意图

8.4.2　灰度图像形态学应用

（1）边缘检测

利用形态学梯度，结合图像的二值化算法，可以方便地实现图像的边缘检测。形态学梯度得到的结果是图像灰度级发生变化比较大的地方，该位置通常位于不同特征区域的边界。如果结构元素采用对称结构，使用形态学梯度方法实现图像的边缘检测，得到的结果（图8.19）受边缘方向的影响更小。但是，该方法的计算时间相对要大一些。

（a）原图　　（b）边缘检测结果

图8.19　形态学梯度边缘检测

（2）形态学平滑滤波

实现形态学平滑滤波的操作有很多种，比如先对图像进行开运算，然后进行闭运算（图8.20），进行这两种运算之后，可以减少比较亮或比较暗的杂点，这些杂点通常为噪声。经过这种处理之后，能够得到更加平滑的图像。除此之外，其他的形态学处理方法进行组合，或者任意单独的处理方法，如基本的膨胀、腐蚀等，都可以实现形态学平滑滤波操作。

（a）原图　　（b）原图开运算　　（c）开运算结果闭运算

图8.20 形态学平滑滤波

（3）基于形态学的图像增强

利用灰度图的顶帽或底帽运算，可以改善图像受非均匀光照的影响，从而达到增强图像的目的。顶帽或底帽运算可以增强图像中的细节，作为图像预处理的一部分，当图像受到光照不均的影响时，如果直接对图像进行阈值分割，结果往往不太理想。此时，可以利用该运算来改善图像质量，从而为后续的处理奠定基础。

图8.21（a）是一幅光照不均的图像，如果要计算图像中圆形特征的半径，首先需要将圆形特征分割出来，直接采用阈值分割无法得到结果，采用底帽运算之后，则可以方便地实现。例8-7展示了如何实现该结果，同时，该例子也是关于形态学用于视觉检测的一个简单的实例。

例8-7 利用底帽运算实现图像预处理增强，进而计算圆的半径。

C++代码：

```
#include <opencv2/opencv.hpp>
#include <iostream>
using namespace std;
using namespace cv;
int main(int argc, char** argv)
{
    Mat ReadImage=imread("E:/TestImage/8-7.bmp", 0);
    Mat BlackhatImage;
    Mat blackhatSE=getStructuringElement(MORPH_ELLIPSE, Size(83, 83), Point(-1, -1));
    morphologyEx(ReadImage, BlackhatImage, MORPH_BLACKHAT, blackhatSE);
    Mat ThresholdImage;
    threshold(BlackhatImage, ThresholdImage, 28, 255, THRESH_BINARY);
    Mat MopCloseImage;
    Mat closeSE=getStructuringElement(MORPH_ELLIPSE, Size(7, 7), Point(-1, -1));
    morphologyEx(ThresholdImage, MopCloseImage, MORPH_CLOSE, closeSE);
    vector<vector<Point>> Contour;
    findContours(MopCloseImage, Contour, noArray(), RETR_EXTERNAL, CHAIN_APPROX_SIMPLE);
```

```
    Mat SelectedContourLengthImage=Mat::zeros(MopCloseImage.size(), CV_8UC3);
    vector <vector<Point>> SelectedContourBaseLength;
    for (int i=0; i < Contour.size(); i++)
    {
        if (arcLength(Contour[i], true) >=100 && arcLength(Contour[i], true) <=20000)
            SelectedContourBaseLength.push_back(Contour[i]);
    }
    drawContours(SelectedContourLengthImage, SelectedContourBaseLength, -1, Scalar(0, 255, 0), 3, 8);
    Mat MinEnclosingCircle=ReadImage.clone();
    if (MinEnclosingCircle.channels()==1)
    {
        cvtColor(MinEnclosingCircle, MinEnclosingCircle, COLOR_GRAY2RGB);
    }
    vector<Point2f> center(SelectedContourBaseLength.size());
    vector<float> radius(SelectedContourBaseLength.size());
    for (int i=0; i < SelectedContourBaseLength.size(); i++)
    {
        minEnclosingCircle(SelectedContourBaseLength[i], center[i], radius[i]);
        circle(MinEnclosingCircle, center[i], (int)radius[i], Scalar(0, 0, 255), 3, 8);
    }
    ……显示代码略……//请自行添加显示图像的代码
    waitKey(0);
    return 0;
}
```

Python 代码：

```
import numpy as np
import cv2
ReadImage=cv2.imread("E:/TestImage/8-7.bmp",0)
blackhatSE=cv2.getStructuringElement(cv2.MORPH_ELLIPSE,(83,83),(-1,-1))
BlackhatImage=cv2.morphologyEx(ReadImage,cv2.MORPH_BLACKHAT,blackhatSE)
ret,ThresholdImage=cv2.threshold(BlackhatImage,28,255,cv2.THRESH_BINARY)
closeSE=cv2.getStructuringElement(cv2.MORPH_ELLIPSE,(7,7),(-1,-1))
MopCloseImage=cv2.morphologyEx(ThresholdImage,cv2.MORPH_CLOSE,closeSE)
Contour,hierarchy=cv2.findContours(MopCloseImage,cv2.RETR_EXTERNAL,cv2.CHAIN_APPROX_SIMPLE)
#自定义函数，请参照下面方式自行实现按照长度过滤轮廓函数
SelectedContourLengthImage=np.zeros(MopCloseImage.shape, np.uint8)
if SelectedContourLengthImage.ndim==2:
    SelectedContourLengthImage=cv2.cvtColor(SelectedContourLengthImage, cv2.COLOR_GRAY2RGB)
```

```
SelectedContourBaseLength=[]
for i in range(len(Contour)):
        if  cv2.arcLength(Contour[i],True) >=100 and cv2.arcLength(Contour[i],True) <=20000:
            SelectedContourBaseLength.append(Contour[i])
cv2.drawContours(SelectedContourLengthImage,SelectedContourBaseLength,-1,(0,255,0),3,8)
MinEnclosingCircle=ReadImage.copy()
if MinEnclosingCircle.ndim==2:
    MinEnclosingCircle=cv2.cvtColor(MinEnclosingCircle, cv2.COLOR_GRAY2RGB)
for minCircle in SelectedContourBaseLength:
    center,radius=cv2.minEnclosingCircle(minCircle)
    center=tuple(np.int0(center))
    radius=np.int32(radius)
    cv2.circle(MinEnclosingCircle, center, radius, (0,0,255), 3, 8)
……显示代码略……//请自行添加显示图像的代码
cv2.waitKey(0)
```

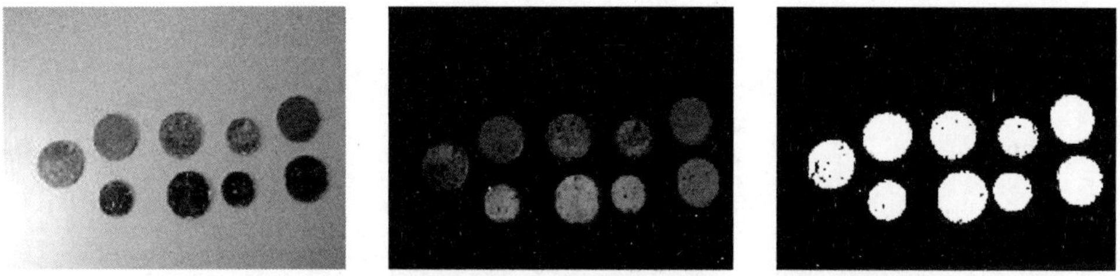

(a) 原图　　(b) 底帽运算　　(c) 底帽后二值化

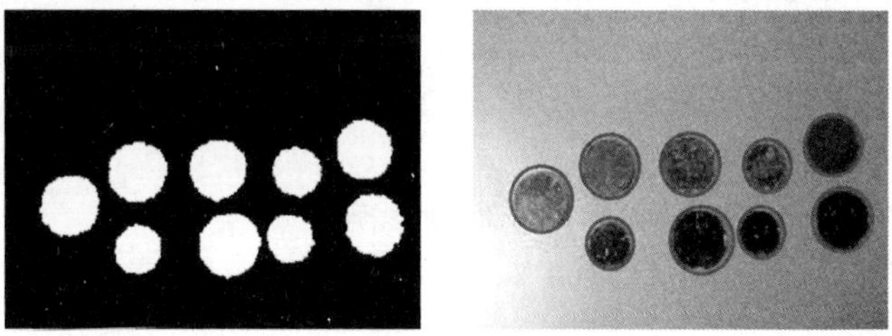

(d) 提取的圆　　(e) 圆的边界

第1圆:	center.x:	209.8989	center.y:	339.9863	radius:	36.31835
第2圆:	center.x:	437.1176	center.y:	323.5	radius:	36.15295
第3圆:	center.x:	347.0091	center.y:	334.4247	radius:	47.38881
第4圆:	center.x:	560.1756	center.y:	305.7903	radius:	45.07281
第5圆:	center.x:	106.789	center.y:	277.5089	radius:	46.57899
第6圆:	center.x:	446.5	center.y:	230.5	radius:	37.07435
第7圆:	center.x:	209.2396	center.y:	231.6508	radius:	45.55243
第8圆:	center.x:	330	center.y:	228.5662	radius:	44.71436
第9圆:	center.x:	546.2407	center.y:	201.7593	radius:	43.87583

(f) 计算结果

图8.21 利用底帽进行图像增强应用

例8-8展示了关于形态学应用于图像中的另一个示例，该例子中，通过形态学运算提取图像中的直线和音乐符号（图8.22）。

例8-8 利用形态学运算分割图像中的直线和音乐符号

C++代码：

```
#include <opencv2/opencv.hpp>
using namespace cv;
int main(int argc, char** argv)
{
    Mat ReadImage=imread("E:/TestImage/8-8.png", 0);
    Mat MopOpenImage;
    Mat openSE=getStructuringElement(MORPH_RECT, Size(31, 1), Point(-1, -1));
    morphologyEx(ReadImage, MopOpenImage, MORPH_OPEN, openSE);
    Mat MopOpenImage_1;
    Mat openSE_1=getStructuringElement(MORPH_RECT, Size(1, 5), Point(-1, -1));
    morphologyEx(ReadImage, MopOpenImage_1, MORPH_OPEN, openSE_1);
    ……显示代码略……//请自行添加显示图像的代码
    waitKey(0);
    return 0;
}
```

Python代码：

```
import numpy as np
import cv2
ReadImage=cv2.imread("E:/TestImage/8-8.png",0)
openSE=cv2.getStructuringElement(cv2.MORPH_RECT,(31,1),(-1,-1))
MopOpenImage=cv2.morphologyEx(ReadImage,cv2.MORPH_OPEN,openSE)
openSE_1=cv2.getStructuringElement(cv2.MORPH_RECT,(1,5),(-1,-1))
MopOpenImage_1=cv2.morphologyEx(ReadImage,cv2.MORPH_OPEN,openSE_1)
……显示代码略……//请自行添加显示图像的代码
cv2.waitKey(0)
```

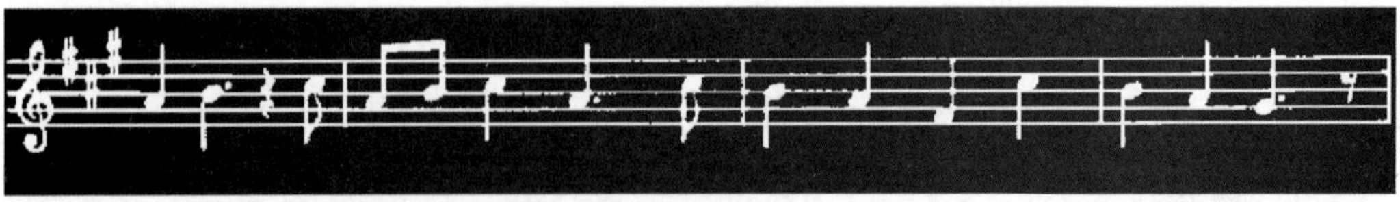

（a）原图

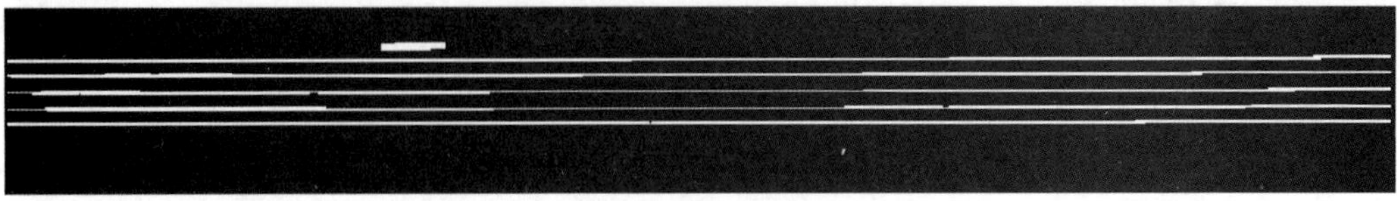

（b）提取的直线

（c）提取的符号

图8.22　利用形态学运算实现直线和音乐符号提取

练　习

8.1　什么是数学形态学处理?

8.2　说明膨胀运算和腐蚀运算的原理和过程?

8.3　证明膨胀与腐蚀运算是对偶运算，即下面等式成立。

$$(A \ominus B)^c = A^c \oplus \hat{B}$$

8.4　证明开运算和闭运算是对偶运算，即下面等式成立。

$$(A \bullet B)^c = A^c \circ \hat{B}$$

8.5　简述二值图像形态学的作用。

8.6　什么是形态学梯度? 什么是顶帽运算? 什么是底帽运算?

8.7　简述灰度图像形态学的作用。

8.8　用OpenCV读取一幅图像，练习形态学处理方法，选择不同的结构元素，讨论处理结果。

第9章

常用图像分割方法

图像分割是指按照一定的规则，将图像分为多个独立的区域。一幅图像通常由多个区域组成，除了前景和背景之间的区别之外，往往前景也包括多个目标区域，例如一幅道路图像，里面可能包括汽车、行人、自行车、车道线等目标对象。图像分割除了将背景与前景分割开之外，通常还需要将各种前景目标对象进行分割。图像分割的目的是将各个不同的区域单独表达出来，以便于对其进行进一步的分析，例如在字符识别中，首先将每个字符分割出来，然后进行特征计算与表达，进而实现字符的识别。图像分割没有适用于所有图像的分割算法，分割结果的好坏通常要根据具体的实际情况进行判断，不同的图像可能需要采用不同的分割算法。在分割之前，通常需要对图像进行预处理。当前，图像分割仍然是数字图像处理及机器视觉领域的研究热点，并且涌现出了很多优秀的分割算法。图像分割算法从传统的基于灰度值的分割，到基于区域、拓扑结构的分割，基于传统机器学习的分割，直到当前基于深度学习的分割方法，已经发展了很多年。尽管如此，图像分割的路还很长，还需要进一步研究。此处重点介绍传统的分割算法。

9.1 阈值分割方法

图像中的不同对象由于对光照的响应程度不同，反映出来的像素灰度值有差别。因此，可以利用灰度值的大小对图像进行分割。基于灰度值的分割算法即根据灰度值的大小将图像分割成不同的区域。根据选择灰度阈值的方法，可以将该算法分为两类：基于全局阈值的分割和基于局部阈值分割。全局阈值分割是指整幅图像选择一个或几个阈值实现图像分割。全局阈值可以通过手工选取，也可以通过算法自动选择。局部阈值分割是指在图像的每个局部区域，通过一定的算法自动计算每个局部区域的分割阈值，自动对图像进行分割。但是，即便是自动计算局部阈值，通常也需要人工设置一定的参数。

9.1.1　全局阈值分割

全局阈值分割是对整幅图像设定一个或几个灰度阈值对图像进行分割，阈值可以通过手动设定，也可以采用自动计算的方式得到，还可以借助如直方图等特征来决定阈值。总的来说，全局阈值分割主要有基于固定阈值的分割，基于自动全局阈值的分割和基于直方图的全局阈值分割。

（1）固定阈值分割

该方法是最简单的阈值分割算法。设图像用二维离散函数$f(x, y)$表示。图像的灰度值在0～255范围内。设定阈值t,分割后的图像用$t(x, y)$表示，则固定阈值的分割可以表示为式（9-1）或式（9-2）所示。

$$t(x,y)=\begin{cases}1 & f(x,y)\geqslant t\\0 & f(x,y)<t\end{cases} \tag{9-1}$$

$$t(x,y)=\begin{cases}1 & f(x,y)\leqslant t\\0 & f(x,y)>t\end{cases} \tag{9-2}$$

固定阈值分割算法是最简单的分割算法，其阈值往往采用手动设定。在设定阈值时，通常以直方图作为参考。该算法最大的特点是计算简单、速度快。但是，其适应范围有限，只适用于光照比较均匀，并且背景和前景有明显区别的图像。该算法将图像分为两个区域，其分别代表背景和前景。

采用式（9-1）或式（9-2）所示的分割算法，其适应范围有限，即使是背景和前景比较明显并且光照均匀的情况下，有时候也不能完成分割。例如，前景目标对象的灰度分布在一定范围之内，无论怎么设置阈值都无法实现分割。因此，通常在上式的基础上进行改进，将阈值设定为一个范围$[t_1,t_2]$，如式（9-3）所示。

$$t(x,y)=\begin{cases}1 & t_1\leqslant f(x,y)\leqslant t_2\\0 & \text{其他}\end{cases} \tag{9-3}$$

对于光照比较均匀并且图像前景和背景比较明显的区域，式（9-3）能够得到比较好的分割结果。

有时为了一些特殊的需要，也可以让阈值范围内的灰度值保持不变，而不在阈值内的灰度值设为0，如式（9-4）所示。

$$t(x,y)=\begin{cases}f(x,y) & f(x,y)\geqslant t\\0 & \text{其他}\end{cases} \tag{9-4}$$

采用式（9-4）进行分割的目的是首先分割出感兴趣的区域，后续一般还需要对此做进一步的处理。

（2）最大类间方差法

最大类间方差法是由日本学者大津(Nobuyuki Otsu)于1979年提出的，是一种自动求取阈值的方法,又叫大津法,简称Otsu。

根据图像的灰度值特性，可以将图像分为背景和前景两部分，当背景和前景之间的方差越大时，说明两部分的差别越大。如果图像中存在部分前景中有背景的情况，或者部分背景中有前景的情况，前景和背景之间的方差将变小。因此，当前景和背景之间的方差达到最大时，也就是两者之间的差别最大，其错分的概率最小。此时的灰度值就是最大类间方差法的阈值。

设图像用二维离散函数$f(x, y)$表示。分割阈值为t，前景像素点的数量占整幅图像的比例为ω_0，其灰度平均值为μ_0，背景像素点的数量占整幅图像的比例为ω_1，其平均灰度为μ_1，图像的平均灰度为μ，类间方差为V。设图像大小为$M\times N$，灰度值大于等于阈值t的数量为N_0，小于阈值t的数量为N_1。则存在以下关系。

前景所占比例：

$$\omega_0 = \frac{N_0}{M \times N} \tag{9-5}$$

背景所占比例：

$$\omega_1 = \frac{N_1}{M \times N} \tag{9-6}$$

像素点总数：

$$N_0 + N_1 = M \times N \tag{9-7}$$

前景与背景概率关系：

$$\omega_0 + \omega_1 = 1 \tag{9-8}$$

图像平均灰度：

$$\mu = \omega_0 \mu_0 + \omega_1 \mu_1 \tag{9-9}$$

类间方差：

$$V = \omega_0 \left(\mu_0 - \mu\right)^2 + \omega_1 \left(\mu_1 - \mu\right)^2 \tag{9-10}$$

由式（9-8）、式（9-9）和式（9-10），可以推导出如下结果：

$$V = \omega_0 \omega_1 \left(\mu_0 - \mu_1\right)^2 \tag{9-11}$$

按照式（9-11），通过从0~255遍历灰度值，得到使其达到最大值的灰度值，即为最大类间方差法所寻找的阈值。该算法假定图像中只包含前景和背景两类像素，直方图的形状为双峰状直方图。

最大类间方差法算法简单，该算法是自动寻找一个全局阈值对图像进行分割。当前景和背景之间的像素数量差别不是很大时，能够有效地对图像进行分割。而且，该算法也需要图像的光照比较均匀。如果前景和背景之间的像素数量差别很大，从直方图上来看，没有明显的双峰特征，其分割效果有限。如果前景和背景有相互交叠，也很难将前景和背景分割开来。

（3）基于直方图的阈值分割

图像的直方图反映了图像中灰度分布的概率。直方图上的波峰代表了某一类灰度值出现的概率比较大，波谷表示出现的概率比较小。从图像上来看，概率比较小的地方通常是不同区域之间的边界。此类像素占整幅图像的像素值比较小，因此，在直方图上表现为波谷位置。

图像中同一类型目标往往灰度值比较接近。基于直方图的阈值分割其实是将直方图作为阈值选择的参考，寻找直方图中的极小值对应的像素值，作为分割阈值。该方法寻找的极小值往往不止一个，因此，最终采用多个阈值将图像进行分割。如图9.1所示直方图，其中存在多个波谷位置，利用直方图得到多个全局分割阈值，将图像分割为多个区域。因此，该类方法可以认为是多阈值的全局分割算法。

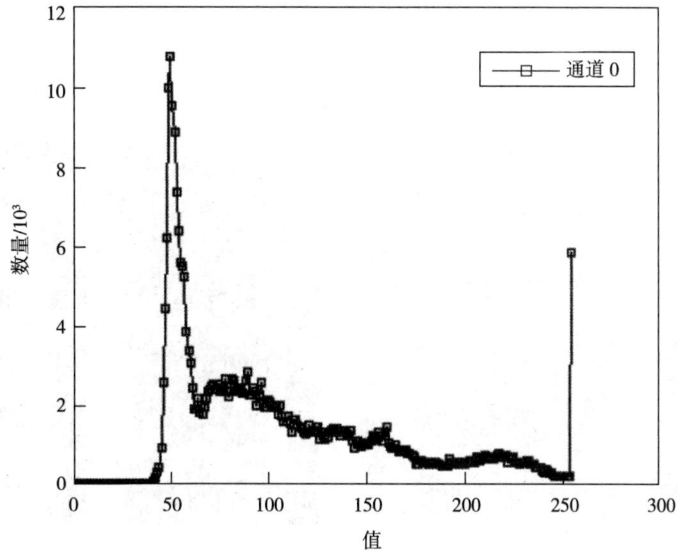

图9.1 图像直方图示意

采用该方法进行阈值分割时，首先需要计算图像的直方图，然后计算直方图中的极小值，最后将其作为阈值实现图像的分割。

例9-1 全局阈值分割实例

C++代码：

```
#include <opencv2/opencv.hpp>
using namespace cv;
int main(int argc, char** argv)
{
    Mat ReadImage=imread("E:/TestImage/9-1-multiple_dies_01.png", 0);
    Mat ThresholdImage;
    threshold(ReadImage, ThresholdImage, 128, 255, THRESH_BINARY);
    Mat ThresholdImage_1;
    threshold(ReadImage, ThresholdImage_1, 0, 255, THRESH_OTSU);
    ……显示代码略……//请自行添加显示图像的代码
    waitKey(0);
```

```
    return 0;
}
```

Python代码：

```
import numpy as np
import cv2
ReadImage=cv2.imread("E:/TestImage/9-1-multiple_dies_01.png",0)
ret,ThresholdImage=cv2.threshold(ReadImage,128,255,cv2.THRESH_BINARY)
ret,ThresholdImage_1=cv2.threshold(ReadImage,0,255,cv2.THRESH_OTSU)
……显示代码略……//请自行添加显示图像的代码
cv2.waitKey(0)
```

图9.2是分割结果。

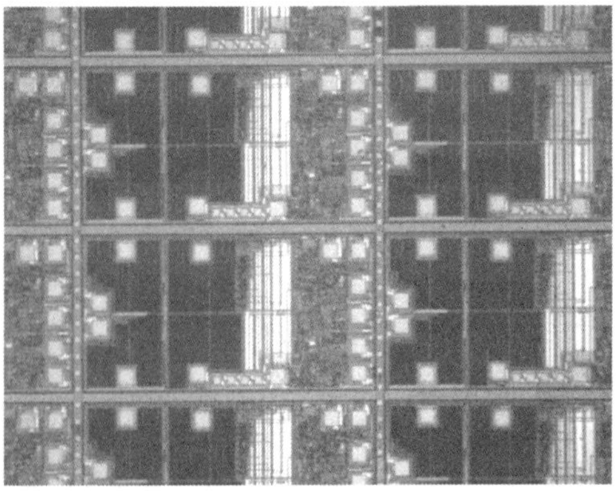

（a）原图

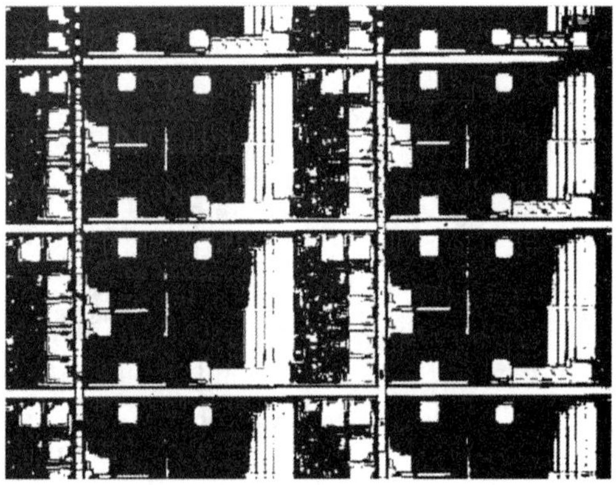

（b）固定阈值分割

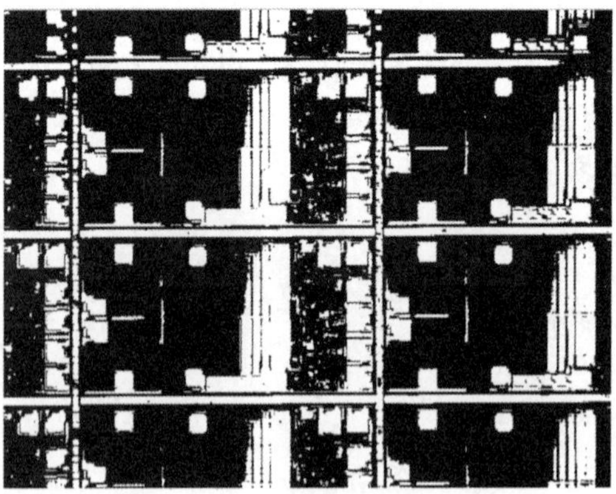

（c）最大类间方差法

图9.2 全局阈值分割结果

图9.2中，分别采用两种方式对图像进行分割，可以看出，两种方式的结果基本一致，最大类间方差法自动计算分割阈值，不需要手动设置。但是，要注意的是，采用最大类间方差法时，背景和前景的区别要比较明显，否则将不能分割，图9.3演示了采用该方法不

能分割的情况，由于该图分割后灰度值全部为“255”。为了更好的显示，用“128”代替“255”进行显示。另外，直方图分割的方式在此不再演示，感兴趣的读者可以自行实现。全局阈值分割通常只适用于图像光照比较均匀并且前景和背景差别比较明显的情况。

（a）原图　　（b）最大类间方差法

图9.3 全局阈值无法分割示意图

9.1.2 局部阈值分割

在图像光照不均的情况下，采用全局阈值无法实现图像的分割。此时，通常采用的方法是根据图像中每个局部区域的特点，分别选择不同的阈值来对图像进行分割，这就是局部阈值分割方法。局部阈值分割是指在图像的每个局部区域选择不同的阈值，对图像实现分割。此类方法所采用的分割阈值通常是自动计算出来的。针对每个不同的区域，自动计算分割阈值。采用的局部阈值分割方法称为自适应阈值算法。

（1）自适应阈值算法

自适应阈值算法是一种局部阈值分割算法，该算法在OpenCV里面对应的函数是adaptiveThreshold，在HALCON中称为动态阈值算法。其算法原理是首先对图像进行平滑滤波操作，然后将滤波结果作为阈值，让原图与滤波结果图像进行减法运算，即为分割结果。设原图用二维离散函数$f(x, y)$表示，平滑滤波结果用$g(x, y)$表示，分割结果图像用$t(x, y)$表示，考虑到相减之后的结果可能太小，通常在其结果上加上一个偏移值b。则动态阈值可以表示为式（9-12）所示。

$$t(x,y)=\begin{cases}1 & f(x,y)+b \geqslant g(x,y)\\0 & f(x,y)+b < g(x,y)\end{cases} \tag{9-12}$$

平滑滤波的方法很多，如均值滤波、高斯滤波、双边滤波等。采用此方法时，平滑滤波器的大小对结果的影响很重要。

虽然光照不均会影响分割的结果，但是，在图像的任意局部区域，感兴趣的前景对象通常要比背景更亮或更暗。因此，如果能够评估出局部区域背景的灰度值，则可以通过局部区域的前景与背景灰度值之差，将前景区域分割出来。动态阈值正是利用这种原理，通过图像平滑操作来评估背景的灰度值，然后利用图像相减得到分割区域。如果平滑滤波的滤波器足够大，考虑到背景像素所占的比重更大，采用均值滤波或高斯滤波等操作，则可以评估出背景像素的灰度值，将原图像与局部背景图像进行比较，则可以得到比较好的分割结果，并且受光照不均的影响很小，此操作即为动态阈值分割处理。

自适应阈值算法简单，运算速度快，能适应不同光照的影响。平滑滤波器的大小对结果影响比较大，一般滤波器尺寸越大，越能代表局部背景。

（2）Sauvola算法

Sauvola算法是局部阈值分割算法的代表。该算法以当前像素点为中心，根据当前像素点邻域内的灰度均值与标准偏差来动态计算该像素点的阈值。

设原图用二维离散函数$f(x, y)$表示，像素点坐标为中心的邻域为$r\times r$，$f(x, y)$表示(x, y)处的灰度值，Sauvola算法首先计算邻域内的均值和标准偏差，设均值用$\mu(x, y)$表示，标准偏差用$\sigma(x, y)$表示。其计算方式如下：

$$\mu(x,y)=\frac{1}{r^2}\sum_{i=x-\frac{r}{2}}^{x+\frac{r}{2}}\sum_{j=y-\frac{r}{2}}^{y+\frac{r}{2}}f(i,j) \tag{9-13}$$

$$\sigma(x,y)=\sqrt{\frac{1}{r^2}\sum_{i=x-\frac{r}{2}}^{x+\frac{r}{2}}\sum_{j=y-\frac{r}{2}}^{y+\frac{r}{2}}\left[f(i,j)-\mu(x,y)\right]^2} \tag{9-14}$$

对于每个位置的阈值，采用式（9-15）的方式进行计算。

$$t(x,y)=\mu(x,y)\left\{1+k\left[\frac{\sigma(x,y)}{R}-1\right]\right\} \tag{9-15}$$

式中，R是标准偏差的假定最大值，对于Byte数据类型的图像，R=128；k是用户自定义的修正系数，其取值对算法的结果影响不大，一般取$0<k<1$范围。

Sauvola算法对每一个像素点都根据此像素点的邻域情况来计算阈值，对于和邻域均值相近的像素点判断为背景，反之判断为前景，而具体相近程度由标准差和修正系数来决定，这保证了这种方法的灵活性。

如果令

$$c=1+k\left[\frac{\sigma(x,y)}{R}-1\right] \tag{9-16}$$

则

$$t(x,y)=c\mu(x,y) \tag{9-17}$$

从式（9-17）可以看出，该算法和自适应阈值比较，自适应阈值如果采用均值滤波的结果作为阈值，那么Sauvola算法就是在阈值的基础上加上了一个系数，该系数由标准差和修正系数共同计算得到。因此，可以认为自适应阈值算法是Sauvola算法的一种简化改进版本。如果系数c=1，则阈值就是均值滤波的结果。

Sauvola算法与自适应阈值算法类似，该算法同样是在估计局部背景的灰度值大小。

因此，分割结果的好坏与选择计算局部均值的区域大小有直接的关系。两者的分割效果也非常接近。

例9-2　自适应阈值分割示例

C++代码：

```
#include <opencv2/opencv.hpp>
using namespace cv;
int main(int argc, char** argv)
{
   Mat ReadImage=imread("E:/TestImage/9-2-letters2.png", 0);
   Mat meanFilterImage;
   blur(ReadImage, meanFilterImage, Size(19, 19));
   Mat SubtractImage;
   subtract(meanFilterImage, ReadImage, SubtractImage);
   Mat ThresholdImage;
   threshold(SubtractImage, ThresholdImage, 60, 255, THRESH_BINARY);
   Mat AdaptiveThresholdImage;
   adaptiveThreshold(ReadImage, AdaptiveThresholdImage, 255, ADAPTIVE_THRESH_
MEAN_C, THRESH_BINARY_INV, 19, 9);
……显示代码略……//请自行添加显示图像的代码
   waitKey(0);
   return 0;
}
```

Python代码：

```
import numpy as np
import cv2
ReadImage=cv2.imread("E:/TestImage/9-2-letters2.png",0)
meanFilterImage=cv2.blur(ReadImage,(19,19))
SubtractImage=cv2.subtract(meanFilterImage,ReadImage)
ret,ThresholdImage=cv2.threshold(SubtractImage,60,255,cv2.THRESH_BINARY)
AdaptiveThresholdImage=cv2.adaptiveThreshold(ReadImage,255,cv2.ADAPTIVE_THRESH_
MEAN_C,cv2.THRESH_BINARY_INV,19,9)
……显示代码略……//请自行添加显示图像的代码
cv2.waitKey(0)
```

图9.4是采用局部阈值对图像进行分割的结果，原图由于光照不均，采用全局阈值无法进行分割。图9.4（b）是采用19×19大小的滤波器进行均值滤波的结果，需要注意的是，此处的滤波并不用于图像去噪，而是用于评估背景灰度值的大小。因此，滤波器尺寸应该选择比较大的值，此时得到的结果更能体现背景灰度值的大小，分割的结果也更好。图9.4（c）是将均值滤波结果与原图做减法后，再采用threshold进行固定阈值滤波的结果。图9.4（d）是自适应算法的结果，此处采用了与均值滤波同样大小的滤波器尺寸，两种方

法得到的结果也很相近。如果采用Sauvola算法进行分割，得到的结果也将类似。

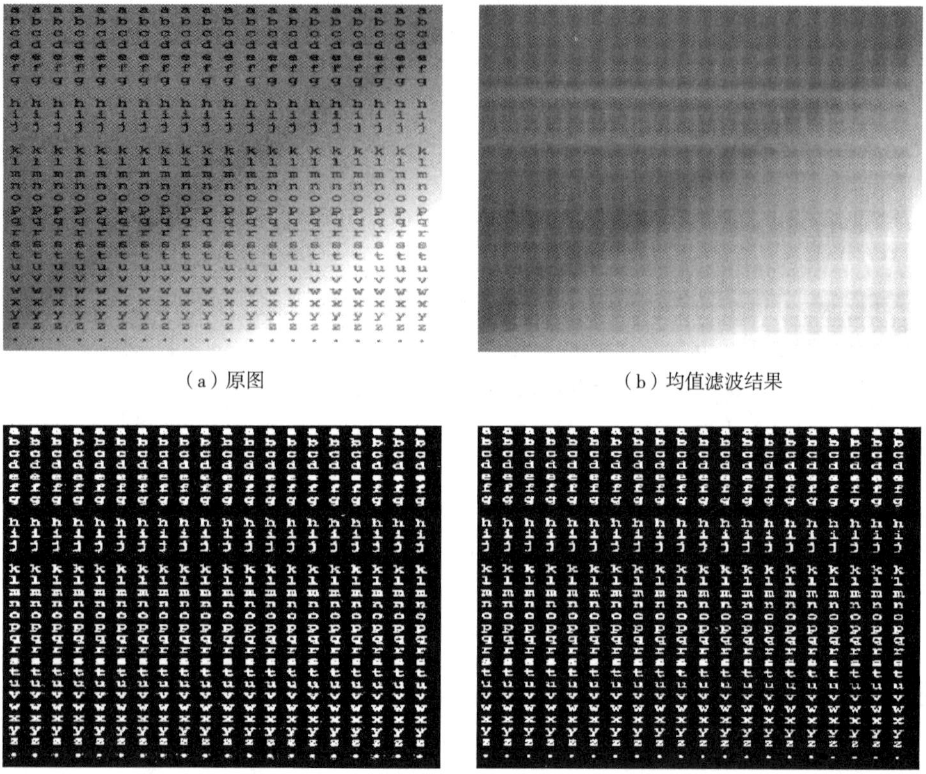

（a）原图　（b）均值滤波结果

（c）做减法后固定阈值分割结果　（d）自适应阈值结果

图9.4　局部阈值分割结果示意图

基于灰度的阈值分割算法有很多，以上介绍的是主流的阈值分割算法，还有很多根据以上算法进行改进的算法。每种算法适应的图像不一样，在实际应用中，需要根据图像的特点，选择不同的阈值分割算法。

9.2　区域生长算法

区域生长算法是一种基于区域特征的分割算法，该算法的基本思想是将有相似性质的像素点合并到一起。对每一个区域要先指定一个种子点作为生长的起点，然后将种子点周围邻域的像素点和种子点进行对比，将具有相似性质的点合并起来继续向外生长，直到没有满足条件的像素被包括进来为止。这样一个区域的生长就完成了。

图9.5是区域生长算法的示意图。首先，在图像上选择一个或多个种子点。然后，根据一定的生长规则，从种子点开始向外生长，如果与种子点相邻的点满足生长规则，则将该点作为新的种子点继续向外生长。最后，遍历完整幅图像，直到没有满足生长条件的点，生长结束。

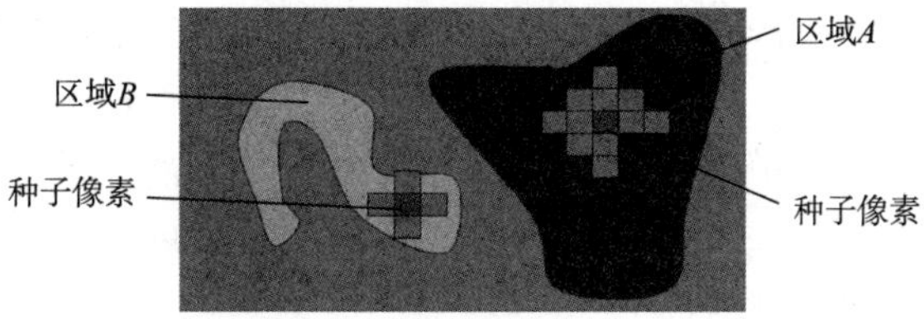

图9.5　区域生长算法示意图

采用区域生长算法的时候，种子点的选择以及生长条件的选择对结果有直接的影响。种子点的选取包括人工交互，自动提取物体内部点或者利用其他算法找到的特征点等。生长条件包括灰度值的差值、彩色图像的颜色、梯度特征、该点周围的区域特征等。图9.6是区域生长算法的具体计算过程，选择的生长条件是灰度值的差值小于等于1。右下角是最后的生长结果。

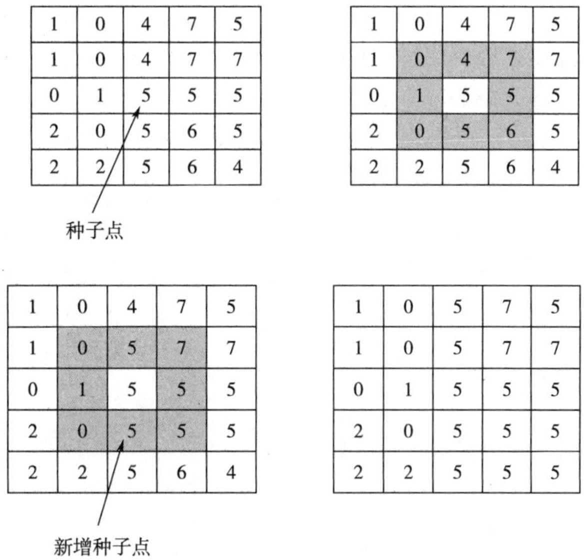

图9.6　区域生长算法具体计算过程

区域生长算法能将具有相同特征的连通区域分割出来，可以用来分割比较复杂的图像，如自然场景图像、医学图像等。但是，区域生长算法是一种迭代算法，空间和时间开销都比较大，运算速度有一定影响。此外，如果图像存在噪声以及光照不均的情况，其分割结果不是很好。如果存在噪声，通常先对图像进行滤波去噪操作，然后再利用该算法进行分割。如果图像存在光照不均的情况，一般不选择灰度值而选择不受光照影响的特征作为生长条件。

例9-3　利用区域生长算法去背景

C++代码：

```
#include <opencv2/opencv.hpp>
using namespace cv;
```

```
int main(int argc, char** argv)
{
    Mat ReadImage=imread("E:/TestImage/9-3-pellets.png", 0);
    Mat ConvertImage;
    ReadImage.convertTo(ConvertImage, CV_32F, 1, 0);
    //漫水填充，与区域生长算法类似，可以用该算法模拟区域生长算法
    floodFill(ConvertImage, Point(100, 100), Scalar(0, 0, 0), 0, Scalar(15, 0, 0), Scalar(5, 0, 0));
    Mat MopOpenImage;
    Mat openSE=getStructuringElement(MORPH_ELLIPSE, Size(13, 13), Point(-1, -1));
    morphologyEx(ConvertImage, MopOpenImage, MORPH_OPEN, openSE);
    Mat ConvertScaleAbsImage;
    convertScaleAbs(MopOpenImage, ConvertScaleAbsImage, 1, 0);
    Mat CopyImage;
    copyTo(ReadImage, CopyImage, ConvertScaleAbsImage);
    namedWindow("CopyImage", 0);
    imshow("CopyImage", CopyImage);
    waitKey(0);
    return 0;
}
```

Python代码：

```
import numpy as np
import cv2
#如果支持中文路径，可以采用以下方式
#ReadImage=cv2.imread("E:/TestImage/9-3-pellets.png",0)
#如果不支持中文，请采用以下方式
ReadImage=cv2.imdecode(np.fromfile("E:/TestImage/9-3-pellets.png", dtype=np.uint8),0)
ConvertImage=np.float32(ReadImage)*np.float32(1)+0
floodFillImage=ConvertImage.copy()
ret, image, mask, rect=cv2.floodFill(floodFillImage,None,(100,100),(0,0,0),(15,0,0),(5,0,0))
openSE=cv2.getStructuringElement(cv2.MORPH_ELLIPSE,(13,13),(-1,-1))
MopOpenImage=cv2.morphologyEx(floodFillImage,cv2.MORPH_OPEN,openSE)
ConvertScaleAbsImage=cv2.convertScaleAbs(MopOpenImage,None,1,0)
CopyImage=cv2.copyTo(ReadImage,ConvertScaleAbsImage)
cv2.namedWindow("CopyImage",cv2.WINDOW_NORMAL)
cv2.imshow("CopyImage",CopyImage)
cv2.waitKey(0)
```

图9.7是例9-3运行结果。在OpenCV中没有实现区域分割算法，但是，可以采用漫

水填充算法来模拟，这两种方法的原理类似。通过区域生长算法，可以将背景单独分割出来，从而达到去背景的目的。要注意的是，多数情况下区域生长算法不能把背景全部去掉，因此，还需要辅助其他一些方法实现，可以参考例9-3的实现过程理解该算法的使用。

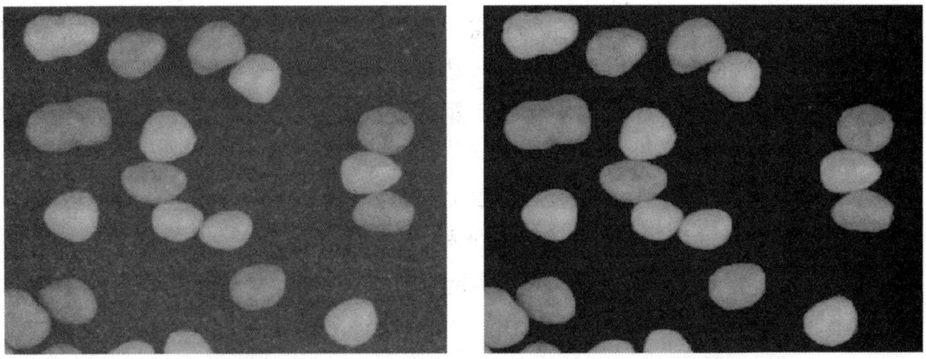

（a）原图　（b）去背景结果

图9.7 区域生长算法实例

9.3 分水岭算法

分水岭算法是一种基于拓扑结构来实现图像分割的算法。根据分水岭的构成来考虑图像的分割。该算法把图像中的每个像素点表示为海拔高度，每一个局部极小值及其影响区域称为集水盆，集水盆的边界形成分水岭。通过模拟浸入过程，在每个局部极小值表面，慢慢向外扩展，在两个集水盆汇合处形成分水岭。

如果图像中的目标物体是连在一起的，则分割起来会比较困难，而分水岭算法可以用于处理这类问题，并且会取得比较好的效果。

分水岭算法的计算过程是一个迭代标注过程。分水岭算法中比较经典的计算方法是L. Vincent提出的。在该算法中，分水岭算法的计算分两个步骤，一个是排序过程，一个是淹没过程。首先对每个像素的灰度级进行从低到高排序，然后在从低到高实现淹没过程中，对每一个局部极小值在高度上的影响域采用先进先出结构进行判断及标注。分水岭变换得到的是输入图像的集水盆图像，集水盆之间的边界点，即为分水岭。显然，分水岭表示的是输入图像极值点。为了得到图像的边缘信息，通常把梯度图像作为分水岭算法的输入图像。

图像中的噪声以及表面细微变化会产生过度分割的现象。因为噪声在图像中可能被判断为极值点。为消除分水岭算法产生的过度分割，通常可以采用两种处理方法：一是利用先验知识去除无关边缘信息，比如先对图像进行平滑滤波处理；二是修改梯度函数使得集水盆只响应想要探测的目标，比如对梯度图像进行阈值处理。

分水岭算法对弱边缘具有良好的响应，这是得到封闭连续边缘的保证的。梯度图像可以用Sobel算子进行计算得到。对梯度图像进行阈值处理时，选取合适的阈值对最终分割的图像有很大影响，因此阈值的选取是图像分割效果好坏的一个关键。

在采用分水岭算法的时候，通常不直接对原始图像使用，除了上面提到的对图像进行平滑滤波和梯度计算之外，还可以采用距离变换等处理方式，对图像进行预处理，然后再采用分水岭算法实现分割。图像的距离变换会得到一个新的图像。距离变换通常针对的是二值图像，根据某种距离度量，如3.5.5小节提到的欧氏距离等，将原图像中每个像素的输出设置为一个值，该值等于该像素到输入图像中最接近的像素值为“0”的距离。因此，距离变换的典型输入应该是某种边缘图像。在大多数应用中，距离变换的输入是边缘检测器如Canny边缘检测的输出。距离变换可以实现图像目标细化、抽取骨架等功能。

在分水岭算法之前利用距离变换，可以确定哪些是目标区域，哪些是背景区域，然后通过创建标记表示每个区域。最后再利用分水岭算法实现图像的分割。

例9-4 利用分水岭算法实现图像分割实例

C++代码：

```
#include <opencv2/opencv.hpp>
using namespace cv;
using namespace std;

int main(int argc, char** argv)
{
    Mat ReadImage=imread("E:/示例图像/TestImage/data/cards.png", 1);
    for (int i=0; i < ReadImage.rows; i++) {
       for (int j=0; j < ReadImage.cols; j++) {
            if (ReadImage.at<Vec3b>(i, j)==Vec3b(255, 255, 255))
            {
                ReadImage.at<Vec3b>(i, j)[0]=0;
                ReadImage.at<Vec3b>(i, j)[1]=0;
                ReadImage.at<Vec3b>(i, j)[2]=0;
            }
       }
    }
    Mat kernel=(Mat_<float>(3, 3) <<
        1, 1, 1,
        1, -8, 1,
        1, 1, 1);
    Mat imgLaplacian;
    //卷积运算
    filter2D(ReadImage, imgLaplacian, CV_32F, kernel);
    Mat sharp;
    ReadImage.convertTo(sharp, CV_32F);
```

```
    Mat imgResult=sharp - imgLaplacian;
    imgResult.convertTo(imgResult, CV_8UC3);
    imgLaplacian.convertTo(imgLaplacian, CV_8UC3);
    Mat bw;
    cvtColor(imgResult, bw, COLOR_BGR2GRAY);
    //二值化
    threshold(bw, bw, 40, 255, THRESH_BINARY | THRESH_OTSU);
    Mat dist;
    //距离变换
    distanceTransform(bw, dist, DIST_L2, 3);
    normalize(dist, dist, 0, 1.0, NORM_MINMAX);
    threshold(dist, dist, 0.4, 1.0, THRESH_BINARY);
    Mat kernel1=Mat::ones(3, 3, CV_8U);
    dilate(dist, dist, kernel1);
    Mat dist_8u;
    dist.convertTo(dist_8u, CV_8U);
    vector<vector<Point> > contours;
    //查找轮廓
  findContours(dist_8u, contours, RETR_EXTERNAL, CHAIN_APPROX_SIMPLE);
    Mat markers=Mat::zeros(dist.size(), CV_32S);
    for (size_t i=0; i < contours.size(); i++)
    {
      drawContours(markers, contours, static_cast<int>(i), Scalar(static_
cast<int>(i) + 1), -1);
    }
    circle(markers, Point(5, 5), 3, Scalar(255), -1);
    //分水岭算法
    watershed(imgResult, markers);
    Mat mark;
    markers.convertTo(mark, CV_8U);
    bitwise_not(mark, mark);
    vector<Vec3b> colors;
    for (size_t i=0; i < contours.size(); i++)
    {
        int b=theRNG().uniform(0, 256);
        int g=theRNG().uniform(0, 256);
        int r=theRNG().uniform(0, 256);
        colors.push_back(Vec3b((uchar)b, (uchar)g, (uchar)r));
    }
    Mat dst=Mat::zeros(markers.size(), CV_8UC3);
    for (int i=0; i < markers.rows; i++)
```

```
    {
        for (int j=0; j < markers.cols; j++)
        {
            int index=markers.at<int>(i, j);
            if (index > 0 && index <=static_cast<int>(contours.size()))
            {
                dst.at<Vec3b>(i, j)=colors[index - 1];
            }
        }
    }
    imshow("Final Result", dst);
    waitKey();
    return 0;
}
```

Python代码：

```
import numpy as np
import cv2
import random as rng
src=cv2.imread("E:/TestImage/9-4-cards.png")
src[np.all(src==255, axis=2)]=0
kernel=np.array([[1, 1, 1], [1, -8, 1], [1, 1, 1]], dtype=np.float32)
imgLaplacian=cv2.filter2D(src, cv2.CV_32F, kernel)
sharp=np.float32(src)
imgResult=sharp - imgLaplacian
imgResult=np.clip(imgResult, 0, 255)
imgResult=imgResult.astype('uint8')
imgLaplacian=np.clip(imgLaplacian, 0, 255)
imgLaplacian=np.uint8(imgLaplacian)
bw=cv2.cvtColor(imgResult, cv2.COLOR_BGR2GRAY)
_, bw=cv2.threshold(bw, 40, 255, cv2.THRESH_BINARY | cv2.THRESH_OTSU)
dist=cv2.distanceTransform(bw, cv2.DIST_L2, 3)
cv2.normalize(dist, dist, 0, 1.0, cv2.NORM_MINMAX)
_, dist=cv2.threshold(dist, 0.4, 1.0, cv2.THRESH_BINARY)
kernel1=np.ones((3, 3), dtype=np.uint8)
dist=cv2.dilate(dist, kernel1)
dist_8u=dist.astype('uint8')
contours, _=cv2.findContours(dist_8u, cv2.RETR_EXTERNAL, cv2.CHAIN_APPROX_SIM-
PLE)
markers=np.zeros(dist.shape, dtype=np.int32)
for i in range(len(contours)):
```

```
        cv2.drawContours(markers, contours, i, (i + 1), -1)
    cv2.circle(markers, (5, 5), 3, (255, 255, 255), -1)
    markers_8u=(markers * 10).astype('uint8')
    cv2.watershed(imgResult, markers)
    mark=markers.astype('uint8')
    mark=cv2.bitwise_not(mark)
    colors=[]
    for contour in contours:
          colors.append((rng.randint(0, 256), rng.randint(0, 256), rng.randint(0,
256)))
    dst=np.zeros((markers.shape[0], markers.shape[1], 3), dtype=np.uint8)
    for i in range(markers.shape[0]):
        for j in range(markers.shape[1]):
            index=markers[i, j]
            if index > 0 and index <=len(contours):
                dst[i, j, :]=colors[index - 1]
    cv2.imshow('Final Result', dst)
    cv2.waitKey(0)
```

例9-4运行结果如图9.8所示。

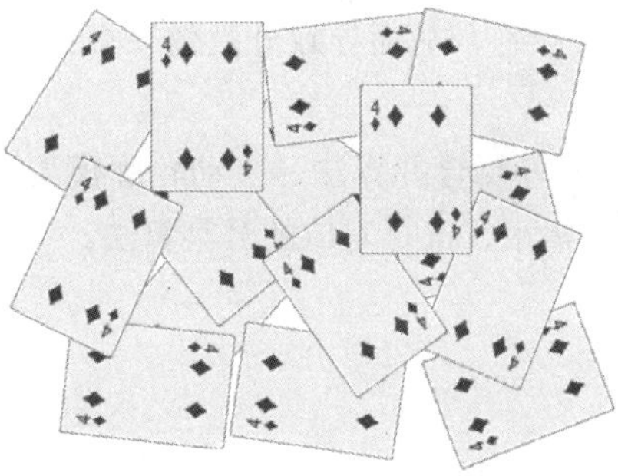

（a）原图

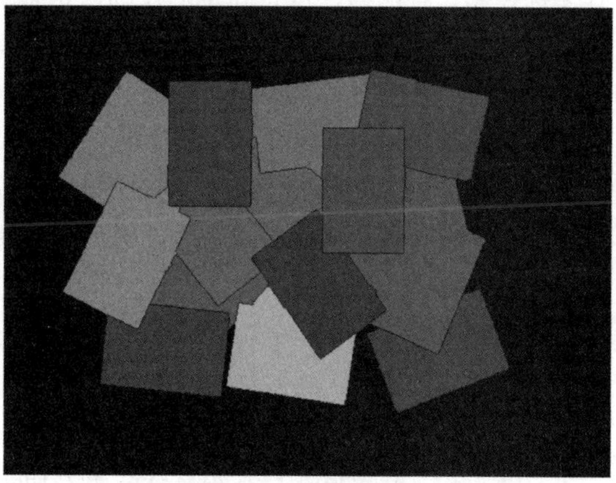

（b）分水岭分割

图9.8 利用分水岭算法实现图像分割

例9-4的图像存在前景目标对象存在粘连在一起的情况，采用通常的阈值分割算法，无法将相连的区域分开。因此，采用分水岭算法实现分割，在利用分水岭算法之前。

9.4 其他分割方法

图像分割一直是机器视觉和数字图像处理中的热点和难点。除了以上所介绍的分割算法之外，还有很多其他的分割算法。在实际应用现场，需要根据图像质量的不同，选择不同的分割算法。

（1）基于边缘检测的图像分割

图像的边缘检测得到的是不同区域的边界，边缘检测利用梯度信息凸显不同的区域。图像的梯度信息不受光照变化的影响。因此，在图像存在光照不均的情况下，可以先利用边缘检测算子计算图像的梯度，然后基于梯度图像采用阈值分割来实现图像分割。所以，该方法其实也是一种阈值分割方法，只是不直接对原始图像采用阈值分割，而是先计算图像的梯度，然后对梯度图像利用阈值进行分割的一种方法。常用的Sobel算子、Laplacian算子等梯度算子，都可以用于计算边缘梯度信息，然后再进行图像分割。

（2）基于机器学习的图像分割算法

这种算法主要是基于传统机器学习方法的如K-均值聚类、支持向量机（SVM）等算法实现图像分割。K-均值聚类随机初始化聚类中心，然后使用聚类准则，一般采用距离进行判断，比较像素点之间的相似性，通过反复迭代，直到聚类中心不再变化，实现图像的分割。SVM本身是用于分类的机器学习算法，但是，分类和分割有一定的相似性。因此，通过对不同区域进行特征训练，然后利用训练结果实现图像分割。

（3）基于深度学习的分割算法

基于深度学习的分割算法是最近几年提出的分割算法，利用深度学习方法对模型进行训练，然后利用训练出的模型对图像进行分割。用于图像分割的深度学习网络有很多种，具体选择哪一种网络，没有固定的规则，也很难判断到底哪一种网络对机器视觉采集的图像更有效。但是，运用该方法时需要注意一个关键问题，即深度学习所需要的训练样本比较多，如果图像数量不够，可能最后的训练结果是欠拟合状态，从而导致分割效果不够理想，如何使网络模型轻量化是该方法的一个研究方向。

除了以上提到的方法之外，还有很多种分割算法，如分裂合并算法、主动轮廓模型、小波变换、遗传算法等，在实际应用中，需要根据具体的需求，选择对应的分割算法。

练　习

9.1　什么是图像分割？图像分割的目的是什么？

9.2　简述大津法阈值分割原理，说明阈值的确定过程，说明该方法的优缺点。

9.3　简述自适应阈值分割原理，解释平滑滤波器的大小对结果的影响。

9.4　简述区域生长算法的原理。

9.5　简述分水岭算法的原理。

9.6　利用OpenCV读取一幅图像，分别采用固定阈值分割、全局阈值分割和局部阈值分割进行处理，分析不同的分割方法对结果的影响。

9.7　分水岭算法可以用于将前景目标对象相连的其他对象分割开来，参考例9-4，针对图9.9，用分水岭算法对其进行分割。

图9.9　练习9.7图

第10章

模板匹配

图像模板匹配是在图像中查找与模板图像中相似的部分。图像模板匹配可以应用在多种场合，例如：完整性检测，检测某个物体是否存在；物体识别，区别不同的物体；得到目标物体的位姿，等等。简单来说，在机器视觉中，检测目标对象的有无、识别、定位，以及缺陷检测等各种任务，皆可以应用模板匹配。

大多数应用中，模板匹配的搜索图像只有一个目标物体，模板匹配的目的在于找到这个物体。在某些应用场合中，可能图像中存在多个目标，模板匹配需要找出所有目标对象。如果事先知道图像中存在多少个目标，只需要找出确定数量的目标即可。还有一些应用中，不知道目标物体的数量，需要通过模板匹配找到究竟有多少个目标。

理论上，如果目标图像和模板图像的光照一致，只需要将模板图像在目标图像上逐像素移动，逐一计算每个位置的相似度，确定相似度最大的位置即为目标。但是，实际图像与模板图像的光照是有一定区别的，此外，实际图像的姿态也与模板图像有一定差别，主要体现在图像的方向和大小可能发生了变化。因为在采集图像的过程中，摄像机与被检测对象之间的距离可能发生变化，被检测对象的放置角度也会发生变化。这种变化有可能只在二维平面上发生，也可能在三维空间发生。因此，模板匹配算法需要满足目标图像在旋转、缩放等变化的情况下，也能准确匹配目标对象。

10.1　图像金字塔

在模板匹配算法中，涉及相似度的度量问题，其度量方法有很多，但几乎都是计算模板图像与被检测对象之间像素值之间的差异。模板匹配算法的运算时间取决于模板在图像上的平移次数和模板图像的大小。由此可以推算，该算法需要大量的计算，导致模板匹配算法运行效率低下，为了提高该算法的运行效率，通常需要构建图像金字塔，通过图像金字塔向下采样，减少运算数量，从而提高该算法的运行效率。

图像金字塔是图像多尺度表达的一种，是一种以多分辨率来解释图像的有效但概念简单的结构。一幅图像的金字塔是一系列以金字塔形状排列的分辨率逐步降低，且来源于同一张原始图像的图像集合。其通过依次向下采样获得，直到达到某个终止条件才停止采样。图像金字塔层级越高，则图像越小，分辨率越低。常见两类图像金字塔：

① 高斯金字塔。

② 拉普拉斯金字塔。

10.1.1 高斯金字塔

高斯金字塔用于图像向下采样，也称为降采样。如果要得到第1层采样结果，首先对第0层原始图像进行高斯滤波，然后删除所有的偶数行和列，即得到第1层高斯采样图像。因此，第1层的图像大小是第0层原始图像的1/4。以此类推，即可完成所有层的高斯金字塔下采样。图10.1是图像高斯金字塔示意图。

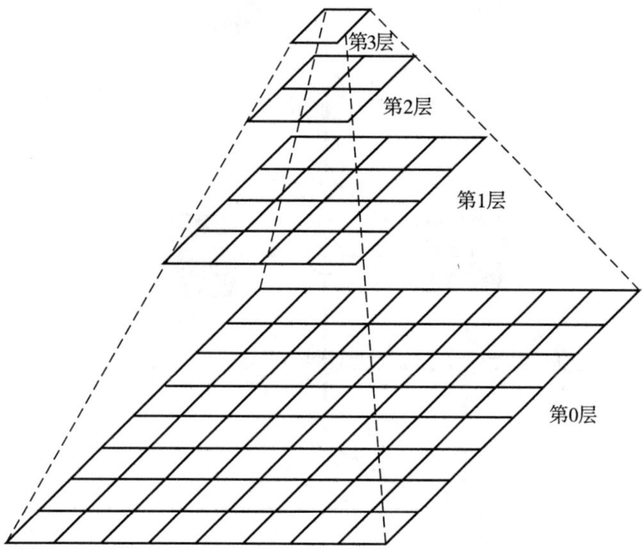

图10.1 图像高斯金字塔

高斯金字塔采样的过程也是图像缩小的过程。在此过程中，图像的分辨率依次降低，图像的信息也会丢失。

如果利用高斯金字塔从高层重建下一层图像，称为向上采样。向上采样需要将图像在每个方向扩大为原图像的2倍，新增的行和列均用0来填充，并使用与向下采样相同的卷积核乘以4，再与放大后的图像进行卷积运算，以获得“新增像素”的新值。但是，向上采样和向下采样并不是可逆的，向上采样并不能还原下一层的图像，其图像信息会出现丢失。为了避免向上采样图像信息丢失，一般采用拉普拉斯金字塔来还原图像。

10.1.2　拉普拉斯金字塔

拉普拉斯金字塔用于从金字塔上层图像重建原始未采样图像，在数字图像处理中也即是预测残差，可以对图像进行最大程度的还原，如果需要还原原始图像，需要拉普拉斯金字塔配合高斯金字塔一起使用。

图像经过高斯卷积核降采样之后，会丢失图像高频部分的信息。因此，定义拉普拉斯金字塔来描述这部分高频信息。用高斯金字塔的每层图像减去上一层图像上采样并与高斯卷积运算之后的图像即为拉普拉斯金字塔图像。简单来说，拉普拉斯金字塔是通过源图像减去先缩小后再放大的图像的一系列图像构成的。图 10.2 是高斯金字塔和拉普拉斯金字塔的关系图。

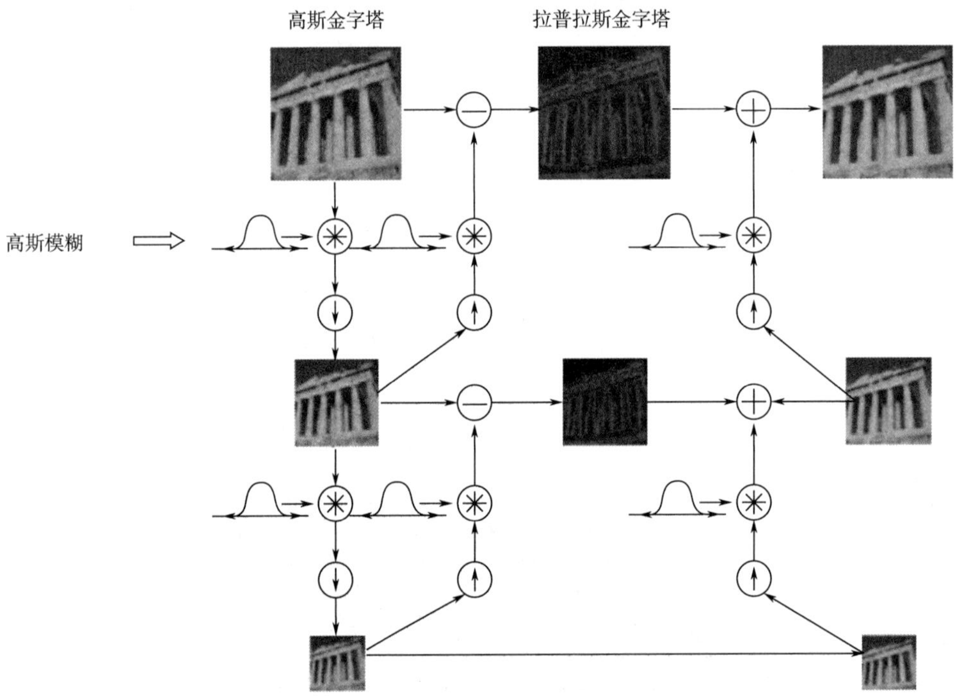

图 10.2　高斯金字塔和拉普拉斯金字塔关系图

设 L_i 表示第 i 层拉普拉斯金字塔图像，G_i 表示第 i 层高斯金字塔图像，g 表示一定大小的高斯滤波器，则拉普拉斯第 i 层金字塔图像的数学定义如式（10-1）所示。

$$L_i = G_i - \mathrm{UP}(G_{i+1}) \otimes g \tag{10-1}$$

式中，$\otimes$ 表示卷积运算；$\mathrm{UP}(\cdot)$ 表示将 i+1 层图像向上采样。

在模板匹配中，需要通过高斯金字塔对图像进行降采样，减少运算量，提高运行速度，在高层进行模板匹配。当找到匹配位置后，只需要将结果映射到原始图像上的位置即可，通常不需要还原每一层的采样图像。因此，拉普拉斯金字塔在很多时候并不参与机器视觉的图像处理运算，也就不需要建立拉普拉斯金字塔。

高斯金字塔是用于构建金字塔的常用方式。为了避免图像在金字塔中出现平移，高斯滤波器的尺寸必须是偶数。但是，在构建金字塔的时候，其运行速度是极其重要的因素，高斯滤波器的尺寸最小是4×4。因此，如果采用高斯滤波来平滑图像，将增加构建金字塔的时间消耗。所以，构建金字塔的时候，图像平滑操作最理想的是2×2的均值滤波器。此外，2×2的均值滤波器没有频率响应问题，而较大的滤波器会出现频率响应问题。因此，均值滤波器是构建图像金字塔的首选滤波器。

10.2 基于灰度值的模板匹配

基于灰度值的模板匹配算法是最简单的匹配算法，该算法计算模板图像与目标图像之间灰度值的相似性。其计算过程如下：

① 模板沿着图像移动，每移动一个位置，计算模板与图像中对应位置的相似度，最后根据相似度的大小，确定匹配的目标对象位置。

② 根据相似度的大小，设定一个阈值，满足阈值条件的认为是匹配对象。

基于灰度的模板匹配算法中，相似度的计算方法对结果的影响比较重要。常用相似度计算方法主要有差值平方和匹配法、归一化差值平方和匹配法、相关匹配法、归一化相关匹配法、相关系数匹配法和归一化相关系数匹配法。

（1）差值平方和匹配法

设二维离散图像用$f(x,y)$表示，模板图像$T(x',y')$表示，匹配结果用$R(x,y)$表示。差值平方和匹配法是计算模板图像与目标图像之间的差值的平方和，根据平方和的大小来判断模板图像与目标图像之间的相似度。其计算过程可以用式（10-2）表示。

$$R(x,y)=\sum_{x',y'}\left[T(x',y')-f(x+x',y+y')\right]^2 \tag{10-2}$$

为了简化计算，有时候也用模板图像与目标图像之间差值的绝对值总和来代替差值的平方和。如果模板图像与目标图像完全匹配，则差值的平方和最小，此时结果为0，如果两者之间差值越大，则越不匹配。因此，差值平方和匹配法的最好匹配值为0，匹配越差，匹配值越大。

采用此种方法计算相似度，需要保证模板图像与目标图像的光照保持一致。如果光照发生变化，即使在图像中存在与模板相同的目标对象，其返回的匹配值也会非常大，因为此时两者的灰度值已经不相等了。

（2）归一化差值平方和匹配法

归一化差值平方和匹配计算相似度是在差值平方和的基础上，对计算结果进行了归一化处理。归一化的目的主要是方便设定阈值判断相似度。归一化差值平方和的计算如式（10-3）所示。

$$R(x,y)=\frac{\sum_{x',y'}\left[T(x',y')-f(x+x',y+y')\right]^2}{\sqrt{\sum_{x',y'}T(x',y')^2}\sqrt{\sum_{x',y'}f(x+x',y+y')^2}} \tag{10-3}$$

如果没有进行归一化操作，差值平方和的大小将不可预测，如果需要设定阈值来判断两者之间是否匹配，显然是不可行的。进行归一化之后，其结果在[0,1]范围内，方便通过阈值判定是否相似。此外，归一化操作能消除部分线性光照的影响。

（3）相关匹配法

相关匹配法利用模板图像与目标图像的相关性来判断是否相似。其计算方式如式（10-4）所示。

$$R(x,y)=\sum_{x',y'}T(x',y')f(x+x',y+y') \tag{10-4}$$

采用此种方式计算相似度，是通过计算模板图像与目标图像灰度值的乘积之和来实现的。如果两者之间完全匹配，则乘积之和达到最大值，反之，为最小值。因此，值越大越匹配，反之则越不匹配。

（4）归一化相关匹配法

与归一化差值平方和类似，采用归一化的目的主要是方便设定阈值判断相似度。同时，归一化也可以消除部分线性光照的影响。归一化相关匹配计算如式（10-5）所示。

$$R(x,y)=\frac{\sum_{x',y'}\left[T(x',y')f(x+x',y+y')\right]}{\sqrt{\sum_{x',y'}T(x',y')^2}\sqrt{\sum_{x',y'}f(x+x',y+y')^2}} \tag{10-5}$$

（5）相关系数匹配法

不管是差值平方和匹配法还是相关匹配法，都需要保证模板图像与目标图像的光照一致，即使通过归一化操作，能够消除部分线性光照的影响。但是，图像的光照变化在很多时候并不是线性变化的。而且，一种稳定的匹配算法，应该是不受任何光照的影响。相关系数匹配法能够满足这种要求。

当图像受到不同光照影响的时候，图像可能变得更亮或更暗。同时，其平均灰度也相应地发生变化。如果将图像与其平均灰度进行减法运算，则可以消除光照的影响。此种方法实际上与计算图像梯度的方法类似，都是通过图像的差分来消除光照的变化。相关系数匹配法即采用这种方式，该方法不直接计算模板图像与目标图像的相关性，而是先让模板图像和目标图像分别减去自己的灰度平均值，消除光照的影响，然后再计算相关性。设模板图像大小为$w\times h$，定义模板图像与其灰度均值的差为$T'(x',y')$，即：

$$T'(x',y')=T(x',y')-\frac{1}{w\times h}\sum_{x',y'}T(x',y') \tag{10-6}$$

同理，定义目标图像在模板大小区域与其灰度均值为$f'(x+x',y+y')$，即：

$$f'(x+x',y+y')=f(x+x',y+y')-\frac{1}{w\times h}\sum_{x',y'}f(x+x',y+y') \tag{10-7}$$

则相关系数匹配法可以用式（10-8）表示。

$$R(x,y)=\sum_{x',y'}T'(x',y')f'(x+x',y+y') \tag{10-8}$$

采用相关系数匹配法，利用图像与平均灰度的差分计算，图像的差分结果不随任何线性光照变化而变化。因此，该算法的匹配结果更加稳定可靠。“1”表示完全匹配，“-1”表示匹配较差，“0”表示没有任何相关性。实际上，“-1”表示了模板图像与目标对象完全相反。因此，在等于“±1”的时候，模板与目标对象都是完全匹配的。相关系数的最后计算结果应该取绝对值，其值越接近于“0”，表示越不匹配。

（6）归一化相关系数匹配法

与其他归一化方法类似，归一化相关系数匹配法方便设定阈值判断相似度。归一化相关系数匹配法的数学表达式如式（10-9）所示。

$$R(x,y)=\frac{\sum_{x',y'}T'(x',y')f'(x+x',y+y')}{\sqrt{\sum_{x',y'}T'(x',y')^2}\sqrt{\sum_{x',y'}f'(x+x',y+y')}} \tag{10-9}$$

从式（10-8）可以看出，归一化的对象是模板图像与其灰度均值的差以及目标图像在模板区域内与其灰度均值的差。实际上，其归一化的过程也是计算图像标准偏差的过程。因此，归一化相关系数匹配法在不受到线性光照变化的同时，通过减去平均灰度值可以消除加性噪声对图像的影响，通过计算图像的标准偏差消除了乘性噪声的影响。所以，该匹配方法能够取得更好的匹配准确率。

例 10-1　利用灰度差值平方和计算相似度进行模板匹配

C++代码：

```
#include <opencv2/opencv.hpp>
using namespace cv;
using namespace std;
int main(int argc, char** argv)
{
    Mat ReadImage=imread("E:/TestImage/10-1-printer_chip.png", 0);
    Mat cutImage(ReadImage, Rect(539, 15, 131, 267));
    Mat MatchTemplateImage=ReadImage.clone();
    Mat matchResult;
    matchTemplate(ReadImage, cutImage, matchResult, TM_SQDIFF);
    double minVal, maxVal;
    cv::Point minLoc, maxLoc;
    cv::minMaxLoc(matchResult, &minVal, &maxVal, &minLoc, &maxLoc);
    if (MatchTemplateImage.channels()==1)
    {
        cvtColor(MatchTemplateImage, MatchTemplateImage, COLOR_GRAY2RGB);
    }
    rectangle(MatchTemplateImage, minLoc, Point(minLoc.x + cutImage.cols, minLoc.
y + cutImage.rows), Scalar(0, 0, 255), 3, 8, 0);
    namedWindow("MatchTemplateImage", 0);
```

```
    imshow("MatchTemplateImage", MatchTemplateImage);
    waitKey();
    return 0;
}
```

Python代码：

```
import numpy as np
import cv2
ReadImage=cv2.imread("E:/TestImage/10-1-printer_chip.png",0)
cutImage=ReadImage[15:282,539:670]
matchResult=cv2.matchTemplate(ReadImage,cutImage,cv2.TM_SQDIFF)
MatchTemplateImage=ReadImage.copy()
if MatchTemplateImage.ndim==2:
    MatchTemplateImage=cv2.cvtColor(MatchTemplateImage, cv2.COLOR_GRAY2RGB)
(minVal,maxVal,minLoc,maxLoc)=cv2.minMaxLoc(matchResult)
cv2.rectangle(MatchTemplateImage, minLoc, (minLoc[0]+cutImage.shape[1],minLoc[1]+cutImage.shape[0]), (0,0,255),3, 8, 0);
cv2.namedWindow("MatchTemplateImage",cv2.WINDOW_NORMAL)
cv2.imshow("MatchTemplateImage",MatchTemplateImage)
cv2.waitKey(0)
```

图10.3是例10-1运行结果。

（a）模板图像　　（b）匹配结果

图10.3　利用灰度差值平方和进行匹配

基于灰度差值平方和计算相似度进行匹配的方法有很多不足之处。其中最主要的就是对光照的要求很高，必须满足模板图像与目标图像的光照一致才能实现准确匹配。因此，该算法的适应范围比较有限，通常不再采用该方式进行匹配。

为了避免光照不均对结果的影响，采用相关系数进行匹配是比较理想的选择。为了方便对匹配结果进行过滤和选择，需要对相似度计算结果进行归一化操作。因此，更好的选择为采用归一化相关系数匹配法进行模板匹配。例10-3示例了如何采用归一化相关系数法进行匹配。

例10-2　利用模板匹配算法实现多目标匹配

C++代码：

```
#include <opencv2/opencv.hpp>
using namespace cv;
using namespace std;
int main(int argc, char** argv)
{
   Mat ReadImage=imread("E:/TestImage/10-2-printer_chip2.png", 0);
   Mat cutImage(ReadImage, Rect(546, 22, 131, 267));
   Mat MultObjectMatchImage=ReadImage.clone();
   if (MultObjectMatchImage.channels()==1)
   {
     cvtColor(MultObjectMatchImage, MultObjectMatchImage, COLOR_GRAY2RGB);
   }
   Mat MultObjectMatchResult;
   matchTemplate(ReadImage, cutImage, MultObjectMatchResult, TM_CCOEFF_NORMED);
   while (1)
   {
     double minVal, maxVal;
     cv::Point minLoc, maxLoc;
     cv::minMaxLoc(MultObjectMatchResult, &minVal, &maxVal, &minLoc, &maxLoc);
     if (maxVal >=0.8)
     {
          rectangle(MultObjectMatchImage, maxLoc, Point(maxLoc.x + cutImage.
cols, maxLoc.y + cutImage.rows), Scalar(0, 0, 255), 3, 8, 0);
          Point pt1, pt2;
          pt1.x=maxLoc.x - cutImage.cols/ 2 > 0 ? maxLoc.x - cutImage.cols/ 2 : 0;
          pt1.y=maxLoc.y - cutImage.rows/ 2 > 0 ? maxLoc.y - cutImage.rows/ 2 : 0;
          pt2.x=maxLoc.x + cutImage.cols/ 2 < MultObjectMatchResult.cols ? max-
Loc.x + cutImage.cols/ 2 : MultObjectMatchResult.cols;
          pt2.y=maxLoc.y + cutImage.rows/ 2 < MultObjectMatchResult.rows ? max-
Loc.y + cutImage.rows/ 2 : MultObjectMatchResult.rows;
          MultObjectMatchResult(Rect(pt1, pt2)).setTo(cv::Scalar(0));
     }
     else
```

```
        break;
    }
    namedWindow("MultObjectMatchImage", 0);
    imshow("MultObjectMatchImage", MultObjectMatchImage);
    waitKey();
    return 0;
}
```

Python代码：

```
import numpy as np
import cv2
ReadImage=cv2.imread("E:/TestImage/10-2-printer_chip2.png",0)
cutImage=ReadImage[22:289,546:677]
MultObjectMatchResult=cv2.matchTemplate(ReadImage,cutImage,cv2.TM_CCOEFF_NORMED)
MultObjectMatchImage=ReadImage.copy()
if MultObjectMatchImage.ndim==2:
    MultObjectMatchImage=cv2.cvtColor(MultObjectMatchImage, cv2.COLOR_GRAY2RGB)
while(1):
    (minVal,maxVal,minLoc,maxLoc)=cv2.minMaxLoc(MultObjectMatchResult)
    if maxVal>=0.8 :
        cv2.rectangle(MultObjectMatchImage, maxLoc, (maxLoc[0]+cutImage.shape[1], maxLoc[1]+cutImage.shape[0]), (0,0,255), 3, 8, 0)
        a1=int(maxLoc[1]-cutImage.shape[0]/ 2) if int(maxLoc[1] - cutImage.shape[0]/ 2) > 0 else 0
        a2=int(maxLoc[1]+cutImage.shape[0]/ 2) if int(maxLoc[1] + cutImage.shape[0]/ 2) < MultObjectMatchResult.shape[0] else MultObjectMatchResult.shape[0]
        b1=int(maxLoc[0]-cutImage.shape[1]/ 2) if int(maxLoc[0] - cutImage.shape[1]/ 2) > 0 else 0
        b2=int(maxLoc[0]+cutImage.shape[1]/ 2) if int(maxLoc[0] + cutImage.shape[1]/ 2) < MultObjectMatchResult.shape[1] else MultObjectMatchResult.shape[1]
        MultObjectMatchResult[a1:a2,b1:b2]=[0]
    else:
        break
cv2.namedWindow("MultObjectMatchImage",cv2.WINDOW_NORMAL)
cv2.imshow("MultObjectMatchImage",MultObjectMatchImage)
cv2.waitKey(0)
```

图10.4是例10-2的运行结果，以上两个例子的图像是类似的，例10-2中，利用模板匹配实现了在同一张图像上寻找多个目标。采用的是归一化相关系数法实现匹配。

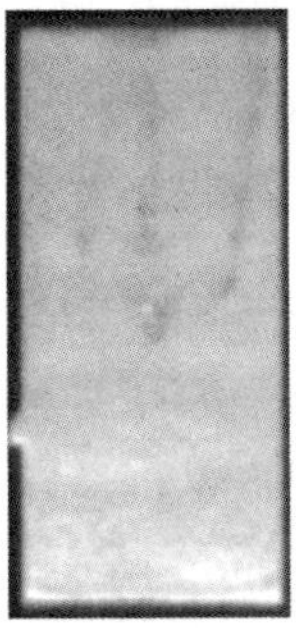

（a）模板图像

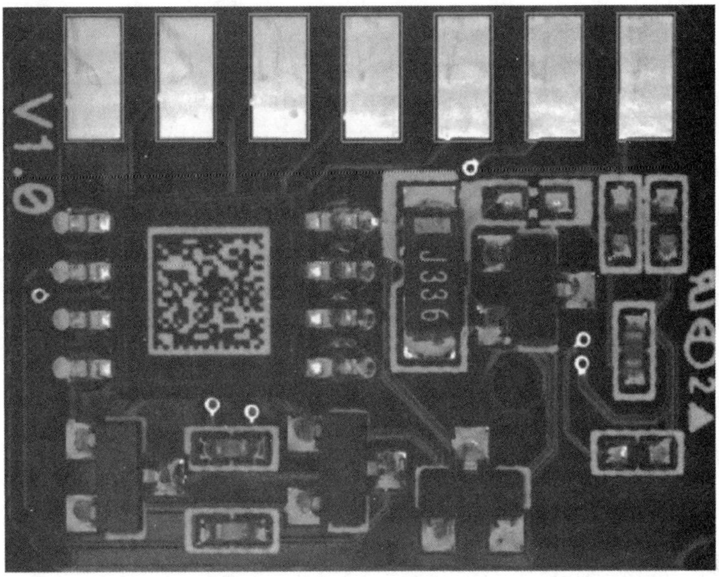

（b）匹配结果

图10.4　多目标匹配

例10-3　利用归一化相关系数法实现光照不均的匹配

C++代码：

```
#include <opencv2/opencv.hpp>
using namespace cv;
using namespace std;
int main(int argc, char** argv)
{
    Mat ReadImage=imread("E:/TestImage/10-3-keypad.png", 0);
    Mat cutImage(ReadImage, Rect(53, 23, 54, 54));
    Mat MultObjectMatchImage=ReadImage.clone();
    if (MultObjectMatchImage.channels()==1)
    {
        cvtColor(MultObjectMatchImage, MultObjectMatchImage, COLOR_GRAY2RGB);
    }
    Mat MultObjectMatchResult;
    matchTemplate(ReadImage, cutImage, MultObjectMatchResult, TM_CCOEFF_NORMED);
    while (1)
    {
        double minVal, maxVal;
        cv::Point minLoc, maxLoc;
        cv::minMaxLoc(MultObjectMatchResult, &minVal, &maxVal, &minLoc, &maxLoc);
        if (maxVal >=0.8)
```

```
        {
            rectangle(MultObjectMatchImage, maxLoc, Point(maxLoc.x + cutImage.
cols, maxLoc.y + cutImage.rows), Scalar(0, 0, 255), 1, 8, 0);
            Point pt1, pt2;
            pt1.x=maxLoc.x - cutImage.cols/ 2 > 0 ? maxLoc.x - cutImage.cols/
2 : 0;
            pt1.y=maxLoc.y - cutImage.rows/ 2 > 0 ? maxLoc.y - cutImage.rows/
2 : 0;
            pt2.x=maxLoc.x + cutImage.cols/ 2 < MultObjectMatchResult.cols ? max-
Loc.x + cutImage.cols/ 2 : MultObjectMatchResult.cols;
            pt2.y=maxLoc.y + cutImage.rows/ 2 < MultObjectMatchResult.rows ? max-
Loc.y + cutImage.rows/ 2 : MultObjectMatchResult.rows;
            MultObjectMatchResult(Rect(pt1, pt2)).setTo(cv::Scalar(0));
        }
        else
            break;
    }
    namedWindow("MultObjectMatchImage", 0);
    imshow("MultObjectMatchImage", MultObjectMatchImage);
    waitKey();
    return 0;
}
```

Python代码：

```
import numpy as np
import cv2
ReadImage=cv2.imread("E:/TestImage/10-3-keypad.png",0)
cutImage=ReadImage[23:77,53:107]
MultObjectMatchResult=cv2.matchTemplate(ReadImage,cutImage,cv2.TM_CCOEFF_NORMED)
MultObjectMatchImage=ReadImage.copy()
if MultObjectMatchImage.ndim==2:
    MultObjectMatchImage=cv2.cvtColor(MultObjectMatchImage, cv2.COLOR_GRAY2RGB)
while(1):
    (minVal,maxVal,minLoc,maxLoc)=cv2.minMaxLoc(MultObjectMatchResult)
    if maxVal>=0.8 :
        cv2.rectangle(MultObjectMatchImage, maxLoc,
    (maxLoc[0]+cutImage.shape[1],maxLoc[1]+cutImage.shape[0]), (0,0,255), 1, 8, 0)
        a1=int(maxLoc[1] - cutImage.shape[0]/ 2) if int(maxLoc[1] - cutImage.
shape[0]/ 2) > 0 else 0
        a2=int(maxLoc[1] + cutImage.shape[0]/ 2) if int(maxLoc[1] + cutImage.
shape[0]/ 2) < MultObjectMatchResult.shape[0] else MultObjectMatchResult.shape[0]
```

```
            b1=int(maxLoc[0] - cutImage.shape[1]/ 2) if int(maxLoc[0] - cutImage.shape[1]/ 2) > 0 else 0
            b2=int(maxLoc[0] + cutImage.shape[1]/ 2) if int(maxLoc[0] + cutImage.shape[1]/ 2) < MultObjectMatchResult.shape[1] else MultObjectMatchResult.shape[1]
            MultObjectMatchResult[a1:a2,b1:b2]=[0]
        else:
            break
cv2.namedWindow("MultObjectMatchImage",cv2.WINDOW_NORMAL)
cv2.imshow("MultObjectMatchImage",MultObjectMatchImage)
cv2.waitKey(0)
```

图10.5是例10-3的运行结果。

（a）模板区域

（b）匹配结果

图10.5 匹配结果

从图10.5可以看出，这幅图像存在光照不均的情况，模板是直接从图像中提取键盘“7”部分，采用归一化相关系数法可以准确找到目标区域，即使在目标图像与模板图像之间存在光照不均情况下，也能够准确找到匹配的目标对象。

10.3 带旋转与缩放的模板匹配

在多数机器视觉系统中，采集的图像并不是处于理想的位置。在实时采集的过程中，由于产品在传送带中会不可避免地出现振动，导致图像可能相对于理想位置具有一定的旋转角度。同时，图像的大小也存在一定的变化，因为产品距离相机的位置会实时发生变化，尽管这种变化在多数情况下可能性很小，但是为了准确匹配到目标对象，也必须考虑这种变化。

为了在目标图像中找到发生了旋转的对象，需要创建多个方向的模板图像，将目标对象的搜索空间扩大到各个角度。理论情况下，不可能针对每个角度都制作一幅模板图像。为了实现匹配旋转的目标对象，通常是将角度离散化，一般情况下，对于半径为100个像素大小的模板图像，将角度的增长步长设定为1°。如果模板图像更大，需要更小的角度增长步长，更小的模板可以使用更大一些的增长步长。但是，模板图像的增多，会增加内存的存储空间，也会增加匹配时间。因此，选择制作模板图像的旋转起止角度对匹配的性能有一定的影响。在实际使用中，应该根据目标对象实际可能的旋转角度来设定模板的起始角度。当然，由于图像匹配需要用到图像金字塔，匹配所有角度都是在图像金字塔的最高层。由于图像金字塔每一层都会缩小为下层的1/4，因此，模板的角度增幅也要增大两倍，由此也可以减少模板的数量，提高匹配的速度。

为了保证图像存在缩放的情况下，也能准确匹配到目标对象。通常的做法是将目标图像在一定缩放范围内与模板图像进行匹配。当然，为了保证匹配的速度，缩放之后的图像也是需要在金字塔的最高层进行匹配，最后将匹配结果映射到底层原始图像中。目标图像缩放范围的大小以及增长幅度对匹配速度也有一定的影响。一般增长幅度为0.1左右。对于精度要求不高的匹配结果，比如只是为了寻找目标对象中是否存在模板图像，其增长幅度可以适当增大，其匹配的准确性可以通过调节相似度阈值增大，即将错误匹配的阈值减小，也能够准确地找到目标对象。缩放范围一般为0.9到1.1之间，毕竟在实际运动线体上，产品与相机之间的距离变化不会很大，如果确实有必要，设置在0.8到1.2之间，能够满足绝大部分存在缩放的情况下的匹配要求。

10.4 利用边缘检测结果进行匹配

尽管采用归一化相关系数计算相似度，能够满足大部分的基于灰度的模板匹配要求。但是，此方法也仅仅保证了图像存在线性光照变化或者比较小的非线性光照变化的图像的匹配准确性。如果图像存在严重的非线性光照的影响，则上面的匹配方法将无法满足要求。

图像的边缘不受光照变化的影响。因此，如果采用图像边缘进行匹配，更能够保证即使在图像光照变化比较明显的情况下，也能够得到稳定的匹配结果。与基于灰度值的匹配比较，基于边缘的匹配能适应的范围更加广泛。此方法是利用边缘检测算法先对模板图像和目标图像进行边缘检测，然后再进行相似度计算。边缘检测算法可以采用第7章所提到的如Canny算子、Sobel算子等。相似度的计算方法有很多种方式，前面提到的几种方法都可以用于基于边缘的匹配。

基于边缘的匹配需要注意的问题是，如何选择合适的阈值来提取边缘。比如，对于Canny边缘检测算子，相同的阈值对于不同光照的图像，可能得到的边缘有区别，有的图像可能缺失或增加了部分边缘。但是，如Sobel算子通常不需要选择阈值，常采用3×3大小的区域进行边缘检测即可得到比较理想的结果。因此，根据不同的图像质量，选择不同的边缘检测算子也至关重要。

基于边缘的匹配方法中，匹配策略主要有以下几种：

（1）直接采用边缘检测的结果进行匹配

此种匹配策略与基于灰度的匹配类似，只是将灰度图变成了边缘检测的结果图。边缘检测是通过计算图像的梯度实现的，图像的梯度不受光照变化的影响。采用这种方式进行匹配是大多数基于边缘匹配常用的方法。

（2）基于几何基元的匹配

该匹配方法利用边缘检测的结果，将边缘分割成多种几何基元，如直线、圆弧等，然后匹配这些几何基元。

（3）利用边缘突变点进行匹配

边缘的突变点通常是边缘的角点、拐点等。检测边缘的突变点也可以不通过边缘检测实现而直接通过特征点检测算法实现。

基于边缘的匹配方法是一种稳定的匹配方法，该方法不受光照变化的影响，配合图像金字塔以及旋转和缩放，在视觉处理中，常用于定位目标区域，能够得到比基于灰度值匹配更加准确的结果。但是，该方法不能处理图像目标存在遮挡的情况，因为此时相当于图像的边缘发生了缺失。

10.5　基于梯度的匹配

对于模板匹配而言，即使当目标对象存在部分遮挡的时候，在某些应用场合，也需要知道是否存在目标对象。但是，基于灰度的匹配或基于边缘的匹配算法不能找出被遮挡的目标对象。遮挡也可以认为是图像存在较大的干扰，此时基于灰度的匹配已经无法利用相似度量进行匹配。而此时的边缘也会导致缺失，其结果是边缘点变少。因此，这两种匹配方法都是无效的，基于梯度的匹配可以解决此问题。

在HALCON中，实现了一种基于梯度匹配方法，即形状匹配。该算法是专利算法。在此参考Carsten Steger等对此算法的描述。设模板图像表示为点集的形式，即$\boldsymbol{p}_i=(r_i,c_i)^{\mathrm{T}}$，$(r_i,c_i)$表示模板图像的行列坐标。每个点有一个关联的方向，这个方向可以用梯度来表示。点的方向向量可以表示为$\boldsymbol{d}_i=(t_i,u_i)^{\mathrm{T}}$。同理，目标图像中每个点$(r,c)$对应一个方向向量$\boldsymbol{e}_{r,c}=(\upsilon_{r,c},\omega_{r,c})$。在进行匹配时，相似度的度量是通过计算图像中某一点$\boldsymbol{q}=(r,c)^{\mathrm{T}}$处，模板中所有点与图像中对应位置的方向向量的点积之和。用式（10-10）表示如下。

$$s=\frac{1}{n}\sum_{i=1}^{n}\boldsymbol{d}_i'^{\mathrm{T}}\boldsymbol{e}_{q+p'}=\frac{1}{n}\sum_{i=1}^{n}t_i'\upsilon_{r+r_i',c+c_i'}+u_i'\omega_{r+r_i',c+c_i'} \tag{10-10}$$

为了在相似度量中方便指定阈值来判断匹配图像中是否存在目标对象，可以将式（10-10）进行归一化处理，即：

$$s=\frac{1}{n}\sum_{i=1}^{n}\frac{\boldsymbol{d}_i'^{\mathrm{T}}\boldsymbol{e}_{q+p'}}{\|\boldsymbol{d}_i'\|\|\boldsymbol{e}_{q+p'}\|}=\frac{1}{n}\sum_{i=1}^{n}\frac{t_i'\upsilon_{r+r_i',c+c_i'}+u_i'\omega_{r+r_i',c+c_i'}}{\sqrt{t_i'^2+u_i'^2}\sqrt{\upsilon^2_{r+r_i',c+c_i'}+\omega^2_{r+r_i',c+c_i'}}} \tag{10-11}$$

如果目标图像中对应的边缘被遮挡，这些点的方向向量将变得很短，对点积的总和没有影响。如果目标图像中存在混乱的情况，将会出现很多其他的边缘，这些边缘点在模板图像上没有对应的点，或者其方向向量也非常短，因此，也不影响点积的总和。将方向向量进行归一化操作之后，所有的向量长度都变成了1，因此相似度量也不受光照变化的影响。所以，该计算方法可以有效避免遮挡、混乱，以及光照变化的影响。如果要避免模板图像与目标图像之间有明显的明暗对比度的情况，比如模板图像与目标图像对比度刚好相反，可以通过将式（10-10）修改为计算绝对值的方式实现。

该算法实际上是利用梯度方向进行匹配的方法。梯度计算方法通常采用Sobel算子实现。将梯度的方向表示成向量，然后通过计算向量之间的点积来判断相似度。由于采用了梯度，所以光照的变化不会影响匹配结果。当存在遮挡、混乱等情况时，由于该方法计算的是整个模板图像区域的梯度方向，相对于边缘匹配只匹配了边缘信息而言，所利用的图像信息更加完备，即使遮挡或混乱对整体向量点积之和的影响也非常小，因此，能够得到更加准确的匹配结果。

在OpenCV中并没有实现该函数，但是，在OpenCV的扩展库中，有与该算法类似的实现代码，感兴趣的读者可以自行参考，在此不再详述。

相对于灰度匹配和边缘匹配而言，形状匹配能够更加准确地查找目标对象中存在混乱、遮挡，以及受非线性光照影响下的对象。该方法比较适用于目标对象的定位，比如需要查找模板图像在目标图像中的位置和数量。如果需要进行产品的缺陷检测如OCR字符是否存在缺失，还需要在定位的基础上对其进行进一步的处理，而不能直接用匹配结果作为检测结果。同理，对于其他的匹配方式也一样。因为匹配结果并不能表示目标对象与模板图像完全一致。

10.6 基于特征的匹配

除了上面所提到的匹配方法之外，基于特征的匹配方法也是常用的方法，如基于矩的匹配和基于特征点的匹配。

10.6.1 利用图像矩进行模板匹配

图像的矩匹配是一种基于特征的匹配方法。矩是概率与统计中的一个概念，是随机变量的一种数字特征。矩在数字图像处理中有着广泛的应用，如模式识别、目标分类、图像编码与重构等。数字图像中的矩，通常用于描述图像中目标对象的轮廓的形状特征，这种特征可以用于对图像作进一步的分析，如大小、位置、方向及形状等。利用这种特征可以实现模板图像与目标图像之间的匹配，用于查找目标图像中是否存在与模板相似的目标。

图像可以用二维离散函数$f(x, y)$表示，该函数也可以看成关于二维随机变量(x, y)的密度函数。如果把图像看成一个平面物体，每个像素点的灰度值表示该位置的密度，该点的期望就是图像在该点的矩。在连续函数中，矩的定义如式（10-12）所示。

$$m_{pq} = \iint x^p y^q f(x, y)\mathrm{d}x\mathrm{d}y \qquad p、q = 0,1,2,\cdots \tag{10-12}$$

式中，p、q取非负整数，p、q表示矩的阶。

对于用二维离散函数表示的数字图像，设图像大小$m \times n$，矩的定义如式（10-13）所示。

$$m_{pq} = \sum_{x=1}^{m}\sum_{y=1}^{n} x^p y^q f(x,y) \tag{10-13}$$

式（10-13）是计算图像的原点矩。从式（10-13）可以看出，图像的0阶矩m_{00}表示了图像的灰度值总和。因此，0阶矩认为是目标区域的质量，而1阶矩表示目标区域的质心，2阶矩表示目标区域的旋转半径，3阶矩表示目标区域的方位和斜度，反映目标的扭曲。而更高阶的矩没有多大意义，通常对数字图像而言不再计算。利用0阶矩和1阶矩可以计算图像的重心坐标(x_c, y_c)，如式（10-14）所示。

$$\begin{cases} x_c = \dfrac{m_{10}}{m_{00}} = \dfrac{\sum\limits_{x=1}^{n}\sum\limits_{y=1}^{m} xf(x,y)}{\sum\limits_{x=1}^{n}\sum\limits_{y=1}^{m} f(x,y)} \\ y_c = \dfrac{m_{01}}{m_{00}} = \dfrac{\sum\limits_{x=1}^{n}\sum\limits_{y=1}^{m} yf(y,y)}{\sum\limits_{x=1}^{n}\sum\limits_{y=1}^{m} f(x,y)} \end{cases} \tag{10-14}$$

由式（10-14）求得重心坐标，由此可以构造中心矩：

$$u_{pq} = \sum_{x=1}^{n}\sum_{y=1}^{m} (x-x_c)^p (y-y_c)^q f(x,y) \tag{10-15}$$

为抵消尺度变化对中心矩的影响，利用零阶中心矩u_{00}对各阶中心距进行归一化处理，得到归一化中心矩：

$$\eta_{pq} = \frac{u_{pq}}{u_{00}^r} \tag{10-16}$$

式中，$r = (p+q)/2$。

利用二阶和三阶归一化中心矩可以构造如式（10-17）所示7个不变矩，该矩称为hu不变矩。hu不变矩是一种高度浓缩的图像特征，该特征具有平移、尺度、旋转不变性等特性。

$$M_1 = \eta_{20} + \eta_{02}$$

$$M_2 = (\eta_{20} - \eta_{02})^2 + 4\eta_{11}^2$$

$$M_3 = (\eta_{30} - 3\eta_{12})^2 + (3\eta_{21} - \eta_{03})^2$$

$$M_4 = (\eta_{30} + \eta_{12})^2 + (\eta_{21} + \eta_{03})^2$$

$$\begin{aligned} M_5 = & (\eta_{30} - 3\eta_{12})(\eta_{30} + \eta_{12})\left[(\eta_{30} + \eta_{21})^2 - 3(\eta_{21} + \eta_{03})^2\right] \\ & + (3\eta_{21} - \eta_{03})(\eta_{21} + \eta_{03})\left[3(\eta_{30} + \eta_{12})^2 - (\eta_{21} + \eta_{03})^2\right] \end{aligned} \tag{10-17}$$

$$M_6 = (\eta_{20} - \eta_{02})\left[(\eta_{30} + \eta_{12})^2 - (\eta_{21} + \eta_{03})^2\right] + 4\eta_{11}(\eta_{30} + \eta_{12})(\eta_{21} + \eta_{03})$$

$$\begin{aligned} M_7 = & (3\eta_{21} - \eta_{03})(\eta_{30} + \eta_{12})\left[(\eta_{30} + \eta_{12})^2 - 3(\eta_{21} + \eta_{03})^2\right] \\ & - (\eta_{30} - 3\eta_{12})(\eta_{21} + \eta_{03})\left[3(\eta_{30} + \eta_{12})^2 - (\eta_{21} + \eta_{03})^2\right] \end{aligned}$$

利用hu不变矩进行匹配即利用了该特征具有平移、尺度、旋转不变性等特性。在OpenCV中实现的形状匹配算法即采用这种方式计算特征并进行匹配。尽管在理论上，hu不变矩可以实现完美的基于特征的匹配。但是，实际图像中，每一幅图像总会有一些区别。因此，即使人眼看起来是相同形状的目标对象，计算得到的hu不变矩也会有一定的区别，而且，可能导致不同的形状得到的hu不变矩结果比较接近，所以采用这种匹配方法其结果往往出现较多的错误匹配。在实际使用中，通常采用计算轮廓的hu不变矩来实现，该方法对轮廓的精度要求比较高。

10.6.2　利用特征点进行匹配

图像中的特征点是指图像中目标对象的角点、拐点，以及极值点等，这些点在图像上表现为图像边缘上曲率较大的点或灰度值发生剧烈变化的点。特征点通常不受光照变化的影响，同时，即使图像出现了平移、旋转、缩放的变化，特征点依然不变。因此，特征点是比较稳定的一种特征。但是，首先需要准确检测出这些特征点，才能进行匹配。

特征点检测算法有很多，经典的有SIFT算法，由此衍生出如SURF、BRISK、FREAK、FAST、ORB等特征点检测算法。

特征点检测算法的结果是一个点集。因此，其匹配方法是判断模板图像中的特征点与目标图像中对应位置的特征点之间的相似性，也就是判断两个点集之间的相似性。可以采用Hausdorff距离来判断两个点集的相似度。Hausdorff距离不需要点之间有一一对应的关系，只是计算两个点集的相似度。所以，Hausdorff距离可以处理有多个特征点的情况。给定两组点集 $A=\{a_1,a_2,a_3,\cdots\}$ ， $B=\{b_1,b_2,b_3,\cdots\}$ 。Hausdorff距离的定义如式（10-18）所示。

$$H(A,B) = \max\left[h(A,B), h(B,A)\right] \tag{10-18}$$

其中：

$$h(A,B) = \max_{a_i \in A} \min_{b_j \in B} \left\| a_i - b_j \right\| \tag{10-19}$$

$$h(B,A) = \max_{b_i \in A} \min_{a_j \in B} \left\| b_i - a_j \right\| \tag{10-20}$$

式中，$H(A,B)$ 称为双向 Hausdorff 距离；$h(A,B)$ 是点集A到点集B的单向 Hausdorff 距离；$h(B,A)$ 是点集B到点集A的单向Hausdorff 距离。Hausdorff距离量度可以理解成一个点集中的点到另一个点集的最短距离的最大值。其距离的计算方式可以采用欧氏距离、曼哈顿距离等。

采用特征点进行匹配需要考虑的问题是，特征点的检测算法是否足够稳定，即对于不同光照、不同旋转角度及缩放的图像，都能够准确检测出特征点。此外，图像中必须有一定数量的特征点，如果模板图像中没有检测出特征点，该算法也是失效的。一种改进方法是直接将图像中的边缘点作为特征点，如果图像中存在遮挡、混乱的情况，此时也可以采用Hausdorff距离进行匹配。只是，这时候不再求最大距离，可以给定一个阈值，距离满足阈值要求的认为是匹配的。另一个需要考虑的问题是，Hausdorff距离的计算比较耗时，如果机器视觉系统对时间的要求比较高，则需要慎重使用该算法。

练　习

10.1　什么是图像模板匹配？图像模板匹配的目的是什么？

10.2　设目标图像大小为1280×960，模板图像大小为256×256，计算进行模板匹配时模板需要移动的次数。

10.3　对于练习10.2所描述的图像大小和模板大小，进行两次高斯金字塔采样之后，计算进行模板匹配中模板需要移动的次数。

10.4　基于灰度值的匹配有何优缺点？

10.5　解释归一化相关系数相似度量计算公式中，每一项的具体意义。

10.6　在OpenCV中练习归一化相关系数匹配。

10.7　解释基于矩的匹配方法，说明其原理和方法，分析其优缺点。

10.8　解释基于特征点的匹配方法，说明其原理和方法，分析其优缺点。

第11章

图像特征

图像特征是从图像中提取出来的，表示图像所具有的某一种特性。特征在图像中以多种方式呈现出来，如几何特征、纹理特征。有的特征人眼可以直接观察到，有的特征不能直接观察得到，如一些特征点、梯度方向特征等。图像特征检测是指利用一些计算方法，从图像中提取出特征，如一些特殊的点、线、纹理，以及其他类型的特征。特征的表达方式有很多种，例如：直线特征可以通过数学方程或者直线中的两点来表示；特征点可以通过像素点坐标来表示；纹理特征可以通过进行纹理编码后的直方图来表示；梯度方向特征可以通过多维向量来表示。图像的特征类型有很多，检测图像特征的方法有很多。图像的特征检测非常重要，在整个机器视觉图像处理过程中属于后处理阶段，提取出图像特征之后，就可以利用特征对图像进行分类、识别、检测、测量，以及定位等操作，从而实现整个图像处理任务。几乎所有的视觉任务都离不开特征检测，因此，熟练掌握图像的特征检测算法极其重要。计算图像特征的方法有很多，如霍夫变换、梯度方向直方图（histogram of oriented gradient，HOG）、局部二元模式（local binary pattern，LBP）、SIFT（scale invariant feature transform）、灰度共生矩阵等。本章主要介绍常用的图像特征提取算法。

11.1 几何特征检测

几何特征主要指图像中的直线、圆、椭圆，以及多边形等各种几何形状，这些特征通常可以在图像中直接观察发现。检测图像中的几何特征，可以用于识别图像中包含的目标对象。几何特征检测的方法很多，如LSD（line segment detector）直线检测、基于边界的曲线拟合，以及经典的霍夫变换检测方法等。在此主要介绍霍夫变换的几何特征检测方法。霍夫(Hough)变换来源于Paul Hough在1962年获得的美国专利，该专利对直线采用斜截距参数化。Hough的专利清楚地揭示了一个关键思想，它是现在霍夫变换的基础，即图像平面中的共线点可以通过将它们映射到在变换中相交的几何结构来识别。但需要注意的是，Hough所描述的几何变换和现在为计算机视觉使用的几何变换有一定差别。现在使用的霍夫变换是1972年由Richard Duda和Peter Hart所发明，称为“广义霍夫变换”。霍夫变换是一种特征提取方法，被广泛应用于图像分析中。霍夫变换是用来提取图像中的几何特征如直线、圆、椭圆等。霍夫变换的算法流程大致如下：给定一个物件以及要辨别的形状的种类，算法会在参数空间中执行投票来决定物体的形状，而这是由累加空间里的局部最大值来决定。

11.1.1　霍夫变换直线检测

要理解霍夫变换，首先需要理解参数及参数空间的概念。参数，也叫参变量，是一个变量。在研究问题的时候，通常会关心某几个变量的变化以及它们之间的相互关系，其中有一个或一些叫自变量，另一个或另一些叫因变量。如果引入一个或一些另外的变量来描述自变量与因变量的变化，引入的变量本来并不是当前问题必须研究的变量，把这样的变量叫作参变量或参数。参数空间是指由参数构成的空间。

霍夫变换算法主要用于二值图像，因此在对灰度图像进行霍夫变换前需要对其进行二值化或进行边缘检测处理。霍夫变换是一种使用表决原理的参数估计方法，利用图像空间和霍夫参数空间的“点-线”对偶性，把图像空间中的检测问题转换到参数空间，通过在参数空间里进行简单的累加统计，然后在霍夫参数空间寻找累加器峰值的方法检测指定的对象。霍夫变换的实质是将图像空间内具有一定关系的像元进行聚类，寻找能把这些像元用某一解析形式联系起来的参数空间累积对应点。

设直线方程为$y = ax+b$，其中a为斜率，b为截距。在图像空间$x-y$中，所有共线的点(x, y)，其斜率和截距是相等的。因此，如果将a和b表示为x和y的函数，则为$b = -xa + y$，称为将图像空间转换到参数空间。由于a和b是定值，在图像空间的一条直线，霍夫变换到参数空间中就变成一个点。如果将a和b限定在一定范围的离散空间内，在图像中，寻找所有点(x, y)对应的a和b的值并建立一个累加器，如果点(x, y)计算结果与a和b所确定的离散空间中某个a和b值相同，对应累加器加1。最后统计累加器值最大的a和b的值，即找到对应的直线。图11.1是霍夫变换直线检测的原理。

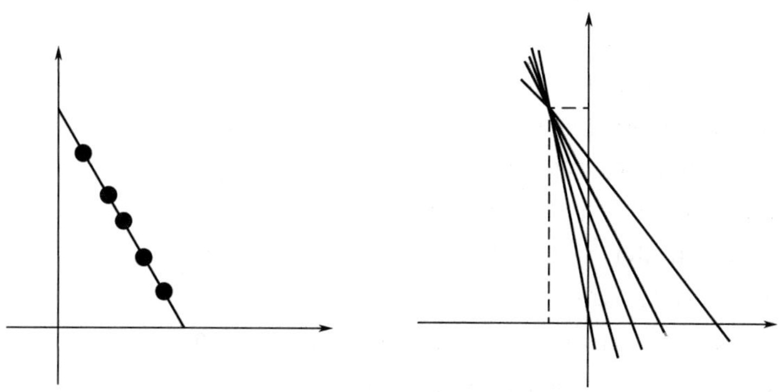

（a）图像空间的直线　　（b）参数空间的点

图11.1　霍夫变换直线检测的原理

上述检测方法有一个缺点，即当直线的斜率无穷大时，采用这种“点-线”对偶方法无法完成检测。如果将直线方程转换为极坐标的表示方式，则可以避免这种问题。直线的极坐标表示可以采用如式（11-1）所示的形式。

$$\begin{cases} x = r\cos\theta \\ y = r\sin\theta \end{cases} \tag{11-1}$$

在参数空间，也可以表示为式（11-2）所示。

$$r = x\cos\theta + y\sin\theta \tag{11-2}$$

式中，$r=\sqrt{x^2+y^2}$；$\tan\theta = y/x$。由此，确定 θ 的范围，建立累加器，则可检测出直线。通常，$\theta\in[0,\pi]$，将 θ 离散化，以1°为增量，共分为180段，由此确定（r, θ）对应的累加器最大值，即为找到的直线。如果图像中有多条直线，可以通过设定阈值的方式，只要累加器的值大于设定的阈值，即可确定为直线。霍夫变换进行直线检测的步骤如下：

① 在参数中选择合适的最大值和最小值，对参数空间进行离散化；

② 建立一个累加器，并置每一个元素为0；

③ 对图像空间中的每一点作霍夫变换，即算出该点在参数空间上的对应曲线，并在相应的累加器加1；

④ 把累加器中超过所设阈值的参数空间点进行霍夫逆变换，在图像空间进行显示。

例11-1是利用霍夫变换进行直线检测的例子。

例11-1　利用霍夫变换检测直线

C++代码：

```cpp
#include "opencv2/imgcodecs.hpp"
#include "opencv2/highgui.hpp"
#include "opencv2/imgproc.hpp"
using namespace cv;
using namespace std;
int main(int argc, char** argv)
{
    Mat dst, cdst, cdstP;
    Mat src=imread("E:/TestImage/11-1-sudoku.png", 0);
    Canny(src, dst, 50, 200, 3);
    cvtColor(dst, cdst, COLOR_GRAY2BGR);
    cdstP=cdst.clone();
    vector<Vec4i> linesP;
    HoughLinesP(dst, linesP, 1, CV_PI/ 180, 50, 50, 10);
    for (size_t i=0; i < linesP.size(); i++)
    {
        Vec4i l=linesP[i];
```

```
            line(cdstP, Point(l[0], l[1]), Point(l[2], l[3]), Scalar(0, 0, 255), 3, LINE_AA);
        }
        namedWindow("HoughLinesP", 0);
        imshow("HoughLinesP", cdstP);
        waitKey(0);
        return 0;
    }
```

Python代码：

```
import math
import cv2
import numpy as np
src=cv2.imread("E:/TestImage/11-1-sudoku.png", 0)
dst=cv2.Canny(src, 50, 200, None, 3)
cdstP=cv2.cvtColor(dst, cv2.COLOR_GRAY2BGR)
lines=cv2.HoughLines(dst, 1, np.pi/ 180, 150, None, 0, 0)
linesP=cv2.HoughLinesP(dst, 1, np.pi/ 180, 50, None, 50, 10)
if linesP is not None:
        for i in range(0, len(linesP)):
            l=linesP[i][0]
             cv2.line(cdstP, (l[0], l[1]), (l[2], l[3]), (0,0,255), 3, cv2.LINE_AA)
cv2.imshow("HoughLinesP", cdstP)
cv2.waitKey(0)
```

图11.2是例11-1的运行结果。

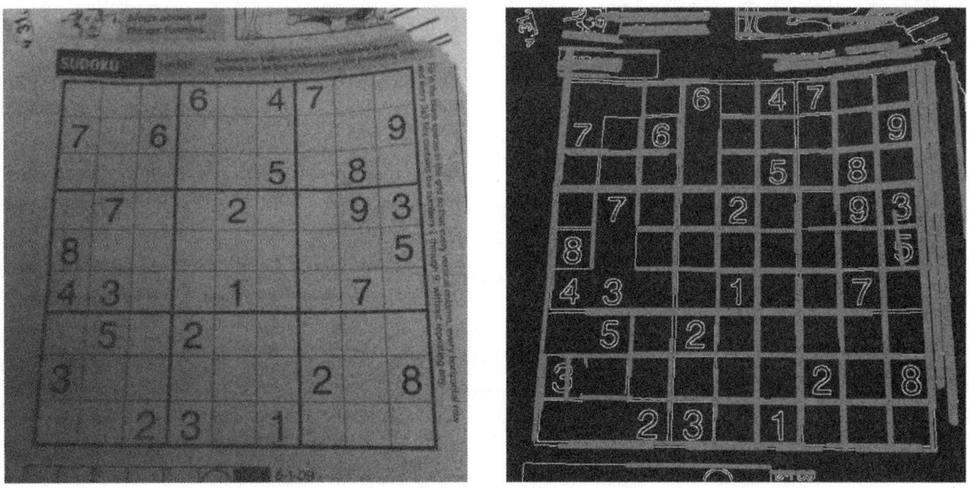

（a）原图　　（b）检测结果

图11.2 霍夫变换直线检测结果

11.1.2 霍夫变换圆检测

霍夫变换进行圆检测的原理与霍夫直线检测类似，只是点对应的二维极坐标空间被三维的圆心(x, y)和半径r空间取代。对直线来说，一条直线能在参数空间由(r, θ)表示。对于圆而言，需要三个参数来表示一个圆，即圆心坐标和半径。在笛卡儿坐标系下，圆的方程可以表示为式（11-3）所示。

$$(x-a)^2+(y-b)^2=r^2 \tag{11-3}$$

对于一个圆来讲，圆周上的坐标(x, y)不管取什么值，其对应的(a,b,r)都不变，由(a,b,r)组成的参数称为圆的参数空间。将式（11-3）变换成式（11-4）所示表示。

$$\begin{cases} a = x - r\cos\theta \\ b = y - r\sin\theta \end{cases} \tag{11-4}$$

图像的边缘任意点对应的经过这个点的所有可能圆是在三维空间由这三个参数来表示，其对应一条三维空间的曲线。与霍夫直线变换一样的原理，越多边缘点对应的三维空间曲线交于一点，那么它们经过的共同圆上的点就越多，在累加器中的值就越大，通过查找累加器中的最大值，即找到对应的圆。同样，如果图像中存在多个圆，也可以采用阈值的方法来判断一个圆是否被检测到。这就是标准霍夫圆变换的原理。霍夫变换圆检测的步骤与直线检测的步骤类似，在此就不再累述。

上述霍夫变换圆检测方法为经典的检测方法。对于霍夫变换直线检测而言，只需要两个参数，所以检测速度较快。但是，霍夫变换圆检测需要三个参数，算法复杂度比较高，资源需求较大，处理时间也比较长。因此，该方法在实际应用中是不可取的。但是，可以通过一些改进方法，让霍夫变换圆检测变得实用。比如，如果已知检测圆的半径，可以将半径参数限制在一定范围内，从而提高检测速度。例 11-2 是进行霍夫变换检测圆的例子。在 HALCON 中，为了提高圆的检测速度，将圆的半径参数r设为了固定值。

例 11-2 利用霍夫变换检测圆

C++ 代码：

```
#include "opencv2/imgcodecs.hpp"
#include "opencv2/highgui.hpp"
#include "opencv2/imgproc.hpp"
using namespace cv;
using namespace std;
int main(int argc, char** argv)
{
    Mat src=imread("E:/TestImage/11-2-smarties.png",1);
    Mat gray;
    cvtColor(src, gray, COLOR_BGR2GRAY);
    medianBlur(gray, gray, 5);
    vector<Vec3f> circles;
```

```
    HoughCircles(gray, circles, HOUGH_GRADIENT, 1,
        gray.rows/ 16,        100, 30, 1, 30
    );
    for (size_t i=0; i < circles.size(); i++)
    {
        Vec3i c=circles[i];
        Point center=Point(c[0], c[1]);
        circle(src, center, 1, Scalar(0, 100, 100), 3, LINE_AA);
        int radius=c[2];
        circle(src, center, radius, Scalar(255, 0, 255), 3, LINE_AA);
    }
    imshow("HoughCircles", src);
    waitKey(0);
    return 0;
}
```

Python代码：

```
import numpy as np
import cv2 as cv

src=cv.imread("E:/TestImage/11-2-smarties.png", 1)
gray=cv.cvtColor(src, cv.COLOR_BGR2GRAY)
gray=cv.medianBlur(gray, 5)
rows=gray.shape[0]
circles=cv.HoughCircles(gray, cv.HOUGH_GRADIENT, 1, rows/ 8,param1=100, param2=30,
minRadius=1, maxRadius=30)
if circles is not None:
    circles=np.uint16(np.around(circles))
    for i in circles[0, :]:
            center=(i[0], i[1])
            cv.circle(src, center, 1, (0, 100, 100), 3)
            radius=i[2]
            cv.circle(src, center, radius, (255, 0, 255), 3)
cv.imshow("HoughCircles", src)
cv.waitKey(0)
```

图11.3是例11-2的运行结果。

霍夫变换除了检测直线、圆等几何特征之外，也可以检测其他类型的几何特征，如椭圆等，其检测原理类似。但是，该方法随着参数的增加，计算复杂度太高，而且，对图像中的几何特征边界要求比较严格，需要比较清晰的边界。因此，在实际应用中，需要注意两点：首先，对于确定大小的几何特征，可以通过固定某些参数值，提高检测速度；其次，需要通过一些预处理方法，将几何特征边界清晰地展现出来。

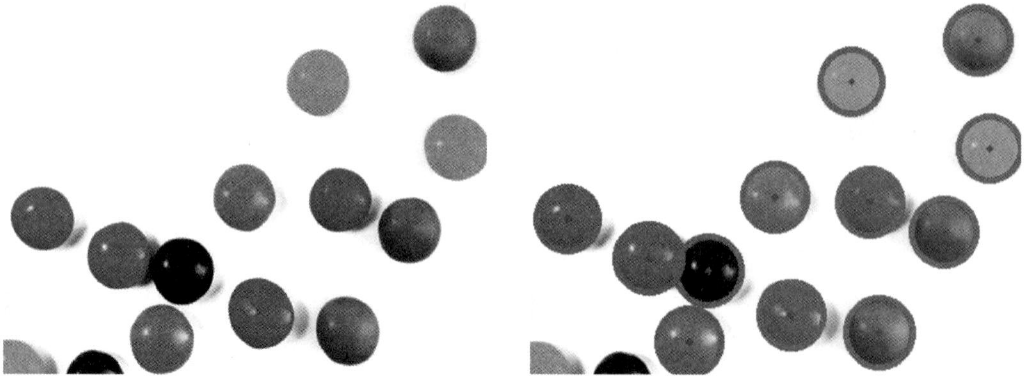

（a）原图　　（b）检测结果

图11.3　利用霍夫变换进行圆检测的结果

11.2　特征点检测

图像中的特征点主要指图像灰度值发生剧烈变化的点或者在图像边缘上曲率较大的点。在图像中，某个区域的边界曲线上的特征点一般可以通过观察发现，如曲线的角点、拐点等。但是灰度值发生变化的点不容易通过观察发现，需要通过一些计算方法提取出来。特征点通常具有仿射不变性和光照不变性等特点。特征点可以用于图像分类、图像拼接、图像识别等视觉任务。特征点检测方法有很多，如Moravec角点检测、SUSAN（small univalue segment assimilating nucleus）角点检测、Harris角点检测、Shi-Tomasi角点检测、FAST（features from accelerated segment test）特征点检测、SIFT（scale invariant feature transform）特征点检测、SURF（speeded up robust features）特征点检测、ORB（oriented fast and rotated brief）特征点检测，以及BRISK（binary robust invariant scalable keypoints）特征点检测等。在此主要介绍几种有代表性的特征点检测算法。

11.2.1　Harris角点检测

Harris角点检测算法出现之前，已经存在一些角点检测算法，但是这些方法都有一些明显的缺陷，如对噪声敏感、不具有光照不变性和旋转不变性等。Harris算法从Moravec算子改进而来，尽管如此，该算法同样具有一些缺陷。

使用一个滑动窗口在图像中滑动，可以知道：当图像是一个平坦区域，在各方向移动，窗口内像素值均没有太大变化；如果是边界，则沿着水平方向移动，像素值会发生跳变；如果沿着边缘移动，像素值不会发生变化；如果是角点，不管向哪个方向移动，像素值都会发生很大变化。像素值发生很大变化可以用图像梯度进行描述，可以采用Prewitt、Sobel等算子进行计算。

Harris算法的核心是利用局部窗口在图像上进行移动，判断灰度是否发生较大的变化。

如果窗口内的灰度值都有较大的变化，那么这个窗口所在区域就存在角点。该方法检测局部区域内的灰度变化计算公式如式（11-5）所示。

$$E_{u,v}=\sum_{x,y}w_{x,y}[f(x+u,y+v)-f(x,y)]^2 \tag{11-5}$$

式中，$f(x,y)$ 表示图像位置 (x,y) 处的灰度值；$w_{x,y}$ 可以看成是滤波器或权重系数，如果每个点的权重相同，$w_{x,y}$ 就是均值滤波器。通常，考虑到距离中心像素值远近不同，其权重有一定差别，$w_{x,y}$ 采用高斯滤波器。即 $w_{x,y}=\mathrm{e}^{-\frac{x^2+y^2}{2\sigma^2}}$。

将 $f(x+u,y+v)$ 采用泰勒级数展开近似如式（11-6）所示。

$$f(x+u,y+v)\approx f(x,y)+\left\{[f_x(x,y)\quad f_y(x,y)]\begin{bmatrix}u\\v\end{bmatrix}\right\} \tag{11-6}$$

式中，$f_x(x,y)$ 和 $f_y(x,y)$ 分别表示在 x 和 y 方向的导数。将式（11-6）带入式（11-5）并整理，得式（11-7）。

$$E_{u,v}=\sum_{x,y}w_{x,y}\left\{[f_x(x,y)\quad f_y(x,y)]\begin{bmatrix}u\\v\end{bmatrix}\right\}^2=[u\quad v]\boldsymbol{M}\begin{bmatrix}u\\v\end{bmatrix} \tag{11-7}$$

式中，$\boldsymbol{M}$ 是 2×2 的对称矩阵。如果 $w_{x,y}$ 采用高斯滤波器，则

$$\boldsymbol{M}=\mathrm{e}^{-\frac{x^2+y^2}{2\sigma^2}}\begin{bmatrix}\sum_{x,y}(f_x)^2 & \sum_{x,y}f_xf_y\\ \sum_{x,y}f_xf_y & \sum_{x,y}(f_y)^2\end{bmatrix}=\begin{bmatrix}A & C\\ C & B\end{bmatrix} \tag{11-8}$$

设矩阵 $\boldsymbol{M}$ 的特征值分别为 λ_1 和 λ_2。如果特征值在两个方向都比较大，则对应的就是角点。如果特征值在一个方向比较大，则对应的是边。如果两个特征值都很小，则对应的就是平面。为了避免求解矩阵的特征值，采用行列式的值和矩阵的迹来代替特征值 λ_1 和 λ_2。即：

$$\begin{cases}\mathrm{Trace}(\boldsymbol{M})=\lambda_1+\lambda_2=A+B\\ \mathrm{Det}(\boldsymbol{M})=\lambda_1\lambda_2=AB-C^2\end{cases} \tag{11-9}$$

定义角点相应函数 R 如下：

$$R=\mathrm{Det}(\boldsymbol{M})-k\left[\mathrm{Trace}(\boldsymbol{M})\right]^2 \tag{11-10}$$

式中，k 是常数。由此可以通过设定阈值，只有当计算出的 R 大于一定的阈值时，才认为该点是角点。

Harris 角点检测算法实现步骤如下：

① 当局部窗口同时向 x 和 y 两个方向移动时，计算窗口内部的像素值变化量 $E_{u,v}$；

② 对于每个窗口，都计算其对应的一个角点响应函数 R；

③ 设定阈值 t，当 $R>t$，表示该窗口对应一个角点特征。

例 11-3 是 HALCON 中利用 Harris 算子进行角点检测的示例程序。

例 11-3 利用 Harris 算子进行角点检测

C++ 代码：

```
#include "opencv2/highgui.hpp"
#include "opencv2/imgproc.hpp"
#include <iostream>
using namespace cv;
using namespace std;
int main(int argc, char** argv)
{
   Mat src=imread("E:/TestImage/11-3-building.jpg",1);
   Mat src_gray;
   cvtColor(src, src_gray, COLOR_BGR2GRAY);
   int blockSize=2;
   int apertureSize=3;
   double k=0.04;
   Mat dst=Mat::zeros(src.size(), CV_32FC1);
   //Harris角点检测
   cornerHarris(src_gray, dst, blockSize, apertureSize, k);
   Mat dst_norm, dst_norm_scaled;
   normalize(dst, dst_norm, 0, 255, NORM_MINMAX, CV_32FC1, Mat());
   convertScaleAbs(dst_norm, dst_norm_scaled);
   for (int i=0; i < dst_norm.rows; i++)
   {
      for (int j=0; j < dst_norm.cols; j++)
      {
           if ((int)dst_norm.at<float>(i, j) > 200)
           {
            circle(dst_norm_scaled, Point(j, i), 5, Scalar(0), 2, 8, 0);
           }
      }
   }
   namedWindow("cornerHarris",0);
   imshow("cornerHarris", dst_norm_scaled);
   waitKey();
   return 0;
}
```

Python 代码：

```
import cv2 as cv
```

```
import numpy as np
import argparse
src=cv.imread("E:/TestImage/11-3-building.jpg",1)
src_gray=cv.cvtColor(src, cv.COLOR_BGR2GRAY)
blockSize=2
apertureSize=3
k=0.04
dst=cv.cornerHarris(src_gray, blockSize, apertureSize, k)
dst_norm=np.empty(dst.shape, dtype=np.float32)
cv.normalize(dst, dst_norm, alpha=0, beta=255, norm_type=cv.NORM_MINMAX)
dst_norm_scaled=cv.convertScaleAbs(dst_norm)
for i in range(dst_norm.shape[0]):
    for j in range(dst_norm.shape[1]):
        if int(dst_norm[i,j]) > 200:
            cv.circle(dst_norm_scaled, (j,i), 5, (0), 2)
cv.namedWindow("cornerHarris",cv.WINDOW_NORMAL)
cv.imshow("cornerHarris", dst_norm_scaled)
cv.waitKey(0)
```

图11.4是例11-3运行结果。

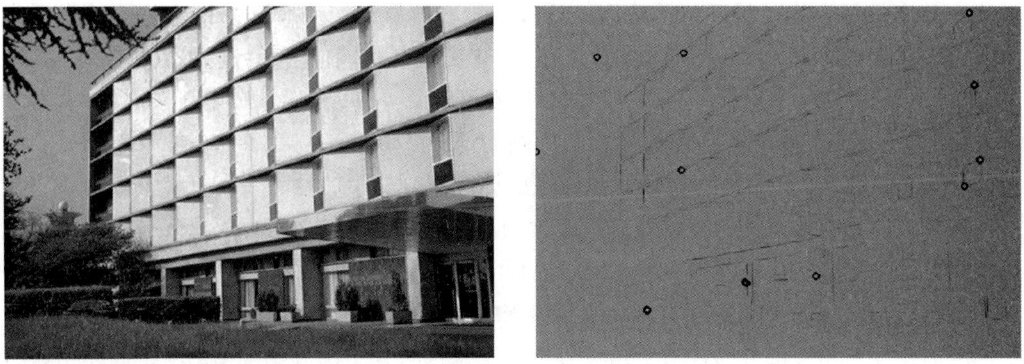

（a）原图　　（b）检测结果

图11.4 利用Harris算子进行角点检测结果

11.2.2 FAST特征点检测

FAST算法由Edward Rosten和Tom Drummond在2006年提出。它不仅计算速度快，还具有较高的精确度。该方法认为如果某像素与其周围邻域内足够多的像素点相差较大，则该像素可能是角点。由于该算法不涉及尺度、梯度等运算，因此速度非常快。它使用一定邻域内像元的灰度值与中心点比较大小去判断是否为一个角点。

设半径为r的圆周上，中心点p的像素值为I_p，在圆周上取16个像素点，设圆周上的像素值为I_x，如图11.5所示。

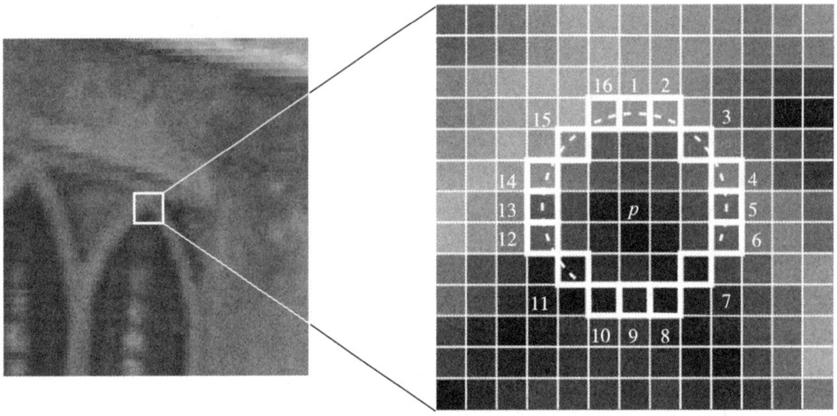

图11.5 FAST特征点检测示意

给定一个阈值t，如果在圆周上选取的16个点中，存在连续的n个像素值，如果满足下列两个条件，则认为可能是特征点。

① 一系列n个连续的像素点S，$\forall s \in S$，　$I_x \geqslant I_p + t$。

② 一系列n个连续的像素点S，$\forall s \in S$，　$I_x \leqslant I_p - t$。

所谓n个连续的像素点，指的是在圆周上16个点中，按照图11.5所示进行编号后，编号上连续的n个像素点。如果对于图像中的每一个点，都要去遍历其圆上的16个点的像素，效率较低。为了提高检测速度，通过检查在位置1、9、5和13四个位置的像素来判断是否是角点，首先检测位置1和位置9，如果它们都比阈值暗或亮，再检测位置5和位置13。如果点p是一个角点，那么上述四个像素点中至少有3个应该必须都大于I_p+t或者小于I_p-t，因为若是一个角点，超过四分之三圆的部分应该满足判断条件。如果不满足，那么点p不可能是一个角点。对于所有点做上面这一部分初步的检测后，符合条件的将成为候选的角点，再对候选的角点，做完整的检测，即检测圆上的所有点。由此得到特征点检测结果。这种方法的检测效率很高，但是也有一些缺点，比如：当设置n<12时，就不能使用这种快速算法来过滤非角点的点；检测出来的角点不是最优的，这是因为它的效率取决于问题的排序与角点的分布；对于角点分析的结果被丢弃了；可能检测到多个彼此相邻的特征。由此，编者提出了采用机器学习的方式训练一个角点分类器以及非极大值抑制方法来解决上述问题。

对于给定的多张的测试图像，首先使用上述算法找出每幅图像的特征点。对每一个特征点，将其周围的16个像素存储构成一个向量，将得到的角点存储在P中。对于图像上的每一个像素点，圆上位置为$x \in \{1 \cdots 16\}$，相对于点p表示为$p \to x$，用式（11-11）将该点分为三类。

$$\boldsymbol{S}_{p\to x} = \begin{cases} d, & I_{p\to x} \leqslant I_p - t \quad \text{(darker)} \\ s, & I_p - t < I_{p\to x} < I_p + t \quad \text{(similar)} \\ b, & I_{p\to x} \geqslant I_p + t \quad \text{(brighter)} \end{cases} \tag{11-11}$$

通过式（11-11），$\boldsymbol{S}_{p\to x}$被分成d、s、b三部分，分别记为P_d、P_s、P_b。对于训练集中

的所有可能的特征点集合记为P，显然$p \in P$。对于每个$\boldsymbol{S}_{p \to x}$都属于P_d、P_s、P_b中的一个。然后，定义K_p为布尔变量，如果点P是特征点，K_p为true，否则为false。通过ID3决策树算法计算最大信息增益来决定是否是特征点。最大信息增益用K_p的熵来衡量。计算方法如式（11-12）所示。

$$H(P) = (c+\overline{c})\log_2(c+\overline{c}) - c\log_2 c - \overline{c}\log_2 \overline{c} \tag{11-12}$$

式中，c表示角点数量；$\overline{c}$表示非角点数量。信息增益的计算方式如下：

$$H(P) - H(P_d) - H(P_s) - H(P_b) \tag{11-13}$$

为了解决从邻近的位置选取了多个特征点的问题，该方法使用非极大值抑制来解决。为每一个检测到的特征点计算它的响应大小V，这里定义为点p和它周围16个像素点的绝对偏差之和，考虑两个相邻的特征点，并比较它们的V值，V值较低的点会被删除。响应大小V计算如式（11-14）所示。

$$V = \max\left(\sum_{x \in \boldsymbol{S}_{\text{bright}}} \left|I_{p \to x} - I_p\right| - t, \sum_{x \in \boldsymbol{S}_{\text{dark}}} \left|I_p - I_{p \to x}\right| - t\right) \tag{11-14}$$

例11-4 利用FAST算法进行特征点检测。

C++代码：

```
#include <opencv2/opencv.hpp>
using namespace cv;
using namespace std;
int main(int argc, char** argv)
{
    Mat ReadImage=imread("E:/TestImage/11-4-ubc.jpg", 1);
    vector<KeyPoint> keyPoint;
    Mat FASTPointImage;
    cv::Ptr<FastFeatureDetector> fast=FastFeatureDetector::create(100, true,
FastFeatureDetector::DetectorType::TYPE_9_16);
    //FAST特征点检测
    fast->detect(ReadImage, keyPoint, Mat());
    drawKeypoints(ReadImage, keyPoint, FASTPointImage, cv::Scalar(0, 0, 255),
cv::DrawMatchesFlags::DEFAULT);
    namedWindow("FASTPointImage", 0);
    imshow("FASTPointImage", FASTPointImage);
    waitKey(0);
    return 0;
}
```

Python代码：

```
import cv2
```

```
import numpy as np
ReadImage=cv2.imread("E:/TestImage/11-4-ubc.jpg",1)
fast=cv2.FastFeatureDetector_create(100,True,cv2.FastFeatureDetector_TYPE_9_16)
keyPoint=fast.detect(ReadImage)
FASTPointImage=cv2.drawKeypoints(ReadImage,keyPoint,None)
cv2.namedWindow("FASTPointImage",cv2.WINDOW_NORMAL)
cv2.imshow("FASTPointImage",FASTPointImage)
cv2.waitKey(0)
```

图11.6是例11-4运行结果，该算法检测特征点的速度非常快。

（a）原图　　（b）检测结果

图11.6　FAST算法特征点检测结果

11.2.3　SIFT特征检测

SIFT特征检测算子是尺度不变特征点检测和描述算子，于1999年被提出，2004年算法得到完善。SIFT算子包括特征点检测和特征点描述两部分，在此只说明SIFT算子的特征点检测方法。SIFT算子通过构建高斯差分金字塔，在三维空间检测图像的局部极值，通过去除边界影响和低对比度极值点，然后通过拟合三维二次函数来精确定位关键点的位置和尺度，从而得到稳定的极值点。

SIFT算法首先在尺度空间进行极值检测，尺度空间核采用高斯核。定义图像的尺度空间为函数$L(x,y,\sigma)$，由尺度可变高斯函数$G(x,y,\sigma)$与输入图像$I(x,y)$进行卷积得到，如式（11-15）所示。

$$L(x,y,\sigma)=G(x,y,\sigma)*I(x,y) \tag{11-15}$$

式中，$G(x,y,\sigma)=\frac{1}{2\pi\sigma^2}\mathrm{e}^{\frac{-(x^2+y^2)}{2\sigma^2}}$。

为了有效地检测尺度空间中的稳定的关键点位置，SIFT算法计算了在尺度空间的高斯差分，计算方法如式（11-16）所示。

$$D(x,y,\sigma)=[G(x,y,k\sigma)-G(x,y,\sigma)]*I(x,y)=L(x,y,k\sigma)-L(x,y,\sigma) \tag{11-16}$$

高斯差分与高斯-拉普拉斯算法检测效果差不多，但是计算效率更高。图11.7是在尺度空间进行高斯差分的示意图。

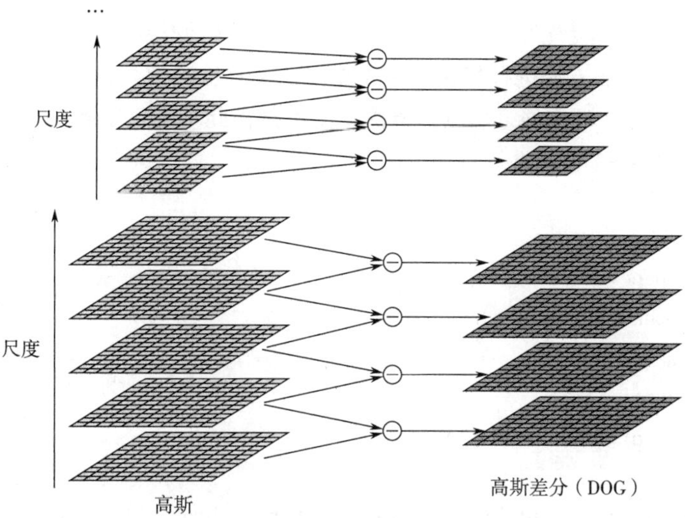

图11.7　尺度空间进行高斯差分

为了检测$D(x, y, \sigma)$的局部最大值和最小值，将每个采样点与当前图像中的八个相邻点和上下尺度中的九个相邻点进行比较。如果大于所有这些邻域或小于所有邻域点时，就认为是局部极值。

将上述方法找到的局部极值点作为候选极值点，以去除低对比度以及沿边缘定位不佳的点。利用三维二次函数拟合这些局部极值点，以确定最大值的插值位置。SIFT算法采用对尺度空间函数$D(x, y, \sigma)$进行泰勒展开的方式来确定，如式（11-17）所示。

$$D(x)=D+\frac{\partial D^T}{\partial x}x+\frac{1}{2}x^T\frac{\partial^2 D}{\partial x^2}x \tag{11-17}$$

在采样点位置计算D及其导数，$x=(x,y,\sigma)^T$。通过该函数求x的导数并将其设置为零，即得到最终的极值点$\hat{x}$。

$$\hat{x}=-\frac{\partial^2 D^{-1}}{\partial x^2}\times\frac{\partial D}{\partial x} \tag{11-18}$$

上述方法仅消除了低对比度的点，由于高斯差分函数沿边缘也会有强烈的响应，所以这类点也需要去除。SIFT借鉴了Harris的方法，采用2×2的Hessian计算主曲率。最终采用式（11-19）所示方式过滤掉这类点。

$$\frac{\mathrm{Trace}(\boldsymbol{H})^2}{\mathrm{Det}(\boldsymbol{H})}<\frac{(r+1)^2}{r} \tag{11-19}$$

式中，$\boldsymbol{H}$表示Hessian矩阵，$\boldsymbol{H}=\begin{bmatrix} D_{xx} & D_{xy} \\ D_{xy} & D_{yy} \end{bmatrix}$；Trace和Det分别表示矩阵的迹和行列式的值。通过设置r的大小，实现去掉边缘响应点的效果。

上述就是SIFT算子检测特征点的大致过程，详细的过程见参考文献[31]。该算法检测出来的特征点稳定，不受光照变化的影响，不受图像仿射变换的影响。但是，其计算速度较慢，需要采用一定的方法进行优化加速才能用在实时检测中。作为特征点检测算子中影响比较大的一种算子，后来很多特征点检测算子都是在此基础上发展出来的。

例 11-5　利用SIFT算法进行特征点检测。

C++代码：

```
#include <opencv2/opencv.hpp>
#include <opencv2/features2d.hpp>
using namespace cv;
using namespace std;
int main(int argc, char** argv)
{
    Mat ReadImage=imread("E:/TestImage/11-5-boat.bmp", 0);
    vector<KeyPoint> keyPoint;
    Mat SIFTPointImage;
    Ptr<SIFT> sift=SIFT::create(0, 3, 0.1, 10, 1.6);
    sift->detect(ReadImage, keyPoint);
    drawKeypoints(ReadImage, keyPoint, SIFTPointImage, cv::Scalar(0, 0, 255),
cv::DrawMatchesFlags::DEFAULT);
    namedWindow("SIFTPointImage", 0);
    imshow("SIFTPointImage", SIFTPointImage);
    waitKey(0);
    return 0;
}
```

Python代码：

```
import cv2
import numpy as np
ReadImage=cv2.imread("E:/TestImage/11-5-boat.bmp",0)
sift=cv2.SIFT_create(0,3,0.1,10,1.6)
keyPoint=sift.detect(ReadImage)
SIFTPointImage=cv2.drawKeypoints(ReadImage,keyPoint,None)
cv2.namedWindow("SIFTPointImage",cv2.WINDOW_NORMAL)
cv2.imshow("SIFTPointImage",SIFTPointImage)
cv2.waitKey(0)
```

图11.8是OpenCV中使用SIFT算子检测出来的特征点，有兴趣的读者可以查阅相关资料，在此不再详述。

（a）原图　　（b）检测结果

图11.8　利用SIFT算子检测特征点

11.3　HOG特征

梯度特征有很多种，如第7章介绍的边缘检测，所利用的就是图像的梯度特征。在此专门介绍另一种梯度特征，称为梯度方向直方图。该方法最早是由法国人Dalal等在2005年的IEEE国际计算机视觉与模式识别会议（IEEE Conference on Computer Vision and Pattern Recognition，CVPR）上提出来的，包含一种解决人体目标检测的图像描述算子，这是一种用于表征图像局部梯度方向和梯度强度分布特性的描述符。HOG算法的主要思想是，在边缘具体位置未知的情况下，边缘方向的分布也可以很好地表示行人目标的外形轮廓。

梯度方向的计算方法可以参见7.1节的内容。要理解HOG特征，需要理清楚几个概念：首先是窗口（window）的概念,窗口由用户设置其大小，窗口在图像上滑动，将图像分成多个部分；其次是块（block）的概念，块的大小同样由用户设置，块在窗口上以一定步长滑动，将窗口分为多个块，窗口大小设置成块大小的整数倍；然后是单元格（cell），单元格的大小由用户设定，单元格在块上不滑动，将块分割成多个相同大小的单元格；最后是bins，bins是指将梯度方向划分的区间数量。例如，如果在180°内划分9个bins，则每个bins间隔20°，将计算出的梯度方向分别对应在各自的bins内，由此得到梯度方向直方图。图11.9是关于窗口、块和单元格的图示。

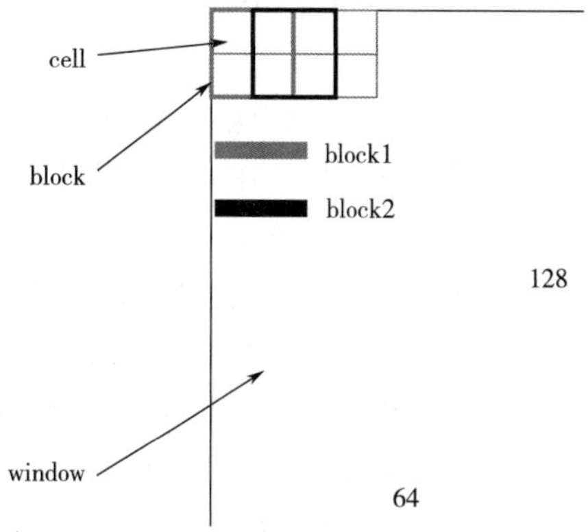

图11.9　HOG算子各概念图示

假设图像大小为64×128，窗口大小也是64×128，块大小为16×16，块的滑动步长为8，单元格大小为8×8，bins的数量为9，通常窗口和滑动步长和块的滑动步长一致，由此可以计算得到HOG特征数量为：

$$\left(\frac{64-64}{8}+1\right)\times\left(\frac{128-128}{8}+1\right)\times\frac{64-8}{8}\times\frac{128-8}{8}\times\frac{16}{8}\times\frac{16}{8}\times 9=3780 \tag{11-20}$$

在计算窗口在图像中的滑动次数时，需要将结果向下取整。因此，如果图像大小为70×128，窗口在图像上的滑动次数为：

$$\left(\frac{70-64}{8}+1\right)\times\left(\frac{128-128}{8}+1\right)=1.75 \tag{11-21}$$

即式（11-21）向下取整之后为1，如果图像大小为72×128，其他条件与上面一致，则HOG特征数量为：

$$\left(\frac{72-64}{8}+1\right)\times\left(\frac{128-128}{8}+1\right)\times\frac{64-8}{8}\times\frac{128-8}{8}\times\frac{16}{8}\times\frac{16}{8}\times 9=7560 \tag{11-22}$$

采用HOG算子计算出的特征需要进行归一化处理，由此可以避免光照变化对结果的影响。

HOG算子将图像分割成多个窗口，然后将窗口分割成多个块，再将块分割成多个单元格，最后统计每个单元格上的梯度方向，将每个方向归纳到各自的角度区间，由此得到图像的特征描述算子。该描述算子常结合SVM（支持向量机）算法实现图像分类，具有很好的效果。HOG作为影响深远的一种特征计算方法，有必要掌握该算法的原理，在OpenCV中有对应的函数，有兴趣的读者可以查阅相关资料，在此不再详述，在附录中将展示该算法的应用。图11.10是计算出的HOG算子部分结果示意图。

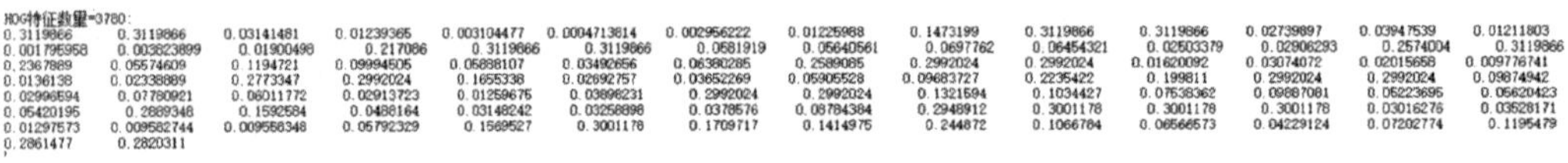
```
HOG特征数量=3780:
0.3119866    0.3119866    0.03141481   0.01239365   0.003104477  0.0004713814 0.002956222  0.01225988   0.1473199    0.3119866    0.3119866    0.02739897   0.03947539   0.01211803
0.001795958  0.003823899  0.01900498   0.217086     0.3119866    0.3119866    0.0581919    0.05640561   0.0697762    0.06454321   0.02503379   0.02906293   0.2574004    0.3119866
0.2367889    0.05574609   0.1194721    0.09994505   0.05888107   0.03492656   0.06380285   0.2589085    0.2992024    0.2992024    0.01620092   0.03074072   0.02015658   0.009776741
0.0136138    0.02338889   0.2773347    0.2992024    0.1655338    0.02692757   0.03652269   0.05905528   0.09683727   0.2235422    0.199811     0.2992024    0.2992024    0.09874942
0.02996594   0.07780921   0.06011772   0.02913723   0.01259675   0.03898231   0.2992024    0.2992024    0.1321594    0.1034427    0.07538362   0.09887081   0.05223695   0.05620423
0.05420195   0.2889348    0.1592584    0.0488164    0.03148242   0.03258898   0.0378576    0.08784384   0.2948912    0.3001178    0.3001178    0.3001178    0.03016276   0.03528171
0.01297573   0.009582744  0.009568348  0.05792329   0.1569527    0.3001178    0.1709717    0.1414975    0.244872     0.1066784    0.06566573   0.04229124   0.07202774   0.1195479
0.2861477    0.2820311
```

图11.10 HOG算子结果示意

11.4 纹理特征

纹理特征作为图像的一种重要特征，它主要反映图像在空域的灰度分布，描述图像对应物体的表面属性。作为一种统计特征，纹理常常具有旋转不变性，它不是基于像素点的统计。人类对纹理的研究可以追溯到1960年。纹理在计算机视觉中扮演着重要的角色。传统应用纹理分析的领域包括生物医学图像分析、工业检验、分析卫星或航空影像、文件图像分析和纹理合成计算机图形或动画。从多光谱遥感数据到显微镜图像中可以看出，图像纹理可以提供关于物体的表面物理性质的信息，例如光滑度或粗糙度、表面反射率等。纹理虽然很容易用肉眼识别，但却没有一个统一的定义。纹理特征分析的方法很多，如灰度共生矩阵（gray-level co-occurrence matrix，GLCM）、局部二元模式（local binary pattern，LBP）、小波变换、马尔可夫随机场模型（MRF模型）、Gibbs模型、高斯马尔可夫随机场模型(GMRF模型)、同步自回归模型，以及分形理论等。本章主要介绍经典的图像纹理特征提取算法。

11.4.1　灰度共生矩阵

灰度共生矩阵是一个统计局部或整个区域相邻像素或间隔一定距离像素内灰度的某种关系的矩阵，该矩阵中的值代表图像灰度之间的联合条件概率密度。灰度共生矩阵通常是指像素距离和角度关系的矩阵。设集合S为目标区域R中具有某种空间关系的像素对集合，则其共生矩阵***GLCM***可以定义为式（11-23）所示。

$$\boldsymbol{GLCM}(p_i,p_j\mid d,\theta)=\{[(x_i,y_i),(x_j,y_j)]\in S\mid f(x_i,y_i)=p_i\ \&\ f(x_j,y_j)=p_j\}\quad(11\text{-}23)$$

式中，p_i和p_j代表灰度值为p_i和p_j的像素对；d和θ表示像素对之间的某种关系，比如d可以代表像素p_i和p_j的距离，θ可以代表p_i和p_j两点连线与水平方向的角度。

图11.11是灰度共生矩阵的计算示意图。计算的是水平方向距离为1的灰度共生矩阵。以（4，1）像素对为例，***GLCM***（4，1）值为2说明有两对灰度为4和1的像素水平相邻。灰度共生矩阵反映了不同灰度级别的相对位置关系。

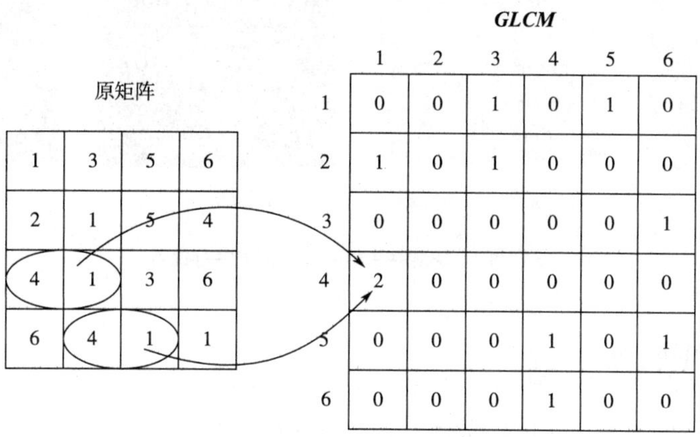

图11.11　灰度共生矩阵计算示意图

灰度共生矩阵一般不直接使用，而是在此矩阵基础上再进行一些特征量的计算。如式（11-23）到式（11-29）所示。

均值：
$$\text{Mean}=\sum_{p_i}\sum_{p_j}\boldsymbol{GLCM}(p_i,p_j)*p_i\quad(11\text{-}24)$$

方差：
$$\text{Variance}=\sum_{p_i}\sum_{p_j}\boldsymbol{GLCM}(p_i,p_j)*(i-\text{Mian})^2\quad(11\text{-}25)$$

纹理二阶矩：
$$\text{ASM}=\sum_{p_i}\sum_{p_j}\boldsymbol{GLCM}(p_i,p_j)\quad(11\text{-}26)$$

熵：
$$\text{Entropy} = -\sum_{p_i}\sum_{p_j} \boldsymbol{GLCM}(p_i, p_j)\lg[\boldsymbol{GLCM}(p_i, p_j)] \tag{11-27}$$

对比度：
$$\text{Contrast} = \sum_{p_i}\sum_{p_j} |p_i - p_j| \boldsymbol{GLCM}(p_i, p_j) \tag{11-28}$$

统一性：
$$W_H = \sum_{p_i}\sum_{p_j} \frac{\boldsymbol{GLCM}(p_i, p_j)}{1 + |p_i - p_j|} \tag{11-29}$$

相关性：
$$\text{Correlation} = \sum_{p_i}\sum_{p_j} \frac{(p_i - \text{Mean}) * (p_j - \text{Mean}) * \boldsymbol{GLCM}(p_i, p_j)^2}{\text{Variance}} \tag{11-30}$$

通过计算灰度共生矩阵以及相关的特征量，可以实现图像识别、分类的任务。OpenCV没有直接提供计算灰度共生矩阵的函数，感兴趣的读者可以自行实现。图11.12是采用HACLON计算的图像上某一块区域的灰度共生矩阵，并同时计算了其他一些特征，仅供参考。

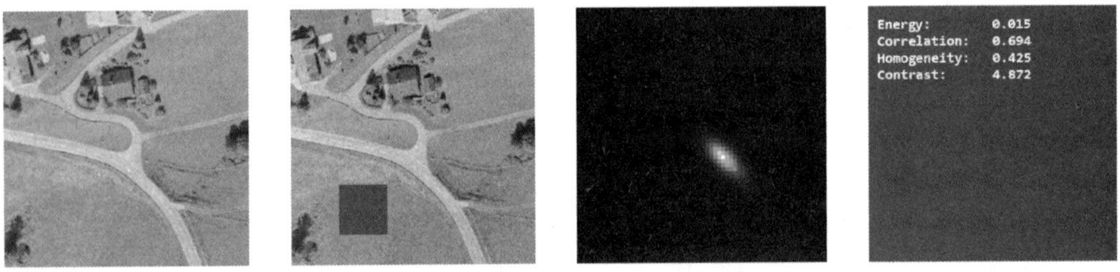

（a）原图　（b）原图上某块区域　（c）灰度共生矩阵　（d）特征计算结果

图11.12　灰度共生矩阵以及相关特征计算

11.4.2　LBP特征

LBP称为局部二元模式，于1996年提出，在2002年进行了进一步完善。该算子主要用于图像局部纹理编码，该算子具有灰度不变性和旋转不变性等优点，并且，该算子计算简单，速度快。原始的LBP算子存在一些缺陷，在此基础上，提出了很多改进的LBP编码算法。

原始LBP采用3×3的邻域大小进行编码。对于图像中每一个像素，取以该像素为中心的3×3邻域像素作为一个邻域。LBP编码方式是将邻域内每个像素与中心像素进行大小比较，结果为“1”或“0”。将比较结果组合在一起，得到中心像素的二元表示结果。图11.13是基本的LBP编码示意图。

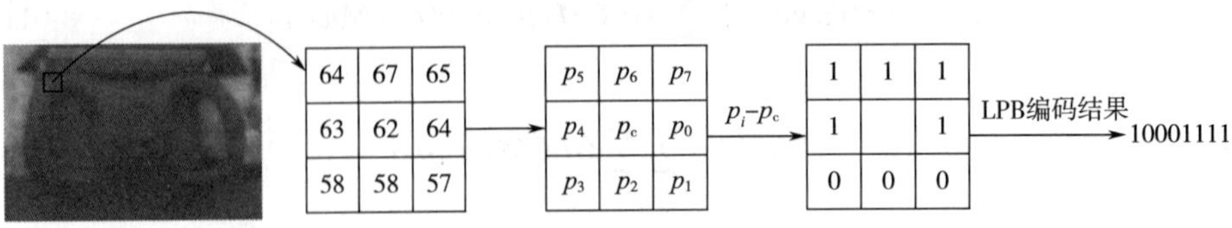

图11.13　基本的LBP编码示意图

对于图像中每一个像素，都采用图11.13所示方式进行编码，将得到一个8位二进制串，之后，将每个8位二进制串转换为十进制，即为最终编码后的图像。图11.15是进行LBP编码后的图像结果。从图11.13可以看出，进行编码之后，图像中的纹理特征更加明显。

本质上，LBP编码也是采用梯度信息，只是该算子采用的是中心像素和邻域像素的联合梯度分布来表达图像纹理。但是，原始的LBP编码不具有旋转不变性，由此提出了很多改进的编码方式，其中一种是原作者将3×3邻域扩展到任意邻域，并用圆形邻域代替了正方形邻域，改进后的LBP算子允许在半径为R的圆形邻域内有任意多个像素点。从而得到了诸如半径为R的圆形区域内含有P个采样点。图11.14是这种采样方式的示意图。图11.15为LBP编码结果。

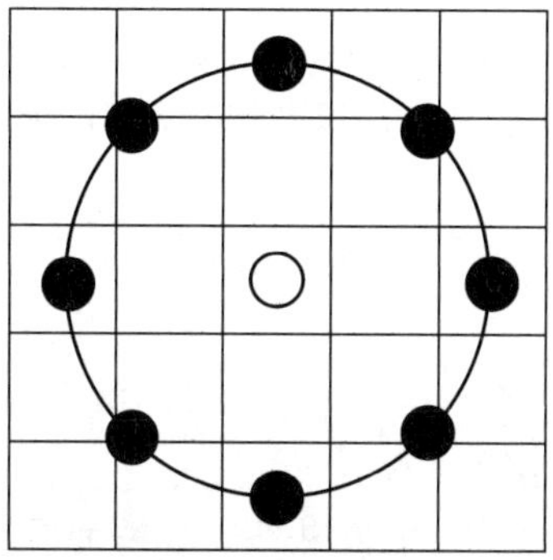

图11.14 圆形LBP编码的像素点分布

采用这种方式进行编码，圆周上的点并不一定落在图像中某个像素点的位置上，为此，需要对这些位置点进行插值计算来得到。设圆周半径r=2，采样点数量为8，则每个采样点的位置采用式（11-30）的方式进行计算。

$$\begin{cases} x_p = x_c + r\cos\dfrac{2\pi p}{P} \\ y_p = y_c + r\sin\dfrac{2\pi p}{P} \end{cases} \tag{11-31}$$

式中，(x_c, y_c)为采样点中心位置；(x_p, y_p)为采样点位置；P为采样点数量；p为某个采样点编号。通过式（11-30）计算出采样位置之后，就可以通过插值算法得到相应的像素值，常用的插值算法是双线性插值。

（a）原图　（b）原始LBP编码　（c）改进LBP编码

图11.15 LBP编码结果

尽管OpenCV没有直接提供计算LBP编码的函数，但是，在OpenCV中有相关的源代码可供参考。作为一种影响比较大的局部纹理算子，有必要了解该算法的原理以及应用。该算法主要用于图像分类，比如人脸分类。其使用方法通常是将编码后的图像进行直方图统计，然后，将直方图特征作为训练特征来训练分类器，最后进行识别。但是，直方图没有位置信息，为了保留图像中的位置信息，更常见的做法是将编码后的图像进行分块，分别统计每一块的直方图，然后，将这些直方图直接连接在一起作为训练特征。除了上面提到的改进方法之外，还有很多种改进方法，有兴趣的读者可以查阅相关资料。

图像特征检测方法有很多，掌握相关的特征检测方式是实现机器视觉系统的关键。本质上讲，所有的图像处理任务，到最后都是将图像用某一种特征进行表达。然后，根据特征对图像进行分类、识别、检测，以及测量和定位等任务。除了本章介绍的几种特征之外，像图像直方图、熵、均值、方差、相关性、边缘特征等，也是在机器视觉中常用的图像特征，需要熟练掌握这些特征计算方法以及相关算子的使用。

练　习

11.1　简述霍夫变换的原理和步骤。

11.2　仿照例11-2，利用霍夫变换检测图11.16中的圆。

图11.16　练习11-2图

11.3　简述Harris角点检测的原理和步骤。

11.4　FAST特征点检测有哪些优缺点？

11.5　SIFT特征点检测有哪些优缺点？

11.6　设图像大小为100×100，计算HOG特征时，窗口大小为64×64，块大小为16×16，块的滑动步长为8，单元格大小为8×8，bins的数量为9，试计算该HOG特征的数量。

11.7　什么是灰度共生矩阵？

11.8　简述基本的LBP算法的计算过程。

第12章

机器学习

人类认识某个事物或对象是因为在人脑中有一个学习过程。比如，教小孩认识某个物品，之后见到类似的物品，就可以叫出该物品的名称。机器学习是指用计算机模拟人的学习过程，学习之后实现对目标对象的识别或分类。

机器学习的推动者主要有卡内基梅隆大学Tom Mitchell教授，加州大学伯克利分校Michael Jordan教授和美国科学院院士Larry Wasserman等。按照学习方法，通常将机器学习分为有监督学习、弱监督学习和无监督学习。有监督学习是在已知一个模型的基础上，将输入映射到输出，比如给定多张图像，并人为指定每一张图像的类别或名称标签，将图像和标签输入计算机，计算机就记住了每张图像及其标签，此后再输入相同类别图像，计算机就可以自动识别其类别或名称。弱监督学习是利用少量标签数据和大量无标签数据进行算法改善，挖掘隐藏在数据背后的规律，从而实现目标对象的识别。而无监督学习则没有任何数据标签，它通过对无标记训练样本的学习来揭示数据内在的规律，将样本点划分为若干类，属于同一类的样本点非常相似，属于不同类的样本点不相似。

机器学习方法发展了几十年，已经涌现出多种学习算法，如决策树、随机森林、K-近邻、支持向量机、多层感知机、聚类、自编码器、深度学习、强化学习、迁移学习等。目前，机器学习方法在实际生产中已经有应用。机器学习算法原理比较难，对于应用而言，主要掌握相关算法的应用。因此，本章主要简单介绍几种常用的机器学习方法。

12.1 K-近邻算法

K-近邻（K-nearest neighbor，KNN）是一种最经典和最简单的有监督学习方法之一。该算法的核心思想是，如果一个样本在特征空间中的k个最临近的样本中，与最多的一类训练样本接近，则这个样本就属于这一类训练样本类别。如图12.1所示，要判断图中的黑色小圆圈属于哪一类，在k=3的时候，与三角形样本接近的数量是2，与圆样本接近的数量是1，则黑色小圆圈属于三角形样本类别。当k=6时，与三角形样本接近的数量是2，与圆样本接近的数量是4，则黑色小圆圈属于圆形样本类别。

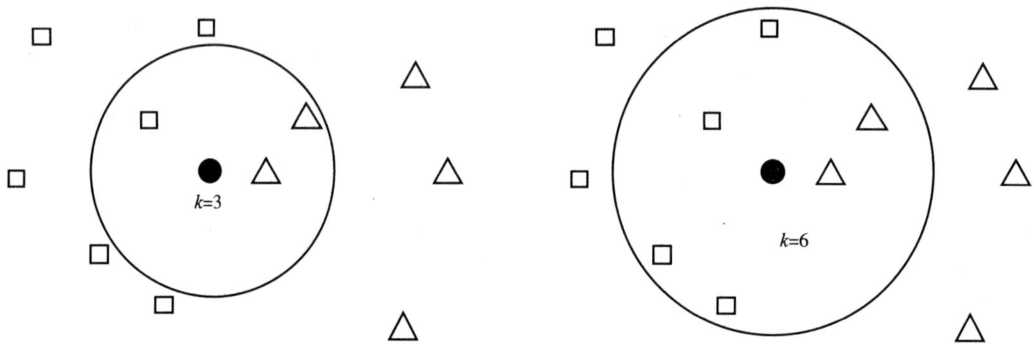

（a）k=3　　（b）k=6

图12.1　KNN算法示意

显然，K-近邻算法中的k值选取至关重要。当k选择不同的值时，可能得到不同的分类结果。对于k值的选择，没有一个固定的经验，选择较小的k值，就相当于用较小的区域中的训练实例进行预测，训练误差会减小，只有与输入实例较近或相似的训练实例才会对预测结果起作用，与此同时带来的问题是泛化误差会增大。

选择较大的k值，就相当于用较大区域中的训练实例进行预测，其优点是可以减少泛化误差，但缺点是训练误差会增大。这时候，与输入实例较远的训练实例也会对预测起作用，使预测发生错误。

一种更好的选择k值的方式是通过交叉验证的方式来选择。将样本数据按照一定比例分为训练数据集和验证数据集。开始选择一个较小的k值，然后，不断增加k值，计算在验证集中的分类错误率。通常，随着k值的增加，分类错误率刚开始会下降，然后再上升，由此，找到分类错误率最小时的k值，即为选择结果。

除了k值的选择之外，K-近邻算法的距离度量方式也对结果有影响。常用的距离度量方式有欧氏距离、曼哈顿距离、闵可夫斯基距离等。关于各种距离的定义请参见3.5.5小节。

K-近邻算法的具体计算过程可以描述如下：

① 输入训练集数据和标签，输入测试数据；

② 计算测试数据与各个训练数据之间的距离；

③ 按照距离的递增关系进行排序，选取距离最小的k个点；

④ 确定前k个点所在类别的出现频率，返回前k个点中出现频率最高的类别作为测试数据的预测分类。

相比其他算法，K-近邻算法简洁明了，模型训练时间快，预测效果好，对异常值不敏感。但是，该算法的在特征数比较多时，计算量很大，如果样本各类别数量不平衡时，对样本比较少的类别，其预测准确率比较低。附录中有使用K-近邻算法的C++代码示例，相关的Python代码将不再提供，感兴趣的读者可以查阅相关资料，在此不再详述。

12.2 多层感知机

多层感知机（multilayer perceptron，MLP）属于人工神经网络中的一种。1943年，美国神经科学家Warren Sturgis McCulloch和数理逻辑学家Walter Pitts从生物神经元的结构上得到启发，提出了人工神经元的数学模型，这进一步被美国神经物理学家Frank Rosenblatt发展并提出了感知机（perceptron）模型。1957年，Frank Rosenblatt在一台IBM-704计算机上面模拟实现了他发明的感知机模型，这个网络模型可以完成一些简单的视觉分类任务，比如区分三角形、圆形、矩形等。图12.2是最早的感知机模型。

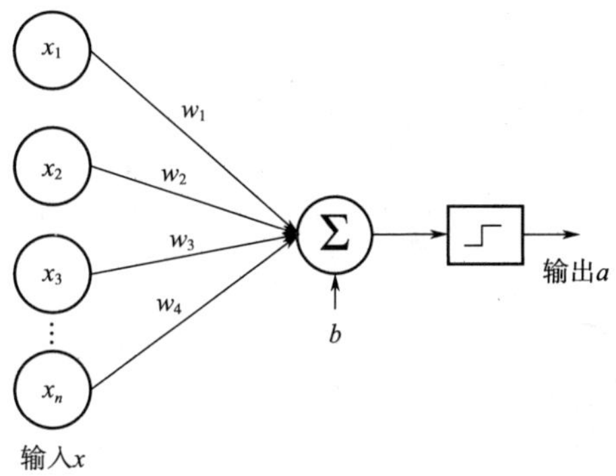

图12.2　最早的感知机模型

最早的感知机模型只有输入层和输出层，输入是n维向量$\boldsymbol{x}=[x_1,x_2,\cdots,x_n]$，每个节点通过权值$w_i$连接，如式（12-1）所示。

$$z = w_1x_1 + w_2x_2 + \cdots + w_nx_n + b \tag{12-1}$$

式中，b称为感知机的偏值（bias）。写成向量形式如式（12-2）所示。

$$z = \boldsymbol{w}^{\mathrm{T}}\boldsymbol{x} + b \tag{12-2}$$

感知机是线性模型，不能处理线性不可分问题，可以在线性模型后添加激活函数，如式（12-3）所示。

$$a = \sigma(z) = \sigma(\boldsymbol{w}^{\mathrm{T}}\boldsymbol{x} + b) \tag{12-3}$$

激活函数有很多种，如式（12-4）所示为采用阶跃函数作为激活函数。

$$a = \begin{cases} 1 & \boldsymbol{w}^{\mathrm{T}}\boldsymbol{x} + b \geqslant 0 \\ 0 & \boldsymbol{w}^{\mathrm{T}}\boldsymbol{x} + b < 0 \end{cases} \tag{12-4}$$

所谓激活函数代表了一个阈值，表示神经元的感知达到某一个阈值时，就切换到某一种输出。添加激活函数之后，感知机可以用来完成二分类问题。激活函数不能是线性函数。

以上所介绍的是最早的感知机模型，也称为单层感知机。多层感知机从单层感知机推广而来。多层感知机与单层感知机的基本原理是差不多的，理解单层感知机有利于理解多层感知机。多层感知机在输入层和输出层之间增加了隐藏层。隐藏层的数量并没有规定，最简单的多层感知机的隐藏层只有一层。多层感知机是一种前向结构的人工神经网络，映射一组输入向量到一组输出向量。它由多个节点层组成，每一层全连接到下一层。除了输入节点，每个节点都是一个带有非线性激活函数的神经元。1986年，Rummelhart、McClelland，以及Hinton在多层感知机中使用反向传播算法的监督学习方法来训练，采用Sigmoid函数进行非线性映射，有效解决了非线性分类和学习的问题。图12.3是多层感知机的模型。

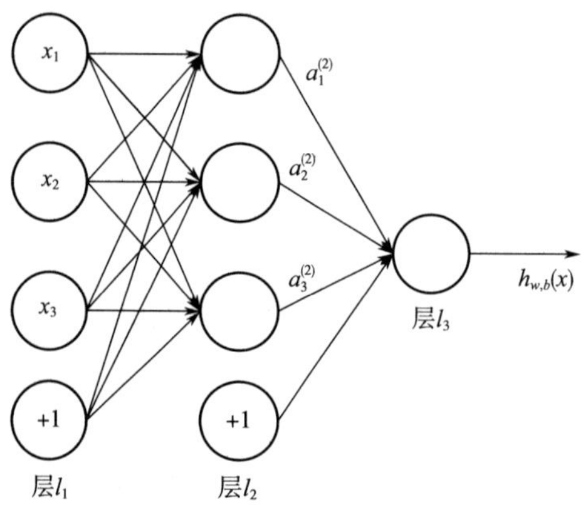

图12.3 多层感知机模型

从图12.3可以看出，多层感知机的层与层之间是全连接的，激活函数Sigmoid函数形式如式（12-5）所示。

$$\sigma(x)=\frac{1}{1+\mathrm{e}^{-x}} \tag{12-5}$$

与单层感知机类似，使用激活函数能够给神经元引入非线性因素，使得神经网络可以任意逼近任何非线性函数，这样神经网络就可以利用到更多的非线性模型中。如果不使用活函数，每一层输出都是上层输入的线性函数，无论神经网络有多少层，输出都是输入的线性组合。激活函数通常需要满足以下性质：

① 连续并可导（允许少数点上不可导）的非线性函数。可导的激活函数可以直接利用数值优化的方法来学习网络参数。

② 激活函数及其导函数要尽可能地简单，有利于提高网络计算效率。

③ 激活函数的导函数的值域要在一个合适的区间内，不能太大也不能太小，否则会影响训练的效率和稳定性。

以只有一个隐藏层的多层感知机为例，其计算可以描述为以下过程：

① 与式（12-1）类似，将所有输入表达为权重和偏值的函数，如式（12-6）所示。

$$\begin{cases} z_1=w_{11}x_1+w_{12}x_2+\cdots+w_{1n}x_n+b_1 \\ z_2=w_{21}x_2+w_{22}x_2+\cdots+w_{2n}x_n+b_2 \\ \quad\vdots \\ z_n=w_{n1}x_1+w_{n2}x_2+\cdots+w_{nn}x_n+b_n \end{cases} \tag{12-6}$$

② 与式（12-3）类似，添加激活函数，多层感知机的激活函数常采用Sigmoid函数。添加激活函数，得到输出结果。

③ 根据输出结果与实际结果的差异，建立损失函数，对损失函数进行优化，直到损失最小，也就是输出结果与实际结果一致。损失函数有很多种，比如交叉熵损失函数、均方差损失函数等。

在③对损失函数进行优化的过程中，采用的是梯度下降法。假设损失函数采用的是均方差损失函数，如式（12-7）所示。

$$L=\frac{1}{2}\sum_{i=1}^{n}(o_i-t_i)^2 \tag{12-7}$$

式中，o_i表示输出结果；t_i表示实际结果。为了让损失最小，即让输出结果与实际结果一致，需要对损失函数进行优化，根据梯度的概念，梯度的方向表示函数值上升最快的方向，反之，梯度的反方向就是函数值下降最快的方向。输出结果o_i与权重和偏值有关，因此，可以认为o_i是关于权重w和偏值b的函数。同理，求损失函数最小，就可以采用损失函数对权重w和偏值b求偏导数，得到梯度，设置梯度下降的步长，也称为学习率，根据学习率更新权重和偏值，再次计算第二步和第三步，直到损失函数最小，即为最后的结果，其结果实际上是将输入表示为权重和偏值的函数。多层感知机用到了反向传播算法，所谓反向传播是指由于输入结果与输出结果有误差，因此计算估计值与实际值之间的误差，并将该误差从输出层向隐藏层反向传播，直至传播到输入层。采用的方法是梯度下降法，求导的方法采用的是链式求导法则。

通过以上步骤，就建立了多层感知机的训练模型，其结果可以类似描述为每一个训练样本都表示为某些权重和偏值的函数。其中，权重和偏值是训练好的已知的参数。由此，当一个新的样本需要识别时，将该样本同样表示为权重和偏值的函数，通过比较与训练模型中哪一类样本最接近，就识别为哪一类。

以上只是关于多层感知机的简单介绍，详细的公式推导在此就不再详述，感兴趣的读者可以查阅相关资料。在视觉图像处理中，多层感知机应用比较少，但是了解其原理，对于学习其他机器学习尤其是深度学习算法有一定帮助，附录中有使用多层感知机的C++代码示例，相关的Python代码将不再提供，感兴趣的读者可以查阅相关资料，在此不再详述，通过解读该示例程序可以熟悉多层感知机的使用方法。

12.3 支持向量机

支持向量机算法最初是用来处理二分类问题的，是一种有监督学习的分类算法。单层感知机算法出现的时候，引起了人工神经网络的学习热潮。1969年，Marvin Lee Minsky提出了著名的异或（XOR）问题和感知机数据线性不可分的情形。此后,神经网络的研究几乎处于停滞状态。直到20世纪80年代提出多层感知机和Sigmoid函数，有效解决了非线性分类和学习的问题。但是，自20世纪90年代以来，支持向量机（support vector machine，SVM）的出现，让多层感知机遇到了强劲的对手。支持向量机的理论相对比较复杂，要掌据其原理需要一定的理论知识。在此只作简单的介绍，要深刻理解该算法，还需要查询相关的资料。

如图12.4所示，在一个二维平面上有两类点数据，圆和三角形，可以找一条直线将两类点分开。这个将数据分开的直线称为超平面，在二维平面上超平面是一条直线，在三维空间上是一个平面，在更高维空间以此类推。这个超平面也是数据分类的决策边界。以图12.4所示的二维平面上的点为例，这类直线有很多，但是，哪一条直线是最好的呢？

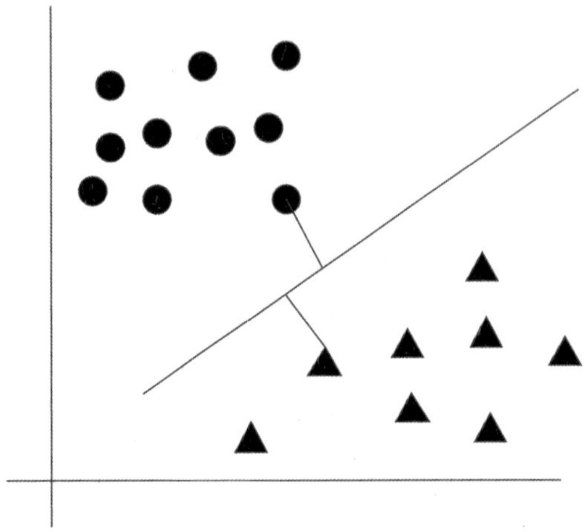

图12.4　支持向量机示意

支持向量机希望构造这样一种分类器，即如果数据点离分类超平面的边界越远，那么其后面的预测结果越可信。因此，支持向量机在寻找距离超平面最近的点，让这些点距离超平面尽可能距离最大。支持向量就是指距离超平面最近的那些点。该方法就是要最大化支持向量到超平面的距离，需要找到解决该问题的优化方法。设点 $p(x_0, y_0)$，直线 $l: ax + by + c = 0$。点到直线的距离可以表示为式（12-8）所示。

$$d = \frac{|ax_0 + by_0 + c|}{\sqrt{a^2 + b^2}} \tag{12-8}$$

将直线方程写成向量的形式如式（12-9）所示。

$$\boldsymbol{w}^{\mathrm{T}}\boldsymbol{x} + b = 0 \tag{12-9}$$

式中，$\boldsymbol{w}$ 对应列向量 $\begin{bmatrix} a \\ b \end{bmatrix}$；$\boldsymbol{x}$ 对应列向量 $\begin{bmatrix} x \\ y \end{bmatrix}$。因此，对于数据点 $\boldsymbol{x}_i$ 到直线的距离可以表示为式（12-10）所示。

$$d_i = \frac{|\boldsymbol{w}^{\mathrm{T}}\boldsymbol{x}_i + b|}{\|\boldsymbol{w}\|} \tag{12-10}$$

对于每一类输入数据，都有一类标签，以二分类问题为例，设标签label用“1”和“−1”表示，分别代表两种类型。如果数据处于正方向并且距离超平面很远，label=1，

$\boldsymbol{w}^{\mathrm{T}}\boldsymbol{x}_i+b$ 将是很大正数，同时，$\mathrm{label}\left(\boldsymbol{w}^{\mathrm{T}}\boldsymbol{x}_i+b\right)$ 也将是一个很大的正数，同理，如果数据处于负方向并且距离超平面很远，label=−1，$\mathrm{label}\left(\boldsymbol{w}^{\mathrm{T}}\boldsymbol{x}_i+b\right)$ 也将是一个很大的正数。

因此，现在的目标就变成了寻找分类器中的 $\boldsymbol{w}$ 和 b。为此，需要找到具有最小间隔的点，也就是前面提到的支持向量，并对这些支持向量到超平面的距离最大化，即：

$$\arg\max_{w,b}\left\{\min_{n}\left[\mathrm{label}\left(\boldsymbol{w}^{\mathrm{T}}\boldsymbol{x}_i+b\right)\right]\cdot\frac{1}{\|\boldsymbol{w}\|}\right\} \tag{12-11}$$

假设超平面到正负方向最近样本点的距离为 a，即式（12-12）所示。

$$\begin{cases}\boldsymbol{w}^{\mathrm{T}}\boldsymbol{x}+b=a\\ \boldsymbol{w}^{\mathrm{T}}\boldsymbol{x}+b=-a\end{cases} \tag{12-12}$$

为了处理方便，两边分别除以 a，并令 $\boldsymbol{w}=\boldsymbol{w}/a, b=b/a$，式（12-12）则可以简化为式（12-13）所示。

$$\begin{cases}\boldsymbol{w}^{\mathrm{T}}\boldsymbol{x}+b=1\\ \boldsymbol{w}^{\mathrm{T}}\boldsymbol{x}+b=-1\end{cases} \tag{12-13}$$

显然，对于所有的正负方向样本，距离超平面的距离最小为“1”，因此，式（12-11）中，始终存在 $\mathrm{label}\left(\boldsymbol{w}^{\mathrm{T}}\boldsymbol{x}_i+b\right)\geqslant 1$。由此，式（12-11）的优化问题就变成带约束条件的优化问题，即满足 $\mathrm{label}\left(\boldsymbol{w}^{\mathrm{T}}\boldsymbol{x}_i+b\right)\geqslant 1$ 的条件下，求 $\max_{w,b}\frac{1}{\|\boldsymbol{w}\|}$。用式（12-14）表示如下。

$$\begin{cases}\max_{w,b}\dfrac{1}{\|\boldsymbol{w}\|}\\ \mathrm{s.t.}\,\mathrm{label}\left(\boldsymbol{w}^{\mathrm{T}}\boldsymbol{x}_i+b\right)\geqslant 1\quad i=1,2,\cdots,n\end{cases} \tag{12-14}$$

将式（12-14）向对偶问题转化，即 $\max_{w,b}\frac{1}{\|\boldsymbol{w}\|}$ 转化为 $\min_{w,b}\|\boldsymbol{w}\|^2$，两者是等价的。经过变换之后，得到凸优化问题，即式（12-15）所示。

$$\begin{cases}\min_{w,b}\|\boldsymbol{w}\|^2\\ \mathrm{s.t.}\,\mathrm{label}\left(\boldsymbol{w}^{\mathrm{T}}\boldsymbol{x}_i+b\right)\geqslant 1\quad i=1,2,\cdots,n\end{cases} \tag{12-15}$$

对于式（12-15）的优化问题，有一个著名的求解方法，就是拉格朗日乘子法。通过引入拉格朗日乘子，将带约束的优化问题转换为无约束的优化问题，可以得到最终的优化结果，在此就不再详述，有兴趣的读者可以查阅相关资料。

以上只是关于支持向量机的简单介绍。在视觉图像处理中，SVM目前应用比较多，可以通过少量的训练样本即可达到很高的识别准确率。因此，了解SVM算法原理对于视觉图像应用很有帮助。在视觉应用中，更多采用C++或者C#语言开发视觉系统，而C#可以很方便地调用C++的dll文件，因此，附录中提供了使用SVM算法的C++代码示例，相关的Python代码将不再提供，感兴趣的读者可以查阅相关资料，在此不再详述，通过解读该示例程序可以熟悉多层感知机的使用方法。

12.4 卷积神经网络

卷积神经网络（convolutional neural network，CNN）属于人工神经网络的一种，是一种深度神经网络模型。卷积神经网络广泛应用于图像分类和识别。传统的人工神经网络可以被认为是一种浅层神经网络，其网络结构的层数较少，而深度神经网络的层数较多，因此被称为深度神经网络，但是，两者的原理基本是一致的。最早的单层感知机只有输入和输出两层，多层感知机在输入和输出之间增加了隐藏层，深度神经网络可以认为是多层感知机的扩展，可以有很多隐藏层。当然，多层感知机也可以有多个隐藏层，所以有时候也将深度神经网络称为多层感知机。卷积神经网络算法属于深度学习算法的一种，其原理与前面提到的多层感知机类似。

要理解深度神经网络和卷积神经网络，首先要弄清楚以下几个概念。

（1）前向传播

前向传播是指网络从输入层开始，逐层向前运行的过程，即按照输入层到输出层依次计算每一层的结果。比如，对于多层感知机而言，前向传播首先计算输入层到隐藏层的结果，然后，将隐藏层作为下一个输入层，继续计算到下一层的结果，一直到输出层。在卷积神经网络中，也是采用这样的方式进行计算的。只是，卷积神经网络的计算方法采用的是卷积计算的方法。卷积计算与第5章介绍的卷积运算是一样的。

（2）激活函数

激活函数的作用在介绍多层感知机的时候已经进行了说明。此处的激活函数与前面介绍的一样。激活函数可以实现从线性到非线性的转换，同时，也可以实现分类或以概率的形式输出神经元激活的结果。类似于人类的某一类神经元被激活了。常用的激活函数有如下几种形式：

① Sigmoid函数。该函数也叫Logistic函数，其定义如式（12-16）所示。

$$\mathrm{Sig\,mod}(x)=\frac{1}{1+\mathrm{e}^{x}} \tag{12-16}$$

Sigmod函数用于神经元输出，取值范围为(0,1)，它可以将一个实数映射到(0,1)的区间，可以用来做二分类。但是，如果神经元输入Sigmoid的值特别大或特别小，对应的梯度约等于0，即使从上一步传导来的梯度较大，该神经元权重和偏置的梯度也会趋近于0，导致参数无法得到有效更新，即出现所谓的梯度消失现象。

② Tanh函数。Tanh激活函数又叫作双曲正切激活函数，该函数的定义如式（12-17）所示。

$$\mathrm{Tanh}=\frac{\mathrm{e}^{x}-\mathrm{e}^{-x}}{\mathrm{e}^{x}+\mathrm{e}^{-x}} \tag{12-17}$$

与 Sigmoid 函数类似，但Tanh函数的输出以零为中心，区间在(−1,1)之间。此外，Tanh函数也会有梯度消失的问题。

③ ReLU函数。ReLU函数又称为修正线性单元，其定义如式（12-18）所示。

$$\mathrm{ReLU}(x)=\begin{cases}x & x\geqslant 0\\ 0 & x<0\end{cases} \tag{12-18}$$

从式（12-18）可以看出，ReLU函数实际上是一种分段线性函数，该函数没有梯度消失问题，在目前的深度神经网络中被广泛使用。但是，如果输入负数，则梯度将完全为零。如果在训练网络模型时，某个ReLU 神经元自身的梯度为0，则在以后的训练过程中永远不能被激活。

为了改进ReLU函数的问题，当$x<0$时，对x乘上一个很小的数，由此得到改进的ReLU函数，如式（12-19）所示，称为Leaky ReLU函数。

$$\mathrm{Leaky\ ReLU}(x)=\begin{cases}x & x>0\\ \gamma x & x\leqslant 0\end{cases} \tag{12-19}$$

式中，λ代表一个很小的数，比如0.01。此外，还有其他的改进方式，如式（12-20）所示，称为Parametric ReLU函数。

$$\mathrm{Parametric\ ReLU}_i(x)=\begin{cases}x & x>0\\ \gamma_i x & x\leqslant 0\end{cases} \tag{12-20}$$

式中，γ_i称为超参数，下标i表示不同神经元对应不同的参数。

④ Softmax激活函数。该函数的定义如式（12-21）所示。

$$\mathrm{Softmax}(x)=\frac{\mathrm{e}^{x_i}}{\sum_i \mathrm{e}^{x_i}} \tag{12-21}$$

Softmax 是用于多分类问题的激活函数，它将多个神经元的输出，映射到（0,1）区间内，可以采用概率的形式输出分类结果。

（3）梯度下降法

在神经网络算法中，梯度下降法至关重要，该方法是通过计算梯度，得到梯度的反方向，然后更新权值，实现在训练过程中让输出与输入一致或接近的方法。虽然还有其他的方法（如牛顿法）可以实现该结果。梯度方向是变化最快的方向，梯度的反方向，也就是梯度下降最快的方向。在深度神经网络或卷积神经网络中，每次训练过程，正向传播都会得到输出值和真实值的损失值，这个损失值越小，代表模型越好，梯度下降法用于寻找最小损失值，从而可以反推出对应的权重和偏值，达到优化模型的效果。

（4）反向传播算法

网络模型在训练过程中，通过前向传播算法最后得到的输出结果，可能与实际结果存在一定的差异。因此，需要不停地调整参数，让最终的输出结果与实际结果一致。反向传播算法就是根据实际值与输出结果之间的误差，反向推导来调整权重和偏值，从而更新权重和偏值，经过不停地迭代，直到输出结果与实际结果一致或误差小于人为给定的一个极小值。在反向传播过程中，用到了梯度下降法和链式求导法则。所谓链式求导法则即复合函数求导的链式法则。

以上是深度神经网络中的基本概念，也是很重要的概念。在卷积神经网络中，也将用到这些概念。此外，卷积神经网络与其他的深度神经网络又有些区别。在卷积神经网络中，除了以上提到的概念，还有其他一些比较重要的概念需要理解。

（1）卷积运算

尽管卷积运算与第5章提到的卷积运算是一样的，但是，在卷积神经网络中，卷积核的数量远不止一个，通常都是采用多个卷积核与图像进行卷积运算。每个卷积核可以提取图像中的一种特征，卷积核中的数值可以看成权重，同一个卷积核度整幅图像适用，因此称为权值共享。

（2）池化

在卷积神经网络中，经过卷积运算之后，通常下一步运算就是池化，也有的在卷积运算之后，采用ReLU激活函数，再进行池化操作。常用的池化操作有两种：最大池化和均值池化。池化操作实际上是一种降采样运算。该运算使卷积之后的特征图维度更小。同时，减少了网络中参数和计算的数量，一定程度上防止网络过拟合，还可以使网络对于输入图像中的小变形、畸变和平移等具有不变性。

图12.5是采用最大池化法进行池化操作的示意。对于左边的4×4大小的特征图，采用2×2大小的池化操作，由此将左边的特征图分为四部分，每一部分取其最大值，得到右边的池化结果，此即为最大池化运算。均值池化与其类似，只是不再取最大值，而是取每个局部区域的均值。

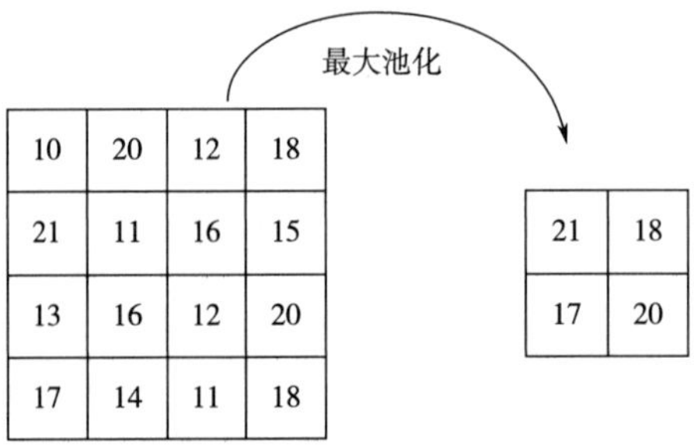

图12.5　最大池化操作示意

（3）全连接层

经过一系列卷积核池化操作之后，将进行全连接层操作。全连接层用于将学到的特征映射到样本标记空间，从而实现图像的识别或分类。卷积神经网络的全连接层与深度神经网络的模型结构一样。经过了全连接层之后，在卷积神经网络中，通常采用Softmax激活函数，得到图像分类或识别的概率。

以上是整个卷积神经网络的前向传播运算过程。卷积神经网络与多层感知机的最大区别在于其特殊的层结构和参数共享机制。在完整的卷积神经网络模型训练过程中，从输入图开始，经过一系列的卷积和池化操作，最后进行全连接层操作，通过Softmax激活函数得到训练图像的类别概率，通过与真实结果进行比较，建立损失函数，然后对损失函数进行优化，让损失最小，也就是训练结果与真实结果基本一致，对损失函数进行优化的过程就是利用梯度下降法和反向传播算法不断迭代，更新权重和偏值，最后得到训练结果与真实结果基本一致的训练模型。

卷积神经网络属于深度学习算法的一种。当前，已经出现很多优秀的深度学习算法，比如YOLO（you only look once）算法，直接采用卷积神经网络进行图像识别已经很少，而且，这些算法大多采用Python进行实现，相关的代码量比较大，在实际应用中，通常采用Python进行训练，然后采用C++或C#调用训练模型进行识别。因此，在此不再提供卷积神经网络的训练代码，感兴趣的读者可以查阅相关资料，在此不再详述。

12.5 YOLO算法

YOLO是一种深度学习目标检测算法，通过单个神经网络预测目标边界框和类别。2015年，Joseph Redmon等人提出基于单个神经网络的目标检测系统，2017年，发表YOLOV2进一步提高了检测的精度和效率。YOLO算法通过新的增强架构克服了传统目标检测算法的大多数问题。它的核心思想是将目标检测任务转化为一个回归问题，并通过单个神经网络同时进行目标的定位和分类，实现实时高效的目标检测。

YOLO算法的网络结构（图12.6）借鉴了GoogleNet，最初的YOLO架构由24个卷积层和2个全连接层组成。这个结构通过1×1卷积层和3×3卷积层的组合取代了GoogLeNet中的inception模块。网络的初始卷积层从图像中提取特征，而全连接层则预测输出概率和坐标。这意味着边界框和分类都发生在一个步骤中。这一过程简化了操作并实现了实时效率。此外，YOLO架构还使用了Leaky ReLU激活函数和Dropout正则化。Leaky ReLU有助于防止神经元在训练期间可能卡在非活动状态。YOLO在第一个全连接层之后应用Dropout正则化，以防止过拟合。

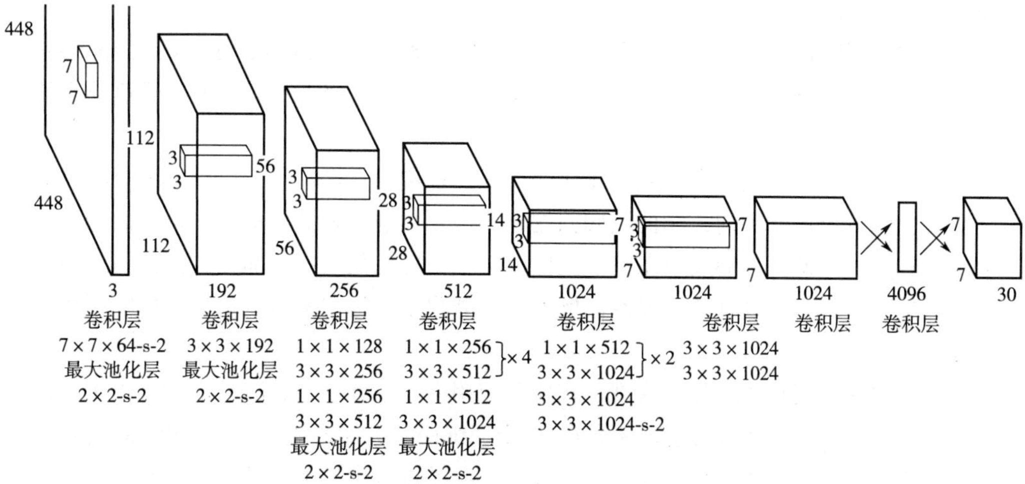

图12.6　YOLO网络结构

至今，YOLO算法已经推出多个版本，每个版本都在持续改进和优化，检测效果也越来越好。YOLO模型的本质是将目标检测视为回归问题。YOLO算法是将卷积神经网络（CNN）应用于整个图像。该网络将图像划分为区域并预测每个区域的边界框和概率，这些边界框由预测概率加权，然后可以对这些权重进行阈值处理，仅显示高分检测。

YOLO利用整张图作为网络输入，直接在输出层回归边界框（bounding box）的位置和类别。YOLO算法将输入图像划分为一个个格子，每个格子负责预测中心点落在该格子内的目标。算法使用单个CNN模型来实现端到端的目标检测，这意味着它可以直接从原始像素数据中提取特征并输出预测结果。

在处理图像时，YOLO算法首先将图像调整到固定尺寸（例如448×448），然后通过网络进行处理。网络的输出是一个$S \times S \times (B \times 5+C)$的张量，其中$S \times S$是网格的数量，$B$是每个网格预测的边界框数量，5代表每个边界框的四个坐标和一个置信度，C是类别的数量。YOLO算法的训练过程是端到端的。并对损失函数进行了特别设计，以处理不同大小的边界框和不同的预测误差。

YOLO的损失函数包括三个部分：边界框的坐标预测误差、边界框的置信度预测误差和类别预测误差。为了解决不同大小边界框的问题，YOLO对宽度和高度的预测值取平方根进行回归。此外，为了平衡不包含目标的网格和包含目标的网格对损失函数的贡献，引入了不同的权重。

YOLO算法的核心思想是：

① 网格划分：首先，将输入图像划分为固定大小的网格。每个网格负责检测该网格中的物体。不同大小的图像可能会产生不同数量的网格。

② 边界框预测：每个网格预测多个边界框，每个边界框包含一个物体。边界框由一组坐标值表示，包括边界框的中心坐标、宽度和高度。

③ 物体分类：对于每个边界框，使用分类器来预测物体的类别。通常使用卷积神经网络来提取特征，并使用全连接层进行分类。

④ 置信度评估：每个边界框还预测一个置信度分数，表示该边界框中存在物体的概率以及边界框的准确度。

⑤ 非极大值抑制：对于每个类别，使用非极大值抑制（non-maximum suppression，NMS）来去除重叠边界框。选择具有最高置信度的边界框，并且剔除与其重叠度较高的边界框。

YOLO算法的主要优势在于其速度快，能够实现实时目标检测。由于YOLO将目标检测任务转化为一个单次前向传递的回归问题，不需要候选区域的生成过程，因此能够实现实时的目标检测。此外，YOLO在整个图像上进行全局优化，能够捕捉到物体的全局上下文信息。然而，YOLO也有其局限性，例如它在处理小目标和密集目标时的性能不如其他一些算法。

YOLO算法采用Python进行实现，在实际应用中，深度学习算法通常采用Python进行训练，得到训练模型，然后采用C++或C#调用训练模型进行识别。而且，YOLO的相关代码量比较大，可以查阅相关资料获取。因此，在此不再提供YOLO的训练代码，感兴趣的读者可以查阅相关资料，在此不再详述。在附录中将提供采用C++代码YOLO模型进行识别的使用示例。

练　习

12.1　简述K-近邻算法的原理和计算过程。

12.2　简述多层感知机的原理和计算过程。

12.3　简述支持向量机的原理和计算过程。

12.4　举例说明卷积神经网络中的池化过程。

12.5　激活函数的作用是什么？

12.6　在卷积神经网络或深度神经网络中，什么是梯度消失？

第13章

摄像机标定

图像的像素坐标反映的是目标对象在图像中的位置。摄像机标定的过程是建立真实世界三维坐标与图像上二维坐标之间的关系。建立这种关系是利用图像进行准确测量目标对象的必要过程。此外，摄像机在安装时，如果无法保证成像平面与被测对象平行，也将导致透视失真。如实际的圆在图像中将变成一个椭圆。镜头在制造、安装过程中，不可避免地存在误差，这种误差也会导致真实位置投影在图像中的位置出现偏差。因此，有必要对镜头进行畸变校正。如果对图像进行亚像素准确度的边缘提取、机器人视觉引导，以及准确的长度测量等，必须对摄像机进行标定。标定后可以得到目标对象在世界坐标系下的坐标。建立真实世界三维坐标到图像坐标的关系包括了镜头的畸变校正。

13.1 摄像机标定原理

为了描述真实世界三维坐标与图像坐标之间的关系，需要建立四个基本的坐标系，分别是世界坐标系、摄像机坐标系、像平面坐标系和图像坐标系。其基本关系如图13.1所示。

世界坐标系(X_w, Y_w, Z_w)称为绝对坐标系，是客观世界的绝对坐标。描述现实世界的目标位置常采用该坐标系来表示。

摄像机坐标系(X_c, Y_c, Z_c)是以摄像机为中心的坐标系。一般选择摄像机的光轴为z轴，以摄像机光心为坐标原点。

像平面坐标系(x, y)是成像平面上的坐标系，其坐标原点为光轴与像平面的交点，x轴和y轴的方向与摄像机坐标系的x、y轴分别平行。O_co的连线长度为f，表示摄像机常量或主距，不是摄像机的焦距。

图像坐标系是以图像的左上角为原点，u方向与像平面坐标系的x轴平行，v方向与像平面坐标系的y轴平行。

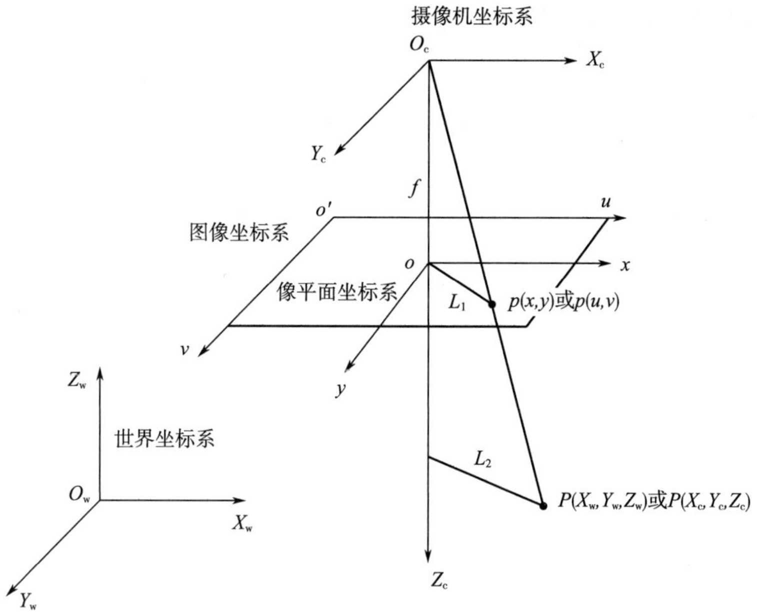

图 13.1　摄像机成像坐标关系

在以上坐标系中，图像坐标系是以像素为单位的，而其他的坐标系是以长度为单位，坐标单位一般为毫米。

13.1.1　坐标系转换关系

摄像机标定涉及的硬件主要是摄像机和镜头，有时候会用到图像采集卡。摄像机类型有面阵和线阵两种，镜头有普通镜头和远心镜头。在此以面阵摄像机和普通镜头为例，来说明摄像机标定的坐标转换关系。该组合也是针孔摄像机模型。标定的过程也是世界坐标系下三维坐标到图像二维坐标的映射过程，该映射可以用固定数量的参数来表示。这些参数也称为摄像机参数，标定即为确定这些摄像机参数。其中，摄像机相对于视觉坐标的位置参数称为摄像机外方位参数或外部参数，简称外参。摄像机本身的参数称为摄像机内方位参数或内部参数，简称内参。

从图 13.1 可以看出，真实世界上一点 $P(X_w, Y_w, Z_w)$ 需要通过摄像机坐标、像平面坐标和图像坐标转换到图像中对应点位置 $p(u, v)$。从世界坐标到摄像机坐标之间的转换属于刚性变换，也就是通过平移和旋转可以完成该转换。设旋转矩阵为 $\boldsymbol{R}$，平移矩阵为 $\boldsymbol{T}$。则世界坐标与摄像机坐标之间的关系可以用式（13-1）所示矩阵表示。

$$\begin{bmatrix} X_c \\ Y_c \\ Z_c \\ 1 \end{bmatrix} = \begin{bmatrix} \boldsymbol{R} & \boldsymbol{T} \\ 0 & 1 \end{bmatrix} \begin{bmatrix} X_w \\ Y_w \\ Z_w \\ 1 \end{bmatrix} = \begin{bmatrix} r_{11} & r_{12} & r_{13} & t_x \\ r_{21} & r_{22} & r_{23} & t_y \\ r_{31} & r_{32} & r_{33} & t_z \\ 0 & 0 & 0 & 1 \end{bmatrix} \begin{bmatrix} X_w \\ Y_w \\ Z_w \\ 1 \end{bmatrix} \tag{13-1}$$

设绕摄像机坐标系 z 轴旋转的角度为 γ，绕 y 轴旋转角度为 β，绕 x 轴旋转角度为 α。

因此，旋转矩阵$\boldsymbol{R}$也可以表示如式（13-2）所示。

$$\boldsymbol{R}(\alpha,\beta,\gamma)=\begin{bmatrix}1 & 0 & 0\\ 0 & \cos\alpha & -\sin\alpha\\ 0 & \sin\alpha & \cos\alpha\end{bmatrix}\begin{bmatrix}\cos\beta & 0 & \sin\beta\\ 0 & 1 & 0\\ -\sin\beta & 0 & \cos\beta\end{bmatrix}\begin{bmatrix}\cos\gamma & -\sin\gamma & 0\\ \sin\gamma & \cos\gamma & 0\\ 0 & 0 & 1\end{bmatrix} \tag{13-2}$$

由式（13-1）和式（13-2）计算可知，旋转矩阵$\boldsymbol{R}$满足如下约束条件：

$$\begin{cases}r_{11}^2+r_{12}^2+r_{13}^2=1\\ r_{21}^2+r_{22}^2+r_{23}^2=1\\ r_{31}^2+r_{32}^2+r_{33}^2=1\end{cases} \tag{13-3}$$

由三个旋转角度α、β、γ和三个平移距离t_x、t_y、t_z就决定了摄像机相对于世界坐标系的位置，因此，这六个参数就是摄像机的外参。

从图 13.1 可以看出，成像平面坐标系与摄像机坐标系之间的关系可以用相似三角形成比例得出。

$$\frac{x}{X_{\mathrm{c}}}=\frac{y}{Y_{\mathrm{c}}}=\frac{f}{Z_{\mathrm{c}}} \tag{13-4}$$

因此有：

$$\begin{cases}x=fY_{\mathrm{c}}/Z_{\mathrm{c}}\\ y=fY_{\mathrm{c}}/Z_{\mathrm{c}}\end{cases} \tag{13-5}$$

采用矩阵表示如下：

$$Z_{\mathrm{c}}\begin{bmatrix}x\\ y\\ 1\end{bmatrix}=\begin{bmatrix}f & 0 & 0 & 0\\ 0 & f & 0 & 0\\ 0 & 0 & 1 & 0\end{bmatrix}\begin{bmatrix}X_{\mathrm{c}}\\ Y_{\mathrm{c}}\\ Z_{\mathrm{c}}\\ 1\end{bmatrix} \tag{13-6}$$

设图像坐标系的中心坐标为(u_0,v_0)，s_x、s_y表示一个像素在x和y方向上的物理尺寸，也可以称为缩放因子，图像坐标系相对于像平面坐标系只是原点位置做了偏移。因此，两者之间的转换关系如下：

$$\begin{cases}u=x/s_x+u_0\\ v=y/s_y+v_0\end{cases} \tag{13-7}$$

以上即为世界坐标系到图像坐标系之间的转换。在式（13-6）和式（13-7）中，参数f、s_x、s_y、u_0、v_0只与摄像机内部结构有关，即为摄像机内参。标定过程就是确定摄像机外参和内参的过程。联立以上公式，就可以得到世界坐标到图像坐标之间的关系，写成矩阵形式如下：

$$Z_c\begin{bmatrix}u\\v\\1\end{bmatrix}=\begin{bmatrix}1/s_x & 0 & u_0\\0 & 1/s_y & v_0\\0 & 0 & 1\end{bmatrix}\begin{bmatrix}f & 0 & 0 & 0\\0 & f & 0 & 0\\0 & 0 & 1 & 0\end{bmatrix}\begin{bmatrix}\boldsymbol{R} & \boldsymbol{T}\\0 & 1\end{bmatrix}\begin{bmatrix}X_w\\Y_w\\Z_w\\1\end{bmatrix}$$

$$=\begin{bmatrix}f/s_x & 0 & u_0 & 0\\0 & f/s_y & v_0 & 0\\0 & 0 & 1 & 0\end{bmatrix}\begin{bmatrix}\boldsymbol{R} & \boldsymbol{T}\\0 & 1\end{bmatrix}\begin{bmatrix}X_w\\Y_w\\Z_w\\1\end{bmatrix}=\boldsymbol{M}_1\boldsymbol{M}_2\boldsymbol{W}=\boldsymbol{M}\boldsymbol{W} \tag{13-8}$$

式中，$\boldsymbol{M}$为3×4的投影矩阵，有时也将$\boldsymbol{M}_1$称为内参矩阵，$\boldsymbol{M}_2$称为外参矩阵。因此，式（13-8）可以表示为式（13-9）所示。

$$Z_c\begin{bmatrix}u\\v\\1\end{bmatrix}=\boldsymbol{M}\boldsymbol{W}=\begin{bmatrix}m_{11} & m_{12} & m_{13} & m_{14}\\m_{21} & m_{22} & m_{23} & m_{24}\\m_{31} & m_{32} & m_{33} & m_{34}\end{bmatrix}\begin{bmatrix}X_w\\Y_w\\Z_w\\1\end{bmatrix} \tag{13-9}$$

将式（13-9）展开成方程的形式，如式（13-10）所示。

$$\begin{cases}Z_c u=m_{11}X_w+m_{12}Y_w+m_{13}Z_w+m_{14}\\Z_c v=m_{21}X_w+m_{22}Y_w+m_{23}Z_w+m_{24}\\Z_c=m_{31}X_w+m_{32}Y_w+m_{33}Z_w+m_{34}\end{cases} \tag{13-10}$$

将式（13-10）中第一和第二个方程分别除以第三个方程，消去Z_c，整理得到如式（13-11）所示方程。

$$\begin{cases}m_{11}X_w+m_{12}Y_w+m_{13}Z_w-m_{31}uX_w-m_{32}uY_w-m_{33}uZ_w=um_{34}\\m_{21}X_w+m_{22}Y_w+m_{23}Z_w-m_{31}vX_w-m_{32}vY_w-m_{33}vZ_w=vm_{34}\end{cases} \tag{13-11}$$

在式（13-11）中，只包括了真实世界的三维坐标(X_w,Y_w,Z_w)和对应的图像坐标(u,v)。变换矩阵$\boldsymbol{M}$有十二个参数，对于每个确定的标定点，都能够得到式（13-11），如果已知(X_w,Y_w,Z_w)和(u,v)，选取足够多的标定点（至少6个标定点），则可以求解矩阵$\boldsymbol{M}$，从而求解出内参矩阵$\boldsymbol{M}_1$和外参矩阵$\boldsymbol{M}_2$。

13.1.2 镜头畸变

以上坐标转换过程为线性标定过程，没有考虑镜头畸变造成的影响，是一个完整的从三维世界坐标到二维图像坐标的转换过程。但是，镜头在制造、安装过程中不可避免地会出现误差，由于这种镜头畸变，导致投影到成像平面后，坐标(x, y)将会发生变化。镜头畸变主要有径向畸变、偏心畸变，以及薄棱镜畸变。径向畸变是指由于光学镜头的径向曲率变化引起的沿着矢径方向的变化导致的图像变形。偏心畸变是单个镜头的光轴没有完全对齐造成的图像变形。薄棱镜畸变指镜头制造误差和成像元件制造误差引起的图像变形。

在大部分的机器视觉应用中，镜头畸变都可以近似为基于除法模型的径向畸变。设 $r^2 = x^2 + y^2$，这种除法模型表示的径向畸变引起的坐标变化可以表示为如式（13-12）所示。

$$\begin{bmatrix} x' \\ y' \end{bmatrix} = \frac{1}{1+\sqrt{1-4k(x^2+y^2)}}\begin{bmatrix} x \\ y \end{bmatrix} = \frac{1}{1+\sqrt{1-4kr^2}}\begin{bmatrix} x \\ y \end{bmatrix} \tag{13-12}$$

式（13-12）中，参数k称为径向畸变系数。如果$k<0$，称为桶形畸变，如果$k>0$，称为枕形畸变。图13.2显示了这种畸变引起的图像变形情况。除法模型可以方便地进行畸变校正。在通过图像坐标进行世界坐标的转换时，可以通过式（13-13）实现。

$$\begin{bmatrix} x \\ y \end{bmatrix} = \frac{1}{1+k(x'^2+y'^2)}\begin{bmatrix} x' \\ y' \end{bmatrix} = \frac{1}{1+kr'^2}\begin{bmatrix} x' \\ y' \end{bmatrix} \tag{13-13}$$

式中，$r'^2 = x'^2 + y'^2$。

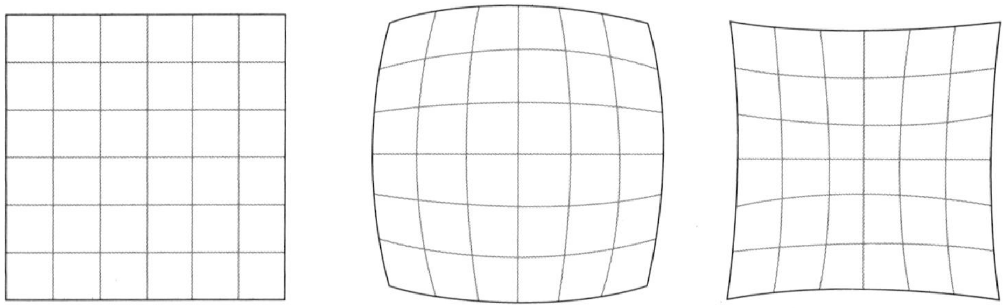

（a）无畸变　　（b）桶形畸变　　（c）枕形畸变

图13.2　镜头径向畸变示意图

对于某些情况如果只用径向畸变不够精确，需要加上偏心畸变。这时除法模型可能不够精确，但是，可以采用多项式模型进行畸变校正。多项式畸变校正模型如式（13-14）所示。

$$\begin{cases} x = x'(1+k_1r'^2+k_2r'^4+k_3r'^6+\cdots)+[p_1(r'^2+2x'^2)+2p_2x'y'](1+p_3r'^2+\cdots) \\ x = y'(1+k_1r'^2+k_2r'^4+k_3r'^6+\cdots)+[2p_1x'y'+p_2(r'^2+2y'^2)](1+p_3r'^2+\cdots) \end{cases} \tag{13-14}$$

式中，k_i是径向畸变系数；p_i是偏心畸变系数。通常，取k_1、k_2、k_3、p_1、p_2，更高阶项对结果的影响可以忽略。如果对除法模型的校正因子展开为几何级数，可以得到式（13-15）所示结果。

$$\frac{1}{1+kr'^2} = \sum_{i=0}^{\infty}(-kr'^2)^i = 1-kr'^2+k^2r'^4-k^3r'^6+\cdots \tag{13-15}$$

可以看出，如果令$k_i=(-k)^i$，则除法模型就是没有偏心畸变的多项式模型。结合式（13-7）像平面坐标向图像坐标的转换方式，如果加上镜头畸变校正，则式（13-7）应该修改为式（13-16）所示形式。

$$\begin{cases} u = x' / s_x + u_0 \\ v = y' / s_y + v_0 \end{cases} \tag{13-16}$$

因此，加上畸变校正系数k，摄像机的内参应该是f、k、s_x、s_y、u_0、v_0六个参数。对于针孔摄像机而言，摄像机标定即为标定六个内参和六个外参。它们决定了摄像机的方位以及世界坐标系下的三维坐标向图像坐标系下的二维坐标投影关系。

13.2　标定过程

标定过程就是确定摄像机内参和外参的过程。从13.1节标定原理可以知道，摄相机标定必须知道世界坐标系下三维坐标与图像二维坐标之间的对应关系。为了准确满足这种对应关系，一般采用容易提取特征的标定板来实现。标定板相对于世界坐标系的位置可以方便地确定，比如，通常情况下直接将世界坐标系的原点设置在标定板的中心位置。

标定板上的标识通常做成圆或棋盘格形状。圆形结构形状可以准确地提取中心坐标，而棋盘格形状也可以准确提取角点位置坐标。采用标定板还有一个好处是可以方便地确定标定板上的标识在图像中的对应关系。在OpenCV中，圆形和棋盘格标定板都可以使用，图13.3是OpenCV中使用的棋盘格示意图。

图13.3　OpenCV中使用的棋盘格标定板

设标定板上的标识在世界坐标系下的坐标为M_i，在对应图像上提取的坐标为m_i。如果给定摄像机外参和内参的初始值，则可以通过世界坐标与图像坐标之间的投影变换关系，求解M_i对应在图像上的坐标。设L表示世界坐标与图像坐标之间的投影变换关系，相机的参数用向量$\boldsymbol{c}$表示，即$\boldsymbol{c} = (f, k, s_x, s_y, u_0, v_0)$，则标定过程为式（13-17）所示的优化过程。

$$d(\boldsymbol{c}) = \sum_i^k \left[m_i - L(M_i, \boldsymbol{c})\right]^2 \to \min \tag{13-17}$$

式（13-17）中，k代表标识的数量，如图13.3中棋盘格标定板角点的数量。式（13-17）的优化过程是一个非线性优化过程。式（13-17）不能得到摄像机的所有参数。对于内参而言，f、s_x、s_y具有相同的缩放因子，而外参在Z轴上的距离t_z与内参f同样也有相同的缩放因子，如图13.4和图13.5所示。因此，参数f、s_x、s_y、t_z不能得到唯一解。为了解决该问题，通常在优化过程中保持s_y不变。同时，采用多幅图像进行标定。

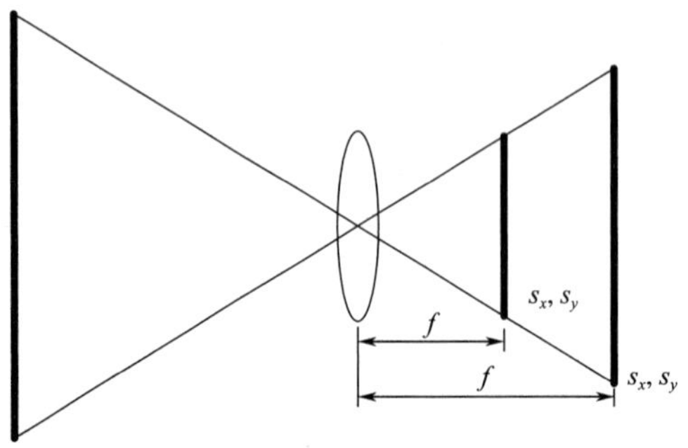

图13.4 f、s_x、s_y具有相同的缩放因子

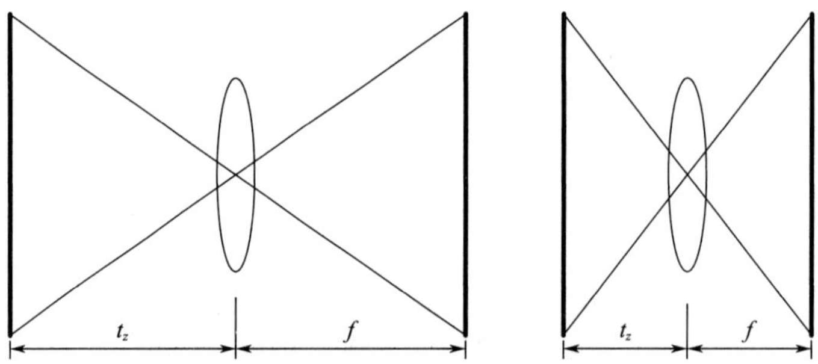

图13.5 f、t_z具有相同的缩放因子

除了采用多幅图像进行标定之外，还需要保证标定板图像要完全在图像视野范围内。此外，所拍摄的图像需要保证相互之间不能平行。一般在标定板水平放置的时候采集一幅图像，在四个角落位置分别绕x、y、z轴旋转一定角度并采集一幅图像来进行标定。设采集的图像数量为n，因此，式（13-17）的优化模型修改为式（13-18）所示。采集的图像数量越多，式（13-18）将得到更加准确的摄像机参数。

$$d(\boldsymbol{c})=\sum_{j=1}^{n}\sum_{i}^{k}\left[m_{i,j}-L(M_i,\boldsymbol{c})\right]^2 \to \min \tag{13-18}$$

需要注意的是，在解畸变的方法上，HALCON和OpenCV的过程是有一点区别的，但是内部的原理是相同的。虽然上述的标定过程比较复杂，但是，在OpenCV中已经写好了对应的标定函数，直接利用OpenCV的标定函数calibrateCamera即可求解相应的值。

例13-1是利用OpenCV的标定函数进行标定的示例。

例13-1 OpenCV摄像机标定示例

C++代码：

```
#include<opencv2\opencv.hpp>
```

```
#include<vector>
#include<string>
using namespace cv;
using namespace std;
int main(int argc, char** argv)
{
    string folder_path="E:/TestImage/opencvcalib/*.jpg";//*.*
    std::vector<cv::String> file_names;
    cv::glob(folder_path, file_names);
    int n_boards=0;
    int board_w=9;
    int board_h=6;
    int board_n=board_w * board_h;
    cv::Size board_sz=cv::Size(board_w, board_h);
    cv::Mat image;
    vector< vector<cv::Point2f> > image_points;
    vector< vector<cv::Point3f> > object_points;
    for (int i=0; i < file_names.size(); i++)
    {
        image=cv::imread(file_names[i]);
        vector<cv::Point2f> corners;
        bool found=cv::findChessboardCorners(image, board_sz, corners);
        drawChessboardCorners(image, board_sz, corners, found);
        image_points.push_back(corners);
        object_points.push_back(vector<Point3f>());
        vector<cv::Point3f>& opts=object_points.back();
        opts.resize(board_n);
        for (int j=0; j < board_n; j++)
        {
              opts[j]=cv::Point3f(((float)(j/ board_w)), ((float)(j%board_w)), 0.f);
              }
    }
    cv::Size image_size;
    image_size=image.size();
    cv::Mat intrinsic_matrix, distortion_coeffs;
    double calibError=cv::calibrateCamera(
        object_points,
        image_points,
        image_size,
        intrinsic_matrix,
        distortion_coeffs,
```

```
        cv::noArray(),
        cv::noArray(),
        cv::CALIB_ZERO_TANGENT_DIST | cv::CALIB_FIX_PRINCIPAL_POINT
    );
    cout << "err==" << calibError << endl;
    cout << "intrinsic_matrix==" << intrinsic_matrix << endl;
    cout << "distortion_coeffs==" << distortion_coeffs << endl;
    char saveFileName[]="E:/TestImage/opencvcalib/calib.yaml";
    FileStorage fs(saveFileName, FileStorage::WRITE);
    fs << "image_width" << image_size.width;
    fs << "image_height" << image_size.height;
    fs << "error" << calibError;
    fs << "camera_matrix" << intrinsic_matrix;
    fs << "distortion_coefficients" << distortion_coeffs;
    fs.release();
    cv::Mat map1, map2;
    cv::initUndistortRectifyMap(
        intrinsic_matrix,
        distortion_coeffs,
        cv::Mat(),
        intrinsic_matrix,
        image_size,
        CV_16SC2,
        map1,
        map2
    );
    Mat image0=imread("E:/TestImage/opencvcalib/left01.jpg");
    cv::remap(
        image0,
        image,
        map1,
        map2,
        cv::INTER_LINEAR,
        cv::BORDER_CONSTANT,
        cv::Scalar()
    );
    cv::imshow("Undistorted", image);
    waitKey(0);
    return 0;
}
```

Python代码：

```
import numpy as np
import cv2
import glob
import os
folder_path="E:/TestImage/opencvcalib/*.jpg"
board_w=9
board_h=6
board_n=np.zeros((board_w*board_h,3), np.float32)
board_n[:,:2]=np.mgrid[0:board_w,0:board_h].T.reshape(-1,2)
object_points=[]
image_points=[]
file_names=glob.glob(folder_path)
image=cv2.imread("E:/TestImage/opencvcalib/left01.jpg",0)
imageSize=image.shape
for i in file_names:
    image=cv2.imread(i,0)
    ret, corners=cv2.findChessboardCorners(image, (board_w, board_h), None)
     DrawCornersImage=cv2.drawChessboardCorners(image, (board_w, board_h), cor-
ners, ret)
    image_points.append(corners)
    object_points.append(board_n)
criteria=(cv2.TERM_CRITERIA_EPS + cv2.TERM_CRITERIA_MAX_ITER, 30, 0.001)
flag=(cv2.CALIB_ZERO_TANGENT_DIST + cv2.CALIB_FIX_PRINCIPAL_POINT)
calibError,intrinsic_matrix,distortion_coeffs, rvecs, tvecs=cv2.calibrateCamera
(object_points, image_points, imageSize,None,None,None,None,flag,criteria)
print(intrinsic_matrix)
print(distortion_coeffs)
print(calibError)
yamlPath=os.path.join("E:/TestImage/opencvcalib/calib.yaml")
cv_file=cv2.FileStorage(yamlPath,cv2.FILE_STORAGE_WRITE)
cv_file.write("image_width",imageSize[1])
cv_file.write("image_height",imageSize[0])
cv_file.write("error",calibError)
cv_file.write("camera_matrix",intrinsic_matrix)
cv_file.write("distortion_coefficients",distortion_coeffs)
cv_file.release()
map1,map2=cv2.initUndistortRectifyMap(intrinsic_matrix,distortion_co-
effs,None,intrinsic_matrix,(640,480),cv2.CV_16SC2)
image=cv2.imread("E:/TestImage/opencvcalib/left01.jpg",0)
RemapImage=cv2.remap(image,map1,map2,cv2.INTER_LINEAR,None,cv2.BORDER_REPLI-
```

```
CATE,None)
    cv2.namedWindow("img",0)
    cv2.imshow("img",RemapImage)
    cv2.waitKey(0)
```

图13.6和图13.7是运行结果，其中，图13.6是标定结果参数，图13.7（a）是原始图像，图13.7（b）是校正之后的图像。图13.6中的camera_matrix是标定结果的相机内参矩阵，distortion_coefficients是畸变系数，分别对应式（13-14）中的k_1、k_2、k_3、p_1、p_2。

```
intrinsic_matrix==[536.0218019250622, 0, 319.5;
 0, 536.465421694698, 239.5;
 0, 0, 1]
distortion_coeffs==[-0.3058829051342855, 0.1927090255308528, 0, 0, -0.1272615730258808]
```

图13.6　摄像机标定结果参数

（a）原始图像　　（b）结果图像

图13.7　摄像机标定测量结果

从图13.7中可以看出，原始图像通过校正之后，标定板图像发生了变化，原来弯曲的线条变成了直线。得到相机内参和畸变系数后，即可求解相机外参，在OpenCV中提供了函数solvePnP用于求解相机外参。可以通过该函数得到旋转和平移矩阵，也就是相机的外参。

练　习

13.1　摄像机标定的目的是什么？

13.2　简述摄像机标定的过程。在标定过程中，对标定板图像采集有哪些注意事项？

13.3　解释摄像机标定中，摄像机的内参和外参分别代表什么含义。

13.4　解读例13-1中每行代码的含义，并在OpenCV中练习摄像机标定。

第14章

机器视觉应用实例分析

为了说明机器视觉技术在工程领域的应用，本章通过一些具体的案例来展示前面所提到的数字图像处理算法如何应用在具体的视觉系统中。尽管前面所提到的算法是机器视觉及数字图像处理的基础算法，但在常见的视觉任务中已经足够。此外，OpenCV只是一个集成了各种图像处理算法的图像库，要搭建一个完整的机器视觉系统，需要借助其他编程语言进行系统框架的搭建和软件算法的集成。本章最后通过EmguCV与C#混合编程实例，介绍如何搭建一个机器视觉系统。EmguCV是OpenCV的C#版本，其用法与C++的OpenCV类似。此外，既可以采用图像处理算法C++的OpenCV，也可以方便地将这些算法封装成dll文件供C#调用。

14.1 点阵字符分割

在食品饮料行业，包装材料上需要打印生产日期等字符信息。尽管目前已经有不少企业采用激光打印以得到更清晰的字符。但是，还存在大量企业采用传统的点阵字符喷码机进行字符打印。在打印过程中，由于喷码机、传送带、产品位置等都可能出现不可避免的故障，导致打印出来的字符存在各种缺陷，例如喷码机的喷头出现油墨堵塞导致字符不清晰、传送带速度发生变化导致字符打印位置偏差、产品位置变动导致没有打印上字符等。生产日期是产品重要的标识，必须严格保证每个产品上的生产日期清晰可见，因此，需要对其进行检测。图14.1是某产品打印的点阵字符。该应用需要准确检测产品上的字符，确保字符没有打印错误，可以通过点阵字符分割来判断字符是否有缺陷。

该应用所使用的算法主要有二值化算法、形态学算法和轮廓提取等算法。当然也可以采用分类识别的方式来判断字符是否有缺陷，比如SVM算法，分类识别算法属于机器学习算法，可以参考第12章相关内容。

14.1.1　确定字符区域

图 14.1　点阵字符示例

图 14.1 的图像直接采用环形白光直接照明进行图像采集。字符区域周围没有别的特征干扰。点阵字符缺陷检测的难点在于字符的分割。尽管单独分割出字符区域比较容易。但是，要将每个字符单独分割开来还是比较困难，而且，选定的图像处理算法需要适应生产线上采集的所有图像。

首先，采用二值化算法对字符区域进行定位，根据字符区域所在的灰度值区间，利用选择部分灰度值区间的方式进行分割。然后，对分割后的区域进行区域闭运算操作，闭运算的结构元素可以选择比较大的圆形结构。由此可以将字符区域进行连通。随后，提取分割区域的轮廓，并通过高度特征对连通区域进行过滤，通过轮廓填充绘制，绘制字符区域部分。最后，通过掩码拷贝，将字符区域从原图中提取出来。图 14.2 是分割出的字符区域。

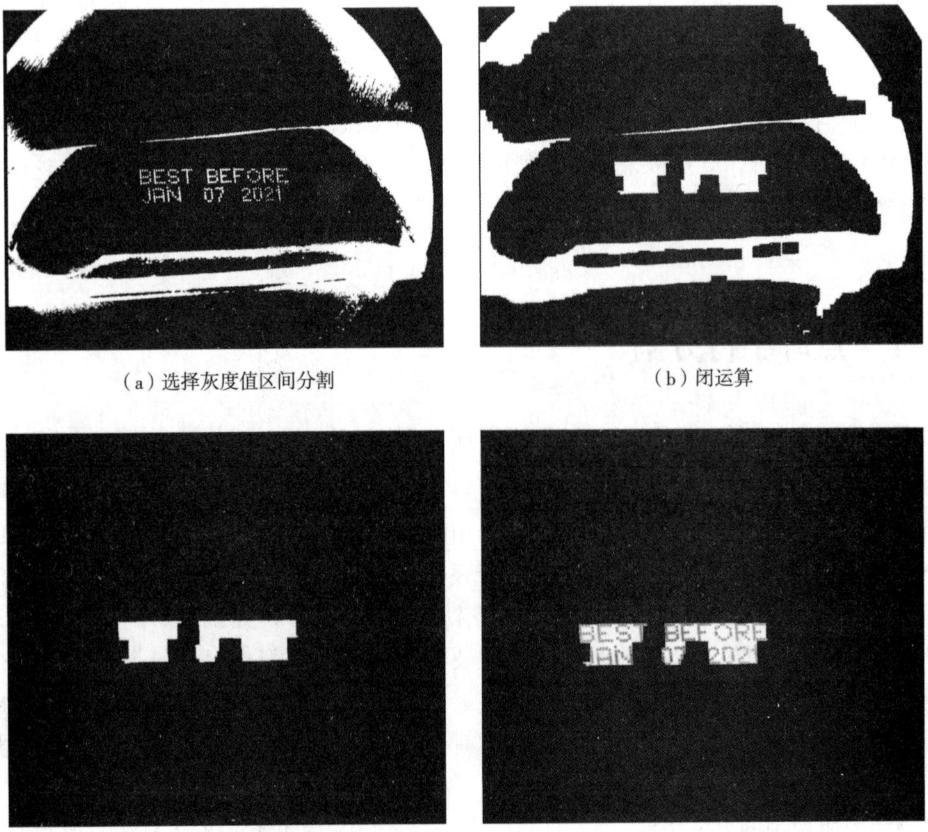

（a）选择灰度值区间分割　（b）闭运算

（c）提取轮廓、过滤及填充　（d）掩码拷贝

图 14.2　分割出的字符区域

14.1.2　字符区域二次分割

对于图 14.2 的处理结果，已经去掉了背景的干扰。因此，再利用灰度区间分割方式，对其进行二次分割，由此得到只有字符区域的图像。然后，再利用闭运算，将每个点阵字符进行连通，由此得到的每个字符区域都是一个独立的连通域。图 14.3 是分割出的字符结果。

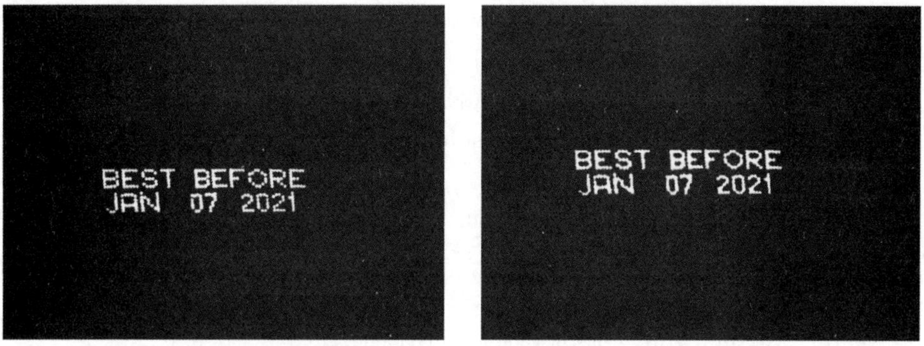

（a）二次分割结果　　（b）闭运算结果

图 14.3　分割出的单个字符

14.1.3　提取每个字符连通域

对于图 14.3 的结果，每个字符都是一个独立的连通域。因此，可以直接提取每个字符的轮廓，然后再利用连通域矩形包围区域算法，得到每个字符在图像中的位置和大小。图 14.4 是最后分割出来的结果。完整的代码请参看例 14-1。

图 14.4　字符分割结果

例 14-1　字符分割

C++代码：

```
#include<opencv2\opencv.hpp>
```

```
#include<string>
using namespace cv;
using namespace std;
int main(int argc, char** argv)
{
    Mat ReadImage=imread("E:/TestImage/14-1.jpg", 0);
    Mat InRangeImage;
    inRange(ReadImage, 4, 208, InRangeImage);
    Mat MopCloseImage;
    Mat closeSE=getStructuringElement(MORPH_RECT, Size(31, 31), Point(-1, -1));
    morphologyEx(InRangeImage, MopCloseImage, MORPH_CLOSE, closeSE);
    vector<vector<Point>> Contour;
    findContours(MopCloseImage, Contour, noArray(), RETR_EXTERNAL, CHAIN_APPROX_
SIMPLE);
    Mat SelectedContourHeightImage=Mat::zeros(MopCloseImage.size(), CV_8UC3);
    vector <vector<Point>> SelectedContourBaseHeight;
    for (int i=0; i < Contour.size(); i++)
    {
        if (boundingRect(Contour[i]).height >=40 && boundingRect(Contour[i]).
height <=100)
            SelectedContourBaseHeight.push_back(Contour[i]);
    }
    drawContours(SelectedContourHeightImage, SelectedContourBaseHeight, -1, Sca-
lar(0, 255, 0), 3, 8);
    Mat ContourImage=Mat::zeros(SelectedContourHeightImage.size(), CV_8UC1);
    drawContours(ContourImage, SelectedContourBaseHeight, -1, Scalar(255), -1,
LINE_8);
    Mat CopyImage;
    copyTo(ReadImage, CopyImage, ContourImage);
    Mat InRangeImage_1;
    inRange(CopyImage, 4, 240, InRangeImage_1);
    Mat MopCloseImage_1;
    Mat closeSE1=getStructuringElement(MORPH_ELLIPSE, Size(5, 7), Point(-1, -1));
    morphologyEx(InRangeImage_1, MopCloseImage_1, MORPH_CLOSE, closeSE1);
    vector<vector<Point>> Contour_1;
    findContours(MopCloseImage_1, Contour_1, noArray(), RETR_EXTERNAL, CHAIN_AP-
PROX_SIMPLE);
    Mat BoundingRectImage=ReadImage.clone();
    if (BoundingRectImage.channels()==1)
    {
        cvtColor(BoundingRectImage, BoundingRectImage, COLOR_GRAY2RGB);
```

```
    }
    vector<Rect> ListOfBoundingRect_1;
    for (int i=0; i < Contour_1.size(); i++)
    {
        Rect rect=boundingRect(Contour_1[i]);
        ListOfBoundingRect_1.push_back(rect);
        rectangle(BoundingRectImage, rect, Scalar(0, 0, 255), 2, 8);
    }
    namedWindow("BoundingRectImage", 0);
    imshow("BoundingRectImage", BoundingRectImage);
    waitKey(0);
    return 0;
}
```

Python代码：

```
import numpy as np
import cv2
ReadImage=cv2.imread("E:/TestImage/14-1.jpg",0)
InRangeImage=cv2.inRange(ReadImage,4,208)
closeSE=cv2.getStructuringElement(cv2.MORPH_RECT,(31,31),(-1,-1))
MopCloseImage=cv2.morphologyEx(InRangeImage,cv2.MORPH_CLOSE,closeSE)
Contour,hierarchy=cv2.findContours(MopCloseImage,cv2.RETR_EXTERNAL,cv2.CHAIN_APPROX_SIMPLE)
SelectedContourHeightImage=np.zeros(MopCloseImage.shape, np.uint8)
if SelectedContourHeightImage.ndim==2:
    SelectedContourHeightImage=cv2.cvtColor(SelectedContourHeightImage, cv2.COLOR_GRAY2RGB)
SelectedContourBaseHeight=[]
for i in range(len(Contour)):
        if cv2.boundingRect(Contour[i])[3] >=40 and cv2.boundingRect(Contour[i])[3] <=100:
            SelectedContourBaseHeight.append(Contour[i])
cv2.drawContours(SelectedContourHeightImage,SelectedContourBaseHeight,-1,(0,255,0),3,8)
ContourImage=np.zeros(SelectedContourHeightImage.shape[:2], np.uint8)
if ContourImage.ndim==3:
    ContourImage=cv2.cvtColor(ContourImage, cv2.COLOR_RGB2GRAY)
cv2.drawContours(ContourImage,SelectedContourBaseHeight,-1,(255),-1,cv2.LINE_8)
CopyImage=cv2.copyTo(ReadImage,ContourImage)
InRangeImage_1=cv2.inRange(CopyImage,4,240)
closeSE=cv2.getStructuringElement(cv2.MORPH_ELLIPSE,(5,7),(-1,-1))
```

```
    MopCloseImage_1=cv2.morphologyEx(InRangeImage_1,cv2.MORPH_CLOSE,closeSE)
    Contour_1,hierarchy=cv2.findContours(MopCloseImage_1,cv2.RETR_EXTERNAL,cv2.
CHAIN_APPROX_SIMPLE)
    BoundingRectImage=ReadImage.copy()
    ListOfBoundingRect_1=[]
    if BoundingRectImage.ndim==2:
        BoundingRectImage=cv2.cvtColor(BoundingRectImage, cv2.COLOR_GRAY2RGB)
    for boundRect in Contour_1:
        rect=cv2.boundingRect(boundRect)
        ListOfBoundingRect_1.append(rect)
        cv2.rectangle(BoundingRectImage,rect, (0,0,255), 2, 8)
    cv2.namedWindow("BoundingRectImage",cv2.WINDOW_NORMAL)
    cv2.imshow("BoundingRectImage",BoundingRectImage)
    cv2.waitKey(0)
```

该实例演示了如何对点阵字符进行分割。具体的实现方式有很多种，例14-1提供了一种分割的思路，感兴趣的读者可以采用其他方法进行分割。分割完成之后，可以通过分割出来的每个区域特点来判断字符是否存在缺陷，比如可以通过字符识别的方式。

14.2 镜片定位与自动分拣

这个应用用于实现利用机器人自动将镜片抓起进行分拣装盒，抓取采用真空吸盘的方式实现。该应用的关键是寻找镜片的中心位置坐标。镜片直径的大小有多种型号。此外，镜片（图14.5）从一面向另一面凸起，因此，有一面是向镜片中心凹进去，另一面是从中心向外凸起。在自动抓取时，只抓取镜片凹面向上的镜片。完成之后将剩下的镜片进行翻面，然后再抓取剩下的镜片进行装盒。

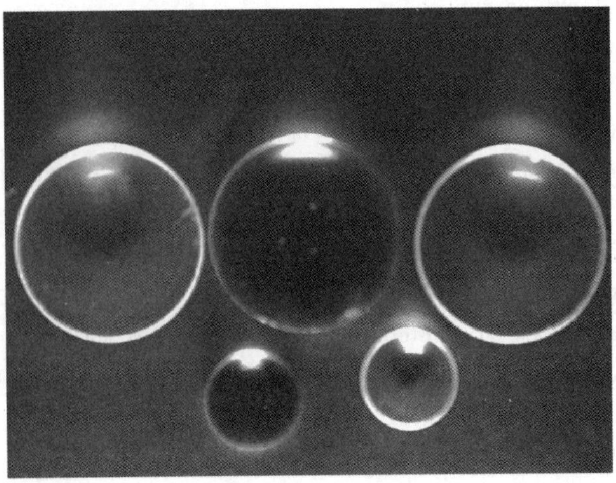

图14.5 镜片图像

该应用的关键问题有两个：其一是判断镜片凹面是向上还是向下；其二是如何寻找凹面向上的镜片中心。对于第一个问题，可以采用光源打光方式实现。由于凹面和凸面向上的时候，镜片边缘的反光不一样。因此，可以利用这一特点，让光源的光线只反射镜片凹面向上的边缘，如图 14.5 所示。边缘呈明亮区域的为凹面向上，边缘较暗的为凸面向上。尽管镜片上还有少部分区域比较明亮，但是并不影响区分镜片的凹面和凸面。对于第二个问题，如果能够比较准确地寻找出凹面向上的镜片的边界，则可以找出该镜片的中心。一个有利的特点是，此类应用利用真空吸盘进行抓取，而镜片重量比较轻，真空吸盘用软的材料做成，即使位置有一定偏差的时候，也不影响抓取。

实现此应用的机器人一般采用并联机器人，其抓取速度较快。当然，要实现机器人自动抓取，还需要将图像坐标向机器人坐标转换。如果为了更精确地定位中心，需要对相机镜头进行畸变校正，然后对相机进行标定，将图像坐标向世界坐标进行转换，然后再将世界坐标发送给机器人。在此只说明图像中凹面镜片的中心位置寻找方法。该应用所使用的算法主要有形态学算法、二值化算法、边界提取与椭圆拟合等。具体实现步骤包括凹面区域提取、凹面区域边界提取、椭圆拟合。

14.2.1　提取凹面镜片区域

为了突出凹面向上的镜片的边界，图像会出现比较严重的光照不均。而且，由于镜片这种特殊材质，即使凸显的边缘，其灰度也有很大的变化。如图 14.5 所示，三个凹面向上的镜片，其边缘的亮度也有较大的区别。另外，图像呈现出光照不均的情况，感兴趣区域受到的干扰比较严重，除了背景的干扰外，凸面反光也有一定的干扰。因此，为了分割出凹面镜片区域，首先采用形态学顶帽运算，此方法可以凸显出凹面的边界的同时，降低凸面和背景的干扰。顶帽运算处理结果如图 14.6 所示。

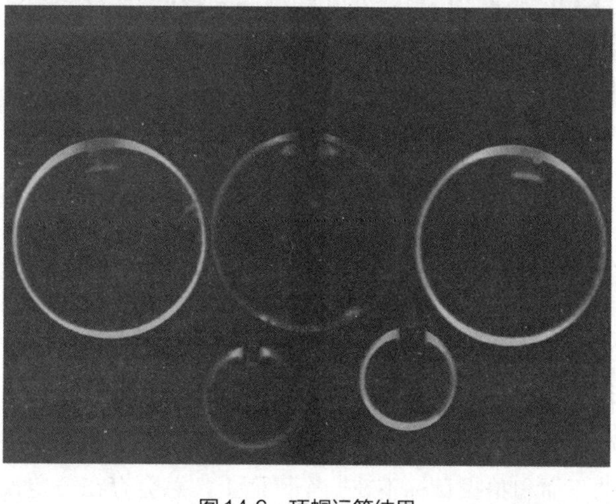

图 14.6　顶帽运算结果

从图 14.6 可以看出，凹面轮廓已经非常清晰了。在此基础上，可以直接利用固定阈值分割的方式，直接得到凹面区域，如图 14.7 所示。尽管图 14-7 中还存在一些干扰因素，但是，相对于感兴趣区域来说，已经可以很方便地排除干扰了。在图 14.7 的基础上，可以直接提取轮廓，然后利用轮廓的长度、面积等特征，将干扰区域排除，图 14.8 是提取轮廓后，利用面积过滤排除干扰后的结果，可以看出，图像中只剩下凹面区域了。

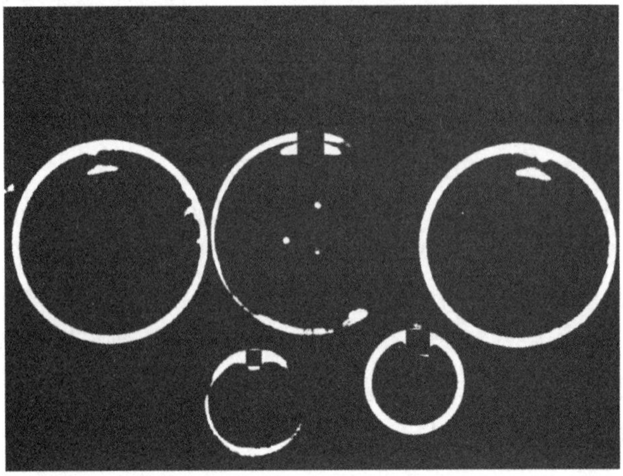

图 14.7　二值化结果

图 14.8　凹面镜片区域提取结果

14.2.2　中心位置查找

图 14.8 中已经提取了凹面向上的镜片的连通区域轮廓。在此基础上，可以通过轮廓点的椭圆拟合算法，得到椭圆中心，也就得到想要的结果了。需要注意的是，这里并没有通过拟合圆来得到中心位置。因为，拟合圆容易受到边界不规则的影响，结果不够健壮。此外，由于相机镜头的平面和拍摄目标不在一个平面上，总会存在一定误差，虽然镜片边界非常接近圆形，但实际拍摄出来的图像，其边界更接近椭圆。因此，需要通过拟合椭圆来得到中心位置。另外，由于光源的原因，会将镜片的部分下边缘照亮，提取的边界也更接近椭圆。图 14.9 显示了查找中心的结果，尽管会有一点误差，但是已经能够满足实际需

求。例 14-2 是对应的源代码。

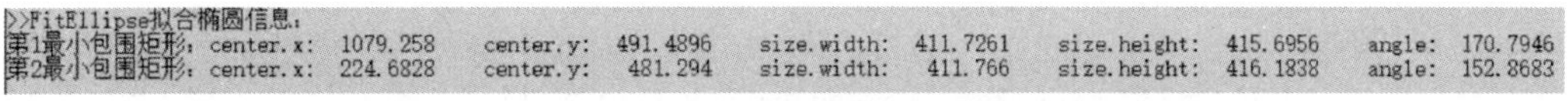

（a）镜片中心位置信息

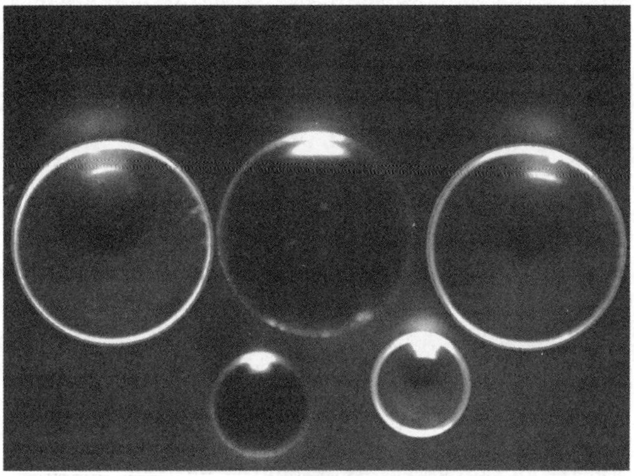

（b）椭圆拟合结果

图 14.9　中心位置查找结果

例 14-2　定位镜片中心位置

C++ 代码：

```
#include<opencv2\opencv.hpp>
#include<string>
using namespace cv;
using namespace std;
int main(int argc, char** argv)
{
    Mat ReadImage=imread("E:/TestImage/14-2.bmp", 0);
    Mat TophatImage;
    Mat tophatSE=getStructuringElement(MORPH_RECT, Size(31, 31), Point(-1, -1));
    morphologyEx(ReadImage, TophatImage, MORPH_TOPHAT, tophatSE);
    Mat ThresholdImage;
    threshold(TophatImage, ThresholdImage, 30, 255, THRESH_BINARY);
    vector<vector<Point>> Contour;
    findContours(ThresholdImage, Contour, noArray(), RETR_EXTERNAL, CHAIN_APPROX_
SIMPLE);
    Mat SelectedContourAreaImage=Mat::zeros(ThresholdImage.size(), CV_8UC3);
    vector <vector<Point>> SelectedContourBaseArea;
    for (int i=0; i < Contour.size(); i++)
```

```
        {
            if (contourArea(Contour[i], false) >=10000 && contourArea(Contour[i], false) <=200000)
                SelectedContourBaseArea.push_back(Contour[i]);
        }
        drawContours(SelectedContourAreaImage, SelectedContourBaseArea, -1, Scalar(0, 255, 0), 3, 8);
        Mat FitEllipse=ReadImage.clone();
        if (FitEllipse.channels()==1)
        {
            cvtColor(FitEllipse, FitEllipse, COLOR_GRAY2RGB);
        }
        for (int i=0; i < SelectedContourBaseArea.size(); i++)
        {
            RotatedRect rrect=fitEllipse(SelectedContourBaseArea[i]);
            ellipse(FitEllipse, Point(rrect.center.x, rrect.center.y), Point(rrect.size.width/ 2, rrect.size.height/ 2), rrect.angle, 0, 360, Scalar(0, 0, 255), 3, 8);
        }
        namedWindow("FitEllipse", 0);
        imshow("FitEllipse", FitEllipse);
        waitKey(0);

        waitKey(0);
        return 0;
    }
```

Python 代码：

```
import numpy as np
import cv2
ReadImage=cv2.imread("E:/TestImage/14-2.bmp",0)
tophatSE=cv2.getStructuringElement(cv2.MORPH_RECT,(31,31),(-1,-1))
TophatImage=cv2.morphologyEx(ReadImage,cv2.MORPH_TOPHAT,tophatSE)
ret,ThresholdImage=cv2.threshold(TophatImage,30,255,cv2.THRESH_BINARY)
Contour,hierarchy=cv2.findContours(ThresholdImage,cv2.RETR_EXTERNAL,cv2.CHAIN_APPROX_SIMPLE)
SelectedContourAreaImage=np.zeros(ThresholdImage.shape, np.uint8)
if SelectedContourAreaImage.ndim==2:
    SelectedContourAreaImage=cv2.cvtColor(SelectedContourAreaImage, cv2.COLOR_GRAY2RGB)
SelectedContourBaseArea=[]
for i in range(len(Contour)):
```

```
            if cv2.contourArea(Contour[i],False) >=10000 and cv2.contourArea(Contour[i],
False) <=200000:
                SelectedContourBaseArea.append(Contour[i])
    cv2.drawContours(SelectedContourAreaImage,SelectedContourBaseAr-
ea,-1,(0,255,0),3,8)
    FitEllipse=ReadImage.copy()
    if FitEllipse.ndim==2:
        FitEllipse=cv2.cvtColor(FitEllipse, cv2.COLOR_GRAY2RGB)
    for ellipse in SelectedContourBaseArea:
        rrect=cv2.fitEllipse(ellipse)
        cv2.ellipse(FitEllipse,rrect,(0,0,255), 3, 8)
    cv2.namedWindow("FitEllipse",cv2.WINDOW_NORMAL)
    cv2.imshow("FitEllipse",FitEllipse)
    cv2.waitKey(0)
```

该应用的图像处理算法相对比较简单，比较难想到的是利用灰度图形态学算法增强凹面区域，核心是如何选择打光方式。此外，该实例没有涉及与机器人相关的操作，如果要实现与机器人相关的操作，还需要如前所述进行相机镜头的畸变校正和相机的标定工作，以确定图像坐标与真实世界坐标之间的关系。

14.3 布料瑕疵检测

布料在生产过程中，不可避免会产生各种污染，由此在布料上留下瑕疵，瑕疵的存在影响布料的美观。在生产过程中，需要将布料中的瑕疵检测出来。如图14.10所示为布料上的黄斑。

布料中的瑕疵与布料之间形成了比较明显的颜色区别。为了凸显这种区别，通常采用彩色相机进行图像采集。布料一般比较长，在生产线上运动，无法用面阵相机进行图像采集，因此，需要用线阵相机采集图像。在用线阵相机采集图像的时候，需要保证线阵相机的行频与布料的运动速度相适应，保证采集的图像不会变形。

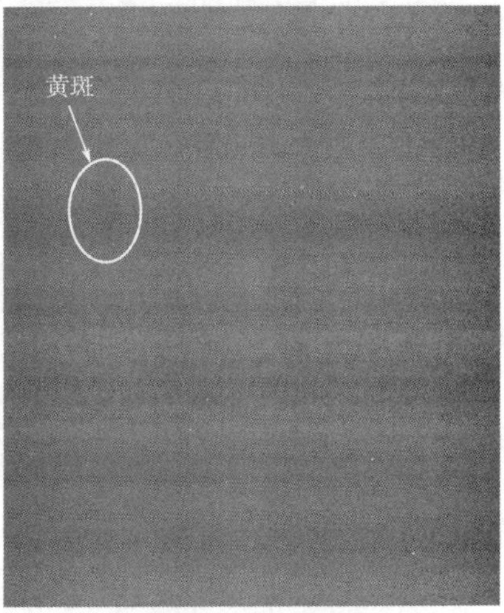

图14.10 布料瑕疵示意图

在此类应用中，布料作为柔性材料，在运动过程中会有明显的振动。因此，相机的安装位置很重要，需要保证线阵相机在采集图像的位置布料不会振动或振动很小。通常通过添加额外的机械装置来保证布料在图像采集位置比较平稳地运动。对于视觉图像处理方面，该应用主要用到了彩色图像分解、代数运算、阈值分割等算法。

14.3.1 彩色图像分解

布料采集的图像为24位RGB彩色图像。选择彩色图像的目的是突出布料与瑕疵之间的颜色区别。但是，如果直接对其利用颜色信息进行检测则不可实现。因为，在某些情况下，即使存在瑕疵，其颜色相对于布料的区别也比较小。但是，通过颜色分解可以发现，瑕疵在某些通道上，与布料的对比度更加明显，如果直接将彩色图像灰度化，则会弱化这种区别。

图14.11显示了对图14.10进行颜色分解后的三个通道图像以及彩色图像直接灰度化后的图像。可以看出，直接灰度化之后，瑕疵也可见，但是对比度没有第一通道强烈。图像通过分解后，在第一通道上瑕疵更加明显。通过对图像颜色进行分解，突出了瑕疵与布料之间的对比度，对后续的瑕疵提取更加有利。

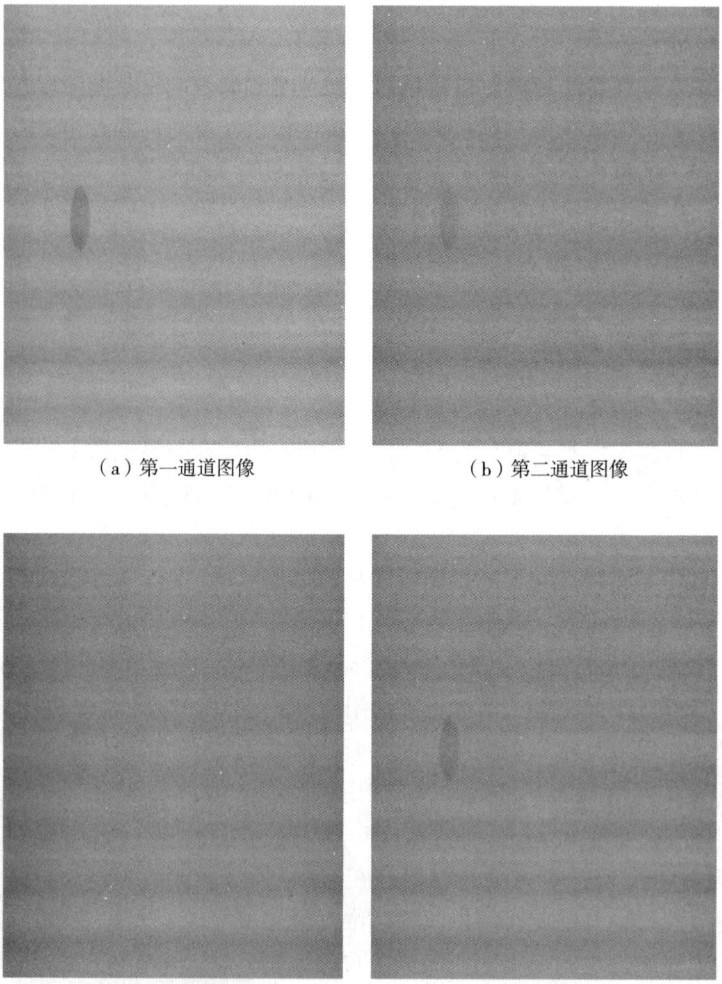

（a）第一通道图像　（b）第二通道图像

（c）第三通道图像　（d）灰度化图像

图14.11 分解后的图像与直接灰度化的图像

14.3.2　瑕疵区域提取

从图 14.11（a）可以看出，在第三通道上，肉眼无法看出瑕疵的存在。由此，可以利用该信息来提取瑕疵区域。在此利用代数运算实现，计算第一通道与第三通道的代数差，由于两个通道的图像只有在存在瑕疵的区域才有明显的区别，因此，通过代数运算即可直接找到瑕疵区域。图 14.12（a）是两者相减取绝对值之后，再进行取反运算的结果。可以看出，经过该运算后，图像更加平滑，而瑕疵区域相对于布料也更加明显。在此基础上，通过阈值分割，即可得到瑕疵区域。图 14.12（b）是阈值分割结果。此例中，直接利用固定阈值进行分割。

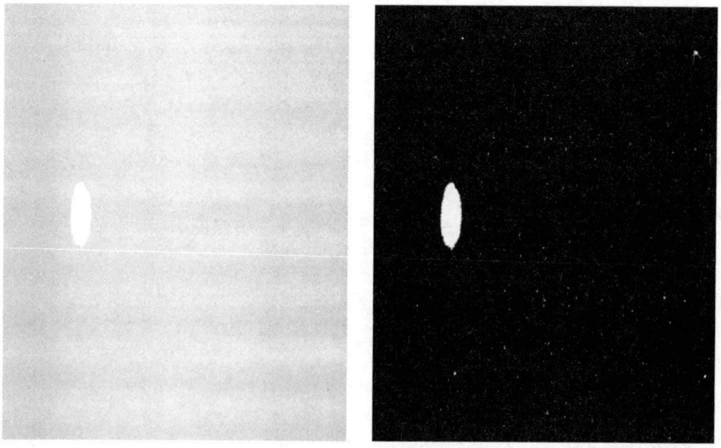

（a）相减取绝对值再取反结果　　（b）固定阈值分割结果

图 14.12　瑕疵区域提取结果

进行阈值分割之后，虽然提取出了瑕疵区域，但是，图像中还存在一些比较小的杂点。在此，可以通过形态学算法直接过滤掉这些小的杂点。在实际应用中，可以通过预先设定的阈值，判断杂点是否为瑕疵。

在本例中，采用的算法比较简单。但是，对于具体的视觉检测需求，有一点需要明确，即采用哪些算法并没有固定的模板，即使对于同一张图像，也可以采用不同的算法实现相同的结果。本实例只是演示了其中一种，目的是明确机器视觉在实际工业中强大的解决问题的能力。下面是具体的代码实现。

例 14-3　布料瑕疵检测

C++代码：

```
#include<opencv2\opencv.hpp>
#include<string>
using namespace cv;
using namespace std;
int main(int argc, char** argv)
{
```

```
    Mat ReadImage=imread("E:/TestImage/14-3-1.bmp", 1);
    vector<Mat> vecMat;
    split(ReadImage, vecMat);
    Mat SplitImage1=vecMat[0];
    Mat SplitImage2=vecMat[1];
    Mat SplitImage3=vecMat[2];
    Mat AddDiffImage;
    absdiff(SplitImage1, SplitImage3, AddDiffImage);
    Mat Bitwise_notImage;
    bitwise_not(AddDiffImage, Bitwise_notImage);
    Mat ThresholdImage;
    threshold(Bitwise_notImage, ThresholdImage, 245, 255, THRESH_BINARY);
    namedWindow("ThresholdImage", 0);
    imshow("ThresholdImage", ThresholdImage);
    waitKey(0);
    return 0;
}
```

Python代码：

```
import numpy as np
import cv2
ReadImage=cv2.imread("E:/TestImage/14-3-1.bmp",1)
SplitImage1,SplitImage2,SplitImage3=cv2.split(ReadImage)
AddDiffImage=cv2.absdiff(SplitImage1,SplitImage3)
Bitwise_notImage=cv2.bitwise_not(AddDiffImage)
ret,ThresholdImage=cv2.threshold(Bitwise_notImage,245,255,cv2.THRESH_BINARY)
cv2.namedWindow("ThresholdImage",cv2.WINDOW_NORMAL)
cv2.imshow("ThresholdImage",ThresholdImage)
cv2.waitKey(0)
```

布料瑕疵处理结果如图14.13所示，选择了四张图像，最后通过阈值分割得到了黄斑瑕疵区域，后续的区域大小和位置没有统计，因此也没有设定阈值判断是否为瑕疵区域，此部分留给读者自行完成。该例子采用了较为简单的算法实现，还有其他的方法也可以实现瑕疵检测，请读者自行思考。

（a）图1　　（b）图2　　（c）图3　　（d）图4

（e）图1第一通道　（f）图2第一通道　（g）图3第一通道　（h）图4第一通道

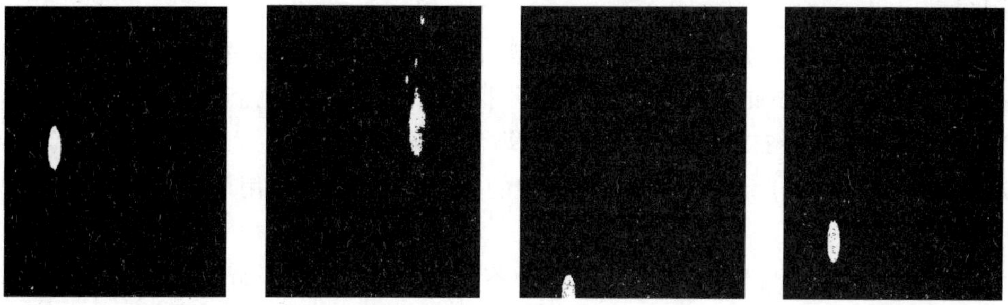

（i）图1结果　（j）图2结果　（k）图3结果　（l）图4结果

图14.13　布料瑕疵处理结果

图14.13中，图14.13（a）到（d）是原始图像，图14.13（e）到（h）是通道分离后的第一通道图像，图14.13（i）到（l）是阈值分割结果，可以看出，所采用的方法，即使对于不同的图像也适用，可以实现该类布料图像的瑕疵检测。

14.4　EmguCV与C#混合编程实例

14.4.1　EmguCV简介

EmguCV是一个用于.NET平台的开源计算机视觉库，它基于OpenCV库进行开发，是对C++ OpenCV函数的封装，类似的还有OpenCVSharp，这两个都是OpenCV在.NET环境下使用的方式，为.NET开发者提供了强大的计算机视觉功能。EmguCV可以在多种操作系统上运行，包括Windows、Linux和macOS等。这使得开发者可以在不同的平台上使用相同的代码进行计算机视觉应用的开发。EmguCV涵盖了广泛的计算机视觉任务，如图像滤波、特征提取、目标检测、图像分割、人脸识别等，例如：在图像滤波方面，提供了各种滤波器如高斯滤波器、中值滤波器等，可用于去除图像中的噪声；在目标检测方面，支持基于Haar特征的级联分类器，可用于检测图像中的人脸、车辆等目标。EmguCV为.NET开发者提供了友好的API，其命名规范和编程风格与.NET框架保持一致，熟悉.NET开发的人员可以快速上手。开发者可以通过简单的方法调用和参数设置来实现复杂的计算机视觉算法。由于底层基于OpenCV的高效C++实现，EmguCV在处理图像和视频数据时具有较高的性能。它能够充分利用现代计算机的硬件资源，如多核处理器和GPU加速，以提高计算速度。

EmguCV主要模块如下所述。

Emgu.CV：核心模块，提供了基本的图像数据结构、图像处理函数、矩阵操作等功能，例如通过Mat类来表示图像数据，支持对图像进行读取、写入、显示以及各种像素级别的操作。

Emgu.CV.Structure：包含了各种数据结构，如点、矩形、向量等，用于描述图像中的几何信息和特征，例如Point结构用于表示图像中的一个点的坐标，Rect结构用于表示一个矩形区域。

Emgu.CV.CvEnum：定义了各种枚举类型，用于指定函数的参数和返回值，例如图像的颜色空间枚举ColorConversionCodes，可以用于指定图像在不同颜色空间之间的转换方式。

Emgu.CV.Features2D：用于二维特征提取和匹配的模块，包括SIFT、SURF等特征提取算法，例如使用SIFT算法可以提取图像中的关键点和描述子，用于图像匹配和目标识别等任务。

Emgu.CV.ML：机器学习模块，提供了各种机器学习算法，如支持向量机、决策树、神经网络等，可用于图像分类、目标检测等任务。

EmguCV可以应用于计算机视觉研究、工业检测、安防监控，以及医疗影像处理等多个领域。

在计算机视觉研究方面，研究人员可以使用EmguCV快速实现各种计算机视觉算法，进行算法的验证和改进，例如：在图像识别领域，研究人员可以利用EmguCV的特征提取和分类算法，对不同类型的图像进行分类研究；在目标跟踪领域，使用 EmguCV的跟踪算法对运动目标进行实时跟踪。

在工业检测方面，EmguCV可用于工业生产中的产品质量检测、缺陷识别等，例如：在汽车制造行业，通过EmguCV对汽车零部件的图像进行分析，检测零部件是否存在缺陷；在电子制造行业，用于检测电路板上的元件是否安装正确；在食品饮料包装行业，通过EmguCV对产品外观进行检测。

在安防监控方面，可用于视频监控中的目标检测、行为分析等，监控视频中检测是否有异常行为发生，如人员闯入禁区、物品被盗等，可以通过人脸识别技术对监控视频中的人员进行身份识别。

在医疗领域，EmguCV可用于医学图像的分析和处理，如CT图像的病变检测、器官分割等。可以通过图像分割算法将CT图像中的肿瘤区域分割出来，帮助医生进行诊断和治疗。

EmguCV作为一个图像处理平台，不是一个完整的机器视觉系统。为了搭建一个完整的机器视觉系统，需要借助第三方编程语言实现。利用EmguCV搭建机器视觉系统的方法通常是利用EmguCV图像库实行图像处理算法，然后将算法集成到其他语言中，在此以C#编程语言为载体，介绍如何利用EmguCV进行机器视觉系统框架的搭建。EmguCV主要是为.NET平台设计的，因此它主要支持基于.NET的编程语言，对C#的支持比较友好。

一个视觉系统的开发，有几点需要注意。第一，算法的稳定性。所设计的视觉图像处理算法至少要能够适应产线上同一种产品的稳定检测，因此该要求需要对图像处理算法熟练掌握。第二，系统参数可方便调整。视觉系统在实验环境所设计的算法或参数并不一定能够适应现场的光照条件，为了能够快速响应应用要求，通常需要在现场再次对视觉系统进行调试，尤其是算法参数的调整。因此，应该将可能影响视觉系统检测效果的参数开放出来，以方便现场进行调整修改。该要求需要对系统框架的搭建熟练掌握，对系统的功能进行模块划分，修改某一个模块不会影响其他模块的功能。第三，能够快速响应需求，快速开发。因此，选择一种简单快捷的编程语言是最合适的。对于机器视觉系统而言，首要的功能是满足检测要求，其次是系统稳定可靠，能够利用最简单的方法实现检测要求是最好的设计。机器视觉系统主要用于工业中的缺陷检测、识别、定位、测量等方面。系统设计首先满足功能要求和稳定运行，在界面美观方面的要求其次。在此推荐采用EmguCV与C#的WinForm程序混合编程实现视觉系统。该方式简单方便，能够快速搭建稳定的视觉系统。下面以一个简单的例子说明采用EmguCV与Visual Studio 2017集成环境中的C#语言WinForm程序混合编程实现视觉系统的具体过程。

14.4.2　图像处理算法设计

在这个示例中，选择了一张简单的图像，主要是说明搭建视觉系统的具体过程。图像如图14.14（a）所示，需要统计图中字符包括圆点的数量。这个示例只采用了固定阈值分割以及轮廓提取和过滤算法，然后统计轮廓的数量得到需要统计的结果。完整的处理算法如下所示，该例子采用EmguCV代码实现，其使用方法和C++ OpenCV类似。图14.14（c）显示了图像变量和最后的统计结果为30。

（a）原图

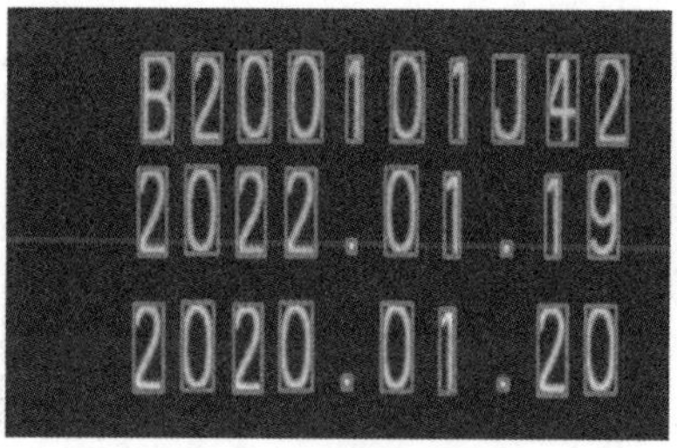

（b）分割结果

（c）统计结果

图14.14　统计字符数量

EmguCV代码：

```
static void Main(string[] args)
{
Mat ReadImage=CvInvoke.Imread("E:/TestImage/14-4.bmp",(ImreadModes)0);
Mat ThresholdImage=new Mat();
CvInvoke.Threshold(ReadImage,ThresholdImage,128,255,ThresholdType.Binary);
VectorOfVectorOfPoint Contour=new VectorOfVectorOfPoint();
CvInvoke.FindContours(ThresholdImage,Contour,new Mat(),RetrType.External,Chain-
ApproxMethod.ChainApproxSimple);
```

```
Mat SelectedContourLengthImage=Mat.Zeros(ThresholdImage.Height,ThresholdImage.
Width,DepthType.Cv8U,3);
VectorOfVectorOfPoint SelectedContourBaseLength=new VectorOfVectorOfPoint();
for (int i=0; i < Contour.Size; i++)
{
    double legnth=0;
    legnth=CvInvoke.ArcLength(Contour[i],true);
    if (legnth >=10 && legnth <=20000)
    {
        SelectedContourBaseLength.Push(Contour[i]);
    }
}
CvInvoke.DrawContours(SelectedContourLengthImage,SelectedContourBaseLength,-1,
new MCvScalar(0,255,0), 3, LineType.EightConnected);
Mat BoundingRectImage=ReadImage.Clone();
if(BoundingRectImage.NumberOfChannels==1)
{
CvInvoke.CvtColor(BoundingRectImage,BoundingRectImage,ColorConversion.Gray2Rgb);
}
List<Rectangle> ListOfBoundingRect=new List<Rectangle>();
for(int i=0; i < Contour.Size; i++)
{
    Rectangle rect=CvInvoke.BoundingRectangle(Contour[i]);
    ListOfBoundingRect.Add(rect);
     CvInvoke.Rectangle(BoundingRectImage,rect,new MCvScalar(0,0,255), 2, Line-
Type.EightConnected);
}
int num=Contour.Size;
Console.WriteLine("num={0}", num);
CvInvoke.NamedWindow("BoundingRectImage", 0);
CvInvoke.Imshow("BoundingRectImage", BoundingRectImage);
CvInvoke.WaitKey(0);
return;
}
```

至此，利用EmguCV完成算法设计。接下来，为了后续方便算法修改与集成，需要在C#中单独建立一个图像处理函数类，将设计的算法在该类中封装成函数，供C#调用即可。

14.4.3 系统设计与算法集成

打开Visual Studio 2017，选择“新建项目”，出现图14.15所示对话框。

图14.15 新建C#项目

在图14.15左边选择C#项目，中间选择“Windows窗体应用程序”，在下面的名称栏输入项目名称，本例中为“test”，在位置栏输入项目保存的位置。点击“确定”按钮，完成项目的创建，出现图14.16所示项目界面。

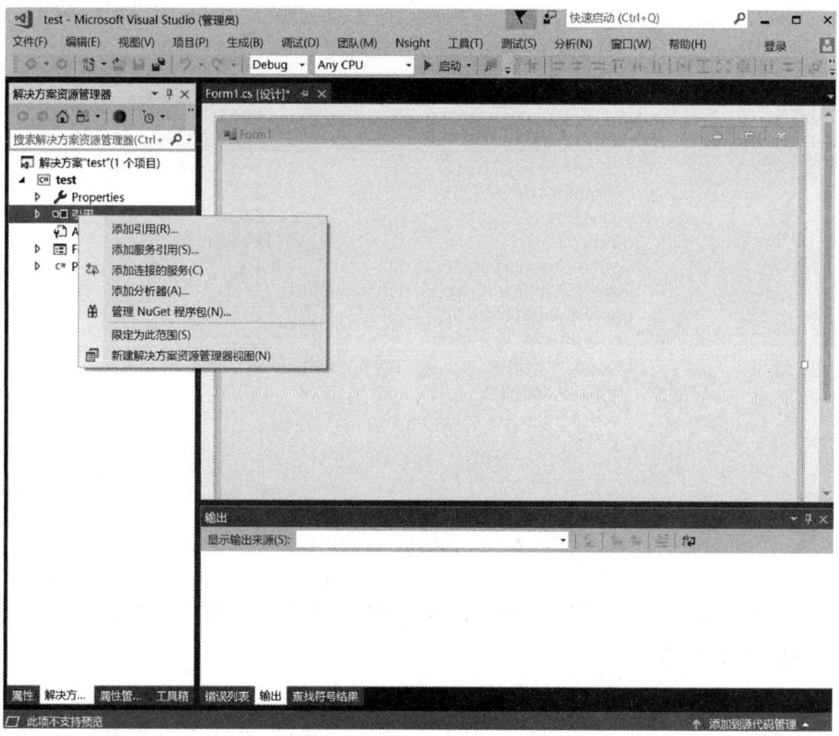

图14.16 项目界面

在图14.16中的“解决方案资源管理器”中，鼠标右键点击“引用”，左键点击“添加引用”，点击“浏览”，选择EmguCV安装目录中的对应的dll文件，如图14.17所示。图14.18所示为添加引用的对话框。添加完成之后，点击“确定”完成。

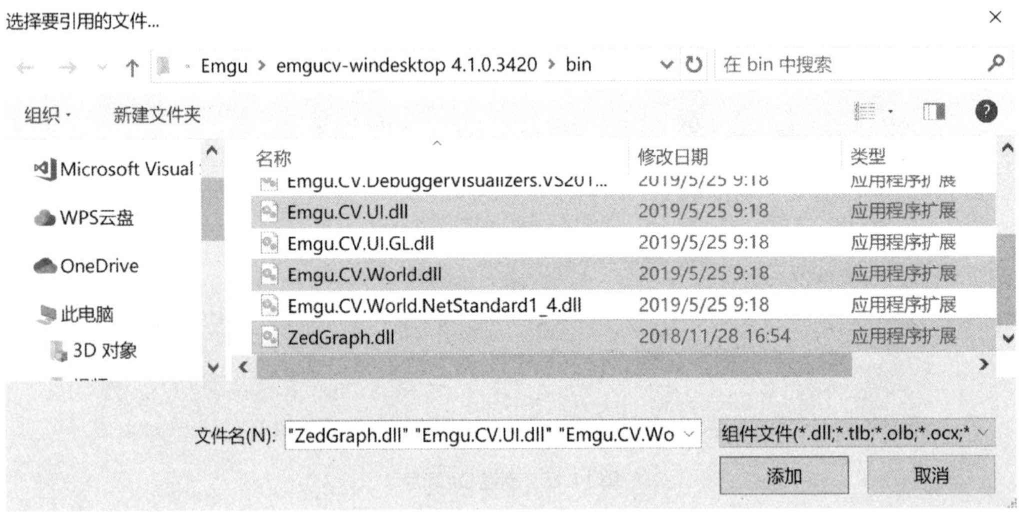

图14.17　EmguCV对应的dll文件所在位置

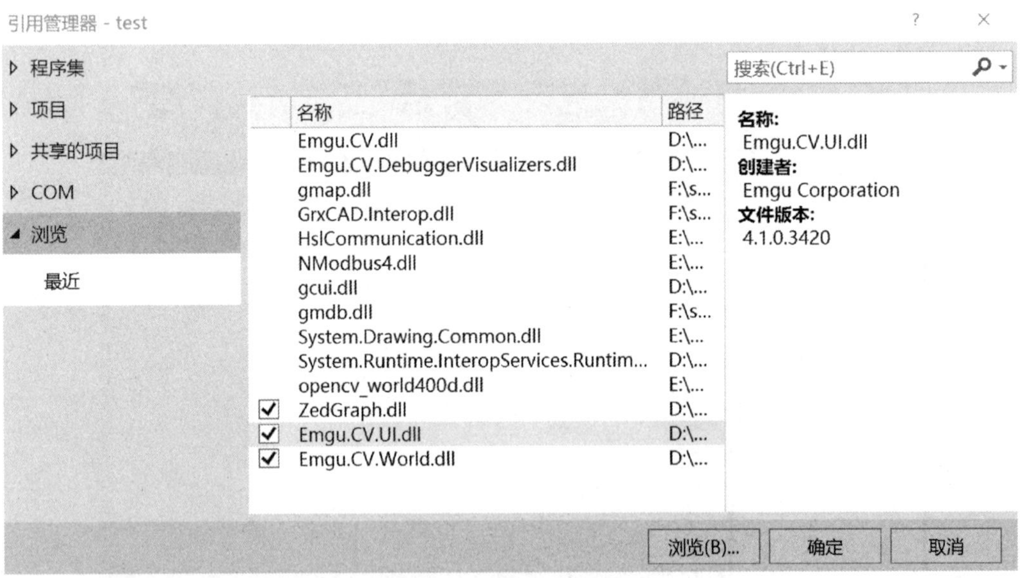

图14.18　添加EmguCV引用

点击项目中的工具箱，可以看到有个ImageBox控件，该控件是EmguCV用于显示图像的控件，如图14.19所示。

在图14.20所示位置，选择配置管理器，弹出图14.21所示配置管理器。

在图14.21中，选择“活动解决方案平台”中的“AnyCPU”下拉框，选择“新建”，出现“新建项目平台”，选择x64。点击“确定”按钮，完成项目平台配置。

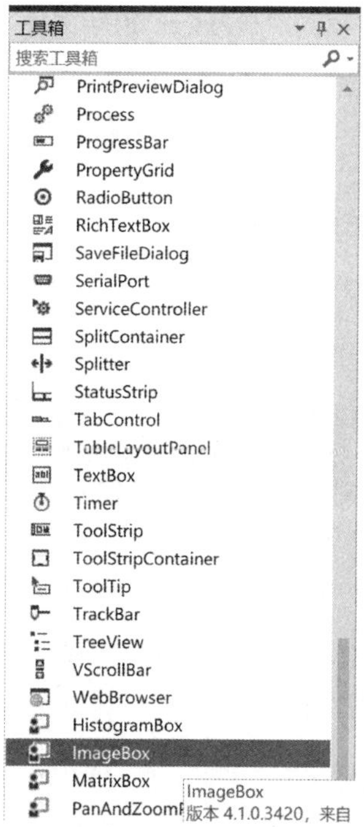

图 14.19　用于显示图像的 EmguCV 控件

图 14.20　选择配置管理器

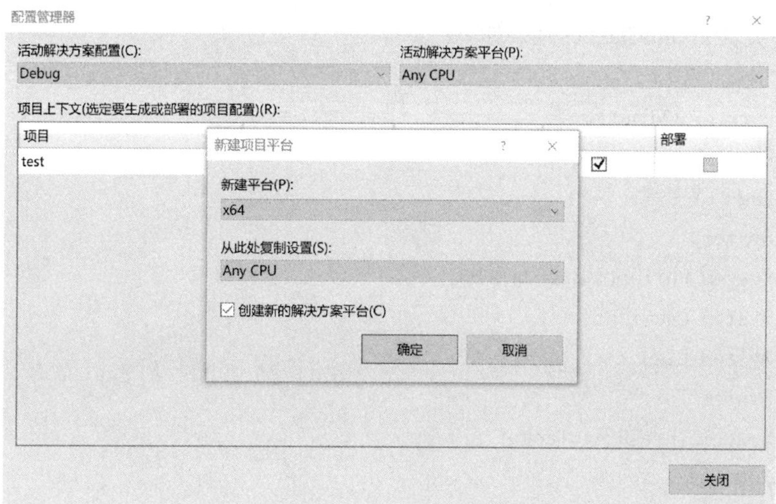

图 14.21　新建 x64 项目平台

在EmguCV的安装目录中，找到“cvextern.dll”文件，将该文件复制到“test”项目中的x64文件夹下的“Debug”文件夹下。注意“cvextern.dll”文件应该是EmguCV的安装目录中对应的x64文件夹下的文件。如果项目是x86类型的，则应该复制对应x86文件夹下的“cvextern.dll”文件。

鼠标右键选择项目“test”，然后选择“添加”→“新建项”，如图14.22所示，选择“类”，输入类名称“charNumClass.cs”，将新建一个类并加入到项目中。

图14.22　新建类charNumClass.cs文件到项目中

在类charNumClass.cs中，将14.4.2小节中的图像处理代码封装成一个函数，供其他命令调用。需要对原代码进行少量修改，去掉原读取图像的代码，将图像作为参数传入函数中，并返回统计结果。

完整的类charNumClass.cs代码如下：

```
using Emgu.CV;
using Emgu.CV.CvEnum;
using Emgu.CV.Structure;
using Emgu.CV.Util;
using System;
using System.Collections.Generic;
using System.Drawing;
using System.Linq;
using System.Text;
using System.Threading.Tasks;
namespace test
{
    class charNumClass
```

```
    {
        public int getCharNumber(Mat src, int lowThr, int highThr, ref Mat dst)
        {
            Mat ReadImage=src;
            Mat ThresholdImage=new Mat();
            CvInvoke.Threshold(ReadImage, ThresholdImage, 128, 255, ThresholdType.Binary);
            VectorOfVectorOfPoint Contour=new VectorOfVectorOfPoint();
            CvInvoke.FindContours(ThresholdImage, Contour, new Mat(), RetrType.External, ChainApproxMethod.ChainApproxSimple);
            Mat SelectedContourLengthImage=Mat.Zeros(ThresholdImage.Height, ThresholdImage.Width, DepthType.Cv8U, 3);
            VectorOfVectorOfPoint SelectedContourBaseLength=new VectorOfVectorOfPoint();
            for (int i=0; i < Contour.Size; i++)
            {
                double legnth=0;
                legnth=CvInvoke.ArcLength(Contour[i], true);
                if (legnth >=10 && legnth <=20000)
                {
                    SelectedContourBaseLength.Push(Contour[i]);
                }
            }
            CvInvoke.DrawContours(SelectedContourLengthImage, SelectedContourBaseLength, -1, new MCvScalar(0, 255, 0), 3, LineType.EightConnected);
            Mat BoundingRectImage=ReadImage.Clone();
            if (BoundingRectImage.NumberOfChannels==1)
            {
                CvInvoke.CvtColor(BoundingRectImage, BoundingRectImage, ColorConversion.Gray2Rgb);
            }
            List<Rectangle> ListOfBoundingRect=new List<Rectangle>();
            for (int i=0; i < Contour.Size; i++)
            {
                Rectangle rect=CvInvoke.BoundingRectangle(Contour[i]);
                ListOfBoundingRect.Add(rect);
                CvInvoke.Rectangle(BoundingRectImage, rect, new MCvScalar(0, 0, 255), 2, LineType.EightConnected);
            }
            dst=BoundingRectImage;
            int num=Contour.Size;
```

```
                return num;
            }
        }
    }
```

双击解决方案中的“Form1.cs”，出现主界面，在界面上添加图14.23所示控件，控件的设置如表14.1所示。图14.23是项目的界面设计结果。

表14.1 控件设置

控件类型	控件名称	控件text属性	说明
Form	Form1	字符数量检测	主窗体标题
Imgebox	imagebox1		显示图像
label	label1	低阈值	标签
TextBox	tb_lowThr	0	输入低阈值
label	Label2	高阈值	标签
TextBox	tb_highThr	255	输入高阈值
label	Label3	目标字符数量	标签
TextBox	tb_targetCharNum	30	输入目标字符数
Button	bn_openImage	打开图像	打开图像的按钮
Button	bn_test	测试	检测按钮
Label1	Label4	测试结果	标签
TextBox	tb_result		显示检测结果

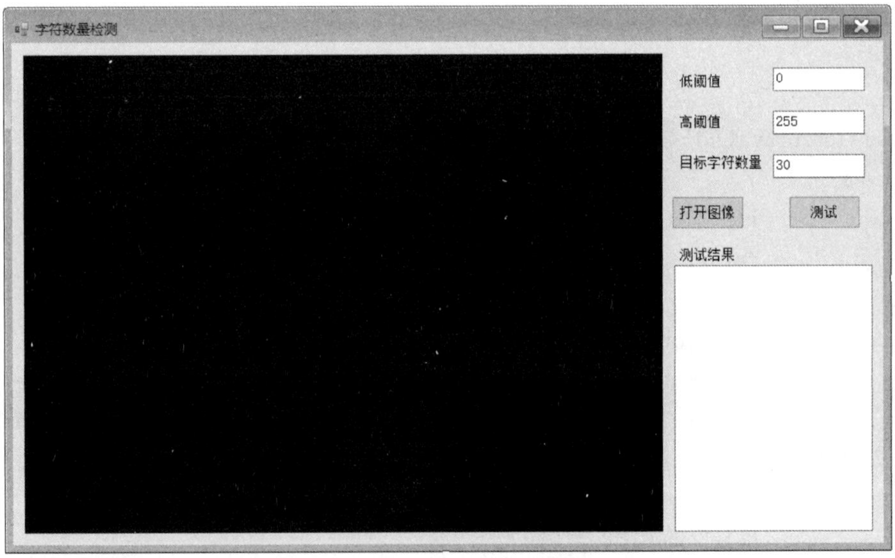

图14.23 项目界面设计结果

双击设计界面上的“打开图像”按钮和“测试”按钮，打开Form1.cs的程序编辑界面，如图14.24所示。

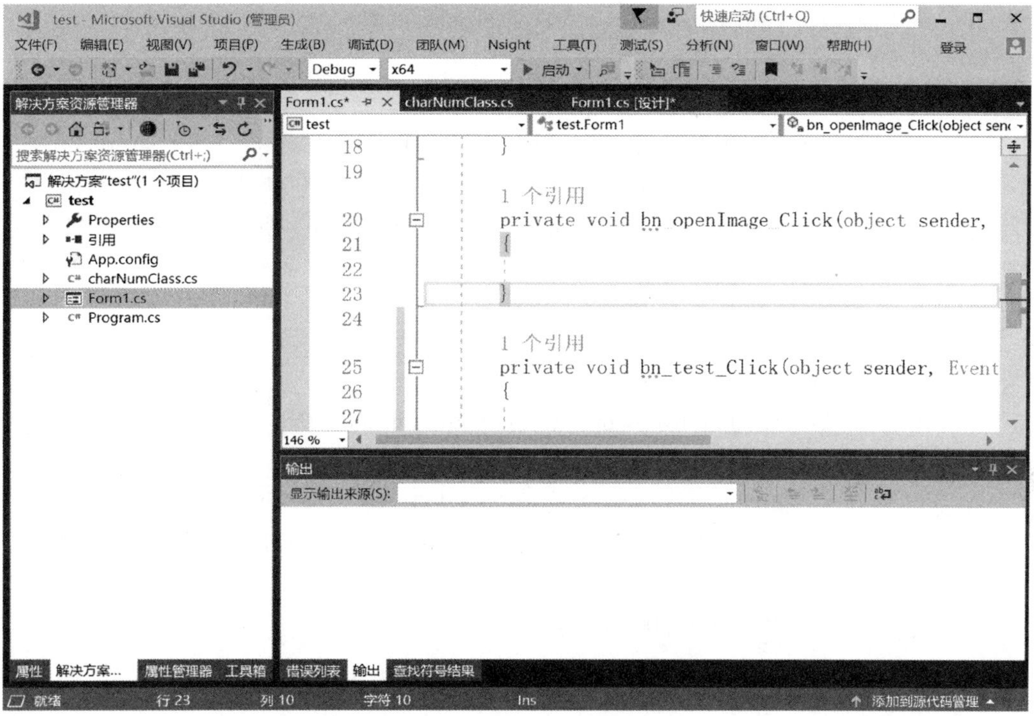

图14.24　程序编辑界面

在Form1.cs中完成如下代码：

```
using Emgu.CV;
using System;
using System.Collections.Generic;
using System.ComponentModel;
using System.Data;
using System.Drawing;
using System.Linq;
using System.Text;
using System.Threading.Tasks;
using System.Windows.Forms;
namespace test
{
    public partial class Form1 : Form
    {
        charNumClass charNumClass=new charNumClass();
        Mat src=new Mat();
        public Form1()
```

```
        {
            InitializeComponent();
        }
        private void bn_openImage_Click(object sender, EventArgs e)
        {

            OpenFileDialog openFileDlg=new OpenFileDialog();
                openFileDlg.Filter="图像 files (*.BMP;*.JPG;*.JPEG;*.GIF;*.
PNG;*TIFF;*.PPM;*.PGM)|*.bmp;*.jpg;*.jpeg;*.gif;*.png;*.tiff;*.ppm;*.pgm|(*.BMP)|*.
bmp|(*.JPG)|*.jpg|(*.JPEG)|*.jpeg|(*.GIF)|*.gif|(*.PNG)|*.png|(*.TIFF)|*.tiff|(*.
PPM)|*.ppm|(*.PGM)|*.pgm|All files(*.*)|*.*";
            openFileDlg.FilterIndex=1;
            openFileDlg.RestoreDirectory=true;
            if (openFileDlg.ShowDialog()==DialogResult.OK)
            {
                string fileName=openFileDlg.FileName.ToString();
                  src=CvInvoke.Imread(fileName, Emgu.CV.CvEnum.ImreadModes.Gray-
scale);
                imageBox1.Image=src;
            }
        }
        private void bn_test_Click(object sender, EventArgs e)
        {
            int lowThr=int.Parse(tb_lowThr.Text);
            int highThr=int.Parse(tb_highThr.Text);
            int targetNum=int.Parse(tb_targetCharNum.Text);
            Mat dst=new Mat();
            int charNum=0;
            charNum=charNumClass.getCharNumber(src, 128, 255, ref dst);
            if (charNum !=targetNum)
            {
                tb_result.AppendText(System.Environment.NewLine + "检测结果：" +
" " + charNum.ToString() + " " + "NG");
                tb_result.Select(tb_result.TextLength, 0);
                tb_result.ScrollToCaret();
            }
            else
            {
                tb_result.AppendText(System.Environment.NewLine + "检测结果：" +
" " + charNum.ToString() + " " + "OK");
                tb_result.Select(tb_result.TextLength, 0);
```

```
                tb_result.ScrollToCaret();
            }
            imageBox1.Image=dst;
        }
    }
}
```

以上是Form1.cs文件的完整代码。程序运行结果如图14.25所示。

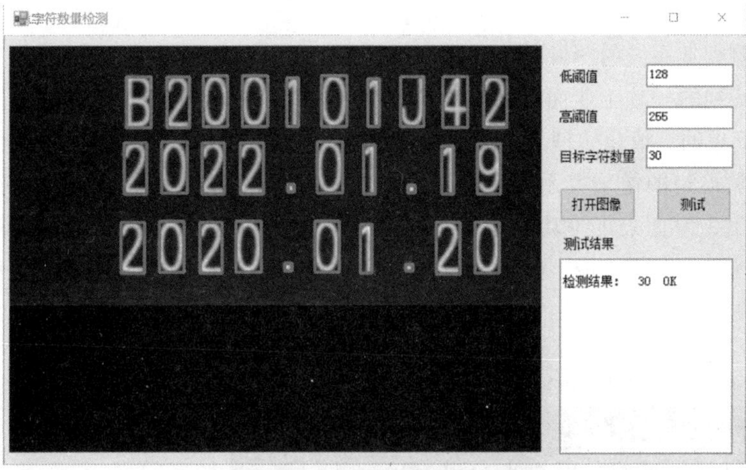

图14.25　程序运行结果

14.5　用C#搭建一个在线检测视觉图像采集系统

在线检测系统与离线检测系统是类似的，唯一的区别在于图像采集方式。在线检测系统将从摄像机中实时采集图像进行检测，而离线检测系统是从已经采集的图像文件中进行检测。因此，此部分将只说明如何进行在线图像采集以及在线检测需要注意的关键地方，不再说明完整的在线视觉系统开发过程。具体的在线视觉检测系统请读者参考离线字符识别系统自行开发。

14.5.1　在线图像采集简介

在线检测需要实时采集摄像机图像并实时检测。在线检测中，系统需要控制摄像机的相关参数，比如曝光、延迟、帧率等。大多数在线检测是通过在产线上安装传感器，传感器触发信号，通知摄像机采集图像并处理。通常的处理流程可以描述为以下步骤：

① 当产品流过产线时，传感器检测到有产品经过，则给摄像机信号，摄像机收到信号之后，开始采集图像；

② 将采集的图像传到图像处理系统，利用图像处理算法进行处理；

③ 处理完成，给出处理结果，视觉系统根据处理结果给执行机构发送信号；

④ 执行机构收到信号，根据信号决定执行动作；

⑤ 完成一个周期，重复①到④步骤，继续下一个周期的处理。

在整个过程中，图像采集是基础，图像采集通常是利用摄像机厂家的软件开发包（SDK）自行开发进行图像采集。

14.5.2 利用摄像机SDK实现在线视觉系统图像采集

在线检测视觉系统的图像采集通常利用摄像机自身的软件开发包来实现。在此，以国内厂家海康威视的一款工业面阵摄像机来说明如何利用摄像机自带的SDK实现图像采集，并通过一个简单的二值化处理，来演示如何进行在线检测。

在线视觉检测图像采集系统主要包括摄像机打开、关闭、设置摄像机的图像采集模式、开始采集、停止采集等功能。如果要进行在线视觉检测，只需要对采集的实时图像添加图像处理函数即可完成，与离线字符识别系统相同，在C#中创建一个窗体应用程序，界面设计如图14.26所示。

图14.26 在线视觉检测图像采集系统界面

相关的控件设置见表14.2。

表14.2 控件设置

控件类型	控件名称	控件text属性
ImageBox	imageBox1	
groupBox	groupBox1	初始化
Button	bn_Enum	查找相机

续表

控件类型	控件名称	控件text属性
ComboBox	cb_DeviceList	
Button	bn_Open	打开相机
Button	bn_Close	关闭相机
groupBox	groupBox2	采集图像
RadioButton	rd_ContinuesMode	连续模式
RadioButton	rd_TriggerMode	触发模式
Button	bn_StartGrab	开始采集
Button	bn_StopGrab	停止采集
CheckBox	cb_SoftTrigger	软触发
Button	bn_TriggerExec	软触发一次
backgroundWorker	backgroundWorker1	/

采用摄像机自带的SDK，需要安装对应的软件开发包，并且系统界面设计完成之后，在项目中添加SDK动态库文件的引用。由于采用EmguCV图像库，和14.4节一样，需要引用EmguCV对应的dll文件。此外，这里用到了海康威视的软件开发包，需要添加海康威视的SDK动态库文件MvCameraControl.Net，该文件在安装好对应的软件开发包之后，在安装目录下可以找到，如图14.27所示。

图14.27　采用C#采集图像对应的引用摄像机开发函数文件

引用完成之后，双击系统界面上的按钮，进入程序编辑界面。首先在程序编辑文件中添加using MvCamCtrl.NET。然后，依次添加每个按钮的处理函数。为了显示实时处理的效果，在该系统中，增加了简单的二值化处理功能。完整的代码如下：

```
using MvCamCtrl.NET;
using System;
using System.Collections.Generic;
using System.ComponentModel;
using System.Data;
using System.Drawing;
```

```
using System.Linq;
using System.Runtime.InteropServices;
using System.Text;
using System.Threading.Tasks;
using System.Windows.Forms;
using Emgu.CV;
using Emgu.CV.Structure;
using Emgu.CV.CvEnum;
namespace 在线视觉检测图像采集系统
{
    public partial class Form1 : Form
    {
        MyCamera.MV_CC_DEVICE_INFO_LIST m_pDeviceList;
        private MyCamera m_pMyCamera;
        static MyCamera.cbOutputExdelegate ImageCallback;
        bool m_bGrabbing;
        public static Image<Gray, byte> camImage;//相机图像
        Mat ThresholdImage=new Mat();
        public Form1()
        {
            InitializeComponent();
            m_pDeviceList=new MyCamera.MV_CC_DEVICE_INFO_LIST();
            m_pMyCamera=new MyCamera();
            m_bGrabbing=false;
            DeviceListAcq();
        }
        private void Form1_Load(object sender, EventArgs e)
        {
            #region//图像处理后台线程
            backgroundWorker1.WorkerReportsProgress=true;
            backgroundWorker1.WorkerSupportsCancellation=true;
           backgroundWorker1.DoWork += new DoWorkEventHandler(backgroundWorker1_
DoWork);
            Control.CheckForIllegalCrossThreadCalls=false;
            #endregion
        }
        void backgroundWorker1_DoWork(object sender, DoWorkEventArgs e)
        {
            if (m_bGrabbing==true)
            {
                if (e.Argument is Mat src)
```

```
                {
                    CvInvoke.Threshold(src, ThresholdImage, 128, 255, Threshold-
Type.Binary);
                    imageBox1.Image=ThresholdImage;
                }
            }
        }
        private void bn_Enum_Click(object sender, EventArgs e)
        {
            DeviceListAcq();
        }
        private void DeviceListAcq()
        {
            int nRet;
            System.GC.Collect();
            cb_DeviceList.Items.Clear();
            nRet=MyCamera.MV_CC_EnumDevices_NET(MyCamera.MV_GIGE_DEVICE | MyCam-
era.MV_USB_DEVICE, ref m_pDeviceList);
            if (MyCamera.MV_OK !=nRet)
            {
                MessageBox.Show("Enum Devices Fail");
                return;
            }
            for (int i=0; i < m_pDeviceList.nDeviceNum; i++)
            {
                MyCamera.MV_CC_DEVICE_INFO device=(MyCamera.MV_CC_DEVICE_INFO)
Marshal.PtrToStructure(m_pDeviceList.pDeviceInfo[i], typeof(MyCamera.MV_CC_DEVICE_
INFO));
                if (device.nTLayerType==MyCamera.MV_GIGE_DEVICE)
                {
                    IntPtr buffer=Marshal.UnsafeAddrOfPinnedArrayElement(device.
SpecialInfo.stGigEInfo, 0);
                    MyCamera.MV_GIGE_DEVICE_INFO gigeInfo=(MyCamera.MV_GIGE_DE-
VICE_INFO)Marshal.PtrToStructure(buffer, typeof(MyCamera.MV_GIGE_DEVICE_INFO));
                    if (gigeInfo.chUserDefinedName !="")
                    {
                        cb_DeviceList.Items.Add("GigE: " + gigeInfo.chUserDe-
finedName + " (" + gigeInfo.chSerialNumber + ")");
                    }
                    else
                    {
```

```
                              cb_DeviceList.Items.Add("GigE: " + gigeInfo.chManufac-
turerName + " " + gigeInfo.chModelName + " (" + gigeInfo.chSerialNumber + ")");
                         }
                     }
                     else if (device.nTLayerType==MyCamera.MV_USB_DEVICE)
                     {
                         IntPtr buffer=Marshal.UnsafeAddrOfPinnedArrayElement(device.
SpecialInfo.stUsb3VInfo, 0);
                           MyCamera.MV_USB3_DEVICE_INFO usbInfo=(MyCamera.MV_USB3_DE-
VICE_INFO)Marshal.PtrToStructure(buffer, typeof(MyCamera.MV_USB3_DEVICE_INFO));
                         if (usbInfo.chUserDefinedName !="")
                         {
                             cb_DeviceList.Items.Add("USB: " + usbInfo.chUserDefined-
Name + " (" + usbInfo.chSerialNumber + ")");
                         }
                         else
                         {
                              cb_DeviceList.Items.Add("USB: " + usbInfo.chManufactur-
erName + " " + usbInfo.chModelName + " (" + usbInfo.chSerialNumber + ")");
                         }
                     }
                 }
                 if (m_pDeviceList.nDeviceNum !=0)
                 {
                     cb_DeviceList.SelectedIndex=0;
                 }
             }
             private void bn_Open_Click(object sender, EventArgs e)
             {
                 if (m_pDeviceList.nDeviceNum==0 || cb_DeviceList.SelectedIndex==-1)
                 {
                     MessageBox.Show("No device,please select");
                     return;
                 }
                 int nRet=-1;
                //获取选择的设备信息
                 MyCamera.MV_CC_DEVICE_INFO device=
    (MyCamera.MV_CC_DEVICE_INFO)Marshal.PtrToStructure(m_pDeviceList.pDeviceInfo[cb_
DeviceList.SelectedIndex],
    typeof(MyCamera.MV_CC_DEVICE_INFO));
                 nRet=m_pMyCamera.MV_CC_CreateDevice_NET(ref device);
```

```
                if (MyCamera.MV_OK !=nRet)
                {
                    return;
                }
                //打开设备
                nRet=m_pMyCamera.MV_CC_OpenDevice_NET();
                if (MyCamera.MV_OK !=nRet)
                {
                    MessageBox.Show("Open Device Fail");
                    return;
                }
                if (device.nTLayerType==MyCamera.MV_GIGE_DEVICE)
                {
                    int nPacketSize=m_pMyCamera.MV_CC_GetOptimalPacketSize_NET();
                    if (nPacketSize > 0)
                    {
                         nRet=m_pMyCamera.MV_CC_SetIntValue_NET("GevSCPSPacketSize",
(uint)nPacketSize);
                        if (nRet !=MyCamera.MV_OK)
                        {
                                Console.WriteLine("Warning: Set Packet Size failed
{0:x8}", nRet);
                            return;
                        }
                    }
                    else
                    {
                        Console.WriteLine("Warning: Get Packet Size failed {0:x8}", nPack-
etSize);
                        return;
                    }
                }
                //打开摄像机后，设置为连续模式抓取图像
                m_pMyCamera.MV_CC_SetEnumValue_NET("TriggerMode", (uint)MyCamera.MV_
CAM_TRIGGER_MODE.MV_TRIGGER_MODE_OFF);
            }
            private void bn_Close_Click(object sender, EventArgs e)
            {
                if (m_bGrabbing)
                {
                    m_bGrabbing=false;
```

```
                //停止抓图
                m_pMyCamera.MV_CC_StopGrabbing_NET();
            }
            //关闭设备
            m_pMyCamera.MV_CC_CloseDevice_NET();
            m_bGrabbing=false;
        }
        private void bn_StartGrab_Click(object sender, EventArgs e)
        {
            int nRet=0;
            //通过代理和回调函数的方式，进行实时图像抓取
            ImageCallback=new MyCamera.cbOutputExdelegate(ImageCallbackFunc);
                nRet=m_pMyCamera.MV_CC_RegisterImageCallBackEx_NET(ImageCallback,
(IntPtr)0);
            if (0 !=nRet)
            {
                return;
            }
            GCHandle.Alloc(ImageCallback);
            nRet=m_pMyCamera.MV_CC_StartGrabbing_NET();
            if (MyCamera.MV_OK !=nRet)
            {
                return;
            }
            m_bGrabbing=true;
            return;
        }
          public void ImageCallbackFunc(IntPtr pData, ref MyCamera.MV_FRAME_OUT_
INFO_EX pFrameInfo, IntPtr pUser)
        {
            int width=pFrameInfo.nWidth;
            int height=pFrameInfo.nHeight;
            MyCamera.MvGvspPixelType enDstPixelType=pFrameInfo.enPixelType;
            if (enDstPixelType==MyCamera.MvGvspPixelType.PixelType_Gvsp_Mono8)
            {
                camImage=new Image<Gray, byte>(width, height, width, pData);
                if (backgroundWorker1.IsBusy==false)
                    backgroundWorker1.RunWorkerAsync(camImage);
            }
        }
        private void bn_StopGrab_Click(object sender, EventArgs e)
```

```
{
    int nRet=-1;
    //停止抓图
    nRet=m_pMyCamera.MV_CC_StopGrabbing_NET();
    if (nRet !=MyCamera.MV_OK)
    {
        MessageBox.Show("Stop Grabbing Fail");
    }
    m_bGrabbing=false;
}
private void bn_TriggerExec_Click(object sender, EventArgs e)
{
    int nRet;
    //触发命令
    nRet=m_pMyCamera.MV_CC_SetCommandValue_NET("TriggerSoftware");
    if (MyCamera.MV_OK !=nRet)
    {
        MessageBox.Show("Trigger Fail");
    }
}
private void rd_ContinuesMode_CheckedChanged(object sender, EventArgs e)
{
    int nRet=MyCamera.MV_OK;
    if (rd_ContinuesMode.Checked)
    {
        nRet=m_pMyCamera.MV_CC_SetEnumValue_NET("TriggerMode", 0);
        if (nRet !=MyCamera.MV_OK)
        {
            MessageBox.Show("Set TriggerMode Fail");
            return;
        }
        cb_SoftTrigger.Enabled=false;
        bn_TriggerExec.Enabled=false;
    }
}
private void rd_TriggerMode_CheckedChanged(object sender, EventArgs e)
{
    int nRet=MyCamera.MV_OK;
    if (rd_TriggerMode.Checked)
    {
        nRet=m_pMyCamera.MV_CC_SetEnumValue_NET("TriggerMode", 1);
```

```
                if (nRet !=MyCamera.MV_OK)
                {
                    MessageBox.Show("Set TriggerMode Fail");
                    return;
                }
                if (cb_SoftTrigger.Checked)
                {
                    nRet=m_pMyCamera.MV_CC_SetEnumValue_NET("TriggerSource", 7);
                    if (nRet !=MyCamera.MV_OK)
                    {
                        MessageBox.Show("Set TriggerSource Fail");
                        return;
                    }
                    if (m_bGrabbing)
                    {
                        bn_TriggerExec.Enabled=true;
                    }
                }
                else
                {
                    nRet=m_pMyCamera.MV_CC_SetEnumValue_NET("TriggerSource", 0);
                    if (nRet !=MyCamera.MV_OK)
                    {
                        MessageBox.Show("Set TriggerSource Fail");
                        return;
                    }
                }
                cb_SoftTrigger.Enabled=true;
            }
        }
        private void cb_SoftTrigger_CheckedChanged(object sender, EventArgs e)
        {
            if (cb_SoftTrigger.Checked)
            {
               //触发源设为软触发
                m_pMyCamera.MV_CC_SetEnumValue_NET("TriggerSource", 7);
                if (m_bGrabbing)
                {
                    bn_TriggerExec.Enabled=true;
                }
            }
```

```
                else
                {
                    m_pMyCamera.MV_CC_SetEnumValue_NET("TriggerSource", 0);
                    bn_TriggerExec.Enabled=false;
                }
            }
        }
    }
```

以上是在线视觉检测图像采集系统的完整代码。摄像机采用网线接口传输图像数据，需要注意摄像机的IP地址与电脑的IP地址在同一个网段。当连上摄像机之后，点击“查找相机”按钮，可以找出连接在电脑上的摄像机，点击“打开相机”按钮，将打开摄像机，并设置为连续采集图像的方式，该方式得到的是视频图像，当选择“触发”模式并且没有选择软触发时，需要连接传感器，摄像机将根据传感器给出的信号进行图像采集，如果选中“软触发”模式，不需要传感器信号，当点击“软触发一次”按钮后，将采集一张图像。该在线图像采集系统采用回调函数的方式进行图像采集，在得到图像后，添加对应的图像处理算法，即为在线视觉检测系统。本实例中，对在线采集的图像增加了简单的二值化处理功能，用以说明如何进行在线检测，读者可以参考该实例，自行设计自己的在线检测系统。

在线视觉检测系统中，系统的稳定运行至关重要。系统的稳定运行与多方面因素有关。完整的在线检测流程可以描述为图像采集、图像处理、结果输出到执行机构三个阶段，这是一个顺序执行的过程，这三个阶段相互关联，每个阶段出现问题都将影响整个视觉检测系统的稳定运行。在线检测通常采用硬触发的方式，由传感器给信号触发摄像机采集图像，然后进行检测。图像处理需要在系统的子线程中进行，这样可以避免系统出现“假死”现象。图像处理结果要及时发送给执行机构，保证执行机构在正确的时间准确执行剔除等功能。完善的在线视觉检测系统需要考虑多个处理阶段的有机配合，这需要视觉系统开发人员熟练掌握相关技术，包括软件开发技术、系统设计技术等，在线视觉检测系统开发是一门应用性比较强的技术，需要不断地在应用开发中不断提高技术能力。

练　习

14.1　利用HALCON和C#混合编程，实现一个简易的视觉图像处理系统。检测内容自己确定。

附 录

附录 I　OpenCV C++配置

第一步，从OpenCV官网下载OpenCV安装包。选择对应的版本，这里以OpenCV4.7.0版本为例。

下载后解压到指定目录，这里解压到“D：”盘根目录下，如图 I-1所示。

图 I-1　下载解压后的OpenCV4.7.0

第二步，配置环境变量。将目录“D:\opencv470\opencv\build\x64\vc16\bin”加入环境变量，如图 I-2所示。

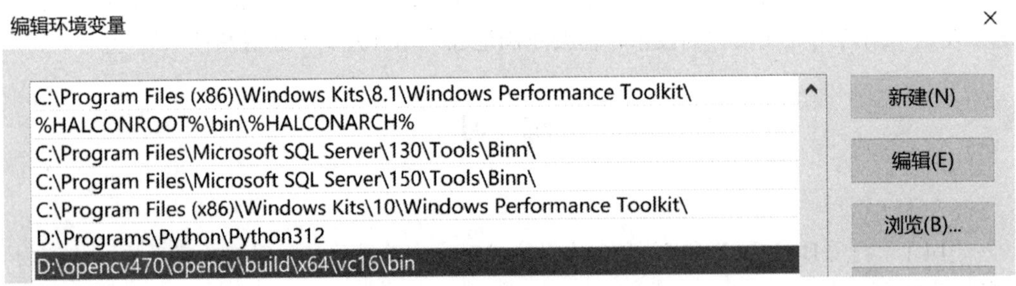

图 I-2　添加OpenCV到环境变量

第三步，打开Visual Studio 2017，新建控制台项目，选择Visual C++，并选择空项目，指定项目放置路径和项目名称，这里放置在“E:\TestImage\appendix\”文件夹下，如果电脑上没有“E:\TestImage\appendix\”文件夹，请自行创建该文件夹。同时，输入项目名称为“ConsoleApplication”。点击“确定”按钮，完成项目的创建，如图 I-3所示。

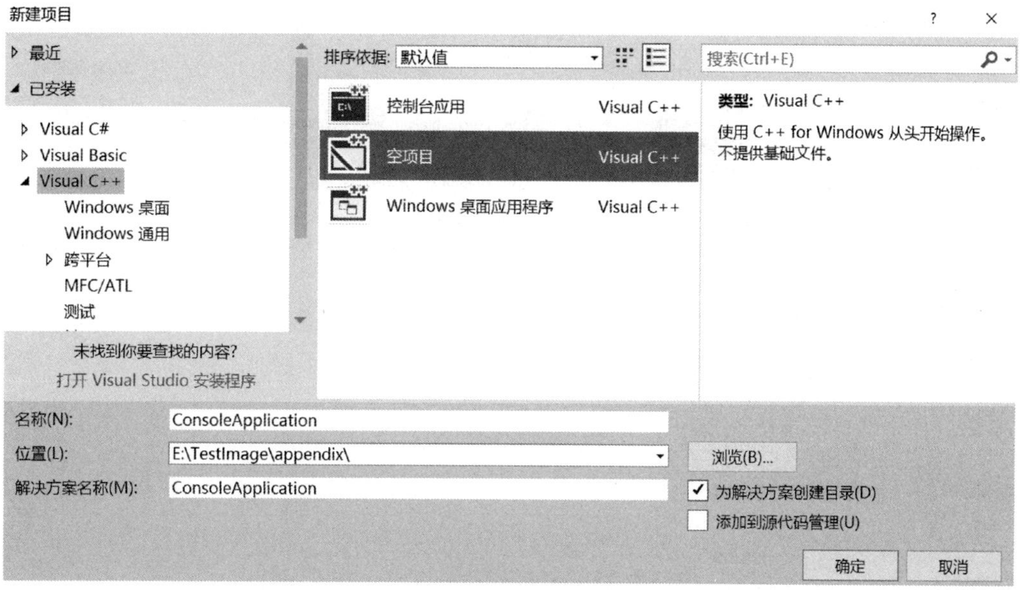

图 I-3 新建空的控制台项目

第四步，将解决方案平台修改为“x64”，然后选择菜单“视图”→“其它窗口”→“属性管理器”。在“属性管理器”窗口上，选择“Debug|x64”并点击鼠标右键，然后在出现的右键菜单中选择“添加新项目属性表”，出现图 I-4 所示界面。按照图 I-4 输入属性名称，点击“确定”按钮退出，然后双击“Debug|x64”节点下的“opencv470.props”，出现图 I-5 所示对话框。注意这里配置的是 Debug 版本，也可以配置其他版本，方法类似。

图 I-4 添加新属性

图 I-5 配置OpenCV的属性页

第五步，点击图 I-5所示左侧的“VC++目录”节点，然后点击右边的“包含目录”右侧按钮，选择出现的“编辑”选项，出现包含目录对话框，如图 I-6所示，按照图 I-6所示配置包含目录，点击“确定”按钮退出。

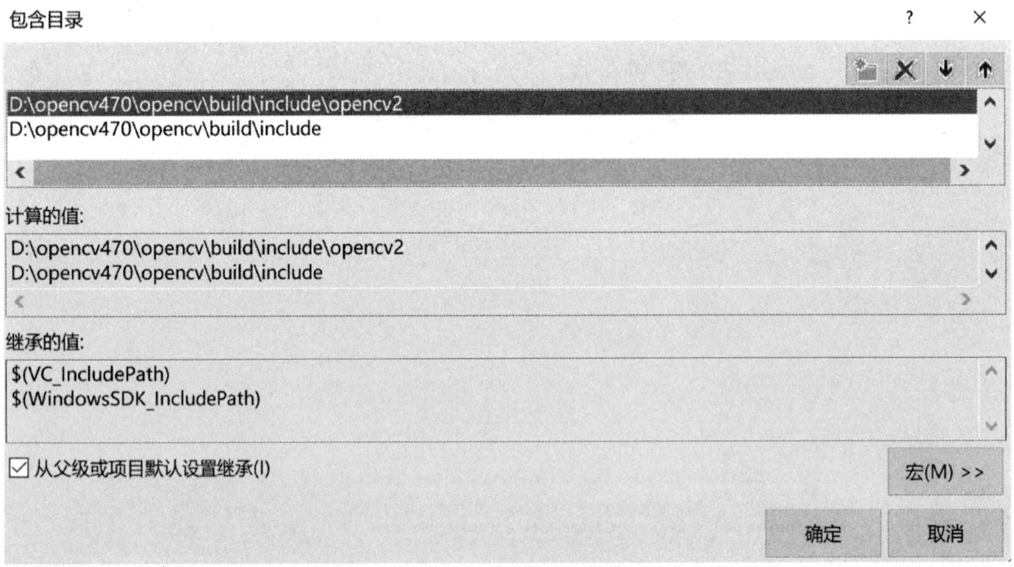

图 I-6 配置包含目录

第六步，选择“VC++目录”节点，然后点击右边的“库目录”右侧按钮，选择出现的“编辑”选项，出现包含库目录对话框，如图 I-7所示，按照图 I-7所示配置库目录，点击“确定”按钮退出。

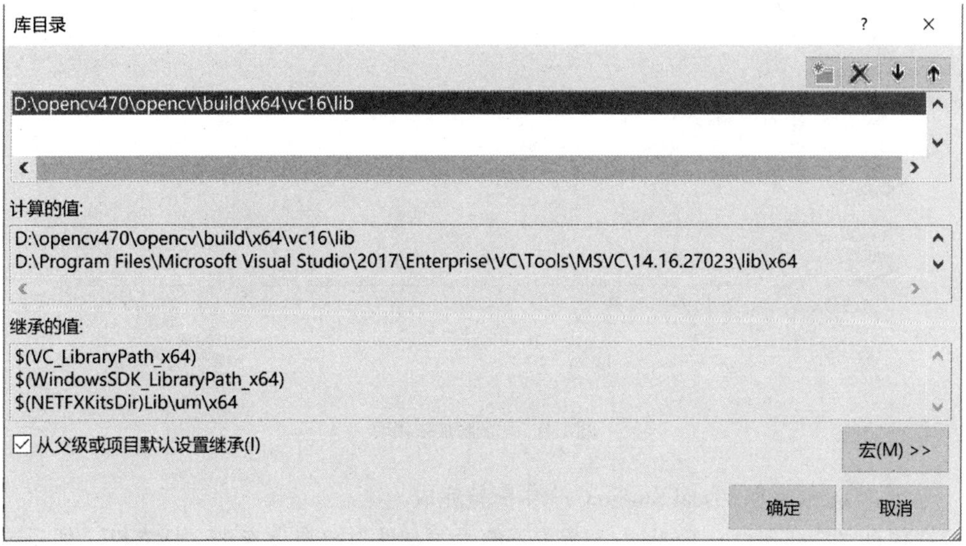

图 I-7 配置库目录

第七步，选择“C++”节点，然后选择“附加包含目录”右侧按钮，在点击出现的“编辑”选项，出现图 I-8 所示对话框，按照图 I-8 所示配置附加包含目录。点击“确定”按钮退出。

图 I-8 配置附加包含目录

第八步，选择“链接器”节点下的“输入”节点，然后点击右边的“附加依赖项”右侧按钮，选择出现的“编辑”选项，出现附加依赖项对话框，如图 I-9 所示，按照图 I-9 所示配置附加依赖项。点击“确定”按钮退出。

图 I-9　配置附加依赖项

至此，OpenCV 在 Visual Studio C++ 中配置完成。

在项目“ConsoleApplication”节点下的“源文件”节点上点击鼠标右键。然后选择“添加”→“新建项”，如图 I-10 所示。之后出现图 I-11 所示对话框。

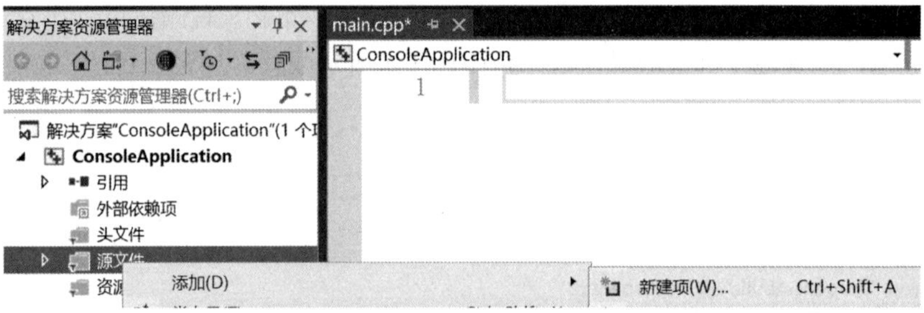

图 I-10　添加新建项

图 I-11　添加源文件

在图 I-12所示对话框中，选择添加“C++文件(.cpp)”，输入源文件名称，这里以“main.cpp”为例。点击“确定”按钮退出。在main.cpp中输入下列代码，如果下列代码运行正确，将出现图 I-12所示结果，说明OpenCV配置正确，如果出现错误，可能需要重启电脑让环境变量生效。

图 I-12 运行结果

```
#include <opencv2/opencv.hpp>
using namespace cv;
using namespace std;
int main(int argc, char** argv)
{
   Mat ReadImage=imread("E:/TestImage/ela_modified.jpg", 1);
   namedWindow("ReadImage", 0);
   imshow("ReadImage", ReadImage);
   waitKey(0);
   return 0;
}
```

附录Ⅱ 机器学习示例C++代码

K-近邻算法

训练：

```
#include <opencv2/opencv.hpp>
#include <opencv2/dnn.hpp>
#include <opencv2/imgproc/imgproc_c.h>
#include <opencv2/core/utils/trace.hpp>
#include <opencv2/xfeatures2d.hpp>
#include "opencv2/features2d/features2d.hpp"
#include <opencv2/imgproc/imgproc.hpp>
#include <opencv2/ximgproc.hpp>
using namespace cv;
using namespace std;
using namespace cv::dnn;
using namespace cv::ml;
using namespace cv::ximgproc;
static bool read_num_class_data(const string& filename, int var_count, Mat* _data, Mat* _responses)
{
    const int M=1024;
    char buf[M + 2];
    Mat el_ptr(1, var_count, CV_32F);
    vector<int> responses;
    _data->release();
    _responses->release();
    FILE* f=fopen(filename.c_str(), "rt");
    if (!f)
    {
        cout << "Could not read the database " << filename << endl;
        return false;
    }
    for (;;)
    {
        char* ptr;
        if (!fgets(buf, M, f))      break;
        responses.push_back((int)buf[0]);
        ptr=buf + 2;
        for (int i=0; i < var_count; i++)//遍历一行中的每个元素
        {
```

```
            int n=0;
            sscanf(ptr, "%f%n", &el_ptr.at<float>(i), &n);
            ptr +=n + 1;
        }
        _data->push_back(el_ptr);
    }
    fclose(f);
    Mat(responses).copyTo(*_responses);
    cout << "The database " << filename << " is loaded.\n";
    return true;
}
static Ptr<TrainData> prepare_train_data(const Mat& data, const Mat& responses,
int ntrain_samples)
{
    Mat sample_idx=Mat::zeros(1, data.rows, CV_8U);
    Mat train_samples=sample_idx.colRange(0, ntrain_samples);
    train_samples.setTo(Scalar::all(1));
    return TrainData::create(data, ROW_SAMPLE, responses, noArray(), sample_idx);
}
inline TermCriteria TC(int iters, double eps)
{
    return TermCriteria(TermCriteria::MAX_ITER + (eps > 0 ? TermCriteria::EPS : 0),
iters, eps);
}
static void save_model(const Ptr<StatModel>& model, const string& filename_to_
save)
{
    if (!filename_to_save.empty())
    {
        model->save(filename_to_save);
    }
}
int main(int argc, char** argv)
{
    Mat data;
    Mat responses;
    char* data_filename="E:/TestImage/机器学习/letter_recognition_train.data";
    bool ok=read_num_class_data(data_filename, 16, &data, &responses);
    if (!ok)
        return 0;
    int nsamples_all=data.rows;
```

```
    int ntrain_samples=nsamples_all;
    Ptr<TrainData> tdata=prepare_train_data(data, responses, ntrain_samples);
    Ptr<KNearest> model=KNearest::create();
    model->setDefaultK(26);
    model->setIsClassifier(true);
    model->setAlgorithmType(KNearest::BRUTE_FORCE);
    model->train(tdata);
    char* filename_to_save="E:/TestImage/机器学习/KnearestModel.xml";
    save_model(model, filename_to_save);
    return 0;
}
```

预测：

```
#include <opencv2/opencv.hpp>
#include <opencv2/dnn.hpp>
#include <opencv2/imgproc/imgproc_c.h>
#include <opencv2/core/utils/trace.hpp>
#include <opencv2/xfeatures2d.hpp>
#include "opencv2/features2d/features2d.hpp"
#include <opencv2/imgproc/imgproc.hpp>
#include <opencv2/ximgproc.hpp>
using namespace cv;
using namespace std;
using namespace cv::dnn;
using namespace cv::ml;
using namespace cv::ximgproc;
static bool read_num_class_data(const string& filename, int var_count, Mat* _data, Mat* _responses)
{
    const int M=1024;
    char buf[M + 2];
    Mat el_ptr(1, var_count, CV_32F);
    vector<int> responses;
    _data->release();
    _responses->release();
    FILE* f=fopen(filename.c_str(), "rt");
    if (!f)
    {
        cout << "Could not read the database " << filename << endl;
        return false;
    }
    for (;;)
```

```
        {
            char* ptr;
            if (!fgets(buf, M, f))        break;
            responses.push_back((int)buf[0]);
            ptr=buf + 2;
            for (int i=0; i < var_count; i++)
            {
                int n=0;
                sscanf(ptr, "%f%n", &el_ptr.at<float>(i), &n);
                ptr +=n + 1;
            }
            _data->push_back(el_ptr);
        }
        fclose(f);
        Mat(responses).copyTo(*_responses);
        cout << "The database " << filename << " is loaded.\n";
        return true;
    }
    template<typename T>
    static Ptr<T> load_classifier(const string& filename_to_load)
    {
        Ptr<T> model=StatModel::load<T>(filename_to_load);
        if (model.empty())
            cout << "Could not read the classifier " << filename_to_load << endl;
        else
            cout << "The classifier " << filename_to_load << " is loaded.\n";
        return model;
    }
    static double test_classifier(const Ptr<StatModel>& model, const Mat& data,
const Mat& responses, int rdelta)
    {
        int i, nsamples_all=data.rows;
        double test_hr=0;
        for (i=0; i < nsamples_all; i++)
        {
            Mat sample=data.row(i);
            float r=model->predict(sample);
            r=std::abs(r + rdelta - responses.at<int>(i)) <=FLT_EPSILON ? 1.f : 0.f;
            test_hr +=r;
        }
        return  test_hr/=nsamples_all;
```

```
    //printf("Recognition rate:  test=%.1f%%\n",  test_hr*100.);
}
int main(int argc, char** argv)
{
    Ptr<KNearest> model;
    char* filename_model="E:/TestImage/机器学习/KnearestModel.xml";
    model=load_classifier<KNearest>(filename_model);
    Mat data;
    Mat responses;
    char* data_filename="E:/TestImage/机器学习/letter_recognition_test.data";
    bool ok=read_num_class_data(data_filename, 16, &data, &responses);
    if (!ok)
        return 0;
    double test_hr=test_classifier(model, data, responses, 0);
    cout << "Recognition rate:  test=" << test_hr * 100 << "%" << endl;
    system("pause");
    return 0;
}
```

多层感知机代码

训练：

```
#include <opencv2/opencv.hpp>
#include <opencv2/dnn.hpp>
#include <opencv2/imgproc/imgproc_c.h>
#include <opencv2/core/utils/trace.hpp>
#include <opencv2/xfeatures2d.hpp>
#include "opencv2/features2d/features2d.hpp"
#include <opencv2/imgproc/imgproc.hpp>
#include <opencv2/ximgproc.hpp>
using namespace cv;
using namespace std;
using namespace cv::dnn;
using namespace cv::ml;
using namespace cv::ximgproc;
static bool read_num_class_data(const string& filename, int var_count, Mat* _
data, Mat* _responses)
{
    const int M=1024;
    char buf[M + 2];
    Mat el_ptr(1, var_count, CV_32F);
    vector<int> responses;
```

```
        _data->release();
        _responses->release();
        FILE* f=fopen(filename.c_str(), "rt");
        if (!f)
        {
            cout << "Could not read the database " << filename << endl;
            return false;
        }
        for (;;)
        {
            char* ptr;
            if (!fgets(buf, M, f))
                break;
            responses.push_back((int)buf[0]);
            ptr=buf + 2;
            for (int i=0; i < var_count; i++)
            {
                int n=0;
                sscanf(ptr, "%f%n", &el_ptr.at<float>(i), &n);
                ptr +=n + 1;
            }
            _data->push_back(el_ptr);
        }
        fclose(f);
        Mat(responses).copyTo(*_responses);
        cout << "The database " << filename << " is loaded.\n";
        return true;
    }
    static Ptr<TrainData> prepare_train_data(const Mat& data, const Mat& responses,
int ntrain_samples)
    {
        Mat sample_idx=Mat::zeros(1, data.rows, CV_8U);
        Mat train_samples=sample_idx.colRange(0, ntrain_samples);
        train_samples.setTo(Scalar::all(1));
        return TrainData::create(data, ROW_SAMPLE, responses, noArray(), sample_idx);
    }
    inline TermCriteria TC(int iters, double eps)
    {
        return TermCriteria(TermCriteria::MAX_ITER + (eps > 0 ? TermCriteria::EPS : 0),
iters, eps);
    }
```

```
static void save_model(const Ptr<StatModel>& model, const string& filename_to_save)
{
    if (!filename_to_save.empty())
    {
        model->save(filename_to_save);
    }
}
int main(int argc, char** argv)
{
    Mat data;
    Mat responses;

    char* data_filename="E:/TestImage/机器学习/letter_recognition_train.data";
    bool ok=read_num_class_data(data_filename, 16, &data, &responses);
    if (!ok)
        return ok;
    Ptr<ANN_MLP> model;
    int nsamples_all=data.rows;
    int ntrain_samples=nsamples_all;
    Mat train_data=data.rowRange(0, ntrain_samples);
    int class_count=26;
    Mat train_responses=Mat::zeros(ntrain_samples, class_count, CV_32F);
    for (int i=0; i < ntrain_samples; i++)
    {
        int cls_label=responses.at<int>(i) - 'A';
        train_responses.at<float>(i, cls_label)=1.f;
    }
    int layer_sz[]={ data.cols, 100, 100, class_count };
    int nlayers=(int)(sizeof(layer_sz)/ sizeof(layer_sz[0]));
    Mat layer_sizes(1, nlayers, CV_32S, layer_sz);
    Ptr<TrainData> tdata=TrainData::create(train_data, ROW_SAMPLE, train_responses);
    model=ANN_MLP::create();
    model->setLayerSizes(layer_sizes);
    model->setActivationFunction(ANN_MLP::SIGMOID_SYM, 0, 0);
    model->setTermCriteria(TC(100, 0.001));
    int method_param=100;
    model->setTrainMethod(ANN_MLP::BACKPROP, method_param);
    model->train(tdata);
    char* filename_to_save="E:/TestImage/机器学习/ANNModel.xml";
```

```
    save_model(model, filename_to_save);
    return 0;
}
```

预测：

```
#include <opencv2/opencv.hpp>
#include <opencv2/dnn.hpp>
#include <opencv2/imgproc/imgproc_c.h>
#include <opencv2/core/utils/trace.hpp>
#include <opencv2/xfeatures2d.hpp>
#include "opencv2/features2d/features2d.hpp"
#include <opencv2/imgproc/imgproc.hpp>
#include <opencv2/ximgproc.hpp>
using namespace cv;
using namespace std;
using namespace cv::dnn;
using namespace cv::ml;
using namespace cv::ximgproc;
static bool read_num_class_data(const string& filename, int var_count, Mat* _data, Mat* _responses)
{
    const int M=1024;
    char buf[M + 2];
    Mat el_ptr(1, var_count, CV_32F);
    vector<int> responses;
    _data->release();
    _responses->release();
    FILE* f=fopen(filename.c_str(), "rt");
    if (!f)
    {
        cout << "Could not read the database " << filename << endl;
        return false;
    }
    for (;;)
    {
        char* ptr;
        if (!fgets(buf, M, f))
            break;
        responses.push_back((int)buf[0]);
        ptr=buf + 2;
        for (int i=0; i < var_count; i++)
        {
```

```
            int n=0;
            sscanf(ptr, "%f%n", &el_ptr.at<float>(i), &n);
            ptr +=n + 1;
        }
        _data->push_back(el_ptr);
    }
    fclose(f);
    Mat(responses).copyTo(*_responses);
    cout << "The database " << filename << " is loaded.\n";
    return true;
}
template<typename T>
static Ptr<T> load_classifier(const string& filename_to_load)
{
    // load classifier from the specified file
    Ptr<T> model=StatModel::load<T>(filename_to_load);
    if (model.empty())
        cout << "Could not read the classifier " << filename_to_load << endl;
    else
        cout << "The classifier " << filename_to_load << " is loaded.\n";
    return model;
}
static double test_classifier(const Ptr<StatModel>& model, const Mat& data,
const Mat& responses, int rdelta)
{
    int i, nsamples_all=data.rows;
    double test_hr=0;
    for (i=0; i < nsamples_all; i++)
    {
        Mat sample=data.row(i);
        float r=model->predict(sample);
        r=std::abs(r + rdelta - responses.at<int>(i)) <=FLT_EPSILON ? 1.f : 0.f;
        test_hr +=r;
    }
    return  test_hr/=nsamples_all;
    //printf("Recognition rate:  test=%.1f%%\n",  test_hr*100.);
}
int main(int argc, char** argv)
{
    Ptr<ANN_MLP> model;
    char* filename_model="E:/TestImage/机器学习/ANNModel.xml";
```

```
    model=load_classifier<ANN_MLP>(filename_model);
    Mat data;
    Mat responses;
    char* data_filename="E:/TestImage/机器学习/letter_recognition_test.data";
    bool ok=read_num_class_data(data_filename, 16, &data, &responses);
    if (!ok)
      return 0;
    double  test_hr=test_classifier(model, data, responses, 'A');
    cout << "Recognition rate:  test=" << test_hr * 100 << "%" << endl;
    system("pause");
    return 0;
}
```

SVM代码

训练：

```
#include <opencv2/opencv.hpp>
#include <opencv2/dnn.hpp>
#include <opencv2/imgproc/imgproc_c.h>
#include <opencv2/core/utils/trace.hpp>
#include <opencv2/xfeatures2d.hpp>
#include "opencv2/features2d/features2d.hpp"
#include <opencv2/imgproc/imgproc.hpp>
#include <opencv2/ximgproc.hpp>
using namespace cv;
using namespace std;
using namespace cv::dnn;
using namespace cv::ml;
using namespace cv::ximgproc;
static bool read_num_class_data(const string& filename, int var_count, Mat* _data, Mat* _responses)
{
    const int M=1024;
    char buf[M + 2];
    Mat el_ptr(1, var_count, CV_32F);
    vector<int> responses;
    _data->release();
    _responses->release();
    FILE* f=fopen(filename.c_str(), "rt");
    if (!f)
    {
      cout << "Could not read the database " << filename << endl;
```

```
            return false;
        }
        for (;;)
        {
            char* ptr;
            if (!fgets(buf, M, f))
                break;
            responses.push_back((int)buf[0]);
            ptr=buf + 2;
            for (int i=0; i < var_count; i++)
            {
                int n=0;
                sscanf(ptr, "%f%n", &el_ptr.at<float>(i), &n);
                ptr +=n + 1;
            }
            _data->push_back(el_ptr);
        }
        fclose(f);
        Mat(responses).copyTo(*_responses);
        cout << "The database " << filename << " is loaded.\n";
        return true;
    }
    static Ptr<TrainData> prepare_train_data(const Mat& data, const Mat& responses,
int ntrain_samples)
    {
        Mat sample_idx=Mat::zeros(1, data.rows, CV_8U);
        Mat train_samples=sample_idx.colRange(0, ntrain_samples);
        train_samples.setTo(Scalar::all(1));
        return TrainData::create(data, ROW_SAMPLE, responses, noArray(), sample_idx);
    }
    inline TermCriteria TC(int iters, double eps)
    {
        return TermCriteria(TermCriteria::MAX_ITER + (eps > 0 ? TermCriteria::EPS : 0),
iters, eps);
    }
    static void save_model(const Ptr<StatModel>& model, const string& filename_to_
save)
    {
        if (!filename_to_save.empty())
        {
            model->save(filename_to_save);
```

```
    }
}
int main(int argc, char** argv)
{
    Mat data;
    Mat responses;
    char* data_filename="E:/TestImage/机器学习/letter_recognition_train.data";
    bool ok=read_num_class_data(data_filename, 16, &data, &responses);
    if (!ok)
        return 0;
    Ptr<SVM> model;
    int nsamples_all=data.rows;
    int ntrain_samples=nsamples_all;
    Ptr<TrainData> tdata=prepare_train_data(data, responses, ntrain_samples);
    model=SVM::create();
    model->setType(SVM::C_SVC);
    model->setKernel(SVM::SIGMOID);
    model->setC(1);
    model->setTermCriteria(TC(100, 0.0001));
    model->train(tdata);
    char* filename_to_save="E:/TestImage/机器学习/svmModel.xml";
    save_model(model, filename_to_save);
    return 0;
}
```

预测：

```
#include <opencv2/opencv.hpp>
#include <opencv2/dnn.hpp>
#include <opencv2/imgproc/imgproc_c.h>
#include <opencv2/core/utils/trace.hpp>
#include <opencv2/xfeatures2d.hpp>
#include "opencv2/features2d/features2d.hpp"
#include <opencv2/imgproc/imgproc.hpp>
#include <opencv2/ximgproc.hpp>
using namespace cv;
using namespace std;
using namespace cv::dnn;
using namespace cv::ml;
using namespace cv::ximgproc;
static bool read_num_class_data(const string& filename, int var_count, Mat* _data, Mat* _responses)
{
```

```
    const int M=1024;
    char buf[M + 2];
    Mat el_ptr(1, var_count, CV_32F);
    vector<int> responses;
    _data->release();
    _responses->release();
    FILE* f=fopen(filename.c_str(), "rt");
    if (!f)
    {
      cout << "Could not read the database " << filename << endl;
      return false;
    }
    for (;;)
    {
      char* ptr;
      if (!fgets(buf, M, f))
           break;
      responses.push_back((int)buf[0]);
      ptr=buf + 2;
      for (int i=0; i < var_count; i++)
      {
           int n=0;
           sscanf(ptr, "%f%n", &el_ptr.at<float>(i), &n);
           ptr +=n + 1;
      }
      _data->push_back(el_ptr);
    }
    fclose(f);
    Mat(responses).copyTo(*_responses);
    cout << "The database " << filename << " is loaded.\n";
    return true;
}
template<typename T>
static Ptr<T> load_classifier(const string& filename_to_load)
{
    // load classifier from the specified file
    Ptr<T> model=StatModel::load<T>(filename_to_load);
    if (model.empty())
      cout << "Could not read the classifier " << filename_to_load << endl;
    else
      cout << "The classifier " << filename_to_load << " is loaded.\n";
```

```
    return model;
}
static double test_classifier(const Ptr<StatModel>& model, const Mat& data,
const Mat& responses, int rdelta)
{
    int i, nsamples_all=data.rows;
    double test_hr=0;
    for (i=0; i < nsamples_all; i++)
    {
        Mat sample=data.row(i);
        float r=model->predict(sample);
        r=std::abs(r + rdelta - responses.at<int>(i)) <=FLT_EPSILON ? 1.f : 0.f;
        test_hr +=r;
    }
    return  test_hr/=nsamples_all;
    //printf("Recognition rate:  test=%.1f%%\n",  test_hr*100.);
}
int main(int argc, char** argv)
{
    Ptr<SVM> model;
    char* filename_model="E:/TestImage/机器学习/svmModel.xml";
    model=load_classifier<SVM>(filename_model);
    Mat data;
    Mat responses;
    char* data_filename="E:/TestImage/机器学习/letter_recognition_test.data";
    bool ok=read_num_class_data(data_filename, 16, &data, &responses);
    if (!ok)
        return 0;
    double test_hr=test_classifier(model, data, responses, 0);
    cout << "Recognition rate:  test=" << test_hr*100<<"%" << endl;
    system("pause");
    return 0;
}
```

C++ OpenCV调用YOLO训练模型

```
#include <fstream>
#include <sstream>
#include <iostream>
#include <opencv2/dnn.hpp>
#include <opencv2/imgproc.hpp>
#include <opencv2/highgui.hpp>
```

```
#include<time.h>
using namespace cv;
using namespace dnn;
using namespace std;
int num_classes;
string classes[80]={ "person", "bicycle", "car", "motorbike", "aeroplane", "bus",
            "train", "truck", "boat", "traffic light", "fire hydrant",
            "stop sign", "parking meter", "bench", "bird", "cat", "dog",
            "horse", "sheep", "cow", "elephant", "bear", "zebra", "giraffe",
            "backpack", "umbrella", "handbag", "tie", "suitcase", "frisbee",
            "skis", "snowboard", "sports ball", "kite", "baseball bat",
            "baseball glove", "skateboard", "surfboard", "tennis racket",
            "bottle", "wine glass", "cup", "fork", "knife", "spoon", "bowl",
            "banana", "apple", "sandwich", "orange", "broccoli", "carrot",
            "hot dog", "pizza", "donut", "cake", "chair", "sofa", "pottedplant",
            "bed", "diningtable", "toilet", "tvmonitor", "laptop", "mouse",
            "remote", "keyboard", "cell phone", "microwave", "oven", "toaster",
            "sink", "refrigerator", "book", "clock", "vase", "scissors",
            "teddy bear", "hair drier", "toothbrush" };
Net net;
void readModel(string modelFile)
{
    net=readNet(modelFile); // 解析模型onnx权重。
    net.setPreferableBackend(cv::dnn::DNN_BACKEND_DEFAULT);
    net.setPreferableTarget(cv::dnn::DNN_TARGET_CPU);
    num_classes=sizeof(classes)/ sizeof(classes[0]); //类别数量
}
Mat resize_image(Mat srcimg, int *newh, int *neww, int *top, int *left, int inpWidth=640, int inpHeight=640)
{
    int srch=srcimg.rows, srcw=srcimg.cols;
    *newh=inpHeight;
    *neww=inpWidth;
    Mat dstimg;
    if (srch !=srcw) {
        float hw_scale=(float)srch/ srcw;
        if (hw_scale > 1) {
            *newh=inpHeight;
            *neww=int(inpWidth/ hw_scale);
```

```
            resize(srcimg, dstimg, Size(*neww, *newh), INTER_AREA);
            *left=int((inpWidth - *neww) * 0.5);
            copyMakeBorder(dstimg, dstimg, 0, 0, *left, inpWidth - *neww - *left,
BORDER_CONSTANT, 114);
         }
         else {
            *newh=(int)inpHeight * hw_scale;
            *neww=inpWidth;
            resize(srcimg, dstimg, Size(*neww, *newh), INTER_AREA);
            *top=(int)(inpHeight - *newh) * 0.5;
            copyMakeBorder(dstimg, dstimg, *top, inpHeight - *newh - *top, 0, 0,
BORDER_CONSTANT, 114);
         }
      }
      else {
         resize(srcimg, dstimg, Size(*neww, *newh), INTER_AREA);
      }
      return dstimg;
   }
   void drawPred(float conf, int left, int top, int right, int bottom, Mat& frame,
int classid)
   {
      rectangle(frame, Point(left, top), Point(right, bottom), Scalar(0, 0,
255), 2);
      string label=format("%.2f", conf);
      label=classes[classid] + ":" + label;
      int baseLine;
      Size labelSize=getTextSize(label, FONT_HERSHEY_SIMPLEX, 0.5, 1, &baseLine);
      top=max(top, labelSize.height);
      putText(frame, label, Point(left, top), FONT_HERSHEY_SIMPLEX, 0.75, Scalar(0,
255, 0), 1);
   }
   void detect(Mat& frame, float confThreshold, float nmsThreshold, float obj-
Threshold, int inpWidth=640, int inpHeight=640)
   {
      int newh=0, neww=0, padh=0, padw=0;
      Mat dstimg=resize_image(frame, &newh, &neww, &padh, &padw, inpWidth, inpHe-
ight);
      Mat blob=blobFromImage(dstimg, 1/ 255.0, Size(inpWidth, inpHeight), Scalar(0,
0, 0), true, false);
      net.setPreferableBackend(cv::dnn::DNN_BACKEND_DEFAULT);
```

```
net.setPreferableTarget(cv::dnn::DNN_TARGET_CPU);
net.setInput(blob);
vector<Mat> outs;
net.forward(outs, "output");// this->net.getUnconnectedOutLayersNames());
int num_proposal=outs[0].size[1];
int out_dim2=outs[0].size[2];
if (outs[0].dims > 2)
{
  outs[0]=outs[0].reshape(0, num_proposal);
}
vector<float> confidences;
vector<Rect> boxes;
vector<int> classIds;
float ratioh=(float)frame.rows/ newh, ratiow=(float)frame.cols/ neww;
float* pdata=(float*)outs[0].data;
for (int i=0; i < num_proposal; ++i)
{
   int index=i * out_dim2;
   float obj_conf=pdata[index + 4];
   if (obj_conf > objThreshold)
   {
       Mat scores(1, num_classes, CV_32FC1, pdata + index + 5);
       Point classIdPoint;
       double max_class_socre;
       minMaxLoc(scores, 0, &max_class_socre, 0, &classIdPoint);
       max_class_socre *=obj_conf;
       if (max_class_socre > confThreshold)
       {
           const int class_idx=classIdPoint.x;
           float cx=pdata[index];
           float cy=pdata[index + 1];
           float w=pdata[index + 2];
           float h=pdata[index + 3];
           int left=int((cx - padw - 0.5 * w)*ratiow);
           int top=int((cy - padh - 0.5 * h)*ratioh);
           confidences.push_back((float)max_class_socre);
           boxes.push_back(Rect(left, top, (int)(w*ratiow), (int)(h*ratioh)));
           classIds.push_back(class_idx);
        }
   }
```

```
        }
        vector<int> indices;
        dnn::NMSBoxes(boxes, confidences, confThreshold, nmsThreshold, indices);
        for (size_t i=0; i < indices.size(); ++i)
        {
            int idx=indices[i];
            Rect box=boxes[idx];
            drawPred(confidences[idx], box.x, box.y,
                box.x + box.width, box.y + box.height, frame, classIds[idx]);
        }
    }
    int main()
    {
        double timeStart=(double)getTickCount();
        clock_t startTime, endTime;
        readModel("E:/TestImage/机器学习/yolov5s.onnx");
        string imgpath="E:/TestImage/机器学习/bus.jpg";
        Mat srcimg=imread(imgpath);
        double nTime=((double)getTickCount() - timeStart)/ getTickFrequency();
        startTime=clock();
        detect(srcimg, 0.3, 0.5, 0.1, 640, 640);
        endTime=clock();
        cout << "clock_running time is:" << (double)(endTime - startTime)/ CLOCKS_
PER_SEC << "s" << endl;
        cout << "The whole run time is:" << (double)clock()/ CLOCKS_PER_SEC << "s" <<
endl;
        cout << "getTickCount_running time :" << nTime << "s" << endl;
        static const string kWinName="Deep learning object detection in OpenCV";
        namedWindow(kWinName, WINDOW_NORMAL);
        imshow(kWinName, srcimg);
        waitKey(0);
        destroyAllWindows();
        return 0;
    }
```

附录Ⅲ OpenCV常用函数或类

图像拼接与融合

Hconcat：将多幅图像按照水平方向连接成一幅图像。
Vconcat：将多幅图像按照水平方向连接成一幅图像。
Stitcher：图像拼接类。
blendLinear：将两幅图像按照指定的权重系数矩阵混合成一幅图像。

颜色通道及数据转换

cvtColor：图像颜色类型转换。
convertTo：将图像从一种数据类型转换为另一种数据类型。
split：将多通道图像分离为每个通道。
Merge；将多个单通道图像合并为一个多通道图像。
extractChannel：指定抽取多通道图像的某个通道。
insertChannel：将某个通道图像插入另一个通道图像中。
applyColorMap：图像颜色映射。

图像复制

clone：将图像进行复制。
copyTo：将图像进行复制，可以设置掩码。

变换与增强

convertScaleAbs：将图像转为8位无符号图像。
Log：对数变换。
exp：指数变换。
pow：幂变换。
sqrt：开方变换。
equalizeHist：直方图均衡化。
CLAHE：限制对比度自适应直方图均衡化。
detailEnhance：增强特定图像的细节。
illuminationChange：改善图像的亮度。

图像平滑滤波

blur：均值滤波。
boxFilter：盒子滤波，与均值滤波类似。
sqrBoxFilter：归一化平方和盒子滤波，与盒子滤波类似。
medianBlur：中值滤波。
GaussianBlur：高斯滤波。
bilateralFilter：双边滤波。

filter2D：卷积计算。

sepFilter2D：可分离线性滤波。

edgePreservingFilter：边界保护滤波。

fastNlMeansDenoising：灰度图非局部均值去噪。

fastNlMeansDenoisingColored：彩色图非局部均值去噪。

textureFlatteing：纹理平滑。

guidedFilter：引导滤波。

getGaussianKernal：输出高斯滤波器系数。

边缘检测

Sobel：使用Sobel边缘检测。

Scharr：使用Scharr边缘检测。

Laplacian：使用Laplacian边缘检测。

Canny：使用Canny算子进行边缘检测。

spatialGradient：使用Sobel算子计算x和y中的一阶图像导数。

getGaborKernel：生成Gabor滤波器系数。

cartToPolar：计算二维向量在极坐标下的幅值和角度。

polarToCart：根据极坐标下的幅值和角度计算其在笛卡儿坐标系下的x和y坐标。

数学形态学

getStructuringElement：返回一个具有指定大小和形状的结构元素。

dilate：图像膨胀运算。

erode：图像腐蚀运算。

morphologyEx：形态学运算，可以使用不同的枚举值，分别实现膨胀、腐蚀、开运算、闭运算、击中击不中、形态学梯度、顶帽、黑帽运算。

图像分割

threshold：图像二值化操作。

adaptiveThreshold：局部自适应二值化操作。

inRange：是否位于其他两个数组的元素之间。

watershcd：分水岭算法。

floodFill：漫水填充分割。

distanceTransform：距离变换。

pyrMeanShiftFiltering：均值漂移分割算法。

连通域检测

connectedComponents：查找图像中的连通域。

connectedComponentsWithStats：查找图像中的连通域，带有统计信息。

图像轮廓操作

findContours：查找图像中的轮廓。
drawContours：绘制图像中的轮廓。
arcLength：计算轮廓的长度。
contourArea：计算轮廓的面积。
minAreaRect：计算轮廓的最小包围矩形。
boundingRect：计算轮廓的包围矩形。
minEnclosingCircle：计算轮廓的最小包围圆。
minEnclosingTriangle：计算轮廓的最小包围三角形。
approxPolyDP：以指定精度逼近多边形曲线。
convexHull：轮廓凸包检测。
convexityDefects：轮廓凸包缺陷检测。
fitLine：直线拟合。
fitEllipse：椭圆拟合。
fitEllipseAMS：椭圆拟合。
fitEllipseDirect：椭圆拟合。
fiillPoly：轮廓多边形填充。
pointPolygonTest：测试点是否在轮廓内。
isContourConvex：测试轮廓是否是凸包。
intersectConvexConvex：找到两个凸多边形的交点。

改变图像大小

pyrDown：图像金字塔下采样。
pyrUp：图像金字塔上采样。
resize：改变图像大小。
reduce:将矩阵简化为向量。
reshape:重新设置图像大小。

匹配

matchTemplate：模板匹配。
matchShapes：形状匹配。

图像矩

moments：计算矩。
HuMoments：计算hu不变矩。

霍夫变换

HoughLines：使用标准的Hough变换在二值图像中查找直线。
HoughLinesP：使用概率Hough变换在二进制图像中寻找线段。
HoughCircles：使用Hough变换在灰度图像中寻找圆。

傅里叶变换

getOptimalDFTSize：得到最优的傅里叶变换大小。
dft：傅里叶变换。
idft；傅里叶逆变换。

离散余弦变换

dct：离散余弦变换。
idct: 离散余弦逆变换。

图像积分

integral: 图像积分。

边界处理

copyMakeBorder：图像边界填充。

几何变换

logPolar：图像对数极坐标变换。
warpPolar：图像极坐标变换。
linearPolar：将一个图像重映射到极坐标空间。
getAffineTransform：计算仿射变换矩阵。
warpAffine：仿射变换。
getPerspectiveTransform：计算透视变换矩阵。
warpPerspective：透视变换。
getRotationMatrix2D：计算2D旋转变换矩阵。
invertAffineTransform：根据仿射变换矩阵计算逆仿射变换矩阵，调用函数实现图像的逆仿射变换。

直方图相关

calcHist：计算直方图。
compareHist：比较两个直方图的相似性。
calcBackProject：基于直方图的反向投影。

图像特征检测

hog：计算图像的梯度方向直方图。
SIFT：用SIFT算法检测图像中的特征点。
SURF：用SURF算法检测图像中的特征点。
FastFeatureDetector：用FastFeatureDetector算法用于检测图像中的特征点。
ORB：用ORB算法检测图像中的特征点。
BRISK：用BRISK算法检测图像中的特征点。
MSER：用MSER算法检测图像中的特征点。

StarDetector：用StarDetector算法检测图像中的特征点。

BriefDescriptorExtractor：描述图像中的特征点。

FREAK：描述图像中的特征点。

cornerHarris：角点检测。

preCornerDetect：二阶差分角点检测。

LineSegmentDetector：直线检测。

FastLineDetector：快速直线检测。

goodFeaturesToTrack：角点检测。

SimpleBlobDetector：可以用于检测目标的二值化斑点。

相机标定

findChessboardCorners：棋盘格图像角点检测。

findCirclesGrid：在圆形网格中查找中心。

find4QuadCornerSubpix：亚像素角点检测。

cornerSubPix：亚像素角点检测。

calibrateCamera：相机内外参标定。

initUndistortRectifyMap：用于计算无畸变和修正转换关系，通常与remap联合使用，用于畸变图像的校正。

remap：用于图像畸变校正，通常与initUndistortRectifyMap联合使用。

undistort: 该函数是initUndistortRectifyMap与remap的组合，一次性实现这两个函数的功能。

findHomography：计算多个二维点对之间的最优单映射变换矩阵。

solvePnP：输入三维点和对应的二维图像点，计算旋转和平移向量。

solvePnPRansac：使用随机抽样一致集计算旋转和平移向量。

Rodrigues：罗德里格斯变换。

convertPointsToHomogeneous：将点从欧几里得空间转换为齐次空间。

convertPointsFromHomogeneous：将点从齐次空间转换为欧几里得空间。

绘制

line：绘制直线。

circle: 绘制圆。

rectangle：绘制矩形。

ellipse: 绘制椭圆。

polylines：绘制多边形。

arrowedLine：绘制带箭头直线。

drawMarker：绘制标记符号。

putText：绘制文本。

附录Ⅳ OpenCV机器视觉处理实例

（1）印刷电路板焊球检测

电路板如图Ⅳ-1所示。

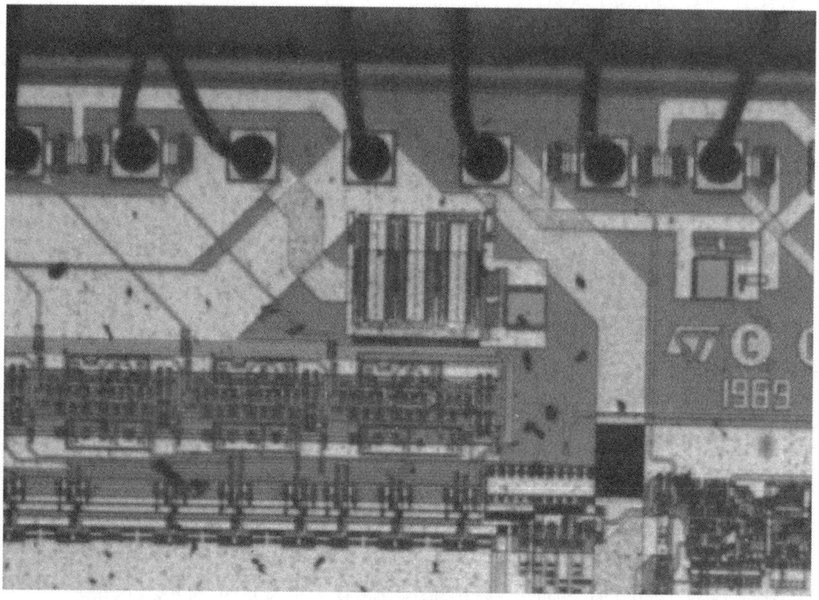

图Ⅳ-1 电路板

C++代码：

```
Mat ReadImage=imread("E:/TestImage/应用实例/第1例.png",0);
Mat ThresholdImage;
threshold(ReadImage,ThresholdImage,50,255,THRESH_BINARY_INV);
Mat MopOpenImage;
Mat openSE=getStructuringElement(MORPH_ELLIPSE,Size(33,33),Point(-1,-1));
morphologyEx(ThresholdImage,MopOpenImage,MORPH_OPEN,openSE);
vector<vector<Point>> Contour;
findContours(MopOpenImage,Contour,noArray(),RETR_EXTERNAL,CHAIN_APPROX_SIMPLE);
Mat SelectedContourLengthImage=Mat::zeros(MopOpenImage.size(), CV_8UC3);
vector <vector<Point>> SelectedContourBaseLength;
for (int i=0; i < Contour.size(); i++)
{
	if (arcLength(Contour[i],true) >=10&& arcLength(Contour[i],true) <=150)
		SelectedContourBaseLength.push_back(Contour[i]);
}
drawContours(SelectedContourLengthImage,SelectedContourBaseLength,-1, Scalar(0,255,0), 3, 8);
```

```
Mat MinEnclosingCircle=ReadImage.clone();
if(MinEnclosingCircle.channels()==1)
{
  cvtColor(MinEnclosingCircle,MinEnclosingCircle,COLOR_GRAY2RGB);
}
vector<Point2f> center(SelectedContourBaseLength.size());
vector<float> radius(SelectedContourBaseLength.size());
for(int i=0; i < SelectedContourBaseLength.size(); i++)
{
  minEnclosingCircle(SelectedContourBaseLength[i],center[i],radius[i]);
  circle(MinEnclosingCircle, center[i], (int)radius[i], Scalar(0,0,255), 3, 8);
}
namedWindow("MinEnclosingCircle",0);
imshow("MinEnclosingCircle",MinEnclosingCircle);
waitKey(0);
```

Python 代码：

```
ReadImage=cv2.imread("E:/TestImage/应用实例/第1例.png",0)
ret,ThresholdImage=cv2.threshold(ReadImage,50,255,cv2.THRESH_BINARY_INV)
openSE=cv2.getStructuringElement(cv2.MORPH_ELLIPSE,(33,33),(-1,-1))
MopOpenImage=cv2.morphologyEx(ThresholdImage,cv2.MORPH_OPEN,openSE)
Contour,hierarchy=cv2.findContours(MopOpenImage,cv2.RETR_EXTERNAL,cv2.CHAIN_APPROX_SIMPLE)
SelectedContourLengthImage=np.zeros(MopOpenImage.shape, np.uint8)
if SelectedContourLengthImage.ndim==2:
    SelectedContourLengthImage=cv2.cvtColor(SelectedContourLengthImage, cv2.COLOR_GRAY2RGB)
SelectedContourBaseLength=[]
for i in range(len(Contour)):
        if  cv2.arcLength(Contour[i],True) >=10 and cv2.arcLength(Contour[i],True) <=150:
        SelectedContourBaseLength.append(Contour[i])
cv2.drawContours(SelectedContourLengthImage,SelectedContourBaseLength,-1,(0,255,0),3,8)
MinEnclosingCircle=ReadImage.copy()
if MinEnclosingCircle.ndim==2:
    MinEnclosingCircle=cv2.cvtColor(MinEnclosingCircle, cv2.COLOR_GRAY2RGB)
for minCircle in SelectedContourBaseLength:
    center,radius=cv2.minEnclosingCircle(minCircle)
    center=tuple(np.int0(center))
    radius=np.int32(radius)
```

```
    cv2.circle(MinEnclosingCircle, center, radius, (0,0,255), 3, 8)
cv2.namedWindow("MinEnclosingCircle",cv2.WINDOW_NORMAL)
cv2.imshow("MinEnclosingCircle",MinEnclosingCircle)
cv2.waitKey(0)
```

检测结果如图Ⅳ-2所示。

图Ⅳ-2 电路板检测结果

（2）检测零件中圆的尺寸

零件中的圆如图Ⅳ-3所示。

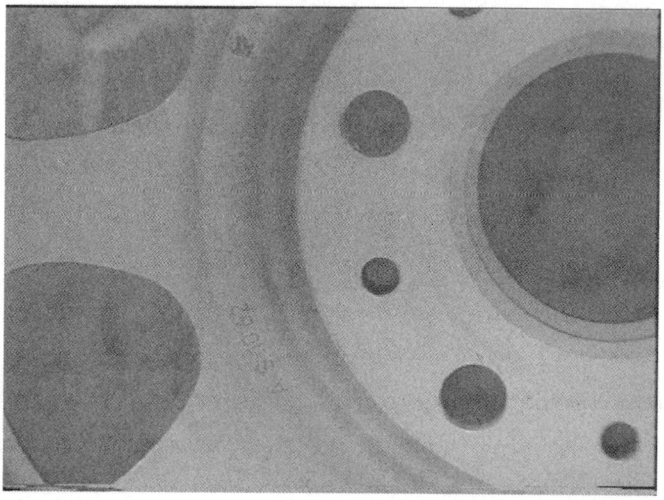

图Ⅳ-3 零件中的圆

C++代码：

```
Mat ReadImage=imread("E:/TestImage/应用实例/第2例.png",0);
Mat AddImage=ReadImage+1;
Mat ConvertImage;
AddImage.convertTo(ConvertImage,CV_32F,1,0);
Mat LogImage;
log(ConvertImage,LogImage);
Mat NormalizeImage;
normalize(LogImage,NormalizeImage,0,255,NORM_MINMAX);
Mat ConvertScaleAbsImage;
convertScaleAbs(NormalizeImage,ConvertScaleAbsImage,1,0);
Mat CannyImage;
Canny(ConvertScaleAbsImage,CannyImage,40,120);
Mat MopCloseImage;
Mat closeSE=getStructuringElement(MORPH_ELLIPSE,Size(7,7),Point(-1,-1));
morphologyEx(CannyImage,MopCloseImage,MORPH_CLOSE,closeSE);
vector<vector<Point>> Contour;
findContours(MopCloseImage,Contour,noArray(),RETR_EXTERNAL,CHAIN_APPROX_SIMPLE);
Mat SelectedContourAreaImage=Mat::zeros(MopCloseImage.size(), CV_8UC3);
vector <vector<Point>> SelectedContourBaseArea;
for (int i=0; i < Contour.size(); i++)
{
      if (contourArea(Contour[i], false) >=1500&& contourArea(Contour[i], false)
<=10000)
            SelectedContourBaseArea.push_back(Contour[i]);
}
drawContours(SelectedContourAreaImage,SelectedContourBaseArea,-1, Sca-
lar(0,255,0), 3, 8);
Mat FitEllipse=ReadImage.clone();
if(FitEllipse.channels()==1)
{
  cvtColor(FitEllipse,FitEllipse,COLOR_GRAY2RGB);
}
for(int i=0; i < SelectedContourBaseArea.size(); i++)
{
  RotatedRect rrect=fitEllipse(SelectedContourBaseArea[i]);
ellipse(FitEllipse,Point(rrect.center.x,rrect.center.y),Point(rrect.size.
width/2,rrect.size.height/2),rrect.angle,0,360,Scalar(0,0,255), 3, 8);
}
namedWindow("ReadImage",0);
imshow("ReadImage",ReadImage);
```

```
namedWindow("FitEllipse",0);
imshow("FitEllipse",FitEllipse);
waitKey(0);
```

Python代码：

```
ReadImage=cv2.imread("E:/TestImage/应用实例/第2例.png",0)
AddImage=ReadImage+1
ConvertImage=np.float32(AddImage)*np.float32(1)+0
ConvertImage=np.float32(ConvertImage)
LogImage=cv2.log(ConvertImage)
NormalizeImage=cv2.normalize(LogImage,None,0,255,cv2.NORM_MINMAX)
ConvertScaleAbsImage=cv2.convertScaleAbs(NormalizeImage,None,1,0)
CannyImage=cv2.Canny(ConvertScaleAbsImage,40,120)
closeSE=cv2.getStructuringElement(cv2.MORPH_ELLIPSE,(7,7),(-1,-1))
MopCloseImage=cv2.morphologyEx(CannyImage,cv2.MORPH_CLOSE,closeSE)
Contour,hierarchy=cv2.findContours(MopCloseImage,cv2.RETR_EXTERNAL,cv2.CHAIN_AP-
PROX_SIMPLE)
SelectedContourAreaImage=np.zeros(MopCloseImage.shape, np.uint8)
if SelectedContourAreaImage.ndim==2:
    SelectedContourAreaImage=cv2.cvtColor(SelectedContourAreaImage, cv2.COLOR_
GRAY2RGB)
SelectedContourBaseArea=[]
for i in range(len(Contour)):
        if cv2.contourArea(Contour[i],False) >=1500 and cv2.contourArea(Con-
tour[i],False) <=10000:
            SelectedContourBaseArea.append(Contour[i])
cv2.drawContours(SelectedContourAreaImage,SelectedContourBaseAr-
ea,-1,(0,255,0),3,8)
FitEllipse=ReadImage.copy()
if FitEllipse.ndim==2:
    FitEllipse=cv2.cvtColor(FitEllipse, cv2.COLOR_GRAY2RGB)
for ellipse in SelectedContourBaseArea:
    rrect=cv2.fitEllipse(ellipse)
    cv2.ellipse(FitEllipse,rrect,(0,0,255), 3, 8)
cv2.namedWindow("ReadImage",cv2.WINDOW_NORMAL)
cv2.imshow("ReadImage",ReadImage)
cv2.namedWindow("FitEllipse",cv2.WINDOW_NORMAL)
cv2.imshow("FitEllipse",FitEllipse)
cv2.waitKey(0)
```

检测结果如图Ⅳ-4所示。

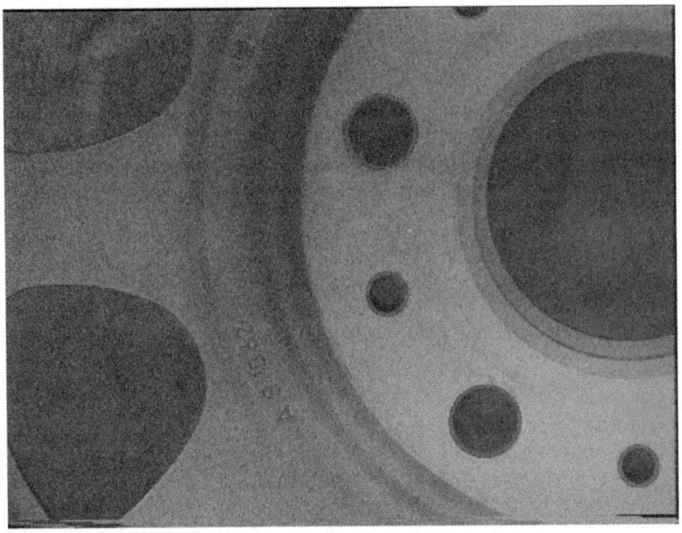

图Ⅳ-4 圆的尺寸检测结果

（3）统计图中圆的数量

包含多个圆的图片如图Ⅳ-5所示。

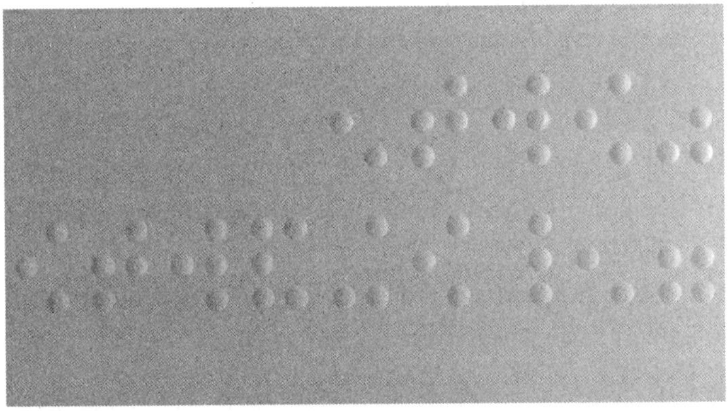

图Ⅳ-5 包含多个圆的图片

C++代码：

```
Mat ReadImage=imread("E:/TestImage/应用实例/第3例.png",0);
Mat AdaptiveThresholdImage, AdaptiveThresholdImage_1;
adaptiveThreshold(ReadImage,AdaptiveThresholdImage,255,ADAPTIVE_THRESH_MEAN_C,-THRESH_BINARY_INV,51,10);
adaptiveThreshold(ReadImage,AdaptiveThresholdImage_1,255,ADAPTIVE_THRESH_MEAN_C,THRESH_BINARY,51,-10);
Mat MopOpenImage, MopOpenImage_1;
Mat openSE=getStructuringElement(MORPH_ELLIPSE,Size(5,5),Point(-1,-1));
morphologyEx(AdaptiveThresholdImage,MopOpenImage,MORPH_OPEN,openSE);
```

```
morphologyEx(AdaptiveThresholdImage_1,MopOpenImage_1,MORPH_OPEN,openSE);
Mat Bitwise_orImage;
bitwise_or(MopOpenImage,MopOpenImage_1,Bitwise_orImage);
Mat MopCloseImage;
Mat closeSE=getStructuringElement(MORPH_ELLIPSE,Size(13,13),Point(-1,-1));
morphologyEx(Bitwise_orImage,MopCloseImage,MORPH_CLOSE,closeSE);
vector<vector<Point>> Contour;
findContours(MopCloseImage,Contour,noArray(),RETR_EXTERNAL,CHAIN_APPROX_SIMPLE);
Mat SelectedContourLengthImage=Mat::zeros(MopCloseImage.size(), CV_8UC3);
vector <vector<Point>> SelectedContourBaseLength;
for (int i=0; i < Contour.size(); i++)
{
      if (arcLength(Contour[i],true) >=100&& arcLength(Contour[i],true) <=1000)
            SelectedContourBaseLength.push_back(Contour[i]);
}
drawContours(SelectedContourLengthImage,SelectedContourBaseLength,-1, Sca-
lar(0,255,0), 3, 8);
Mat MinEnclosingCircle=ReadImage.clone();
if(MinEnclosingCircle.channels()==1)
{
  cvtColor(MinEnclosingCircle,MinEnclosingCircle,COLOR_GRAY2RGB);
}
vector<Point2f> center(SelectedContourBaseLength.size());
vector<float> radius(SelectedContourBaseLength.size());
for(int i=0; i < SelectedContourBaseLength.size(); i++)
{
  minEnclosingCircle(SelectedContourBaseLength[i],center[i],radius[i]);
  circle(MinEnclosingCircle, center[i], (int)radius[i], Scalar(0,0,255), 3, 8);
}
namedWindow("MinEnclosingCircle",0);
imshow("MinEnclosingCircle",MinEnclosingCircle);
waitKey(0);
```

Python代码:

```
ReadImage=cv2.imread("E:/TestImage/应用实例/第3例.png",0)
AdaptiveThresholdImage=cv2.adaptiveThreshold(ReadImage,255,cv2.ADAPTIVE_THRESH_
MEAN_C,cv2.THRESH_BINARY_INV,51,10)
AdaptiveThresholdImage_1=cv2.adaptiveThreshold(ReadImage,255,cv2.ADAPTIVE_
THRESH_MEAN_C,cv2.THRESH_BINARY,51,-10)
openSE=cv2.getStructuringElement(cv2.MORPH_ELLIPSE,(5,5),(-1,-1))
MopOpenImage=cv2.morphologyEx(AdaptiveThresholdImage,cv2.MORPH_OPEN,openSE)
```

```
    MopOpenImage_1=cv2.morphologyEx(AdaptiveThresholdImage_1,cv2.MORPH_OPEN,openSE)
    Bitwise_orImage=cv2.bitwise_or(MopOpenImage,MopOpenImage_1)
    closeSE=cv2.getStructuringElement(cv2.MORPH_ELLIPSE,(13,13),(-1,-1))
    MopCloseImage=cv2.morphologyEx(Bitwise_orImage,cv2.MORPH_CLOSE,closeSE)
    Contour,hierarchy=cv2.findContours(MopCloseImage,cv2.RETR_EXTERNAL,cv2.CHAIN_AP-
PROX_SIMPLE)
    SelectedContourLengthImage=np.zeros(MopCloseImage.shape, np.uint8)
    if SelectedContourLengthImage.ndim==2:
        SelectedContourLengthImage=cv2.cvtColor(SelectedContourLengthImage, cv2.COL-
OR_GRAY2RGB)
    SelectedContourBaseLength=[]
    for i in range(len(Contour)):
            if  cv2.arcLength(Contour[i],True) >=100 and cv2.arcLength(Con-
tour[i],True) <=1000:
            SelectedContourBaseLength.append(Contour[i])
    cv2.drawContours(SelectedContourLengthImage,SelectedContourBa-
seLength,-1,(0,255,0),3,8)
    MinEnclosingCircle=ReadImage.copy()
    if MinEnclosingCircle.ndim==2:
        MinEnclosingCircle=cv2.cvtColor(MinEnclosingCircle, cv2.COLOR_GRAY2RGB)
    for minCircle in SelectedContourBaseLength:
        center,radius=cv2.minEnclosingCircle(minCircle)
        center=tuple(np.int0(center))
        radius=np.int32(radius)
        cv2.circle(MinEnclosingCircle, center, radius, (0,0,255), 3, 8)
    cv2.namedWindow("MinEnclosingCircle",cv2.WINDOW_NORMAL)
    cv2.imshow("MinEnclosingCircle",MinEnclosingCircle)
    cv2.waitKey(0)
```

检测结果如图Ⅳ-6所示。

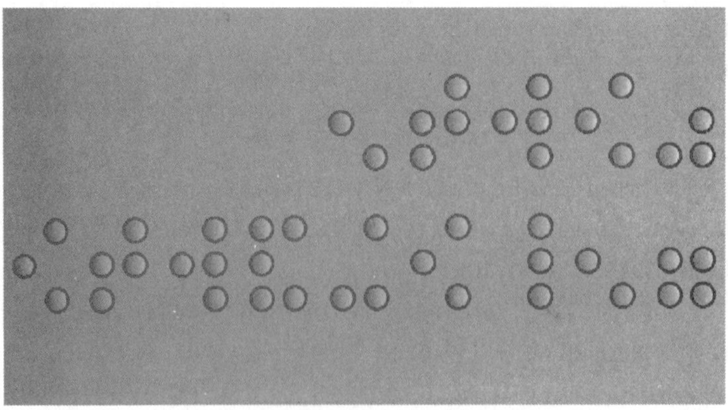

图Ⅳ-6 图中圆的数量检测结果

（4）字符倾斜矫正

倾斜的字符如图Ⅳ-7所示。

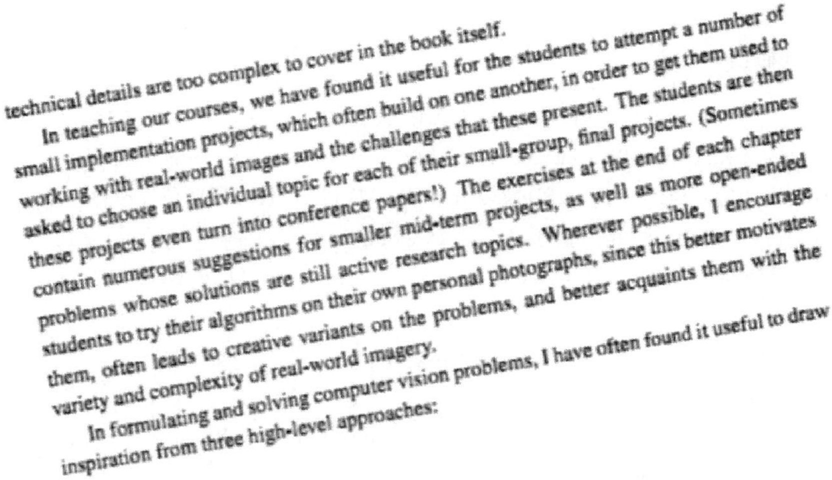
technical details are too complex to cover in the book itself.

In teaching our courses, we have found it useful for the students to attempt a number of small implementation projects, which often build on one another, in order to get them used to working with real-world images and the challenges that these present. The students are then asked to choose an individual topic for each of their small-group, final projects. (Sometimes these projects even turn into conference papers!) The exercises at the end of each chapter contain numerous suggestions for smaller mid-term projects, as well as more open-ended problems whose solutions are still active research topics. Wherever possible, I encourage students to try their algorithms on their own personal photographs, since this better motivates them, often leads to creative variants on the problems, and better acquaints them with the variety and complexity of real-world imagery.

In formulating and solving computer vision problems, I have often found it useful to draw inspiration from three high-level approaches:

图Ⅳ-7 倾斜的字符

C++代码：

```
Mat ReadImage=imread("E:/TestImage/应用实例/第4例.png",0);
Mat CannyImage;
Canny(ReadImage,CannyImage,40,120);
Mat DilateImage;
Mat dilateSE=getStructuringElement(MORPH_RECT,Size(13,13),Point(-1,-1));
dilate(CannyImage,DilateImage,dilateSE);
vector<vector<Point>> Contour;
findContours(DilateImage,Contour,noArray(),RETR_EXTERNAL,CHAIN_APPROX_SIMPLE);
Mat MinAreaRect=Mat::zeros(DilateImage.size(), CV_8UC3);
Point2f pts[4];
for(int i=0; i < Contour.size(); i++)
{
  RotatedRect rrect=minAreaRect(Contour[i]);
  rrect.points(pts);
  for (int j=0; j < 4; j++)
  {
      line(MinAreaRect, pts[j], pts[(j + 1) % 4],Scalar(0,0,255), 3, 8);
  }
}
Mat RotationMatrix2D=getRotationMatrix2D(Point2f(278,162),-9.220824,1);
Mat WarpAffineImage;
```

```
warpAffine( ReadImage,WarpAffineImage,RotationMatrix2D,Size(556,323),1);
namedWindow("WarpAffineImage",0);
imshow("WarpAffineImage",WarpAffineImage);
waitKey(0);
```

Python 代码：

```
ReadImage=cv2.imread("E:/TestImage/应用实例/第4例.png",0)
CannyImage=cv2.Canny(ReadImage,40,120)
dilateSE=cv2.getStructuringElement(cv2.MORPH_RECT,(13,13),(-1,-1))
DilateImage=cv2.dilate(CannyImage,dilateSE)
Contour,hierarchy=cv2.findContours(DilateImage,cv2.RETR_EXTERNAL,cv2.CHAIN_APPROX_SIMPLE)
MinAreaRect=np.zeros(DilateImage.shape, np.uint8)
if MinAreaRect.ndim==2:
    MinAreaRect=cv2.cvtColor(MinAreaRect, cv2.COLOR_GRAY2RGB)
for minRect in Contour:
    rrect=cv2.minAreaRect(minRect)
    points=cv2.boxPoints(rrect)
    points=np.int0(points)
    cv2.drawContours(MinAreaRect,[points], 0, (0,0,255), 3, 8)
RotationMatrix2D=cv2.getRotationMatrix2D((278,162),-9.220824,1)
WarpAffineImage=cv2.warpAffine( ReadImage,RotationMatrix2D,(556,323),1)
cv2.namedWindow("WarpAffineImage",cv2.WINDOW_NORMAL)
cv2.imshow("WarpAffineImage",WarpAffineImage)
cv2.waitKey(0)
```

矫正结果如图Ⅳ-8所示。

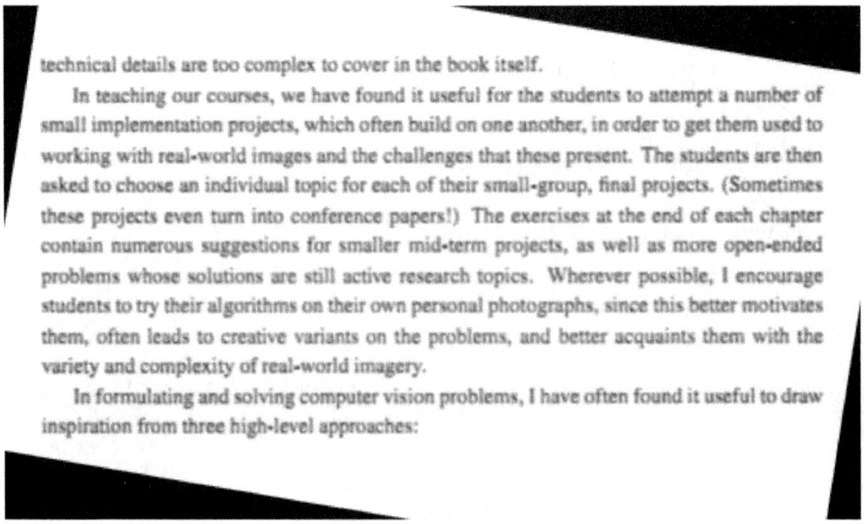

technical details are too complex to cover in the book itself.

In teaching our courses, we have found it useful for the students to attempt a number of small implementation projects, which often build on one another, in order to get them used to working with real-world images and the challenges that these present. The students are then asked to choose an individual topic for each of their small-group, final projects. (Sometimes these projects even turn into conference papers!) The exercises at the end of each chapter contain numerous suggestions for smaller mid-term projects, as well as more open-ended problems whose solutions are still active research topics. Wherever possible, I encourage students to try their algorithms on their own personal photographs, since this better motivates them, often leads to creative variants on the problems, and better acquaints them with the variety and complexity of real-world imagery.

In formulating and solving computer vision problems, I have often found it useful to draw inspiration from three high-level approaches:

图Ⅳ-8 矫正结果

（5）计算瓶子数量

瓶子图片如图Ⅳ-9所示。

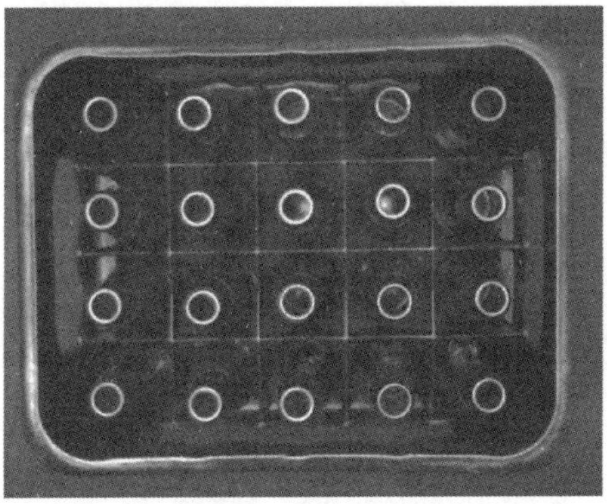

图Ⅳ-9 瓶子图片

C++代码：

```
Mat ReadImage=imread("E:/TestImage/应用实例/第5例.png",0);
Mat InRangeImage;
inRange(ReadImage,0,20,InRangeImage);
Mat MopCloseImage;
Mat closeSE=getStructuringElement(MORPH_RECT,Size(13,13),Point(-1,-1));
morphologyEx(InRangeImage,MopCloseImage,MORPH_CLOSE,closeSE);
vector<vector<Point>> Contour;
findContours(MopCloseImage,Contour,noArray(),RETR_EXTERNAL,CHAIN_APPROX_SIMPLE);
Mat ContourImage=Mat::zeros(MopCloseImage.size(), CV_8UC1);
drawContours(ContourImage,Contour,-1,Scalar(255),-1,LINE_8);
Mat CopyImage;
copyTo(ReadImage,CopyImage,ContourImage);
Mat ThresholdImage;
threshold(CopyImage,ThresholdImage,100,255,THRESH_BINARY);
vector<vector<Point>> Contour_1;
findContours(ThresholdImage,Contour_1,noArray(),RETR_EXTERNAL,CHAIN_APPROX_SIM-
PLE);
Mat SelectedContourAreaImage=Mat::zeros(ThresholdImage.size(), CV_8UC3);
vector <vector<Point>> SelectedContourBaseArea;
for (int i=0; i < Contour_1.size(); i++)
{
        if (contourArea(Contour_1[i], false) >=500&& contourArea(Contour_1[i],
false) <=2000)
            SelectedContourBaseArea.push_back(Contour_1[i]);
}
```

```
    drawContours(SelectedContourAreaImage,SelectedContourBaseArea,-1, Sca-
lar(0,255,0), 3, 8);
    Mat ContourImage_1;
    if(ReadImage.channels()==1)
    {
      cvtColor(ReadImage,ContourImage_1,COLOR_GRAY2RGB);
    }
    else
      copyTo(ReadImage, ContourImage_1,noArray());
    drawContours(ContourImage_1,SelectedContourBaseArea,-1,Sca-
lar(0,0,255),3,LINE_8);
    namedWindow("ContourImage_1",0);
    imshow("ContourImage_1",ContourImage_1);
    waitKey(0);
```

Python代码：

```
    ReadImage=cv2.imread("E:/TestImage/应用实例/第5例.png",0)
    InRangeImage=cv2.inRange(ReadImage,0,20)
    closeSE=cv2.getStructuringElement(cv2.MORPH_RECT,(13,13),(-1,-1))
    MopCloseImage=cv2.morphologyEx(InRangeImage,cv2.MORPH_CLOSE,closeSE)
    Contour,hierarchy=cv2.findContours(MopCloseImage,cv2.RETR_EXTERNAL,cv2.CHAIN_AP-
PROX_SIMPLE)
    ContourImage=np.zeros(MopCloseImage.shape[:2], np.uint8)
    if ContourImage.ndim==3:
        ContourImage=cv2.cvtColor(ContourImage, cv2.COLOR_RGB2GRAY)
    cv2.drawContours(ContourImage,Contour,-1,(255),-1,cv2.LINE_8)
    CopyImage=cv2.copyTo(ReadImage,ContourImage)
    ret,ThresholdImage=cv2.threshold(CopyImage,100,255,cv2.THRESH_BINARY)
    Contour_1,hierarchy=cv2.findContours(ThresholdImage,cv2.RETR_EXTERNAL,cv2.CHAIN_
APPROX_SIMPLE)
    SelectedContourAreaImage=np.zeros(ThresholdImage.shape, np.uint8)
    if SelectedContourAreaImage.ndim==2:
        SelectedContourAreaImage=cv2.cvtColor(SelectedContourAreaImage, cv2.COLOR_
GRAY2RGB)
    SelectedContourBaseArea=[]
    for i in range(len(Contour_1)):
            if  cv2.contourArea(Contour_1[i],False) >=500 and cv2.contourArea(Con-
tour_1[i],False) <=2000:
                SelectedContourBaseArea.append(Contour_1[i])
    cv2.drawContours(SelectedContourAreaImage,SelectedContourBaseAr-
ea,-1,(0,255,0),3,8)
```

```
ContourImage_1=ReadImage.copy()
if ContourImage_1.ndim==2:
    ContourImage_1=cv2.cvtColor(ContourImage_1, cv2.COLOR_GRAY2RGB)
cv2.drawContours(ContourImage_1,SelectedContourBaseArea,-1,(0,0,255),3,cv2.
LINE_8)
cv2.namedWindow("ContourImage_1",cv2.WINDOW_NORMAL)
cv2.imshow("ContourImage_1",ContourImage_1)
cv2.waitKey(0)
```

计算结果如图Ⅳ-10所示。

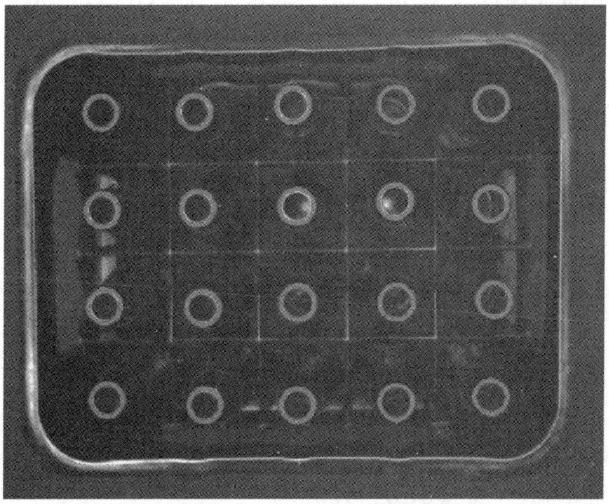

图Ⅳ-10 计算瓶子数量结果

（6）提取孔的位置信息

图Ⅳ-11为待提取图片。

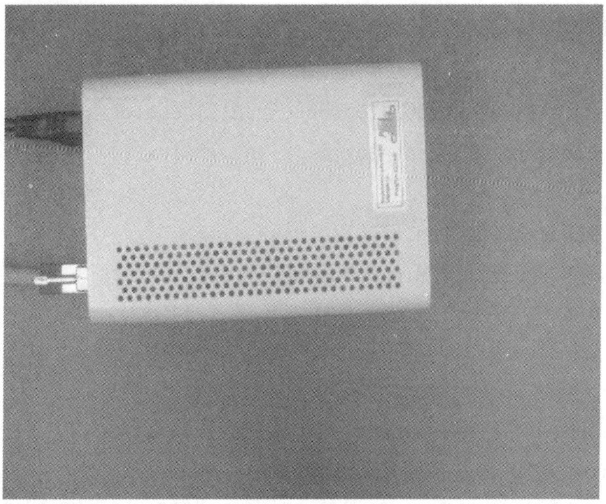

图Ⅳ-11 待提取图片

C++代码：

```
Mat ReadImage=imread("E:/TestImage/应用实例/第6例.png",0);
Mat maskMat=Mat::zeros(Size(499,580),CV_8UC1);
rectangle(maskMat, Rect(80,260,261,94),Scalar(255),-1);
Mat reductionImage;
copyTo(ReadImage,reductionImage, maskMat);
Mat InRangeImage;
inRange(reductionImage,10,150,InRangeImage);
vector<vector<Point>> Contour;
findContours(InRangeImage,Contour,noArray(),RETR_EXTERNAL,CHAIN_APPROX_SIMPLE);
Mat SelectedContourAreaImage=Mat::zeros(InRangeImage.size(), CV_8UC3);
vector <vector<Point>> SelectedContourBaseArea;
for (int i=0; i < Contour.size(); i++)
{
        if (contourArea(Contour[i], false) >=10&& contourArea(Contour[i], false)
<=20000)
                SelectedContourBaseArea.push_back(Contour[i]);
}
drawContours(SelectedContourAreaImage,SelectedContourBaseArea,-1, Sca-
lar(0,255,0), 3, 8);
Mat MinEnclosingCircle=ReadImage.clone();
if(MinEnclosingCircle.channels()==1)
{
  cvtColor(MinEnclosingCircle,MinEnclosingCircle,COLOR_GRAY2RGB);
}
vector<Point2f> center(SelectedContourBaseArea.size());
vector<float> radius(SelectedContourBaseArea.size());
for(int i=0; i < SelectedContourBaseArea.size(); i++)
{
  minEnclosingCircle(SelectedContourBaseArea[i],center[i],radius[i]);
  circle(MinEnclosingCircle, center[i], (int)radius[i], Scalar(0,0,255), 1, 8);
}
namedWindow("MinEnclosingCircle",0);
imshow("MinEnclosingCircle",MinEnclosingCircle);
waitKey(0);
```

Python代码：

```
ReadImage=cv2.imread("E:/TestImage/应用实例/第6例.png",0)
maskMat=np.zeros((580,499), dtype=np.uint8)
maskMat=cv2.rectangle(maskMat,(80,260,261,94),(255),-1,cv2.LINE_8,0)
reductionImage=cv2.copyTo(ReadImage, maskMat)
```

```
InRangeImage=cv2.inRange(reductionImage,10,150)
Contour,hierarchy=cv2.findContours(InRangeImage,cv2.RETR_EXTERNAL,cv2.CHAIN_APPROX_SIMPLE)
SelectedContourAreaImage=np.zeros(InRangeImage.shape, np.uint8)
if SelectedContourAreaImage.ndim==2:
    SelectedContourAreaImage=cv2.cvtColor(SelectedContourAreaImage, cv2.COLOR_GRAY2RGB)
SelectedContourBaseArea=[]
for i in range(len(Contour)):
        if  cv2.contourArea(Contour[i],False) >=10 and cv2.contourArea(Contour[i],False) <=20000:
            SelectedContourBaseArea.append(Contour[i])
cv2.drawContours(SelectedContourAreaImage,SelectedContourBaseArea,-1,(0,255,0),3,8)
MinEnclosingCircle=ReadImage.copy()
if MinEnclosingCircle.ndim==2:
    MinEnclosingCircle=cv2.cvtColor(MinEnclosingCircle, cv2.COLOR_GRAY2RGB)
for minCircle in SelectedContourBaseArea:
    center,radius=cv2.minEnclosingCircle(minCircle)
    center=tuple(np.int0(center))
    radius=np.int32(radius)
    cv2.circle(MinEnclosingCircle, center, radius, (0,0,255), 1, 8)
cv2.namedWindow("MinEnclosingCircle",cv2.WINDOW_NORMAL)
cv2.imshow("MinEnclosingCircle",MinEnclosingCircle)
cv2.waitKey(0)
```

提取结果如图Ⅳ-12所示。

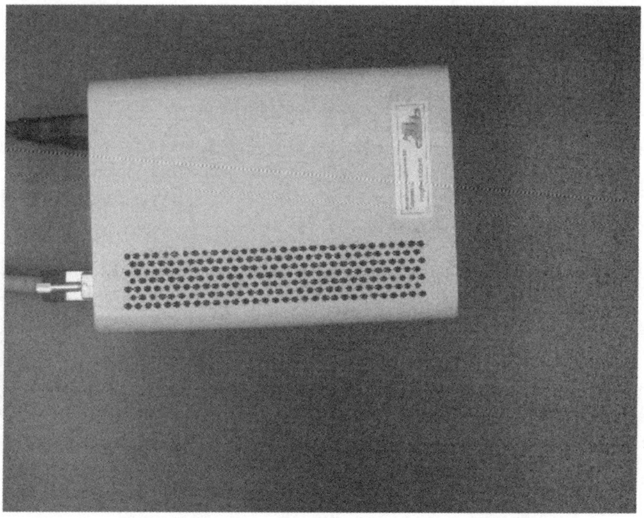

图Ⅳ-12 孔的位置信息提取结果

（7）检测零件上圆孔

零件上的圆孔如图Ⅳ-13所示。

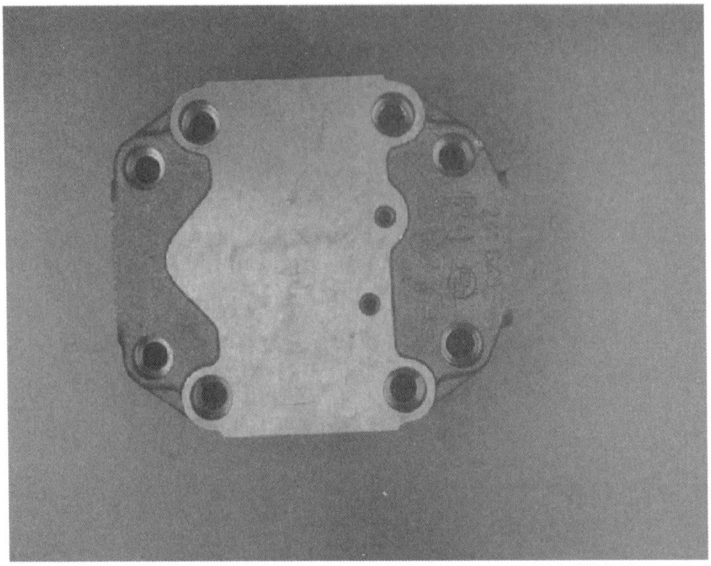

图Ⅳ-13 零件上的圆孔

C++代码：

```
Mat ReadImage=imread("E:/TestImage/应用实例/第7例.png",0);
Mat InRangeImage;
inRange(ReadImage,70,150,InRangeImage);
Mat Bitwise_notImage;
bitwise_not(InRangeImage,Bitwise_notImage);
vector<vector<Point>> Contour;
findContours(Bitwise_notImage,Contour,noArray(),RETR_EXTERNAL,CHAIN_APPROX_SIM-
PLE);
Mat SelectedContourLengthImage=Mat::zeros(Bitwise_notImage.size(), CV_8UC3);
vector <vector<Point>> SelectedContourBaseLength;
for (int i=0; i < Contour.size(); i++)
{
    if (arcLength(Contour[i],true) >=100&& arcLength(Contour[i],true) <=1000)
        SelectedContourBaseLength.push_back(Contour[i]);
}
drawContours(SelectedContourLengthImage,SelectedContourBaseLength,-1, Sca-
lar(0,255,0), 3, 8);
Mat SelectedContourAreaImage=Mat::zeros(SelectedContourLengthImage.size(),
CV_8UC3);
vector <vector<Point>> SelectedContourBaseArea;
```

```
    for (int i=0; i < SelectedContourBaseLength.size(); i++)
    {
            if (contourArea(SelectedContourBaseLength[i], false) >=500&& contourArea(SelectedContourBaseLength[i], false) <=1000)
                SelectedContourBaseArea.push_back(SelectedContourBaseLength[i]);
    }
    drawContours(SelectedContourAreaImage,SelectedContourBaseArea,-1, Scalar(0,255,0), 3, 8);
    Mat MinEnclosingCircle=ReadImage.clone();
    if(MinEnclosingCircle.channels()==1)
    {
      cvtColor(MinEnclosingCircle,MinEnclosingCircle,COLOR_GRAY2RGB);
    }
    vector<Point2f> center(SelectedContourBaseArea.size());
    vector<float> radius(SelectedContourBaseArea.size());
    for(int i=0; i < SelectedContourBaseArea.size(); i++)
    {
      minEnclosingCircle(SelectedContourBaseArea[i],center[i],radius[i]);
      circle(MinEnclosingCircle, center[i], (int)radius[i], Scalar(0,0,255), 2, 8);
    }
    Mat InRangeImage_1;
    inRange(ReadImage,50,100,InRangeImage_1);
    vector<vector<Point>> Contour_1;
    findContours(InRangeImage_1,Contour_1,noArray(),RETR_EXTERNAL,CHAIN_APPROX_SIMPLE);
    Mat SelectedContourLengthImage_1=Mat::zeros(InRangeImage_1.size(), CV_8UC3);
    vector <vector<Point>> SelectedContourBaseLength_1;
    for (int i=0; i < Contour_1.size(); i++)
    {
            if (arcLength(Contour_1[i],true) >=40&& arcLength(Contour_1[i],true) <=100)
                SelectedContourBaseLength_1.push_back(Contour_1[i]);
    }
    drawContours(SelectedContourLengthImage_1,SelectedContourBaseLength_1,-1, Scalar(0,255,0), 3, 8);
    Mat ContourImage;
    if(MinEnclosingCircle.channels()==1)
    {
      cvtColor(MinEnclosingCircle,ContourImage,COLOR_GRAY2RGB);
    }
    else
```

```
    copyTo(MinEnclosingCircle, ContourImage,noArray());
  drawContours(ContourImage,SelectedContourBaseLength_1,-1,Scalar(0,0,255),2,LINE_8);
  namedWindow("ContourImage",0);
  imshow("ContourImage",ContourImage);
  waitKey(0);
```

Python代码：

```
ReadImage=cv2.imread("E:/TestImage/应用实例/第7例.png",0)
InRangeImage=cv2.inRange(ReadImage,70,150)
Bitwise_notImage=cv2.bitwise_not(InRangeImage)
Contour,hierarchy=cv2.findContours(Bitwise_notImage,cv2.RETR_EXTERNAL,cv2.CHAIN_APPROX_SIMPLE)
SelectedContourLengthImage=np.zeros(Bitwise_notImage.shape, np.uint8)
if SelectedContourLengthImage.ndim==2:
    SelectedContourLengthImage=cv2.cvtColor(SelectedContourLengthImage, cv2.COLOR_GRAY2RGB)
SelectedContourBaseLength=[]
for i in range(len(Contour)):
        if  cv2.arcLength(Contour[i],True) >=100 and cv2.arcLength(Contour[i],True) <=1000:
        SelectedContourBaseLength.append(Contour[i])
cv2.drawContours(SelectedContourLengthImage,SelectedContourBaseLength,-1,(0,255,0),3,8)
SelectedContourAreaImage=np.zeros(SelectedContourLengthImage.shape, np.uint8)
if SelectedContourAreaImage.ndim==2:
    SelectedContourAreaImage=cv2.cvtColor(SelectedContourAreaImage, cv2.COLOR_GRAY2RGB)
SelectedContourBaseArea=[]
for i in range(len(SelectedContourBaseLength)):
        if  cv2.contourArea(SelectedContourBaseLength[i],False) >=500 and cv2.contourArea(SelectedContourBaseLength[i],False) <=1000:
        SelectedContourBaseArea.append(SelectedContourBaseLength[i])
cv2.drawContours(SelectedContourAreaImage,SelectedContourBaseArea,-1,(0,255,0),3,8)
MinEnclosingCircle=ReadImage.copy()
if MinEnclosingCircle.ndim==2:
    MinEnclosingCircle=cv2.cvtColor(MinEnclosingCircle, cv2.COLOR_GRAY2RGB)
for minCircle in SelectedContourBaseArea:
    center,radius=cv2.minEnclosingCircle(minCircle)
    center=tuple(np.int0(center))
    radius=np.int32(radius)
    cv2.circle(MinEnclosingCircle, center, radius, (0,0,255), 2, 8)
```

```
InRangeImage_1=cv2.inRange(ReadImage,50,100)
Contour_1,hierarchy=cv2.findContours(InRangeImage_1,cv2.RETR_EXTERNAL,cv2.CHAIN_APPROX_SIMPLE)
SelectedContourLengthImage_1=np.zeros(InRangeImage_1.shape, np.uint8)
if SelectedContourLengthImage_1.ndim==2:
    SelectedContourLengthImage_1=cv2.cvtColor(SelectedContourLengthImage_1, cv2.COLOR_GRAY2RGB)
SelectedContourBaseLength_1=[]
for i in range(len(Contour_1)):
        if cv2.arcLength(Contour_1[i],True) >=40 and cv2.arcLength(Contour_1[i],True) <=100:
            SelectedContourBaseLength_1.append(Contour_1[i])
cv2.drawContours(SelectedContourLengthImage_1,SelectedContourBaseLength_1,-1,(0,255,0),3,8)
ContourImage=MinEnclosingCircle.copy()
if ContourImage.ndim==2:
    ContourImage=cv2.cvtColor(ContourImage, cv2.COLOR_GRAY2RGB)
cv2.drawContours(ContourImage,SelectedContourBaseLength_1,-1,(0,0,255),2,cv2.LINE_8)
cv2.namedWindow("ContourImage",cv2.WINDOW_NORMAL)
cv2.imshow("ContourImage",ContourImage)
cv2.waitKey(0)
```

检测结果如图Ⅳ-14所示。

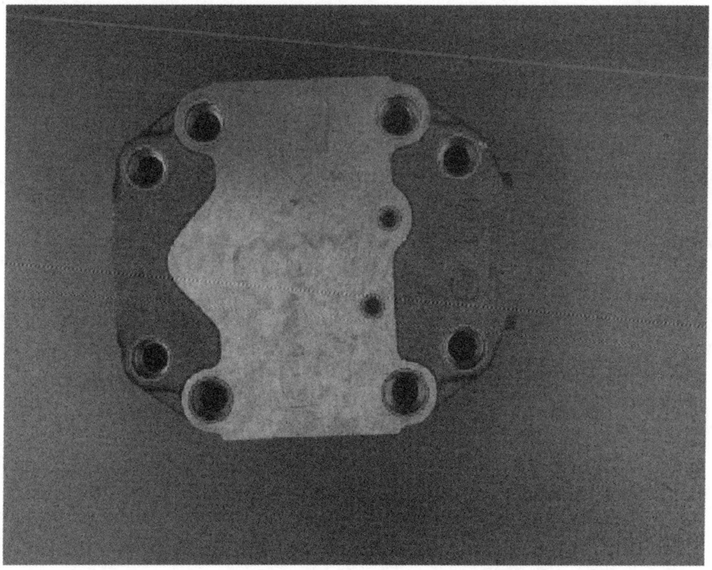

图Ⅳ-14 零件上的圆孔检测结果

（8）表面划痕检测

表面划痕如图Ⅳ-15所示。

图Ⅳ-15 表面划痕检测

C++代码：

```
Mat ReadImage=imread("E:/TestImage/应用实例/第8例.png",0);
Mat meanFilterImage;
blur(ReadImage,meanFilterImage,Size(19,19));
Mat SubtractImage;
subtract(meanFilterImage,ReadImage,SubtractImage);
Mat ThresholdImage;
threshold(SubtractImage,ThresholdImage,3,255,THRESH_BINARY);
vector<vector<Point>> Contour;
findContours(ThresholdImage,Contour,noArray(),RETR_EXTERNAL,CHAIN_APPROX_SIM-
PLE);
Mat SelectedContourLengthImage=Mat::zeros(ThresholdImage.size(), CV_8UC3);
vector <vector<Point>> SelectedContourBaseLength;
for (int i=0; i < Contour.size(); i++)
{
    if (arcLength(Contour[i],true) >=100&& arcLength(Contour[i],true) <=20000)
        SelectedContourBaseLength.push_back(Contour[i]);
}
drawContours(SelectedContourLengthImage,SelectedContourBaseLength,-1, Sca-
lar(0,255,0), 3, 8);
Mat ContourImage;
```

```
if(ReadImage.channels()==1)
{
  cvtColor(ReadImage,ContourImage,COLOR_GRAY2RGB);
}
else
  copyTo(ReadImage, ContourImage,noArray());
drawContours(ContourImage,SelectedContourBaseLength,-1,Scalar(0,0,255),-1,LINE_8);
namedWindow("ContourImage",0);
imshow("ContourImage",ContourImage);
waitKey(0);
```

Python代码：

```
ReadImage=cv2.imread("E:/TestImage/应用实例/第8例.png",0)
meanFilterImage=cv2.blur(ReadImage,(19,19))
SubtractImage=cv2.subtract(meanFilterImage,ReadImage)
ret,ThresholdImage=cv2.threshold(SubtractImage,3,255,cv2.THRESH_BINARY)
Contour,hierarchy=cv2.findContours(ThresholdImage,cv2.RETR_EXTERNAL,cv2.CHAIN_APPROX_SIMPLE)
SelectedContourLengthImage=np.zeros(ThresholdImage.shape, np.uint8)
if SelectedContourLengthImage.ndim==2:
    SelectedContourLengthImage=cv2.cvtColor(SelectedContourLengthImage, cv2.COLOR_GRAY2RGB)
SelectedContourBaseLength=[]
for i in range(len(Contour)):
        if  cv2.arcLength(Contour[i],True) >=100 and cv2.arcLength(Contour[i],True) <=20000:
            SelectedContourBaseLength.append(Contour[i])
cv2.drawContours(SelectedContourLengthImage,SelectedContourBaseLength,-1,(0,255,0),3,8)
ContourImage=ReadImage.copy()
if ContourImage.ndim==2:
    ContourImage=cv2.cvtColor(ContourImage, cv2.COLOR_GRAY2RGB)
cv2.drawContours(ContourImage,SelectedContourBaseLength,-1,(0,0,255),-1,cv2.LINE_8)
cv2.namedWindow("ContourImage",cv2.WINDOW_NORMAL)
cv2.imshow("ContourImage",ContourImage)
cv2.waitKey(0)
```

检测结果如图Ⅳ-16所示。

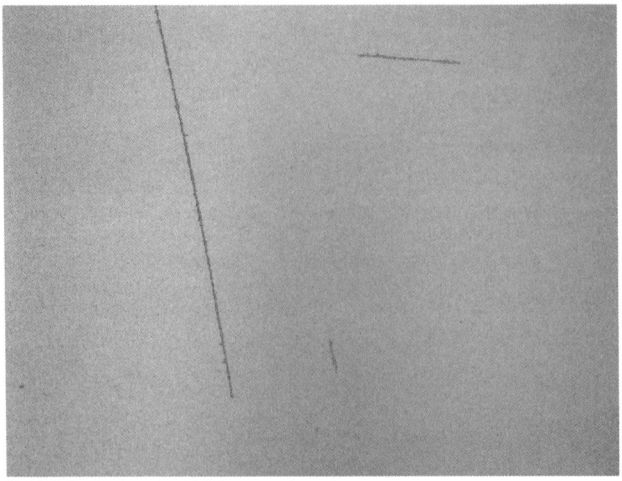

图Ⅳ-16　表面划痕检测结果

（9）检测是否有断裂

断裂图像如图Ⅳ-17所示。

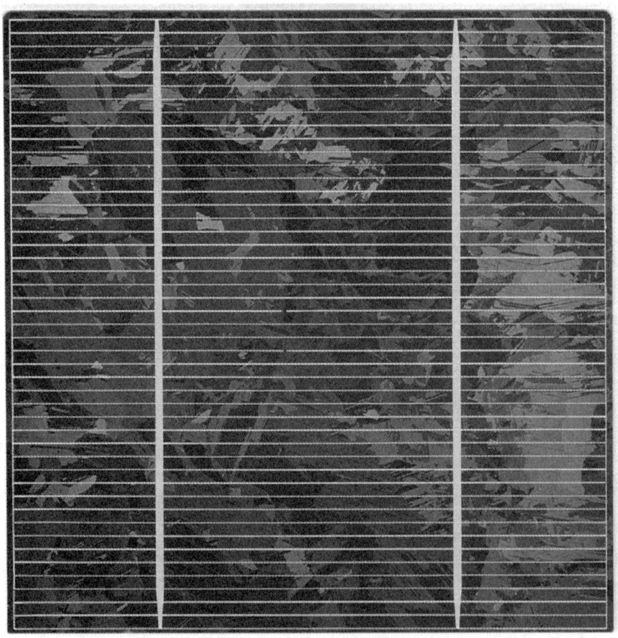

图Ⅳ-17　断裂图像

C++代码：

```
Mat ReadImage=imread("E:/TestImage/应用实例/第13例.png",1);
vector<Mat> vecMat;
split(ReadImage,vecMat);
Mat SplitImage1=vecMat[0];
```

```
Mat SplitImage2=vecMat[1];
Mat SplitImage3=vecMat[2];
Mat MopOpenImage;
Mat openSE=getStructuringElement(MORPH_RECT,Size(3,5),Point(-1,-1));
morphologyEx(SplitImage3,MopOpenImage,MORPH_OPEN,openSE);
Mat SubtractImage;
subtract(SplitImage3,MopOpenImage,SubtractImage);
Mat ThresholdImage;
threshold(SubtractImage,ThresholdImage,120,255,THRESH_BINARY);
Mat MopOpenImage_1;
Mat openSE=getStructuringElement(MORPH_RECT,Size(31,1),Point(-1,-1));
morphologyEx(ThresholdImage,MopOpenImage_1,MORPH_OPEN,openSE);
vector<vector<Point>> Contour;
findContours(MopOpenImage_1,Contour,noArray(),RETR_EXTERNAL,CHAIN_APPROX_SIMPLE);
Mat SelectedContourLengthImage=Mat::zeros(MopOpenImage_1.size(), CV_8UC3);
vector <vector<Point>> SelectedContourBaseLength;
for (int i=0; i < Contour.size(); i++)
{
      if (arcLength(Contour[i],true) >=10&& arcLength(Contour[i],true) <=400)
             SelectedContourBaseLength.push_back(Contour[i]);
}
drawContours(SelectedContourLengthImage,SelectedContourBaseLength,-1, Sca-
lar(0,255,0), 3, 8);
Mat ContourImage;
if(ReadImage.channels()==1)
{
  cvtColor(ReadImage,ContourImage,COLOR_GRAY2RGB);
}
else
  copyTo(ReadImage, ContourImage,noArray());
drawContours(ContourImage,SelectedContourBaseLength,-1,Scalar(0,0,255),3,LINE_8);
namedWindow("ContourImage",0);
imshow("ContourImage",ContourImage);
waitKey(0);
```

Python代码:

```
ReadImage=cv2.imread("E:/TestImage/应用实例/第13例.png",1)
SplitImage1,SplitImage2,SplitImage3=cv2.split(ReadImage)
openSE=cv2.getStructuringElement(cv2.MORPH_RECT,(3,5),(-1,-1))
MopOpenImage=cv2.morphologyEx(SplitImage3,cv2.MORPH_OPEN,openSE)
SubtractImage=cv2.subtract(SplitImage3,MopOpenImage)
```

```
    ret,ThresholdImage=cv2.threshold(SubtractImage,120,255,cv2.THRESH_BINARY)
    openSE=cv2.getStructuringElement(cv2.MORPH_RECT,(31,1),(-1,-1))
    MopOpenImage_1=cv2.morphologyEx(ThresholdImage,cv2.MORPH_OPEN,openSE)
    Contour,hierarchy=cv2.findContours(MopOpenImage_1,cv2.RETR_EXTERNAL,cv2.CHAIN_
APPROX_SIMPLE)
    SelectedContourLengthImage=np.zeros(MopOpenImage_1.shape, np.uint8)
    if SelectedContourLengthImage.ndim==2:
        SelectedContourLengthImage=cv2.cvtColor(SelectedContourLengthImage, cv2.COL-
OR_GRAY2RGB)
    SelectedContourBaseLength=[]
    for i in range(len(Contour)):
            if  cv2.arcLength(Contour[i],True) >=10 and cv2.arcLength(Con-
tour[i],True) <=400:
            SelectedContourBaseLength.append(Contour[i])
    cv2.drawContours(SelectedContourLengthImage,SelectedContourBaseLength,-1,(0,255,0),3,8)
    ContourImage=ReadImage.copy()
    if ContourImage.ndim==2:
        ContourImage=cv2.cvtColor(ContourImage, cv2.COLOR_GRAY2RGB)
    cv2.drawContours(ContourImage,SelectedContourBaseLength,-1,(0,0,255),3,cv2.
LINE_8)
    cv2.namedWindow("ContourImage",cv2.WINDOW_NORMAL)
    cv2.imshow("ContourImage",ContourImage)
    cv2.waitKey(0)
```

检测结果如图Ⅳ-18所示。

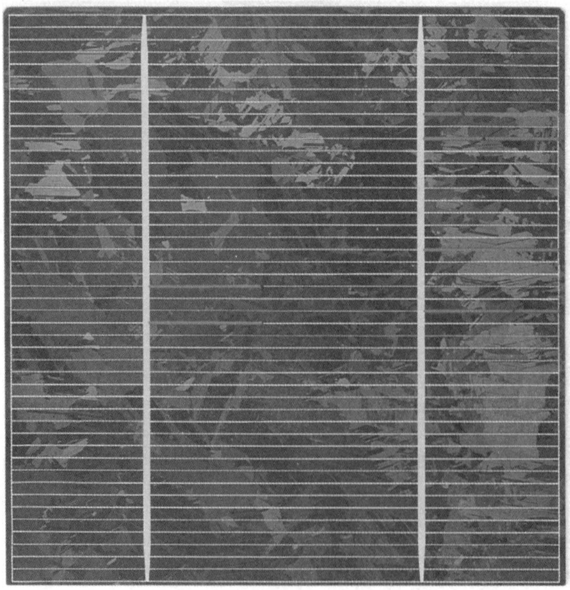

图Ⅳ-18 是否断裂检测结果

（10）检测PCB电路板缺陷

PCB电路板如图Ⅳ-19所示。

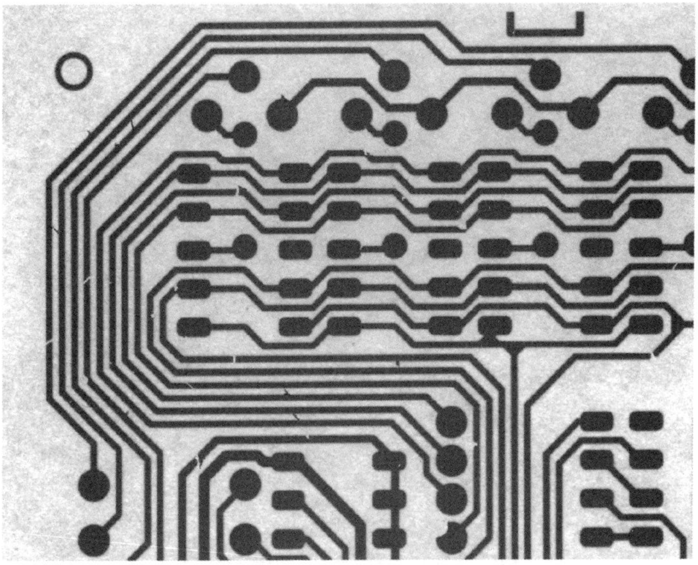

图Ⅳ-19 PCB电路板

C++代码：

```
Mat ReadImage=imread("E:/TestImage/应用实例/第14例.png",0);
Mat MopOpenImage;
Mat openSE=getStructuringElement(MORPH_RECT,Size(7,7),Point(-1,-1));
morphologyEx(ReadImage,MopOpenImage,MORPH_OPEN,openSE);
Mat MopCloseImage;
Mat closeSE=getStructuringElement(MORPH_RECT,Size(7,7),Point(-1,-1));
morphologyEx(ReadImage,MopCloseImage,MORPH_CLOSE,closeSE);
Mat SubtractImage;
subtract(MopCloseImage,MopOpenImage,SubtractImage);
Mat ThresholdImage;
threshold(SubtractImage,ThresholdImage,128,255,THRESH_BINARY);
vector<vector<Point>> Contour;
findContours(ThresholdImage,Contour,noArray(),RETR_EXTERNAL,CHAIN_APPROX_SIMPLE);
Mat ContourImage;
if(ReadImage.channels()==1)
{
  cvtColor(ReadImage,ContourImage,COLOR_GRAY2RGB);
}
else
```

```
  copyTo(ReadImage, ContourImage,noArray());
drawContours(ContourImage,Contour,-1,Scalar(0,0,255),3,LINE_8);
namedWindow("ContourImage",0);
imshow("ContourImage",ContourImage);
waitKey(0);
```

Python 代码：

```
ReadImage=cv2.imread("E:/TestImage/应用实例/第14例.png",0)
openSE=cv2.getStructuringElement(cv2.MORPH_RECT,(7,7),(-1,-1))
MopOpenImage=cv2.morphologyEx(ReadImage,cv2.MORPH_OPEN,openSE)
closeSE=cv2.getStructuringElement(cv2.MORPH_RECT,(7,7),(-1,-1))
MopCloseImage=cv2.morphologyEx(ReadImage,cv2.MORPH_CLOSE,closeSE)
SubtractImage=cv2.subtract(MopCloseImage,MopOpenImage)
ret,ThresholdImage=cv2.threshold(SubtractImage,128,255,cv2.THRESH_BINARY)
Contour,hierarchy=cv2.findContours(ThresholdImage,cv2.RETR_EXTERNAL,cv2.CHAIN_APPROX_SIMPLE)
ContourImage=ReadImage.copy()
if ContourImage.ndim==2:
    ContourImage=cv2.cvtColor(ContourImage, cv2.COLOR_GRAY2RGB)
cv2.drawContours(ContourImage,Contour,-1,(0,0,255),3,cv2.LINE_8)
cv2.namedWindow("ContourImage",cv2.WINDOW_NORMAL)
cv2.imshow("ContourImage",ContourImage)
cv2.waitKey(0)
```

检测结果如图Ⅳ-20所示。

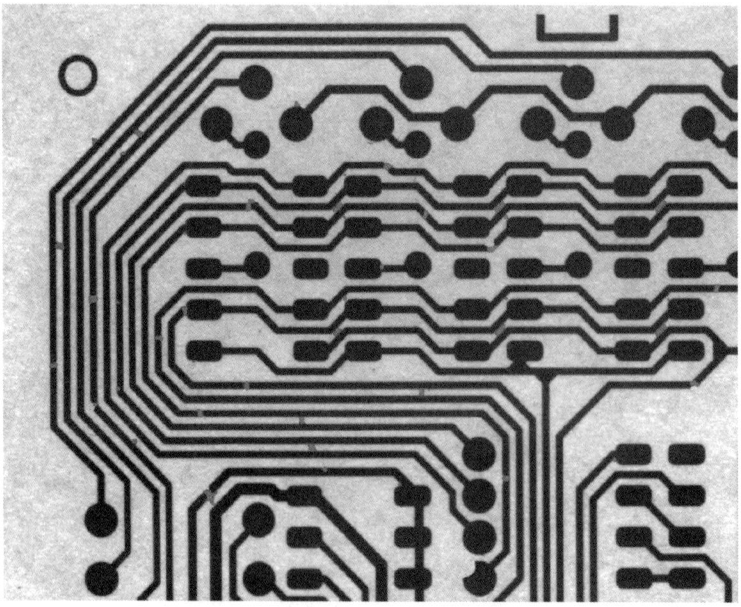

图Ⅳ-20 PCB电路板缺陷检测结果

（11）检测PCB电路板上的孔洞

PCB电路板上的孔洞如图Ⅳ-21所示。

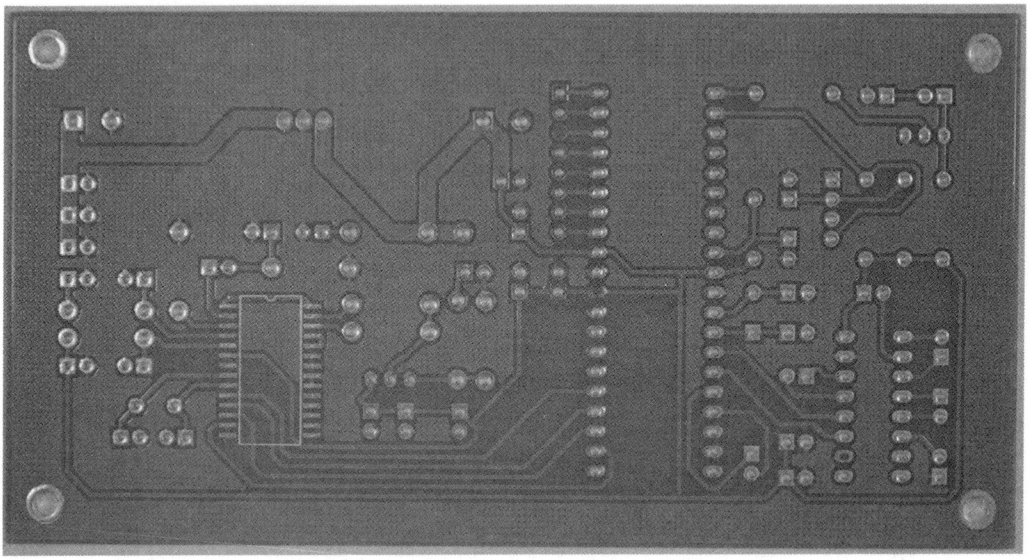

图Ⅳ-21 PCB电路板上的孔洞

C++代码：

```
Mat ReadImage=imread("E:/TestImage/应用实例/第11例.jpg",1);
vector<Mat> vecMat;
split(ReadImage,vecMat);
Mat SplitImage1=vecMat[0];
Mat SplitImage2=vecMat[1];
Mat SplitImage3=vecMat[2];
cv::Ptr<cv::MSER> mesr=cv::MSER::create(5,600,14400,0.25,0.2);
std::vector<std::vector<cv::Point>> regContours;
std::vector<cv::Rect> bboxes;
mesr->detectRegions(SplitImage3, regContours, bboxes);
Mat MSERImage=cv::Mat::zeros(SplitImage3.size(), CV_8UC1);
for (int i=(int)regContours.size() - 1; i >=0; i--)
{
  const std::vector<cv::Point>&r=regContours[i];
  for (int j=0; j < (int)r.size(); j++)
      {
          cv::Point pt=r[j];
          MSERImage.at < unsigned char> (pt)=255;
      }
}
```

```
Mat DilateImage;
Mat dilateSE=getStructuringElement(MORPH_RECT,Size(3,3),Point(-1,-1));
dilate(MSERImage,DilateImage,dilateSE);
Mat CopyImage;
copyTo(SplitImage3,CopyImage,DilateImage);
Mat InRangeImage;
inRange(CopyImage,0,2,InRangeImage);
vector<vector<Point>> Contour;
findContours(InRangeImage,Contour,noArray(),RETR_LIST,CHAIN_APPROX_SIMPLE);
Mat SelectedContourAreaImage=Mat::zeros(InRangeImage.size(), CV_8UC3);
vector <vector<Point>> SelectedContourBaseArea;
for (int i=0; i < Contour.size(); i++)
{
      if (contourArea(Contour[i], false) >=100&& contourArea(Contour[i], false) <=400)
            SelectedContourBaseArea.push_back(Contour[i]);
}
drawContours(SelectedContourAreaImage,SelectedContourBaseArea,-1, Sca-
lar(0,255,0), 3, 8);
Mat ContourImage;
if(ReadImage.channels()==1)
{
  cvtColor(ReadImage,ContourImage,COLOR_GRAY2RGB);
}
else
  copyTo(ReadImage, ContourImage,noArray());
drawContours(ContourImage,SelectedContourBaseArea,-1,Scalar(0,0,255),3,LINE_8);
namedWindow("ContourImage",0);
imshow("ContourImage",ContourImage);
waitKey(0);
```

Python 代码：

```
ReadImage=cv2.imread("E:/TestImage/应用实例/第11例.jpg",1)
SplitImage1,SplitImage2,SplitImage3=cv2.split(ReadImage)
mser=cv2.MSER_create(5,600,14400,0.25,0.2);
regions, boxes=mser.detectRegions(SplitImage3)
MSERImage=np.zeros_like(SplitImage3)
for contour in regions:
    MSERImage[contour[:, 1].astype(int), contour[:, 0].astype(int)]=255
dilateSE=cv2.getStructuringElement(cv2.MORPH_RECT,(3,3),(-1,-1))
DilateImage=cv2.dilate(MSERImage,dilateSE)
CopyImage=cv2.copyTo(SplitImage3,DilateImage)
```

```
InRangeImage=cv2.inRange(CopyImage,0,2)
Contour,hierarchy=cv2.findContours(InRangeImage,cv2.RETR_LIST,cv2.CHAIN_APPROX_SIMPLE)
SelectedContourAreaImage=np.zeros(InRangeImage.shape, np.uint8)
if SelectedContourAreaImage.ndim==2:
    SelectedContourAreaImage=cv2.cvtColor(SelectedContourAreaImage, cv2.COLOR_GRAY2RGB)
SelectedContourBaseArea=[]
for i in range(len(Contour)):
        if  cv2.contourArea(Contour[i],False) >=100 and cv2.contourArea(Contour[i],False) <=400:
            SelectedContourBaseArea.append(Contour[i])
cv2.drawContours(SelectedContourAreaImage,SelectedContourBaseArea,-1,(0,255,0),3,8)
ContourImage=ReadImage.copy()
if ContourImage.ndim==2:
    ContourImage=cv2.cvtColor(ContourImage, cv2.COLOR_GRAY2RGB)
cv2.drawContours(ContourImage,SelectedContourBaseArea,-1,(0,0,255),3,cv2.LINE_8)
cv2.namedWindow("ContourImage",cv2.WINDOW_NORMAL)
cv2.imshow("ContourImage",ContourImage)
cv2.waitKey(0)
```

检测结果如图Ⅳ-22所示。

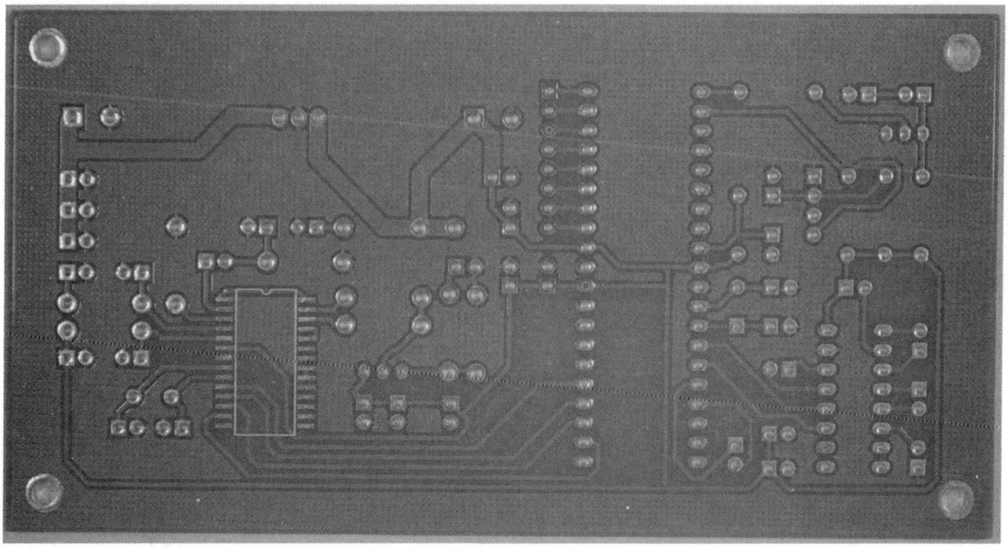

图Ⅳ-22 PCB电路板上的孔洞检测结果

（12）检测线缆上的标识区域

线缆上的标识如图Ⅳ-23所示。

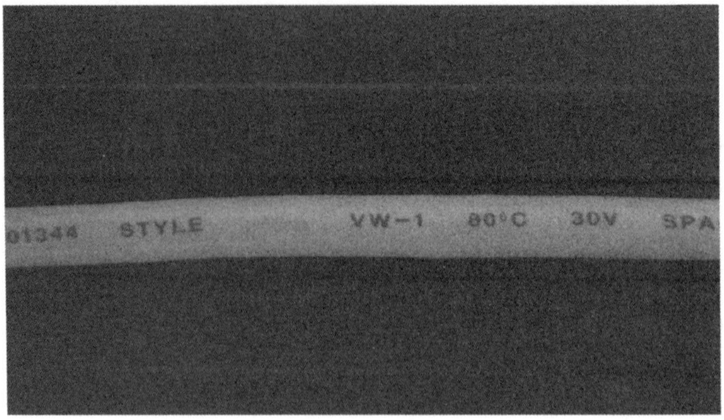

图Ⅳ-23 线缆上的标识

C++代码：

```
Mat ReadImage=imread("E:/TestImage/应用实例/第12例.png",0);
Mat ThresholdImage;
threshold(ReadImage,ThresholdImage,50,255,THRESH_BINARY);
Mat CopyImage;
copyTo(ReadImage,CopyImage,ThresholdImage);
Mat InRangeImage;
inRange(CopyImage,10,60,InRangeImage);
Mat DilateImage;
Mat dilateSE=getStructuringElement(MORPH_RECT,Size(23,3),Point(-1,-1));
dilate(InRangeImage,DilateImage,dilateSE);
vector<vector<Point>> Contour;
findContours(DilateImage,Contour,noArray(),RETR_EXTERNAL,CHAIN_APPROX_SIMPLE);
Mat SelectedContourHWScaleImage=Mat::zeros(DilateImage.size(), CV_8UC3);
vector <vector<Point>> SelectedContourBaseHWScale;
for (int i=0; i < Contour.size(); i++)
{
    double scale=0;
     scale=(double)(boundingRect(Contour[i]).height)/(double)(boundingRect(Contour[i]).width);
      if (scale >=0.1&& scale <=1)
            SelectedContourBaseHWScale.push_back(Contour[i]);
}
drawContours(SelectedContourHWScaleImage,SelectedContourBaseHWScale,-1, Scalar(0,255,0), 3, 8);
Mat SelectedContourAreaImage=Mat::zeros(SelectedContourHWScaleImage.size(), CV_8UC3);
vector <vector<Point>> SelectedContourBaseArea;
```

```
for (int i=0; i < SelectedContourBaseHWScale.size(); i++)
{
        if (contourArea(SelectedContourBaseHWScale[i], false) >=100&& contourArea(SelectedContourBaseHWScale[i], false) <=20000)
            SelectedContourBaseArea.push_back(SelectedContourBaseHWScale[i]);
}
drawContours(SelectedContourAreaImage,SelectedContourBaseArea,-1, Scalar(0,255,0), 3, 8);
Mat MinAreaRect=ReadImage.clone();
if(MinAreaRect.channels()==1)
{
  cvtColor(MinAreaRect,MinAreaRect,COLOR_GRAY2RGB);
}
Point2f pts[4];
for(int i=0; i < SelectedContourBaseArea.size(); i++)
{
  RotatedRect rrect=minAreaRect(SelectedContourBaseArea[i]);
  rrect.points(pts);
  for (int j=0; j < 4; j++)
  {
      line(MinAreaRect, pts[j], pts[(j + 1) % 4],Scalar(0,0,255), 3, 8);
  }
}
namedWindow("MinAreaRect",0);
imshow("MinAreaRect",MinAreaRect);
waitKey(0);
```

Python代码：

```
ReadImage=cv2.imread("E:/TestImage/应用实例/第12例.png",0)
ret,ThresholdImage=cv2.threshold(ReadImage,50,255,cv2.THRESH_BINARY)
CopyImage=cv2.copyTo(ReadImage,ThresholdImage)
InRangeImage=cv2.inRange(CopyImage,10,60)
dilateSE=cv2.getStructuringElement(cv2.MORPH_RECT,(23,3),(-1,-1))
DilateImage=cv2.dilate(InRangeImage,dilateSE)
Contour,hierarchy=cv2.findContours(DilateImage,cv2.RETR_EXTERNAL,cv2.CHAIN_APPROX_SIMPLE)
SelectedContourHWScaleImage=np.zeros(DilateImage.shape, np.uint8)
if SelectedContourHWScaleImage.ndim==2:
    SelectedContourHWScaleImage=cv2.cvtColor(SelectedContourHWScaleImage, cv2.COLOR_GRAY2RGB)
SelectedContourBaseHWScale=[]
```

```
for i in range(len(Contour)):
        scale=cv2.boundingRect(Contour[i])[3]/cv2.boundingRect(Contour[i])[2]
        if  scale >=0.1 and scale <=1:
            SelectedContourBaseHWScale.append(Contour[i])
cv2.drawContours(SelectedContourHWScaleImage,SelectedContourBaseHWS-
cale,-1,(0,255,0),3,8)
SelectedContourAreaImage=np.zeros(SelectedContourHWScaleImage.shape, np.uint8)
if SelectedContourAreaImage.ndim==2:
    SelectedContourAreaImage=cv2.cvtColor(SelectedContourAreaImage, cv2.COLOR_
GRAY2RGB)
SelectedContourBaseArea=[]
for i in range(len(SelectedContourBaseHWScale)):
        if  cv2.contourArea(SelectedContourBaseHWScale[i],False) >=100 and cv2.
contourArea(SelectedContourBaseHWScale[i],False) <=20000:
            SelectedContourBaseArea.append(SelectedContourBaseHWScale[i])
cv2.drawContours(SelectedContourAreaImage,SelectedContourBaseAr-
ea,-1,(0,255,0),3,8)
MinAreaRect=ReadImage.copy()
if MinAreaRect.ndim==2:
    MinAreaRect=cv2.cvtColor(MinAreaRect, cv2.COLOR_GRAY2RGB)
for minRect in SelectedContourBaseArea:
    rrect=cv2.minAreaRect(minRect)
    points=cv2.boxPoints(rrect)
    points=np.int0(points)
    cv2.drawContours(MinAreaRect,[points], 0, (0,0,255), 3, 8)
cv2.namedWindow("MinAreaRect",cv2.WINDOW_NORMAL)
cv2.imshow("MinAreaRect",MinAreaRect)
cv2.waitKey(0)
```

检测结果如图Ⅳ-24所示。

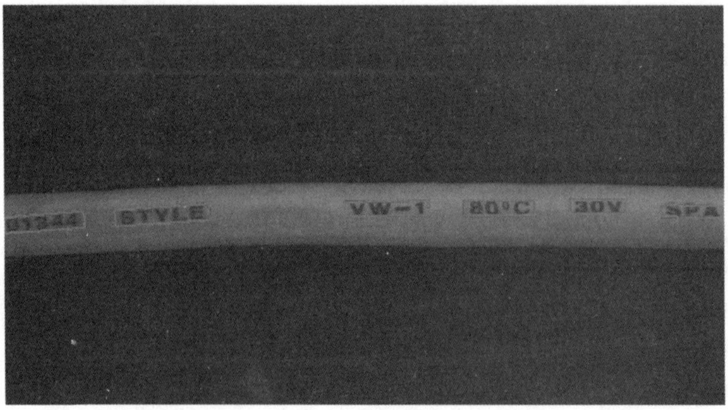

图Ⅳ-24 线缆上的标识区域检测结果

（13）检测开关状态

开关状态如图Ⅳ-25所示。

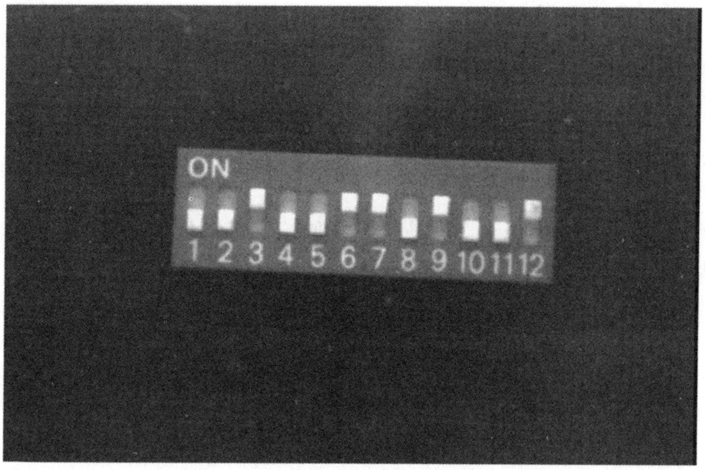

图Ⅳ-25 开关状态

C++代码：

```
Mat ReadImage=imread("E:/TestImage/应用实例/第13例.png",0);
Mat TophatImage;
Mat tophatSE=getStructuringElement(MORPH_RECT,Size(31,31),Point(-1,-1));
morphologyEx(ReadImage,TophatImage,MORPH_TOPHAT,tophatSE);
Mat ThresholdImage;
threshold(TophatImage,ThresholdImage,128,255,THRESH_BINARY);
vector<vector<Point>> Contour;
findContours(ThresholdImage,Contour,noArray(),RETR_EXTERNAL,CHAIN_APPROX_SIM-
PLE);
Mat SelectedContourLengthImage=Mat::zeros(ThresholdImage.size(), CV_8UC3);
vector <vector<Point>> SelectedContourBaseLength;
for (int i=0; i < Contour.size(); i++)
{
    if (arcLength(Contour[i],true) >=50&& arcLength(Contour[i],true) <=20000)
        SelectedContourBaseLength.push_back(Contour[i]);
}
drawContours(SelectedContourLengthImage,SelectedContourBaseLength,-1, Sca-
lar(0,255,0), 3, 8);
Mat BoundingRectImage=ReadImage.clone();
if(BoundingRectImage.channels()==1)
{
  cvtColor(BoundingRectImage,BoundingRectImage,COLOR_GRAY2RGB);
}
```

```
vector<Rect> ListOfBoundingRect;
for(int i=0; i < SelectedContourBaseLength.size(); i++)
{
  Rect rect=boundingRect(SelectedContourBaseLength[i]);
  ListOfBoundingRect.push_back(rect);
  rectangle(BoundingRectImage, rect, Scalar(0,0,255), -1, 8);
}
namedWindow("BoundingRectImage",0);
imshow("BoundingRectImage",BoundingRectImage);
waitKey(0);
```

Python代码：

```
ReadImage=cv2.imread("E:/TestImage/应用实例/第13例.png",0)
tophatSE=cv2.getStructuringElement(cv2.MORPH_RECT,(31,31),(-1,-1))
TophatImage=cv2.morphologyEx(ReadImage,cv2.MORPH_TOPHAT,tophatSE)
ret,ThresholdImage=cv2.threshold(TophatImage,128,255,cv2.THRESH_BINARY)
Contour,hierarchy=cv2.findContours(ThresholdImage,cv2.RETR_EXTERNAL,cv2.CHAIN_APPROX_SIMPLE)
SelectedContourLengthImage=np.zeros(ThresholdImage.shape, np.uint8)
if SelectedContourLengthImage.ndim==2:
    SelectedContourLengthImage=cv2.cvtColor(SelectedContourLengthImage, cv2.COLOR_GRAY2RGB)
SelectedContourBaseLength=[]
for i in range(len(Contour)):
        if  cv2.arcLength(Contour[i],True) >=50 and cv2.arcLength(Contour[i],True) <=20000:
            SelectedContourBaseLength.append(Contour[i])
cv2.drawContours(SelectedContourLengthImage,SelectedContourBaseLength,-1,(0,255,0),3,8)
BoundingRectImage=ReadImage.copy()
ListOfBoundingRect=[]
if BoundingRectImage.ndim==2:
    BoundingRectImage=cv2.cvtColor(BoundingRectImage, cv2.COLOR_GRAY2RGB)
for boundRect in SelectedContourBaseLength:
    rect=cv2.boundingRect(boundRect)
    ListOfBoundingRect.append(rect)
    cv2.rectangle(BoundingRectImage,rect, (0,0,255), -1, 8)
cv2.namedWindow("BoundingRectImage",cv2.WINDOW_NORMAL)
cv2.imshow("BoundingRectImage",BoundingRectImage)
cv2.waitKey(0)
```

检测结果如图Ⅳ-26所示。

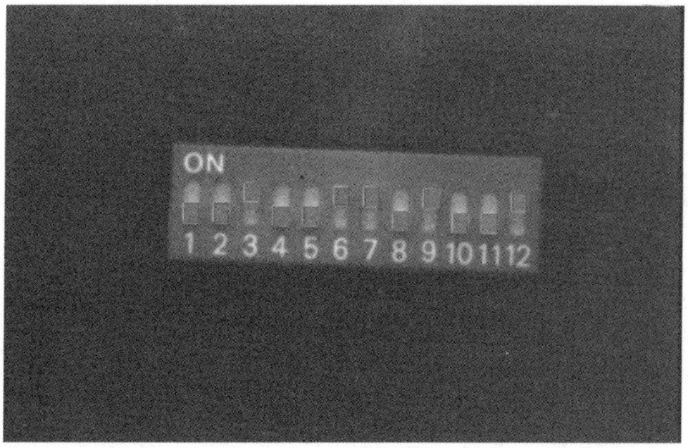

图Ⅳ-26 开关状态检测结果

（14）检测电路板上垫片的位置、方向和尺寸

电源板上的垫片如图Ⅳ-27所示。

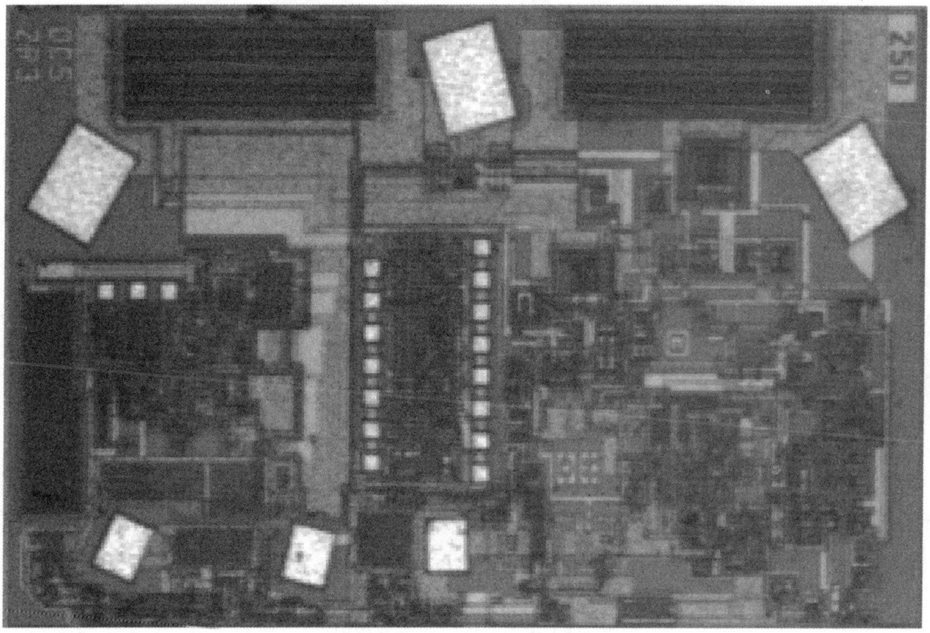

图Ⅳ-27 电路板上的垫片

C++代码：

```
Mat ReadImage=imread("E:/TestImage/应用实例/第14例.png",0);
Mat ThresholdImage;
threshold(ReadImage,ThresholdImage,128,255,THRESH_BINARY);
vector<vector<Point>> Contour;
findContours(ThresholdImage,Contour,noArray(),RETR_EXTERNAL,CHAIN_APPROX_SIM-
PLE);
```

```
    Mat SelectedContourAreaImage=Mat::zeros(ThresholdImage.size(), CV_8UC3);
    vector <vector<Point>> SelectedContourBaseArea;
    for (int i=0; i < Contour.size(); i++)
    {
            if (contourArea(Contour[i], false) >=200&& contourArea(Contour[i], false)
<=20000)
                SelectedContourBaseArea.push_back(Contour[i]);
    }
    drawContours(SelectedContourAreaImage,SelectedContourBaseArea,-1, Sca-
lar(0,255,0), 3, 8);
    Mat SelectedContourHWScaleImage=Mat::zeros(SelectedContourAreaImage.size(),
CV_8UC3);
    vector <vector<Point>> SelectedContourBaseHWScale;
    for (int i=0; i < SelectedContourBaseArea.size(); i++)
    {
        double scale=0;
         scale=(double)(boundingRect(SelectedContourBaseArea[i]).height)/(double)
(boundingRect(SelectedContourBaseArea[i]).width);
          if (scale >=1&& scale <=2)
                SelectedContourBaseHWScale.push_back(SelectedContourBaseArea[i]);
    }
    drawContours(SelectedContourHWScaleImage,SelectedContourBaseHWScale,-1, Sca-
lar(0,255,0), 3, 8);
    Mat MinAreaRect=ReadImage.clone();
    if(MinAreaRect.channels()==1)
    {
      cvtColor(MinAreaRect,MinAreaRect,COLOR_GRAY2RGB);
    }
    Point2f pts[4];
    for(int i=0; i < SelectedContourBaseHWScale.size(); i++)
    {
      RotatedRect rrect=minAreaRect(SelectedContourBaseHWScale[i]);
      rrect.points(pts);
      for (int j=0; j < 4; j++)
      {
          line(MinAreaRect, pts[j], pts[(j + 1) % 4],Scalar(0,0,255), 2, 8);
      }
    }
    namedWindow("MinAreaRect",0);
    imshow("MinAreaRect",MinAreaRect);
    waitKey(0);
```

Python代码：

```
ReadImage=cv2.imread("E:/TestImage/应用实例/第14例.png",0)
ret,ThresholdImage=cv2.threshold(ReadImage,128,255,cv2.THRESH_BINARY)
Contour,hierarchy=cv2.findContours(ThresholdImage,cv2.RETR_EXTERNAL,cv2.CHAIN_APPROX_SIMPLE)
SelectedContourAreaImage=np.zeros(ThresholdImage.shape, np.uint8)
if SelectedContourAreaImage.ndim==2:
    SelectedContourAreaImage=cv2.cvtColor(SelectedContourAreaImage, cv2.COLOR_GRAY2RGB)
SelectedContourBaseArea=[]
for i in range(len(Contour)):
        if  cv2.contourArea(Contour[i],False) >=200  and  cv2.contourArea(Contour[i],False) <=20000:
            SelectedContourBaseArea.append(Contour[i])
cv2.drawContours(SelectedContourAreaImage,SelectedContourBaseArea,-1,(0,255,0),3,8)
SelectedContourHWScaleImage=np.zeros(SelectedContourAreaImage.shape, np.uint8)
if SelectedContourHWScaleImage.ndim==2:
    SelectedContourHWScaleImage=cv2.cvtColor(SelectedContourHWScaleImage, cv2.COLOR_GRAY2RGB)
SelectedContourBaseHWScale=[]
for i in range(len(SelectedContourBaseArea)):
        scale=cv2.boundingRect(SelectedContourBaseArea[i])[3]/cv2.boundingRect(SelectedContourBaseArea[i])[2]
        if  scale >=1 and scale <=2:
            SelectedContourBaseHWScale.append(SelectedContourBaseArea[i])
cv2.drawContours(SelectedContourHWScaleImage,SelectedContourBaseHWScale,-1,(0,255,0),3,8)
MinAreaRect=ReadImage.copy()
if MinAreaRect.ndim==2:
    MinAreaRect=cv2.cvtColor(MinAreaRect, cv2.COLOR_GRAY2RGB)
for minRect in SelectedContourBaseHWScale:
    rrect=cv2.minAreaRect(minRect)
    points=cv2.boxPoints(rrect)
    points=np.int0(points)
    cv2.drawContours(MinAreaRect,[points], 0, (0,0,255), 2, 8)
cv2.namedWindow("MinAreaRect",cv2.WINDOW_NORMAL)
cv2.imshow("MinAreaRect",MinAreaRect)
cv2.waitKey(0)
```

检测结果如图Ⅳ-28所示。

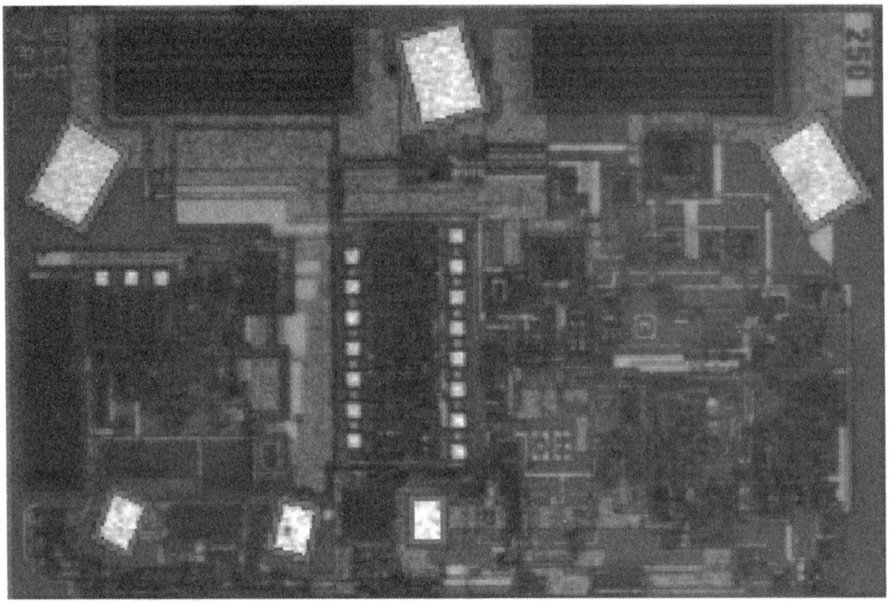

图Ⅳ-28 垫片检测结果

（15）药品缺陷检测

待测药品如图Ⅳ-29所示。

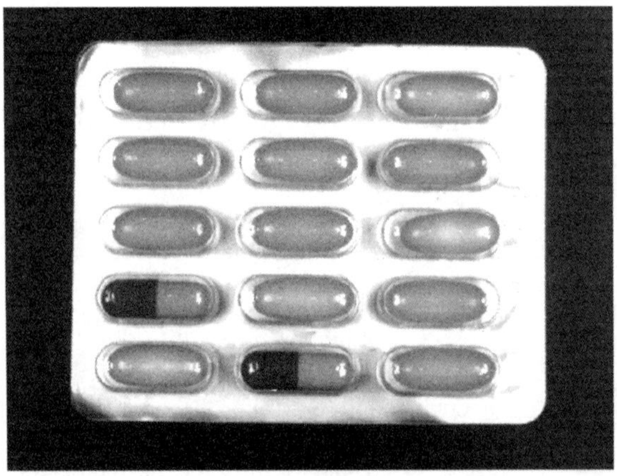

图Ⅳ-29 待测药品

C++代码：

```
Mat ReadImage=imread("E:/TestImage/应用实例/第15例.png",0);
Mat cutImage(ReadImage, Rect(116, 60, 114, 52));
Mat MultObjectMatchImage=Mat::zeros(ReadImage.size(), CV_8UC1);
if(MultObjectMatchImage.channels()==1)
{
  cvtColor(MultObjectMatchImage,MultObjectMatchImage,COLOR_GRAY2RGB);
```

```
    }
    Mat MultObjectMatchResult;
    matchTemplate(ReadImage,cutImage,MultObjectMatchResult,TM_CCOEFF_NORMED);
    while(1)
    {
      double minVal,maxVal;
      cv::Point minLoc,maxLoc;
      cv::minMaxLoc(MultObjectMatchResult, &minVal,&maxVal, &minLoc, &maxLoc);
      if(maxVal>=0.5)
      {
            rectangle(MultObjectMatchImage, maxLoc, Point(maxLoc.x + cutImage.cols,
maxLoc.y + cutImage.rows), Scalar(255,255,255), 1, 8, 0);
          Point pt1, pt2;
          pt1.x=maxLoc.x - cutImage.cols/ 2 > 0 ? maxLoc.x - cutImage.cols/ 2 : 0;
          pt1.y=maxLoc.y - cutImage.rows/ 2 > 0 ? maxLoc.y - cutImage.rows/ 2 : 0;
           pt2.x=maxLoc.x + cutImage.cols/ 2 < MultObjectMatchResult.cols ? maxLoc.x
+ cutImage.cols/ 2 : MultObjectMatchResult.cols;
           pt2.y=maxLoc.y + cutImage.rows/ 2 < MultObjectMatchResult.rows ? maxLoc.y
+ cutImage.rows/ 2 : MultObjectMatchResult.rows;
          MultObjectMatchResult(Rect(pt1, pt2)).setTo(cv::Scalar(0));
      }
      else
          break;
    }
    Mat cvtColorImage;
    cvtColor(MultObjectMatchImage,cvtColorImage,COLOR_RGB2GRAY);
    vector<vector<Point>> Contour;
    findContours(cvtColorImage,Contour,noArray(),RETR_EXTERNAL,CHAIN_APPROX_SIMPLE);
    Mat ContourImage=Mat::zeros(cvtColorImage.size(), CV_8UC1);
    drawContours(ContourImage,Contour,-1,Scalar(255),-1,LINE_8);
    Mat CopyImage;
    copyTo(ReadImage,CopyImage,ContourImage);
    Mat InRangeImage;
    inRange(CopyImage,10,100,InRangeImage);
    Mat MopOpenImage;
    Mat openSE=getStructuringElement(MORPH_RECT,Size(5,5),Point(-1,-1));
    morphologyEx(InRangeImage,MopOpenImage,MORPH_OPEN,openSE);
    namedWindow("MopOpenImage",0);
    imshow("MopOpenImage",MopOpenImage);
    waitKey(0);
```

Python代码：

```
ReadImage=cv2.imread("E:/TestImage/应用实例/第15例.png",0)
cutImage=ReadImage[60:112,116:230]
MultObjectMatchResult=cv2.matchTemplate(ReadImage,cutImage,cv2.TM_CCOEFF_NORMED)
MultObjectMatchImage=np.zeros_like(ReadImage)
if MultObjectMatchImage.ndim==2:
    MultObjectMatchImage=cv2.cvtColor(MultObjectMatchImage, cv2.COLOR_GRAY2RGB)
while(1):
    (minVal,maxVal,minLoc,maxLoc)=cv2.minMaxLoc(MultObjectMatchResult)
    if maxVal>=0.5 :
            cv2.rectangle(MultObjectMatchImage, maxLoc, (maxLoc[0]+cutImage.
shape[1],maxLoc[1]+cutImage.shape[0]), (255,255,255), 1, 8, 0)
            a1=int(maxLoc[1] - cutImage.shape[0]/ 2) if int(maxLoc[1] - cutImage.
shape[0]/ 2) > 0 else 0
            a2=int(maxLoc[1] + cutImage.shape[0]/ 2) if int(maxLoc[1] + cutImage.
shape[0]/ 2) < MultObjectMatchResult.shape[0] else MultObjectMatchResult.shape[0]
            b1=int(maxLoc[0] - cutImage.shape[1]/ 2) if int(maxLoc[0] - cutImage.
shape[1]/ 2) > 0 else 0
            b2=int(maxLoc[0] + cutImage.shape[1]/ 2) if int(maxLoc[0] + cutImage.
shape[1]/ 2) < MultObjectMatchResult.shape[1] else MultObjectMatchResult.shape[1]
        MultObjectMatchResult[a1:a2,b1:b2]=[0]
    else:
        break
cvtColorImage=cv2.cvtColor(MultObjectMatchImage,cv2.COLOR_RGB2GRAY)
Contour,hierarchy=cv2.findContours(cvtColorImage,cv2.RETR_EXTERNAL,cv2.CHAIN_AP-
PROX_SIMPLE)
ContourImage=np.zeros(cvtColorImage.shape[:2], np.uint8)
if ContourImage.ndim==3:
    ContourImage=cv2.cvtColor(ContourImage, cv2.COLOR_RGB2GRAY)
cv2.drawContours(ContourImage,Contour,-1,(255),-1,cv2.LINE_8)
CopyImage=cv2.copyTo(ReadImage,ContourImage)
InRangeImage=cv2.inRange(CopyImage,10,100)
openSE=cv2.getStructuringElement(cv2.MORPH_RECT,(5,5),(-1,-1))
MopOpenImage=cv2.morphologyEx(InRangeImage,cv2.MORPH_OPEN,openSE)
cv2.namedWindow("MopOpenImage",cv2.WINDOW_NORMAL)
cv2.imshow("MopOpenImage",MopOpenImage)
cv2.waitKey(0)
```

检测结果如图Ⅳ-30所示。

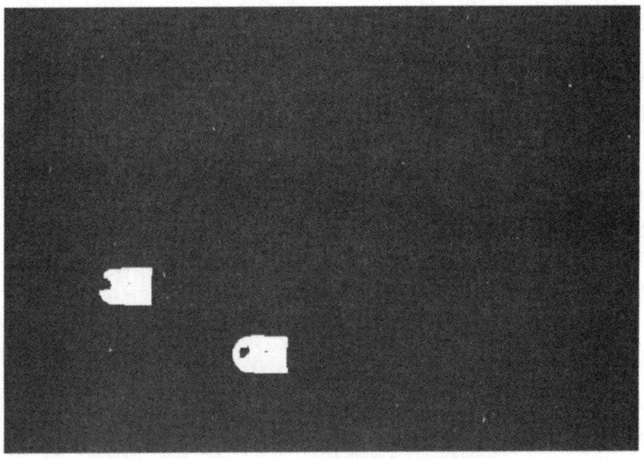

图Ⅳ-30 药品缺陷检测结果

（16）瓶盖上字符检测

瓶盖上字符如图Ⅳ-31所示。

图Ⅳ-31 瓶盖上的字符

C++代码：

```
Mat ReadImage=imread("E:/TestImage/应用实例/第16例.bmp",0);
Mat AdaptiveThresholdImage;
adaptiveThreshold(ReadImage,AdaptiveThresholdImage,255,ADAPTIVE_THRESH_MEAN_C,
THRESH_BINARY_INV,51,15);
vector<vector<Point>> Contour;
findContours(AdaptiveThresholdImage,Contour,noArray(),RETR_LIST,CHAIN_APPROX_
SIMPLE);
Mat SelectedContourAreaImage=Mat::zeros(AdaptiveThresholdImage.size(), CV_8UC3);
vector <vector<Point>> SelectedContourBaseArea;
for (int i=0; i < Contour.size(); i++)
{
    if (contourArea(Contour[i], false) >=10&& contourArea(Contour[i], false)
```

```
<=1000)
                SelectedContourBaseArea.push_back(Contour[i]);
    }
    drawContours(SelectedContourAreaImage,SelectedContourBaseArea,-1, Scalar(0,255,0), 3, 8);
    Mat ContourImage=Mat::zeros(SelectedContourAreaImage.size(), CV_8UC1);
    drawContours(ContourImage,SelectedContourBaseArea,-1,Scalar(255),-1,LINE_8);
    vector<vector<Point>> Contour_1;
    findContours(ContourImage,Contour_1,noArray(),RETR_EXTERNAL,CHAIN_APPROX_SIMPLE);
    Mat BoundingRectImage=ReadImage.clone();
    if(BoundingRectImage.channels()==1)
    {
      cvtColor(BoundingRectImage,BoundingRectImage,COLOR_GRAY2RGB);
    }
    vector<Rect> ListOfBoundingRect_1;
    for(int i=0; i < Contour_1.size(); i++)
    {
      Rect rect=boundingRect(Contour_1[i]);
      ListOfBoundingRect_1.push_back(rect);
      rectangle(BoundingRectImage, rect, Scalar(0,0,255), 2, 8);
    }
    namedWindow("BoundingRectImage",0);
    imshow("BoundingRectImage",BoundingRectImage);
    waitKey(0);
```

Python代码：

```
    ReadImage=cv2.imread("E:/TestImage/应用实例/第16例.bmp",0)
    AdaptiveThresholdImage=cv2.adaptiveThreshold(ReadImage,255,cv2.ADAPTIVE_THRESH_MEAN_C,cv2.THRESH_BINARY_INV,51,15)
    Contour,hierarchy=cv2.findContours(AdaptiveThresholdImage,cv2.RETR_LIST,cv2.CHAIN_APPROX_SIMPLE)
    SelectedContourAreaImage=np.zeros(AdaptiveThresholdImage.shape, np.uint8)
    if SelectedContourAreaImage.ndim==2:
        SelectedContourAreaImage=cv2.cvtColor(SelectedContourAreaImage, cv2.COLOR_GRAY2RGB)
    SelectedContourBaseArea=[]
    for i in range(len(Contour)):
            if  cv2.contourArea(Contour[i],False) >=10 and cv2.contourArea(Contour[i],False) <=1000:
                SelectedContourBaseArea.append(Contour[i])
```

```
    cv2.drawContours(SelectedContourAreaImage,SelectedContourBaseArea,-1,(0,255,0),3,8)
    ContourImage=np.zeros(SelectedContourAreaImage.shape[:2], np.uint8)
    if ContourImage.ndim==3:
        ContourImage=cv2.cvtColor(ContourImage, cv2.COLOR_RGB2GRAY)
    cv2.drawContours(ContourImage,SelectedContourBaseArea,-1,(255),-1,cv2.LINE_8)
    Contour_1,hierarchy=cv2.findContours(ContourImage,cv2.RETR_EXTERNAL,cv2.CHAIN_APPROX_SIMPLE)
    BoundingRectImage=ReadImage.copy()
    ListOfBoundingRect_1=[]
    if BoundingRectImage.ndim==2:
        BoundingRectImage=cv2.cvtColor(BoundingRectImage, cv2.COLOR_GRAY2RGB)
    for boundRect in Contour_1:
        rect=cv2.boundingRect(boundRect)
        ListOfBoundingRect_1.append(rect)
        cv2.rectangle(BoundingRectImage,rect, (0,0,255), 2, 8)
    cv2.namedWindow("BoundingRectImage",cv2.WINDOW_NORMAL)
    cv2.imshow("BoundingRectImage",BoundingRectImage)
    cv2.waitKey(0)
```

检测结果如图Ⅳ-32所示。

图Ⅳ-32 瓶盖上字符检测结果

参考文献

[1] Carsten Steget，Markus Ulrich，Christian Wiedemann. 机器视觉算法与应用[M]. 杨少荣，吴迪靖，段德山. 译. 北京：清华大学出版社，2005.

[2] Gonazlea R C，Woods R E. 数字图像处理（第二版）[M]. 阮秋琦，阮宇智，译. 北京：电子工业出版社，2007.

[3] 韩九强. 机器视觉技术及应用[M]. 北京：高等教育出版社，2009.

[4] 张猙，王艳平，薛桂香. 数字图像处理与机器视觉[M]. 北京：人民邮电出版社，2010.

[5] Kirsch R A. Computer determination of the constituent structure of biological images [J]. Computers and biomedical research，1971，4(3)：315-328.

[6] 白福忠. 视觉测量技术基础[M]. 北京：电子工业出版社，2013.

[7] 章毓晋. 图像理解与计算机视觉[M]. 北京：清华大学出版社，2000.

[8] 张广军. 机器视觉[M]. 北京：科学出版社，2005.

[9] 金伟其，胡威捷. 辐射度、光度与色度及其测量[M]. 北京：北京理工大学出版社，2006.

[10] 王庆有. CCD应用技术[M]. 天津：天津大学出版社，2000.

[11] Castleman K R. 数字图像处理[M]. 朱志刚，林学訚，石定机,等译. 北京：电子工业出版社，2002.

[12] 郑南宁. 计算机视觉与模式识别[M]. 北京：国防工业出版社，2006.

[13] 李文书，赵悦. 数字图像处理算法及应用[M]. 北京：北京邮电大学出版社，2012.

[14] Canny J. A computational approach to edge detection [J]. IEEE Transactions on pattern analysis and machine intelligence，1986 (6)：679-698.

[15] Sobel I. An isotropic 3×3 image gradient operator [J]. Machine vision for three-dimensional scenes，1990：376-379.

[16] Roberts L G. Machine perception of three-dimensional solids [D]. Massachusetts Institute of Technology，1963.

[17] Prewitt J M S. Object enhancement and extraction [J]. Picture processing and Psychopictorics，1970，10(1)：15-19.

[18] Lowe D G. Distinctive image features from scale-invariant keypoints [J]. International journal of computer vision，2004，60(2)：91-110.

[19] Bay H，Tuytelaars T，Van Gool L. Surf：Speeded up robust features [J]. Computer vision–ECCV 2006，2006：404-417.

[20] Marr D，Hildreth E. Theory of edge detection [J]. Proceedings of the Royal Society of London B：Biological Sciences，1980，207(1167)：187-217.

[21] Calonder M，Lepetit V，Strecha C，et al. Brief：Binary robust independent elementary features [J]. Computer Vision–ECCV 2010，2010：778-792.

[22] Rublee E，Rabaud V，Konolige K，et al. ORB：An efficient alternative to SIFT or SURF[C]//Computer Vision (ICCV)，2011 IEEE international conference on. IEEE，2011：2564-2571.

[23] Alahi A，Ortiz R，Vandergheynst P. Freak：Fast retina keypoint[C]//Computer vision and pattern recognition (CVPR)，2012 IEEE conference on. IEEE，2012：510-517.

[24] Leutenegger S，Chli M，Siegwart R Y. BRISK：Binary robust invariant scalable keypoints[C]//Computer Vision (ICCV)，2011 IEEE International Conference on. IEEE，2011：2548-2555.

[25] 颜孙震，孙即祥. 矩不变量在目标识别中的应用研究[J]. 国防科技大学学报，1998，20(5)，75-80.

[26] Shi J，Ray N，Zhang H. Shape based local thresholding for binarization of document images [J]. Pattern Recognition Letters，2012，33(1)：24-32.

[27] 廖斌. 基于特征点的图像配准技术研究[D]. 长沙：中国人民解放军国防科技大学，2008.

[28] C. STEGER. Similarity measures for occlusion，clutter，and illumination invaariant object recongnition. In B. RADIG，S. FLORCZYK，EDITOR，Pattern Recongnition，Lecture Note Computer Science，Vol，2191，pp，148-154. Springer-Verlag，Berlin，2001.

[29] Lowe D G. Distinctive image features from scale-invariant keypoints [J]. International journal of computer vision，2004，60(2)：91-110.

[30] 迟健男. 视觉测量技术[M]. 北京：机械工业出版社，2011.

[31] 马颂德，张正友. 计算机视觉——计算理论与算法基础[M]. 北京：科学出版社，1998.

[32] 邱茂林，马颂德，李毅. 计算机视觉中摄像机定标综述[J]. 自动化学报和，2001，1；43-55.

[33] 胡国元，何平安，王宝龙，等. 视觉测量中的相机标定问题[J]. 光学与光电技术，2004，8；9-12.

[34] LENZ R，FRITSCH D. Accuracy of videometry with CCD sensors[J]. ISPRS Journal of Photogrammetry and Remote Sensing，1990，45(2)：90-110.